"十三五"国家重点出版物出版规划项目
现代机械工程系列精品教材
"十二五"普通高等教育本科国家级规划教材
普通高等教育"十一五"国家级规划教材

液压与气压传动

第 4 版

主　编　刘延俊
副主编　王守城　杨前明　苏　杭
参　编　谢玉东　王增才　骆艳洁
　　　　吴筱坚　周　军　刘维民
　　　　罗　星　李雪健　徐　轲
　　　　湛国林
主　审　李宏伟　赵中林

机械工业出版社

全书共 13 章。第一章、第二章主要介绍液压传动的基本知识以及流体力学的基本理论；第三章至第六章主要介绍液压元件的结构、原理、性能和选用，第七章、第八章介绍液压基本回路、典型液压系统的组成、功能、特点以及应用；第九章介绍液压系统的设计计算方法与实例；第十章介绍液压伺服元件与系统；第十一章在兼顾液压传动相关知识的基础上介绍气压传动特有的元件以及回路设计方法与实例；第十二章介绍液压气动系统的安装、调试、使用与维护方法；第十三章介绍液压系统的故障原因、特征、诊断步骤、诊断方法和实例。

本书可作为高等学校机械设计制造及其自动化、化工与化工机械、机电一体化、模具设计与制造、动力与车辆工程等专业的教材，也可作为"液压与气压传动"网络课程的教材，以及各类成人高校、在职继续教育、自学考试等有关机械类专业的教材，还可供从事流体传动与控制技术的工程技术人员参考。

图书在版编目（CIP）数据

液压与气压传动/刘延俊主编. —4 版. —北京：机械工业出版社，2019.12（2025.1重印）
"十三五"国家重点出版物出版规划项目　现代机械工程系列精品教材
"十二五"普通高等教育本科国家级规划教材　普通高等教育"十一五"国家级规划教材
ISBN 978-7-111-63601-4

Ⅰ.①液… Ⅱ.①刘… Ⅲ.①液压传动-高等学校-教材②气压传动-高等学校-教材　Ⅳ.①TH137②TH138

中国版本图书馆 CIP 数据核字（2019）第 189968 号

机械工业出版社（北京市百万庄大街 22 号　邮政编码 100037）
策划编辑：刘小慧　责任编辑：王勇哲　张亚捷　刘小慧
责任校对：陈　越　封面设计：张　静
责任印制：郜　敏
中煤（北京）印务有限公司印刷
2025 年 1 月第 4 版第 14 次印刷
184mm×260mm・20.75 印张・1 插页・512 千字
标准书号：ISBN 978-7-111-63601-4
定价：59.80 元

电话服务　　　　　　　　　　网络服务
客服电话：010-88361066　　　机 工 官 网：www.cmpbook.com
　　　　　010-88379833　　　机 工 官 博：weibo.com/cmp1952
　　　　　010-68326294　　　金　书　网：www.golden-book.com
封底无防伪标均为盗版　　　　机工教育服务网：www.cmpedu.com

前　言

本书是"十三五"国家重点出版物出版规划项目——现代机械工程系列精品教材、"十二五"普通高等教育本科国家级规划教材、普通高等教育"十一五"国家级规划教材，其内容是根据新世纪高校机电工程规划教材大纲审定会和机械工业出版社精品教材建设的精神修订编写的。它可作为高等学校机械设计制造及其自动化、化工与化工机械、机电一体化、模具设计与制造、动力与车辆工程等专业的教材。全书共13章。第一章、第二章主要介绍液压传动的基本知识以及流体力学的基本理论；第三章至第六章主要介绍液压元件的结构、原理、性能和选用；第七章、第八章介绍液压基本回路、典型液压系统的组成、功能、特点以及应用；第九章介绍液压系统的设计计算方法与实例；第十章介绍液压伺服元件与系统；第十一章在兼顾液压传动相关知识的基础上，介绍气压传动特有的元件以及回路设计方法与实例；第十二章介绍液压气动系统的安装、调试、使用与维护方法；第十三章介绍液压系统的故障原因、特征、诊断步骤、诊断方法和实例。

在本书的修订过程中，进行了全方位立体化教材建设，包含对《液压与气压传动》第3版的修订，并配套修订了《液压与气压传动学习及实验指导》和液压与气压传动CAI课件。本次对《液压与气压传动》第3版修订的宗旨是面向应用型工科院校，使学生具有独立从事液压气动系统设计、制造、调试、使用与维护的综合能力。为此，本次修订继续保持了原教材少而精、注重理论与实践相结合、紧密结合液压与气动技术的最新成果的风格，突出了最新液压气动元件、技术及其应用，以及液压气动系统安装、调试、使用与维护，又增加了液压系统的故障原因、特征、诊断步骤、诊断方法和实例，以便真正达到培养学生工程应用能力和解决实际问题的能力，特别是处理液压气动系统故障的能力。随着国家海洋战略的实施，海洋装备液压技术也得到了广泛应用，本次修订在第八章加入了液压技术在海洋工程的相关应用实例，例如，漂浮式液压海浪变阻尼发电液压系统、蛟龙号液压系统，旨在突出液压技术在海洋工程领域的应用以及适应性。

本书由山东大学机械工程学院、海洋研究院刘延俊担任主编，青岛科技大学机电学院王守城、山东科技大学动力与控制学院杨前明、山东建筑大学机电系苏杭担任副主编。参加本书修订工作的还有：山东大学机械工程学院谢玉东、王增才、骆艳洁、吴筱坚、周军、刘维民、罗星，山东大学海洋研究院李雪健、徐轲，山东拓普液压气动有限公司湛国林。本书由济南大学机械工程学院李宏伟、山东大学机械工程学院赵中林担任主审。

本书在编写过程中得到了山东拓普液压气动有限公司的大力支持与帮助（部分应用实例来自此公司），编者在此一并表示衷心感谢。

由于编者水平有限，书中难免存在不妥之处，敬请广大读者批评指正。

编　者

目 录

前言

第一章 绪论 ………………………………… 1
　第一节 液压传动的发展……………… 1
　第二节 液压传动的工作原理及
　　　　 组成……………………………… 2
　第三节 液压传动系统的图形符号…… 3
　第四节 液压传动的优缺点及应用…… 4

第二章 液压油与液压流体力学基础 … 7
　第一节 液体的物理性质……………… 7
　第二节 液体静力学基础……………… 12
　第三节 液体动力学基础……………… 16
　第四节 液体流动时的压力损失……… 21
　第五节 液体流经小孔和缝隙的
　　　　 流量……………………………… 25
　第六节 液压冲击和空穴现象………… 28

第三章 液压泵与液压马达 ……………… 31
　第一节 概述……………………………… 31
　第二节 齿轮泵…………………………… 34
　第三节 叶片泵…………………………… 38
　第四节 柱塞泵…………………………… 48
　第五节 各类液压泵的性能比较及
　　　　 应用……………………………… 55
　第六节 液压马达………………………… 57

第四章 液压缸 ……………………………… 61
　第一节 液压缸的工作原理、类型和
　　　　 特点……………………………… 61
　第二节 液压缸基本参数的计算……… 63
　第三节 液压缸的典型结构…………… 68
　第四节 液压缸的设计计算…………… 73

第五章 液压控制阀 ………………………… 79
　第一节 概述……………………………… 79
　第二节 方向控制阀……………………… 80
　第三节 压力控制阀……………………… 95
　第四节 流量控制阀……………………… 108
　第五节 比例控制阀……………………… 115
　第六节 插装阀及叠加阀……………… 121

第六章 液压辅助元件 …………………… 129
　第一节 过滤器………………………… 129
　第二节 蓄能器………………………… 132
　第三节 油箱…………………………… 135
　第四节 热交换器……………………… 137
　第五节 连接件………………………… 138
　第六节 密封装置……………………… 140

第七章 液压基本回路 …………………… 146
　第一节 压力控制回路………………… 146
　第二节 速度控制回路………………… 151
　第三节 方向控制回路………………… 164
　第四节 多缸动作回路………………… 166

第八章 典型液压系统 …………………… 170
　第一节 液压系统图的阅读和分析
　　　　 方法…………………………… 170
　第二节 YT4543型液压动力滑台
　　　　 液压系统……………………… 171
　第三节 MLS_3—170型采煤机及其
　　　　 液压牵引系统………………… 173
　第四节 日立EX400型单斗全液压
　　　　 挖掘机的液压系统…………… 177
　第五节 YB32—200型压力机的液压
　　　　 系统…………………………… 179
　第六节 XS—ZY—250A型注塑机
　　　　 液压系统……………………… 182
　第七节 盘式热分散机比例压力和
　　　　 流量复合控制液压系统……… 186
　第八节 XLB1800×10000型平板
　　　　 硫化机的液压系统…………… 187
　第九节 漂浮式液压海浪变阻尼发电
　　　　 液压系统……………………… 190
　第十节 蛟龙号液压系统……………… 192

第九章 液压系统的设计与计算 ……… 195
　第一节 液压系统的设计步骤和
　　　　 方法…………………………… 195

第二节　液压系统设计计算实例…… 202
第十章　液压伺服系统 ……………… 206
　第一节　概述……………………… 206
　第二节　典型的液压伺服控制
　　　　　元件…………………… 208
　第三节　电液伺服阀……………… 211
　第四节　液压伺服系统实例……… 212
第十一章　气压传动 ………………… 216
　第一节　气压传动基本知识……… 216
　第二节　气源装置及辅助元件…… 217
　第三节　气动执行元件…………… 222
　第四节　气动控制元件…………… 226
　第五节　气动基本回路…………… 238
　第六节　气动系统实例…………… 248
　第七节　气动系统的设计………… 250
第十二章　液压气动系统的安装、调试、
　　　　　使用与维护 ……………… 272
　第一节　液压系统的安装………… 272
　第二节　液压系统的调试………… 275
　第三节　液压系统的使用、维护和

　　　　　保养…………………… 278
　第四节　气动系统的安装调试与
　　　　　使用维护……………… 281
第十三章　液压系统的故障诊断 …… 285
　第一节　液压系统的故障原因
　　　　　分析…………………… 285
　第二节　液压系统的故障特征与
　　　　　诊断步骤……………… 287
　第三节　液压系统的故障诊断
　　　　　方法…………………… 290
　第四节　150kN 电镦机液压系统的
　　　　　故障诊断实例………… 300
附录 …………………………………… 303
　附录一　常用液压与气动元（辅）件
　　　　　图形符号（摘自 GB/T 786.1—
　　　　　2009）………………… 303
　附录二　常见液压元件、回路、系统
　　　　　故障与排除方法………… 309
参考文献 ……………………………… 322

第一章 绪 论

液压传动和机械传动相比具有许多优点,因此在机械工程中,液压传动被广泛采用。液压传动是以液体作为工作介质来进行能量传递的一种传动形式,它通过能量转换装置(如液压泵),将原动机(如电动机)的机械能转变为液体的压力能,然后通过封闭管道、控制元件等,由另一能量装置(如液压缸、液压马达)将液体的压力能转变为机械能,以驱动负载和实现执行机构所需的直线或旋转运动。

本章介绍液压传动的发展、工作原理、组成、优缺点及液压传动的应用等内容。

第一节 液压传动的发展

相对于机械传动,液压传动是一门新的技术。液压传动起源于1654年帕斯卡提出的静压传动原理;1795年,英国第一台水压机问世;1905年,将工作介质由水改为油后,性能得到很大改善。液压传动的推广应用,得益于19世纪崛起并蓬勃发展的石油工业。最早成功应用液压传动装置的是舰艇上的炮塔转位器。第二次世界大战期间,由于军事工业需要反应快、精度高、功率大的液压传动装置,又进一步推动了液压技术的发展。战后,液压技术迅速转向民用领域,在国民经济的各个行业中逐步得到了推广。20世纪60年代后,随着原子能、空间技术、计算机技术的发展,液压技术也得到了很大发展,并渗透到各个工业领域之中。当前液压技术正向着高速、高压、大功率、高效率、低噪声、长寿命、高度集成化、复合化、数字化、小型化、轻量化等方向发展;同时,新型液压元件和液压系统的计算机辅助测试(CAT)、计算机直接控制(CDC)、机电一体化技术、计算机仿真和优化设计技术、可靠性技术、基于绿色制造的水介质传动技术以及污染控制方面,也是当前液压技术发展和研究的方向。

我国的液压技术开始于1952年,液压元件最初应用于机床和锻压设备,后来应用于工程机械。1964年,我国从国外引进了一些液压元件生产技术,同时自行设计液压产品,经过多年的艰苦努力和发展,特别是在20世纪80年代初期引进美国、日本、德国的先进技术和设备,使我国的液压技术水平登上了一个新的台阶。目前,我国已形成了门类齐全的标准化、系列化和通用化的液压元件系列产品。我国在消化、吸收国外先进液压技术的同时,大力研制、开发国产液压件新产品,加强产品质量可靠性以及新技术应用的研究,积极采用新的国际标准,不断调整产品结构;而对一些性能差的液压件产品,采用逐步淘汰的措施。由此可见,随着科学技术特别是控制技术和计算机技术的发展,液压传动与控制技术将得到进一步发展,应用范围将更加广泛。

第二节 液压传动的工作原理及组成

一、液压传动的工作原理

以实现工作台往复运动的简单机床的液压传动系统(图 1-1)为例进行分析。液压缸 8 固定在床身上,活塞 9 连同活塞杆带动工作台 10 做直线往复运动。电动机带动液压泵 3 旋转,液压泵 3 从油箱 1 经过网式过滤器 2 吸油,油液通过节流阀 4 流至换向阀 6。当手柄 7 处于图 1-1a 所示位置时,P 与 A、B、T 均不相通,液压缸 8 不通油,所以工作台静止不动。

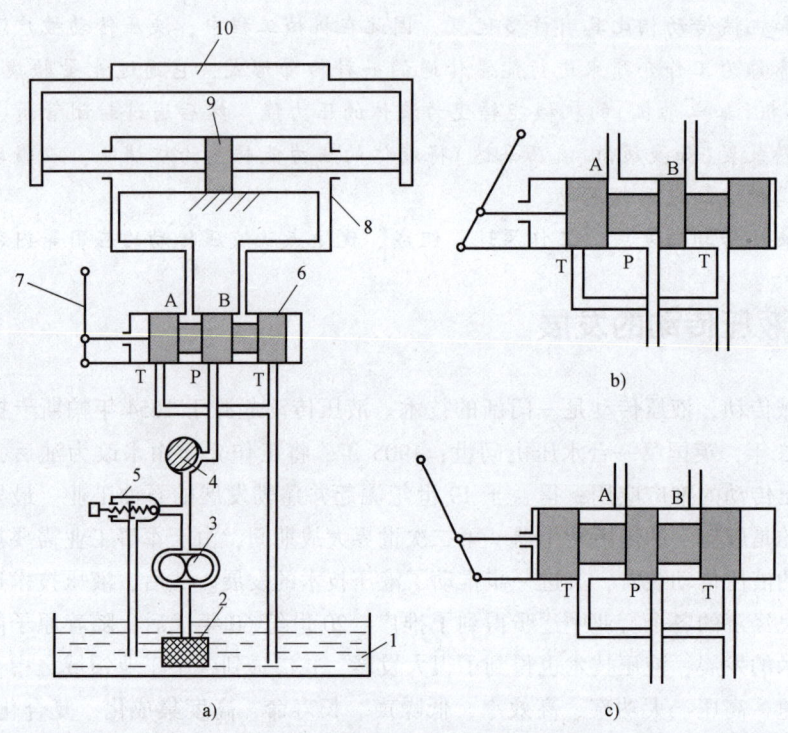

图 1-1 简单机床的液压传动系统
1—油箱 2—网式过滤器 3—液压泵 4—节流阀 5—溢流阀
6—换向阀 7—手柄 8—液压缸 9—活塞 10—工作台

若将手柄 7 推至图 1-1b 所示位置,这时油液从 P→A→液压缸 8 左腔;液压缸 8 右腔→B→T,工作台 10 向右移动。

若将手柄 7 推至图 1-1c 所示位置,这时油液从 P→B→液压缸 8 右腔;液压缸 8 左腔→A→T,工作台 10 向左移动。

由此可见:由于设置了换向阀 6,所以可改变液压油的通路,使液压缸不断换向,从而实现工作台的往复运动。

工作台速度 v 可通过节流阀 4 来调节。节流阀通过改变节流阀开口的大小来调节通过节流阀油液的流量,以控制工作台的速度。

工作台运动时,要克服阻力、切削力和相对运动件表面的摩擦力等,这些阻力由液压泵输出油液的压力来克服。根据工况不同，液压泵输出油液的压力应该能够调整。另外在一般情况下，液压泵排出的油液往往多于液压缸所需的油液，多余的油液可经溢流阀 5 流回油箱。图 1-1 中 2 为网式过滤器，起滤油作用。

通过对上面系统的分析可知：

1）液压传动是依靠运动着的液体的压力能来传递动力的，它与依靠液体的动能来传递动力的"液力传动"不同。

2）液压系统工作时，液压泵将机械能转变为压力能，执行元件（液压缸）将压力能转变为机械能。

3）液压传动系统中的油液是在受调节、受控制的状态下进行工作的，液压传动与控制难以截然分开。

4）液压传动系统必须满足它所驱动的机床部件（工作台）在力和速度方面的要求。

5）液压传动需有工作介质。液压传动是以液体作为工作介质来传递信号和动力的。

二、液压传动系统的组成

从以上例子可以看出，液压传动系统的组成部分有以下五个方面：

(1) 能源装置　它把机械能转变成油液的压力能。最常见的就是液压泵，它给液压系统提供液压油，使整个系统能够动作起来。

(2) 执行装置　它将油液的压力能转变成机械能，并对外做功，如液压缸、液压马达。

(3) 控制调节装置　它们是控制液压系统中油液的压力、流量和流动方向的装置。如图 1-1 中的换向阀、节流阀、溢流阀等液压元件都属于这类装置。

(4) 辅助装置　它们是除上述三项以外的其他装置，如图 1-1 中的网式过滤器、油管等，它们对保证液压系统可靠、稳定、持久地工作有重要作用。

(5) 工作介质　液压油或其他合成液体。

第三节　液压传动系统的图形符号

图 1-1 为液压传动系统的半结构原理图。这种原理图直观性强，容易理解，但图形较复杂，特别是当元件较多时，绘制很不方便。为简化原理图的绘制，系统中各元件可采用符号来表示。这些符号只表示元件的职能，不表示元件的结构和参数。GB/T 786.1—2009 为液压元件职能符号的国家标准。

为便于看懂用职能符号表示的液压系统图，现将图 1-1 中出现的液压元件的图形符号介绍如下（图 1-2）：

(1) 液压泵图形符号　由一个圆加上一个实心三角以及圆外的旋转运动方向来表示，三角尖向外，表示油液的方向。图中旋转方向为单向箭头，表示单向旋转；若为双向箭头，则表示双向旋转。图中无斜向穿过圆的箭头为定量泵，有箭头则为变量泵。

(2) 换向阀图形符号　为改变油液的流动方向，换向阀的阀芯位置要变换，它一般可变动 2~3 个位置，而且阀体上的通路数也不同。根据阀芯可变动的位置数和阀体上的通路数，可组成×位×通换向阀。其图形意义为：

1）换向阀的工作位置用方格表示，有几个方格即表示几位阀。

2）方格内的箭头符号表示油液的连通情况（有时与油液流动方向一致），"T"表示油液被阀芯闭死的符号。这些符号在一个方格内和方格的交点数，即表示阀的通路数。

3）方格外的符号为操纵阀的控制符号。控制形式有手动、电动和液动等。

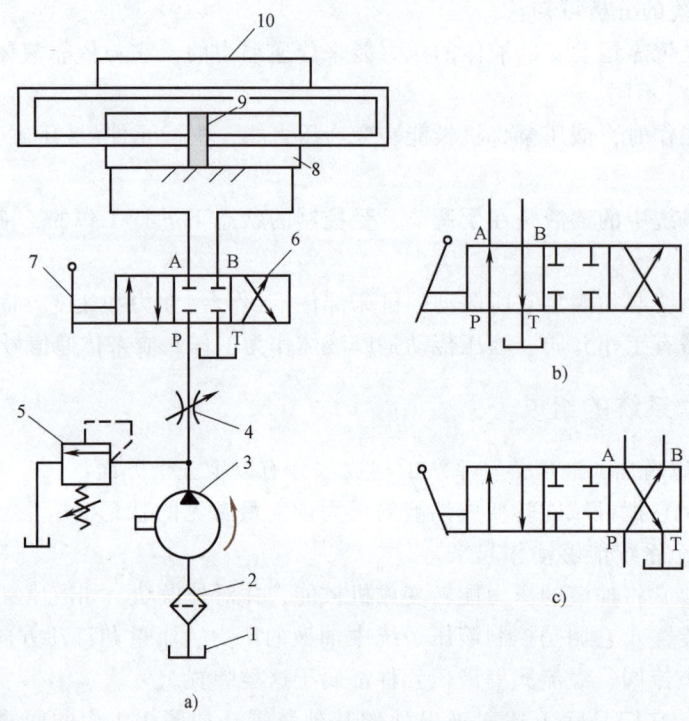

图 1-2 简单机床的液压传动系统原理图（用图形符号表示）
1—油箱 2—过滤器 3—液压泵 4—节流阀 5—溢流阀
6—换向阀 7—手柄 8—液压缸 9—活塞 10—工作台

(3) 压力阀图形符号　方格相当于阀芯，方格中的箭头表示油液的通道，两侧的直线代表进出油管。图中的虚线表示控制油路，压力阀就是利用控制油路的液压力与另一侧弹簧力相平衡的原理进行工作的。

(4) 节流阀图形符号　两圆弧所形成的缝隙即为节流孔道，油液通过节流孔使流量减少。图中节流阀的箭头表示节流孔的大小可以改变，称为可调节流阀，也表示通过该阀的流量是可以调节的。

液压系统图中规定：液压元件的图形符号应以元件的静止状态或零位来表示。由此，可将图 1-1 对应画成图 1-2 所示的用职能符号表示的液压传动系统原理图。

第四节　液压传动的优缺点及应用

一、液压传动的优缺点

1. 主要优点

液压传动与机械传动、电力传动、气压传动相比，具有下列优点：

1)液压传动能在运行中实现无级调速,调速方便且调速范围比较大,可达100∶1~2000∶1。

2)在同等功率的情况下,液压传动装置的体积小,重量轻,惯性小,结构紧凑(如液压马达的重量只有同功率电动机重量的10%~20%),而且能传递较大的力或转矩。

3)液压传动工作比较平稳,反应快,冲击小,能高速起动、制动和换向。液压传动装置的换向频率、回转运动可达500次/min,往复直线运动可达400~1000次/min。

4)液压传动装置的控制、调节比较简单,操纵比较方便、省力,易于实现自动化,与电气控制配合使用,能实现复杂的顺序动作和远程控制。

5)液压传动装置易于实现过载保护。若系统超负载,则油液可经溢流阀流回油箱。由于采用油液作为工作介质,能自行润滑,所以寿命长。

6)液压传动易于实现系列化、标准化、通用化,易于设计、制造和推广使用。

7)液压传动易于实现回转运动、直线运动,且元件排列布置灵活。

8)液压传动中,由于功率损失所产生的热量可被流动着的油液带走,所以可避免在系统的局部产生过度温升。

2. 主要缺点

1)液体为工作介质,易泄漏,油液可压缩,故不能用于传动比要求精确的场合。

2)液压传动中有机械损失、压力损失、泄漏损失,效率较低,所以不宜用于远距离传动。

3)液压传动对油温和负载变化敏感,不宜在低温、高温下使用,对污染很敏感。

4)液压传动需要有单独的能量源(如液压泵站),液压能不能像电能那样从远处传来。

5)液压元件制造精度高,造价高,所以需进行专业生产。

6)液压传动装置出现故障时不易追查原因,不易迅速排除。

总的来说,液压传动优点较多,其缺点也正随着生产技术的发展而逐步加以克服,因此,液压传动在国民经济各部门中都得到了广泛的应用,在现代化生产中有着广阔的发展前景。

二、液压传动的应用

液压传动在各行业中的应用见表1-1。

表1-1 液压传动在各行业中的应用

行业名称	应用场合举例
机床工业	磨床、铣床、刨床、拉床、压力机、自动机床、组合机床、数控机床、加工中心等
工程机械	挖掘机、装载机、推土机等
汽车工业	自卸式汽车、平板车、高空作业车等
农业机械	联合收割机的控制系统、拖拉机的悬挂装置等
轻工机械	打包机、注塑机、校直机、橡胶硫化机、造纸机等
冶金机械	电炉控制系统、轧钢机控制系统等
起重运输机械	起重机、叉车、装卸机械、液压千斤顶等
矿山机械	开采机、提升机、液压支架、采煤机等
建筑机械	打桩机、平地机等
船舶港口机械	起货机、锚机、舵机等
铸造机械	砂型压实机、加料机、压铸机等

但各部门应用液压传动的出发点不同：工程机械、压力机械采用液压传动是因其结构简单、输出力大；航空工业采用液压传动是因为它重量轻、体积小；机床中采用液压传动主要是因为它可实现无级变速，易于实现自动化，能实现换向频繁的往复运动。以下简要介绍常用在机床的一些装置中的液压传动。

(1) 进给运动传动装置　这项应用在机床上最为广泛，磨床的砂轮架，卧式车床、转塔车床、自动车床的刀架或转塔刀架，磨床、钻床、铣床、刨床的工作台或主轴箱，组合机床的动力头和滑台等，都可采用液压传动。这些部件有的要求快速移动，有的要求慢速移动（2mm/min），还有的要求快慢速移动。这些部件的运动大多要求有较大的调速范围，要求在工作中可实现无级调速；有的要求持续进给，有的要求间歇进给；有的要求在负载变化下速度仍能保持恒定；有的要求有良好的换向性能。所有这些采用液压传动是最合适的。

(2) 往复主体运动传动装置　龙门刨床的工作台、牛头刨床或插床的滑枕都可以采用液压传动来实现其所需的高速往复运动，前者的运动速度可达 60~90m/min，后两者可达 30~50m/min。这些情况下采用液压传动，在减少换向冲击、降低能量消耗、缩短换向时间等方面都很有利。

(3) 回转主体运动传动装置　车床主轴可采用液压传动来实现无级变速的回转主体运动，但这一应用目前还不普遍。

(4) 仿形装置　车床、铣床、刨床的仿形加工可以采用液压伺服系统来实现，其精度可达 0.01~0.02mm。此外，磨床上的成形砂轮修正装置和标准丝杠校正装置也可采用这种系统。

(5) 辅助装置　机床上的夹紧装置，变速操纵装置，丝杠螺母间隙消除装置，垂直移动部件的平衡装置，分度装置，工件和刀具的装卸、输送、储存装置等，都可以采用液压传动来实现。这样做有利于简化机床结构，提高机床的自动化程度。

(6) 步进传动装置　数控机床上工作台的直线或回转步进运动，可根据电气信号迅速而准确地由电液伺服系统来实现。开环系统定位精度较低（<0.01mm），但成本也低；闭环系统的定位精度和成本都较高。

(7) 静压支承　重型机床、高速机床、高精度机床上的轴承、导轨和丝杠螺母机构，如采用液压系统来作静压支承，可得到很高的工作平稳性和运动精度，这是近年来发展的一项新技术。

第二章 液压油与液压流体力学基础

液压传动是以液体作为工作介质进行能量传递的,因此,了解液体的物理性质,掌握液体在静止和运动过程中的基本力学规律,对于正确理解液压传动的基本原理、合理设计和使用液压系统都是非常必要的。

第一节 液体的物理性质

一、液体密度

单位体积液体的质量称为液体的密度,通常用 $\rho(\text{kg/m}^3)$ 表示,即

$$\rho = \frac{m}{V} \tag{2-1}$$

式中 V——液体的体积(m^3);
m——液体的质量(kg)。

密度是液体的一个重要物理参数。密度的大小随着液体温度或压力的变化会产生一定的变化,但其变化量较小,一般可忽略不计。常用液压油的密度约为 900kg/m^3。

二、液体的可压缩性

液体受压力作用而使体积减小的性质称为液体的可压缩性。体积为 V 的液体,当压力增大 Δp 时,体积减小 ΔV,则液体在单位压力变化下的体积相对变化量为

$$k = -\frac{1}{\Delta p}\frac{\Delta V}{V} \tag{2-2}$$

式中 k——液体的体积压缩系数。

由于压力增大时,液体的体积减小,即 Δp 与 ΔV 的符号始终相反,为保证 k 为正值,在式(2-2)的等号右边加一负号。

k 的倒数称为液体的体积模量,以 K 表示,即

$$K = \frac{1}{k} = -\frac{V\Delta p}{\Delta V} \tag{2-3}$$

K 表示液体产生单位体积相对变化量所需要的压力增量。在常温下,纯净液压油的体积模量 $K=(1.4\sim2.0)\times10^9\text{Pa}$,数值很大,故一般可认为液压油是不可压缩的。若液压油中混入空气,其抗压缩能力会显著下降,并将严重影响液压系统的工作性能。因此,在考虑液压

油的可压缩性时，必须综合考虑液压油本身的可压缩性、混在油中空气的可压缩性，以及盛放液压油的封闭容器(包括管道)的容积变形等因素的影响。这些影响常用等效体积模量 K' 表示，$K' = (0.7 \sim 1.4) \times 10^9 \text{Pa}$。

在变动压力下，液压油可压缩性的作用极像一根弹簧，即压力升高，油液体积减小；压力降低，油液体积增大。当作用在封闭液体上的外力发生 ΔF 的变化时，如液体承压面积 A 不变，则液柱的长度必有 Δl 的变化(图2-1)。这里，体积变化为 $\Delta V = A\Delta l$，压力变化为 $\Delta p = \Delta F/A$，即

$$K = -\frac{V\Delta F}{A^2 \Delta l}$$

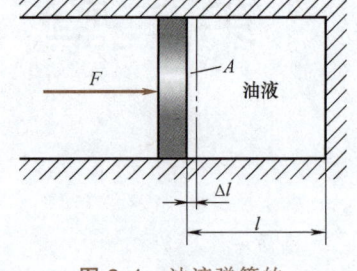

图2-1 油液弹簧的刚度计算

或

$$K_h = -\frac{\Delta F}{\Delta l} = -\frac{\Delta p A}{\Delta l} = \frac{A^2}{V} K \tag{2-4}$$

式中 K_h——液压弹簧的刚度。

三、液体的黏性

1. 黏性的意义

液体在外力作用下流动时，液体分子间的内聚力会阻碍其分子的相对运动，即具有一定的内摩擦力，这种性质称为液体的黏性。黏性是液体的重要物理性质，也是选择液压油的主要依据。

液体流动时，由于液体和固体壁面间的附着力以及液体本身的黏性会使液体各层面间的速度大小不等，如图2-2所示。设两平板间充满液体，下平板固定不动，上平板以速度 u_0 向右平移。由于液体黏性的作用，黏附于下平板表面的液层速度为零，黏附在上平板表面的液层速度为 u_0，而中间各液层的速度则随着上平板与下平板间的距离大小近似呈线性规律变化。

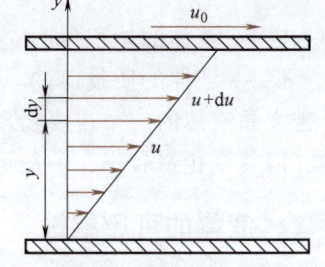

图2-2 液体的黏性

实验证明，液体流动时相邻液层间的内摩擦力 F_f 与液层接触面积 A 成正比，与液层间的速度梯度 du/dy 成正比，即

$$F_f = \mu A \frac{du}{dy} \tag{2-5}$$

式中 μ——比例系数，称为动力黏度。

若以 τ 表示液层间单位面积上的内摩擦力，则

$$\tau = \mu \frac{du}{dy} \tag{2-6}$$

式(2-6)称为牛顿液体内摩擦定律。

2. 黏度

黏性的大小用黏度表示。常用的黏度有三种，即动力黏度、运动黏度和相对黏度。

(1) 动力黏度 μ 动力黏度又称为绝对黏度。根据牛顿液体内摩擦定律有

$$\mu = \frac{\tau}{\mathrm{d}u/\mathrm{d}y}$$

动力黏度的物理意义是：液体在单位速度梯度下流动时，流动液层间单位面积上的内摩擦力。单位为 N·s/m² 或 Pa·s。

(2) 运动黏度 ν　动力黏度与该液体密度的比值称为运动黏度，用 $\nu(\mathrm{m}^2/\mathrm{s})$ 表示，即

$$\nu = \frac{\mu}{\rho} \tag{2-7}$$

运动黏度的单位换算为 $1\mathrm{m}^2/\mathrm{s} = 10^4\mathrm{cm}^2/\mathrm{s} = 10^4\mathrm{St}(斯) = 10^6\mathrm{mm}^2/\mathrm{s} = 10^6\mathrm{cSt}(厘斯)$。

液压油牌号常用它在某一温度下的运动黏度平均值来表示，如 32 号液压油，就是指这种液压油在 40℃ 时运动黏度的平均值为 $32\mathrm{mm}^2/\mathrm{s}(\mathrm{cSt})$。

(3) 相对黏度　相对黏度又称为条件黏度，它是指采用特定的黏度计在规定条件下测量出来的黏度。由于测量条件不同，各国所用的相对黏度也不相同。中国、德国和俄罗斯等一些国家采用恩氏黏度，美国用赛氏黏度，英国则用雷氏黏度。

恩氏黏度用恩氏黏度计测定。即将 200mL 被测液体装入恩氏黏度计中，在某一温度下，测出液体经容器底部直径为 $\phi 2.8\mathrm{mm}$ 的小孔流尽所需的时间 t_1，与同体积的蒸馏水在 20℃ 时流过同一小孔所需的时间 t_2（通常 $t_2 = 52\mathrm{s}$）的比值，此值便是被测液体在这一温度时的恩氏黏度。

$$°E = \frac{t_1}{t_2} \tag{2-8}$$

恩氏黏度与运动黏度 $\nu(\mathrm{mm}^2/\mathrm{s})$ 之间的换算关系式为

$$\nu = 7.31°E - \frac{6.31}{°E} \tag{2-9}$$

(4) 调合油的黏度（指恩氏黏度）　选择合适黏度的液压油，对液压系统的工作性能起着重要的作用。当能得到的液压油的黏度不符合要求时，可把两种不同黏度的液压油按适当的比例混合起来使用，这就是调合油。调合油的黏度可用下列经验公式计算，即

$$°E = \frac{a°E_1 + b°E_2 - c(°E_1 - °E_2)}{100} \tag{2-10}$$

式中　$°E_1$、$°E_2$——混合前两种油液的恩氏黏度，取 $°E_1 > °E_2$；

　　　$°E$——混合后调合油的恩氏黏度；

　　　a、b——参与调合的两种油液的系数；

　　　c——实验系数，其值见表 2-1。

表 2-1　系数 c 的数值

a	10	20	30	40	50	60	70	80	90
b	90	80	70	60	50	40	30	20	10
c	6.7	13.1	17.9	22.1	25.5	27.9	28.2	25	17

3. 黏度与压力的关系

液体所受的压力增大时，其分子间的距离将减小，内摩擦力增大，黏度也随之增大。对于一般的液压系统，当压力在 20MPa 以下时，压力对黏度的影响不大，可以忽略不计。但

当压力较高或压力变化较大时，黏度的变化则不容忽视。石油型液压油的黏度与压力的关系可表示为

$$\nu_p = \nu_0(1+0.003p) \tag{2-11}$$

式中 ν_p、ν_0——油液在压力为 p 时和相对压力为 0 时的运动黏度。

4. 黏度与温度的关系

油液的黏度对温度的变化极为敏感，温度升高，油的黏度显著降低。油的黏度随温度变化的性质称为黏温特性。不同种类的液压油有不同的黏温特性。黏温特性较好的液压油，黏度随温度的变化较小，因而油温变化对液压系统性能的影响较小。液压油的动力黏度与温度的关系可表示为

$$\mu_t = \mu_0 e^{-\lambda(t-t_0)} \approx \mu_0(1-\lambda\Delta t) \tag{2-12}$$

式中 μ_0、μ_t——温度为 t_0、t 时的动力黏度；
　　　λ——系数。

液压油的黏温特性可以用黏度指数 VI 来表示，VI 值越大，表示油液黏度随温度的变化率越小，即黏温特性越好。一般液压油要求 VI 值在 90 以上，精制的液压油及加有添加剂的液压油，其 VI 值可大于 100。

四、液压油的类型与选用

1. 对液压油的性能要求

1) 黏温特性好。即在工作温度变化范围内，油的黏度随温度的变化要小。
2) 润滑性好。油液既是工作介质，又是相对运动零件的润滑剂，因此系统润滑状况较好。
3) 化学稳定性好，不易氧化。油液氧化后会产生胶状物和沥青等杂质，容易堵塞液压元件。
4) 质地纯净，抗泡沫性好。油液中不应含有腐蚀性物质，以免侵蚀机件和密封装置。
5) 闪点要高，凝固点要低。

2. 液压油的种类

液压油的品种很多，主要可分为三大类型：石油型、合成型和乳化型。液压油的主要品种及其性质列于表 2-2 中。

表 2-2 液压油的主要品种及其性质

种类 性能	可燃性液压油			抗燃性液压油			
	石 油 型			合 成 型		乳 化 型	
	通用液压油	抗磨液压油	低温液压油	磷酸酯液	水-乙二醇液	油包水液	水包油液
密度/kg·m⁻³	850~900			1100~1500	1040~1100	920~940	1000
黏度	小~大	小~大	小~大	小~大	小~大	小	小
黏度指数 VI≥	90	95	130	130~180	140~170	130~150	极高
润滑性	优	优	优	优	良	良	可
缓蚀性	优	优	优	良	良	良	可
闪点≥/℃	170~200	170	150~170	难燃	难燃	难燃	不燃
凝点≤/℃	-10	-25	-45~-35	-50~-20	-50	-25	-5

石油型液压油以全损耗系统用油（旧称机械油）为原料，精炼后按需要加入适当添加剂而成。这类液压油润滑性好，但抗燃性差。

目前，我国液压传动采用全损耗系统用油和汽轮机油的情况仍很普遍。全损耗系统用油是一种工业用润滑油，其价格虽较低廉，但精制深度较浅，化学稳定性较差，使用时易生成黏稠胶质，堵塞元件小孔，影响液压系统性能。系统的压力越高，此问题就越严重。因此，只有在低压系统且要求很低时才可应用全损耗系统用油。至于汽轮机油，虽经深度精制并加有抗氧化、抗泡沫等添加剂，其性能优于全损耗系统用油，但这种油的抗磨性和缓蚀性均不如通用液压油。

通用液压油一般是以汽轮机油为基础油再加以多种添加剂配制而成的，其抗氧化性、耐磨性、抗泡沫性、黏温特性均较好，可广泛用于工作温度为 0~40℃ 的中低压系统，一般机床液压系统最适宜使用这种油。对于高压或中高压系统，可根据其工作条件和特殊要求选用抗磨液压油、低温液压油等专用油类。

石油型液压油有很多优点，其主要缺点是具有可燃性。在一些高温、易燃、易爆的工作场合，为了安全起见，应该在系统中使用抗燃性液体，如磷酸酯、水-乙二醇等合成液，或油包水、水包油等乳化液。

3. 液压油的选用

首先应根据液压系统的环境与工作条件选用合适的液压油类型，然后再选择液压油的牌号。

对液压油牌号的选择，主要是对油液黏度等级的选择，这是因为液压油黏度对液压系统的稳定性、可靠性、效率、温升以及磨损都有显著影响。在选择黏度时应注意以下几个方面：

（1）液压系统的工作压力　工作压力较高的液压系统宜选用黏度较大的液压油，以便于密封，减少泄漏；反之，可选用黏度较小的液压油。

（2）环境温度　环境温度较高时宜选用黏度较大的液压油，因为环境温度高会使油的黏度下降。

（3）运动速度　当工作部件的运动速度较高时，为减小液流的摩擦损失，宜选用黏度较小的液压油。

在液压系统的所有元件中，以液压泵对液压油的性能最为敏感，因为泵内零件的运动速度最高，承受的压力最大，且承压时间长，温升高。因此，常根据液压泵的类型及其要求来选择液压油的黏度。各类液压泵适用的黏度范围见表2-3。

表2-3　各类液压泵适用的黏度范围

液压泵类型		环境温度/℃	5~40		40~80	
		黏度	40℃黏度/(mm²/s)	50℃黏度/(mm²/s)	40℃黏度/(mm²/s)	50℃黏度/(mm²/s)
齿轮泵			30~70	17~40	54~110	58~98
叶片泵	$p<7MPa$		30~50	17~29	43~77	25~44
	$p\geq 7MPa$		54~70	31~40	65~95	35~55
柱塞泵	轴向式		43~77	25~44	70~172	40~98
	径向式		30~128	17~62	65~270	37~154

五、液压油的污染及其控制

通常液压油受到污染是系统发生故障的主要原因。因此，控制液压油的污染是十分重要的。

1. 污染的危害

液压油污染是指液压油中含有水分、空气、微小固体颗粒及胶状生成物等杂质。液压油污染对液压系统造成的危害主要有以下三方面：

1) 固体颗粒和胶状生成物堵塞过滤器，使液压泵吸油困难，产生噪声；堵塞阀类元件小孔或缝隙，使其动作失灵。

2) 微小固体颗粒会加速零件的磨损，影响液压元件的正常工作；同时，也会擦伤密封件，使泄漏加剧。

3) 水分和空气的混入会降低液压油的润滑能力，并使其氧化变质；产生气蚀，加速液压元件的损坏；使液压系统出现振动、爬行等现象。

2. 污染的原因

液压油污染的原因主要有以下三方面：

1) 残留物污染。这主要是指液压元件在制造、储存、运输、安装、维修过程中带入的砂粒、铁屑、磨料、焊渣、锈片、油垢、棉纱和灰尘等，虽经清洗，但未清洗干净而残留下来，造成液压油污染。

2) 侵入物污染。这主要是指周围环境中的污染物（如空气、尘埃、水滴等）通过一切可能的侵入点，如外露的往复运动活塞杆、油箱的进气孔和注油孔等侵入系统，造成液压油污染。

3) 生成物污染。这主要是指液压系统在工作过程中产生的金属微粒、密封材料磨损颗粒、涂料剥离片、水分、气泡及油液变质后的胶状生成物等，造成液压油污染。

3. 污染的控制

液压油污染的原因很复杂，液压油自身又在不断产生脏物，因此要彻底消除污染是很困难的。但为了延长液压元件的使用寿命，保证液压系统正常工作，必须将液压油的污染程度控制在一定限度之内。在实际生产中，常采取如下措施来控制液压油的污染：

1) 消除残留物污染。液压装置组装前后，必须对其零部件进行严格清洗。

2) 力求减少外来污染。油箱通大气处要加空气过滤器；向油箱灌油应通过过滤器；维修拆卸元件应在无尘区进行。

3) 滤除系统产生的杂质。应根据需要，在系统的有关部位设置适当精度的过滤器，并且要定期检查、清洗或更换滤芯。

4) 定期检查、更换液压油。应根据液压设备使用说明书的要求和维护保养规程的规定，定期检查、更换液压油。换油时要清洗油箱，冲洗系统管道及元件。

第二节 液体静力学基础

液体静力学所研究的是静止液体的力学性质。这里所说的静止，是指液体内部质点之间没有相对运动，至于盛装液体的容器，不论它是静止的还是运动的，都没有关系。

一、液体的压力

液体单位面积上所受的法向力称为压力。这一定义在物理学中称为压强,但在液压传动中习惯称为压力。压力通常以 p 表示。

当液体面积 ΔA 上作用有法向力 ΔF 时,液体内某点处的压力即为

$$p = \lim_{\Delta A \to 0} \frac{\Delta F}{\Delta A} \tag{2-13}$$

液体的压力有如下特性:
1) 液体的压力沿着内法线方向作用于承压面。
2) 静止液体内任一点的压力在各个方向上都相等。

由上述性质可知,静止液体总是处于受压状态,并且其内部的任何质点都受平衡压力的作用。

二、重力作用下静止液体中的压力分布

在图2-3a中,密度为 ρ 的液体在容器内处于静止状态。为求任意深度 h 处的压力 p,可以假想从液面往下选取一个垂直小液柱作为研究对象。设液柱的底面积为 ΔA、高为 h,如图2-3b所示。由于液柱处于平衡状态,于是有

$$p\Delta A = p_0 \Delta A + \rho g h \Delta A$$

因此得

$$p = p_0 + \rho g h \tag{2-14}$$

式(2-14)称为液体静力学基本方程式。由其可知,重力作用下的静止液体,其压力分布有如下特征:

1) 静止液体内任一点处的压力都由两部分组成:一部分是液面上的压力 p_0,另一部分是该点以上液体自重所形成的压力,即 ρg 与该点离液面深度 h 的乘积。当液面只受大气压力 p_a 作用时,液体内任一点处的压力为

$$p = p_a + \rho g h \tag{2-15}$$

2) 静止液体内的压力随液体深度变化呈直线规律分布。
3) 离液面距离相同的各点组成了等压面,此等压面为一水平面。

三、压力的表示方法和单位

根据度量基准的不同,液体压力分为绝对压力和相对压力两种。如式(2-15)表示的压力 p,其值是以绝对真空为基准来度量的,称为绝对压力;而式中超过大气压的那部分压力 $p - p_a = \rho g h$,其值是以大气压力 p_a 为基准来度量的,称为相对压力。在地球表面,一切受大气笼罩的物体,大气压力的作用都是平衡的。因此,一般压力表在大气中的读数为零,用压力表测得的压力数值显然是相对压力。正因为如此,相对压力又称为表压力。在液压技术中,如不特别指明,压力均指相对压力。

如果液体中某点的绝对压力小于大气压力,这时,比大气压力小的那部分数值称为真空度。由图2-4可知,以大气压力为基准计算压力时,基准以上的正值是相对压力,基准以下的负值是真空度。例如,当液体内某点的绝对压力为 $0.3 \times 10^5 \text{Pa}$ 时,其相对压力为 $p - p_a =$

$(0.3×10^5-1×10^5)$Pa$=-0.7×10^5$Pa，即该点的真空度为$0.7×10^5$Pa（这里取近似值$p_a=1×10^5$Pa）。

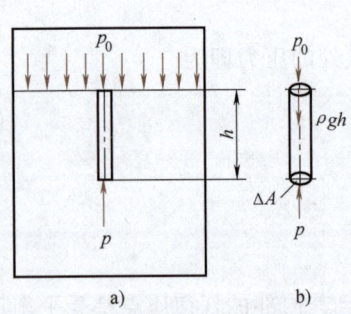

图 2-3 重力作用下的静止液体

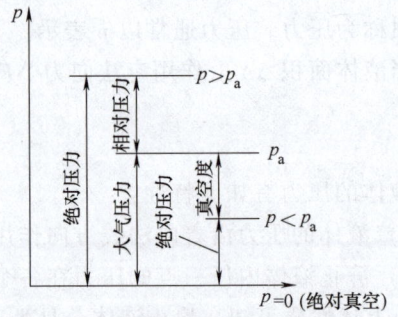

图 2-4 绝对压力、相对压力及真空度

压力的常用单位为 Pa(帕, N/m²)、MPa(兆帕, N/mm²)，有时也使用 bar(巴)(bar 为非法定计量单位)。常用压力单位之间的换算关系为 1MPa=10^6Pa, 1bar=10^5Pa。

例 2-1 在图 2-5 中，容器内盛有油液。已知油液的密度 $\rho=900$kg/m³，活塞上的作用力 $F=1000$N，活塞的面积 $A=1×10^{-3}$m²。假设活塞的重量忽略不计，求活塞下方距离 $h=0.5$m 处的压力。

解 活塞与液体接触面上的压力为

$$p_0 = \frac{F}{A} = \frac{1000}{1×10^{-3}} \text{N/m}^2 = 10^6 \text{N/m}^2$$

根据式(2-14)，深度为 h 处的液体压力为

$$p = p_0 + \rho g h = (10^6 + 900×9.8×0.5) \text{N/m}^2$$
$$= 1.0044×10^6 \text{N/m}^2 \approx 10^6 \text{N/m}^2 = 10^6 \text{Pa}$$

从本例可以看出，液体在受外界压力作用的情况下，由液体自重所形成的那部分压力 $\rho g h$ 相对很小，在液压系统中可以忽略不计，因而可以近似地认为液体内部各处的压力是相等的。以后在分析液压系统的压力时，一般都以此结论为前提。

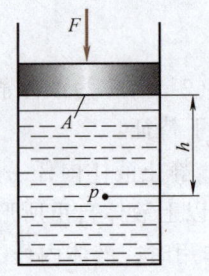

图 2-5 静止液体内的压力

四、静止液体内压力的传递

图 2-5 所示密闭容器内的液体，当外力 F 变化引起外加压力 p_0 发生变化时，只要液体仍保持原来的静止状态，则液体内任一点的压力将发生同样大小的变化。也就是说，在密闭容器内，施加于静止液体的压力将等值地传递到液体内各点。这就是帕斯卡原理，或称为静压力传递原理。

在图 2-5 中，活塞上的作用力 F 是外加负载，A 为活塞横截面面积，根据帕斯卡原理，容器内液体的压力 p 与负载 F 之间总保持着正比关系，即

$$p = \frac{F}{A}$$

可见，液体内的压力是由外加负载作用所形成的，即系统的压力大小取决于负载，这是液压传动中一个非常重要的基本概念。

例 2-2　图 2-6 所示为相互连通的两个液压缸。已知大缸内径 $D=100\mathrm{mm}$，小缸内径 $d=20\mathrm{mm}$，大活塞上放置物体的质量为 5000kg。问需在小活塞上施加多大的力 F 才能使大活塞顶起重物

解　物体的重力为

$$G = mg = 5000\mathrm{kg} \times 9.8\mathrm{m/s^2} = 49000\mathrm{N}$$

根据帕斯卡原理，由外力产生的压力在两缸中相等，即

$$\frac{F}{\frac{\pi d^2}{4}} = \frac{G}{\frac{\pi D^2}{4}}$$

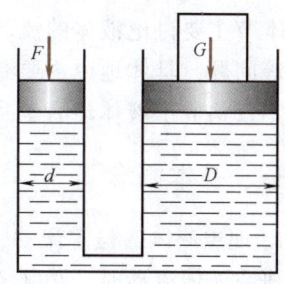

图 2-6　帕斯卡原理应用实例

故为了顶起重物，应在小活塞上加力为

$$F = \frac{d^2}{D^2}G = \frac{20^2}{100^2} \times 49000\mathrm{N} = 1960\mathrm{N}$$

本例说明了液压千斤顶等液压起重机械的工作原理，体现了液压装置的力放大作用。

五、液体对固体壁面的作用力

在液压传动中，由于不考虑由液体自重产生的那部分压力，故液体中各点的静压力可看作是均匀分布的。液体和固体壁面相接触时，固体壁面将受到总液压力的作用。当固体壁面为一平面时，静止液体对该平面的总作用力 F 等于液体压力 p 与该平面面积 A 的乘积，其方向与该平面垂直，即

$$F = pA$$

当固体壁面为曲面时，曲面上各点所受静压力的方向是变化的，但大小相等。如图 2-7 所示的液压缸缸筒，为求液压油对右半部缸筒内壁在 x 方向上的作用力，可在内壁面上取一微小面积 $\mathrm{d}A = l\mathrm{d}s = lr\mathrm{d}\theta$（这里 l 和 r 分别为缸筒的长度和半径），则液压油作用在这块面积上的力 $\mathrm{d}F$ 的水平分量 $\mathrm{d}F_x$ 为

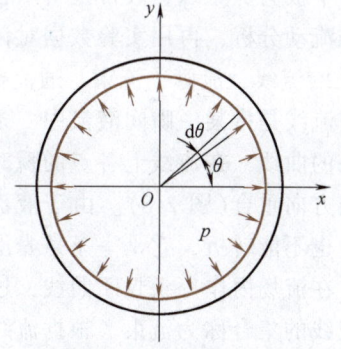

图 2-7　液体作用在缸体内壁面上的力

$$\mathrm{d}F_x = \mathrm{d}F\cos\theta = p\mathrm{d}A\cos\theta = plr\cos\theta\mathrm{d}\theta$$

由此得液压油对缸筒内壁在 x 方向上的作用力为

$$F_x = \int_{-\frac{\pi}{2}}^{\frac{\pi}{2}} \mathrm{d}F_x = \int_{-\frac{\pi}{2}}^{\frac{\pi}{2}} plr\cos\theta\mathrm{d}\theta = 2plr = pA_x$$

式中　A_x——缸筒右半部内壁在 x 方向的投影面积，$A_x = 2rl$。

由此可知，曲面在某一方向上所受的液压力，等于曲面在该方向的投影面积和液体压力的乘积。

第三节　液体动力学基础

本节主要讨论液体的流动状态、运动规律、能量转换以及流动液体与固体壁面的相互作用力等问题，具体地说主要有三个基本方程——连续性方程、伯努利方程和动量方程。这些内容不仅构成了液体动力学基础，而且还是液压技术中分析问题和设计计算的理论依据。

一、基本概念

1. 理想液体、恒定流动、一维流动

研究液体流动时，必须考虑黏性的影响。但由于这个问题非常复杂，所以在开始分析时可以假设液体没有黏性，然后再考虑黏性的作用，并通过实验验证的方法对理想结论进行补充或修正。这种方法同样可以用来处理液体的可压缩性问题。一般把既无黏性、又不可压缩的假想液体称为理想液体。

液体流动时，若液体中任一点处的压力、速度和密度等参数都不随时间的变化而改变，则这种流动称为恒定流动(或称定常流动、非时变流动)。反之，只要压力、速度或密度中有一个参数随时间变化，就称为非恒定流动(或称非定常流动、时变流动)。

当液体整个地做线形流动时，称为一维流动。当它做平面或空间流动时，称为二维或三维流动。一维流动最简单。严格意义上的一维流动要求液流截面上各点的速度矢量完全相同，液体的运动参数是一个坐标的函数，这种情况在现实中极为少见。一般常把封闭容器内流动的液体按一维流动分析，再用实验数据对计算结果进行修正。

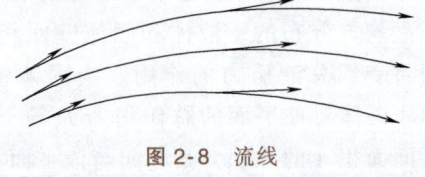

图 2-8　流线

2. 流线、流管、流束、通流截面

流线是指某一瞬间液流中一条条标志其质点运动状态的曲线，在流线上各点的瞬时液流方向与该点的切线方向重合(图 2-8)。由于液流中每一点在每一瞬间只有一个速度，因而流线既不能相交，也不能转折，它是一条条光滑的曲线。

在流场内作一条封闭曲线，过该曲线的所有流线所构成的管状表面称为流管，流管内所有流线的集合称为流束。根据流线不能相交的性质，流管内外的流线均不能穿越流管表面。

垂直于流束的截面称为通流截面(或称过流断面)。通流截面上各点的运动速度均与其垂直。因此，通流截面可能是平面，也可能是曲面。

通流面积无限小的流束称为微小流束。

3. 流量和平均流速

单位时间内流过某一通流截面的液体体积称为体积流量(除特别说明外，本书的流量均指体积流量)。流量以 q 表示，单位为 m^3/s 或 L/min。

当液流通过微小的通流截面 dA 时(图 2-9)，可以认为液体在该截面上各点的速度 u 是相等的，所以流过该微小截面的流量为

$$\mathrm{d}q = u\mathrm{d}A$$

则流过整个通流截面 A 的流量为

$$q = \int_A u\mathrm{d}A \tag{2-16}$$

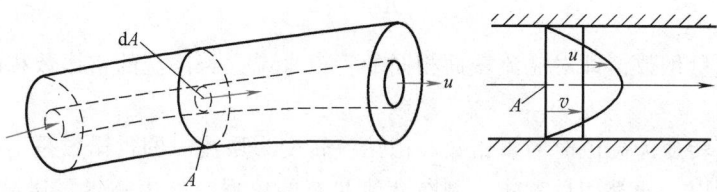

图 2-9 流量和平均流速

对于实际液体的流动，由于黏性力的作用，整个通流截面上各点的速度 u 一般是不等的，其分布规律也不为人知（图 2-9），故按式（2-16）用积分计算流量是不方便的。因此，提出一个平均流速的概念，即假设通流截面上各点的流速均匀分布，液体以此均布流速 v 流过此通流截面的流量等于以实际流速流过的流量，即

$$q = \int_A u\mathrm{d}A = vA$$

由此可得出通流截面上的平均流速为

$$v = \frac{q}{A} \tag{2-17}$$

在工程实际中，平均流速 v 才具有应用价值。液压缸工作时，活塞运动的速度就等于缸内液体的平均流速，因而可以根据式（2-17）建立起活塞运动速度 v 与液压缸有效面积 A 和流量 q 之间的关系。当液压缸有效面积一定时，活塞运动速度取决于输出液压缸的液体流量。

4. 层流、湍流、雷诺数

液体的流动有两种状态，即层流和湍流。这两种流动状态的物理现象可以通过雷诺实验来观察。

雷诺实验装置如图 2-10 所示。水箱 1 由进水管不断供水，并保持水箱水面高度恒定。水杯 5 内盛有红颜色的水，将开关 6 打开后，红色水即经细导管 2

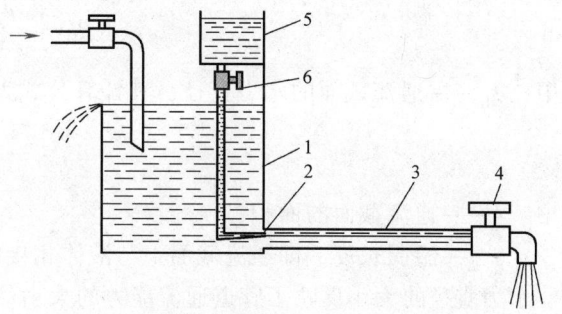

图 2-10 雷诺实验装置
1—水箱　2—细导管　3—水平玻璃管　4—阀门
5—水杯　6—开关

流入水平玻璃管 3 中。调节阀门 4 的开度，使玻璃管中的液体缓慢流动；这时，红颜色的水在玻璃管 3 中呈一条明显的直线，这条红线和清水不相混杂。这表明管中的液流是分层的，层与层之间互不干扰，液体的这种流动状态称为层流。调节阀门 4，使玻璃管中的液体流速逐渐增大，当流速增大至某一值时，可看到红线开始抖动而呈波纹状，这表明层流状态受到破坏，液流开始紊乱。若使管中流速进一步增大，红色水流便和清水完全混合，红线便完全消失，这表明管道中的液流完全紊乱，这时液体的流动状态称为湍流。如果将阀门 4 逐渐关

小，就会看到相反的过程。

实验还可证明，液体在圆管中的流动状态不仅与管内的平均流速 v 有关，还和管道内径 d 及液体的运动黏度 ν 有关。实际上，判定液流状态的是上述三个参数所组成的雷诺数 Re，即

$$Re = \frac{vd}{\nu} \tag{2-18}$$

雷诺数为无量纲数，即对通流截面相同的管道来说，若液流的雷诺数相同，则它的流动状态就相同。

液流由层流转变为湍流时的雷诺数和由湍流转变为层流时的雷诺数是不同的，后者的数值较前者小，所以一般都用后者作为判断液流状态的依据，称为临界雷诺数，记作 Re_c。当液流的实际雷诺数 Re 小于临界雷诺数 Re_c 时，为层流；反之，为湍流。常见液流管道的临界雷诺数由实验求得，见表 2-4。

表 2-4 常见液流管道的临界雷诺数

管道	Re_c	管道	Re_c
光滑金属圆管	2320	带环槽的同心环状缝隙	700
橡胶软管	1600~2000	带环槽的偏心环状缝隙	400
光滑的同心环状缝隙	1100	圆柱形滑阀阀口	260
光滑的偏心环状缝隙	1000	锥阀阀口	20~100

雷诺数的物理意义是：雷诺数是液体的惯性力对黏性力的量纲为 1（旧称无量纲）的比值。当雷诺数较大时，液体的惯性力起主导作用，液体处于湍流状态；当雷诺数较小时，黏性力起主导作用，液体处于层流状态。

对于非圆形截面的管道，Re 的计算公式为

$$Re = \frac{d_H v}{\nu} \tag{2-19}$$

式中 d_H——通流截面的水力直径，其计算公式为

$$d_H = \frac{4A}{x} \tag{2-20}$$

式中 A——通流截面的面积；

x——湿周长度，即通流截面上与液体相接触的管壁周长。

水力直径的大小反映了管道通流能力的大小。水力直径大，则意味着液流和管壁的接触周长短，管壁对液流的阻力小，通流能力大。

二、连续性方程

连续性方程是质量守恒定律在流体力学中的一种表达形式。

设液体在图 2-11 所示的管道中做恒定流动。若任取 1、2 两个通流截面的面积分别为 A_1 和 A_2，并且在这两个断面处的液体密度和平均流速分别为 ρ_1、v_1 和 ρ_2、v_2，则根据质量守恒定律，在单位时间内流过两个断面的液体质量相等，即

$$\rho_1 v_1 A_1 = \rho_2 v_2 A_2$$

当忽略液体的可压缩性时，$\rho_1 = \rho_2$，则得

$$v_1 A_1 = v_2 A_2 \tag{2-21}$$

或写成
$$q = vA = 常数$$

这就是液流的连续性方程。

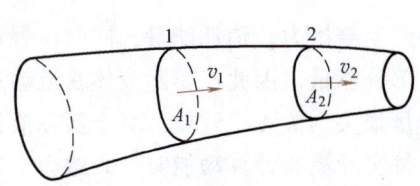

图 2-11 液流的连续性原理

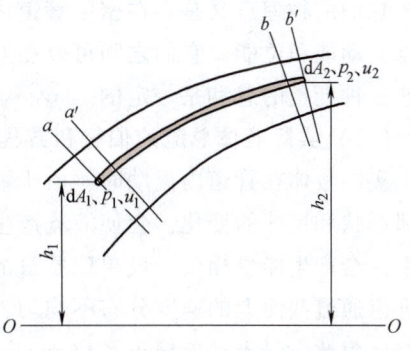

图 2-12 理想液体伯努利方程示意图

结论：在密闭管路内做恒定流动的理想液体，不管平均流速和通流截面沿流程怎样变化，流过各个截面的流量是不变的。

三、伯努利方程

伯努利方程是能量守恒定律在流体力学中的一种表达形式。

（一）理想液体微小流束的伯努利方程

设理想液体在管道内做恒定流动（图 2-12）。任取一段微小流束 ab 作为研究对象，设 a、b 两断面中心到基准面 O—O 的高度分别为 h_1、h_2，两通流截面的面积分别为 dA_1、dA_2，压力分别为 p_1、p_2，流速分别为 u_1、u_2。假设在无限小的时间 dt 内，a 断面处的质点到达 a' 处，b 断面处的质点到达 b' 处，现分析该段液体的功能变化。

1. 外力对液体所做的功

由于理想液体没有黏性，不存在内摩擦力，所以外力对液体所做的功仅为两断面压力所做功的代数和，即
$$W = p_1 dA_1 ds_1 - p_2 dA_2 ds_2 = p_1 dA_1 u_1 dt - p_2 dA_2 u_2 dt$$

由连续性方程
$$dA_1 u_1 = dA_2 u_2 = dq$$

代入得
$$W = dq dt (p_1 - p_2)$$

2. 液体机械能的变化

动能的变化
$$\Delta E_k = \rho dq dt u_2^2 / 2 - \rho dq dt u_1^2 / 2$$

位能的变化
$$\Delta E_p = \rho g dq dt h_2 - \rho g dq dt h_1$$

机械能的变化
$$\Delta E = \Delta E_k + \Delta E_p$$

根据能量守恒定律，外力对液体所做的功应等于其机械能的变化，即 $\Delta E = W$，故
$$\frac{p_1}{\rho} + \frac{u_1^2}{2} + h_1 g = \frac{p_2}{\rho} + \frac{u_2^2}{2} + h_2 g \tag{2-22}$$

这就是理想液体微小流束的伯努利方程。

式中 $\dfrac{p_1}{\rho}$、$\dfrac{p_2}{\rho}$——单位质量液体所具有的压力能，也称为比压能；

$\dfrac{u_1^2}{2}$、$\dfrac{u_2^2}{2}$——单位质量液体所具有的动能，也称为比动能；

$h_1 g$、$h_2 g$——单位质量液体所具有的位能，也称为比位能。

它们的物理意义是：在密闭管道内做恒定流动的理想液体，具有三种形式的能量，即压力能、动能和位能。它们之间可以相互转化，但在管道内任一位置，单位质量的液体所包含的这三种能量的总和是一定的。

（二）实际液体总流的伯努利方程

实际液体在管道内流动时，由于液体存在黏性，会产生摩擦力，消耗能量；同时，管道局部形状和尺寸的变化，会使液流产生扰动，也消耗一部分能量。因此，实际液体在流动过程中，会产生能量损失，设单位质量的液体所产生的能量损失为 $h_w g$。另外，由于实际液体在管道通流截面上的速度分布不均匀，在用平均流速代替实际流速计算动能时，必然会产生误差。为此，引入动能修正系数 α。

因此，实际液体总流的伯努利方程为

$$\dfrac{p_1}{\rho}+\dfrac{\alpha_1 v_1^2}{2}+h_1 g=\dfrac{p_2}{\rho}+\dfrac{\alpha_2 v_2^2}{2}+h_2 g+h_w g \tag{2-23}$$

或

$$p_1+\rho g h_1+\dfrac{1}{2}\rho\alpha_1 v_1^2=p_2+\rho g h_2+\dfrac{1}{2}\rho\alpha_2 v_2^2+\Delta p$$

动能修正系数 α_1、α_2 的值与液体的流态有关，湍流时 $\alpha=1$，层流时 $\alpha=2$。

四、动量方程

动量方程是动量定理在流体力学中的具体应用。在液压传动中，要计算液流作用在固体壁面上的力时，应用动量方程求解比较方便。

刚体力学动量定理指出，作用在物体上的外力等于物体在单位时间内的动量变化量，即

$$F=\dfrac{\mathrm{d}(mv)}{\mathrm{d}t}$$

对于做恒定流动的液体，若忽略其可压缩性，可将 $m=\rho q\mathrm{d}t$ 代入上式，并考虑以平均流速代替实际流速会产生误差，因而引入动量修正系数 β，则可写出如下形式的动量方程

$$\boldsymbol{F}=\rho q(\beta_2 \boldsymbol{v}_2-\beta_1 \boldsymbol{v}_1) \tag{2-24}$$

式中 $\boldsymbol{F}$——作用在液体上所有外力的矢量和；

$\boldsymbol{v}_1$、$\boldsymbol{v}_2$——液流在前、后两个通流截面上的平均流速矢量；

β_1、β_2——动量修正系数，湍流时 $\beta=1$，层流 $\beta=4/3$。为简化计算，通常取 $\beta=1$；

ρ、q——液体的密度和流量。

式（2-24）为矢量方程，使用时应根据具体情况将式中的各个矢量分解为指定方向的投影值，再列出该方向上的动量方程。例如，x 方向的动量方程可写成

$$F_x=\rho q(\beta_2 v_{2x}-\beta_1 v_{1x}) \tag{2-25}$$

工程问题中往往要求液流对通道固体壁面的作用力，即动量方程中 F 的反作用力 F'，称为稳态液动力。x 方向稳态液动力的计算公式为

$$F'_x=-F_x=\rho q(\beta_1 v_{1x}-\beta_2 v_{2x}) \tag{2-26}$$

例 2-3 求图 2-13 中滑阀阀芯所受的轴向稳态液动力。

解 取进、出油口之间的液体为研究体积,并根据式(2-26)计算 x 方向的液动力,即

$$F'_x = \rho q[\beta_1 v_1 \cos 90° - (-\beta_2 v_2 \cos\theta)]$$
$$= \rho q \beta_2 v_2 \cos\theta$$

取 $\beta_2 = 1$,得液动力 $F'_x = \rho q v_2 \cos\theta$。

当液流反方向通过该阀时,同理可得到相同的结果。因所得的 F'_x 皆为正值,说明在上述两种情况下的 F'_x 方向都向右。可见,作用在滑阀阀芯上的稳态液动力总是使阀门趋于关闭。

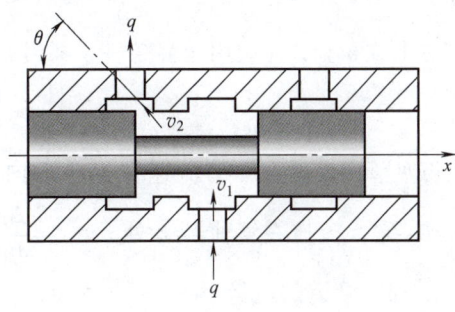

图 2-13 滑阀上的稳态液动力

第四节 液体流动时的压力损失

实际液体具有黏性,流动时会有阻力产生。为了克服阻力,流动液体需要损耗一部分能量,这种能量损失就是实际液体伯努利方程中的 $h_w g$ 项,见式(2-23)。将该项折算成压力损失,可表示为 $\Delta p = \rho g h_w$。

在液压系统中,压力损失使液压能转变为热能,将导致系统温度升高。因此,在设计液压系统时,要尽量减少压力损失。

压力损失可以分为沿程压力损失和局部压力损失。下面分别讨论它们的计算方法。

一、沿程压力损失

液体在等径直管中流动时因黏性摩擦而产生的压力损失称为沿程压力损失。液体的流动状态不同,所产生的沿程压力损失也有所不同。

(一)层流时的沿程压力损失

层流时液体质点做有规律的流动,因此可以用数学工具全面探讨其流动状况,并最后导出沿程压力损失的计算公式。

1. 通流截面上的流速分布规律

在图 2-14 中,液体在等径水平直管中流动,其流态为层流。在液流中取一段与管轴重合的微小圆柱体作为研究对象。设其半径为 r、长度为 l,作用在两端面的压力分别为 p_1 和 p_2,作用在侧面的内摩擦力为 F_f。液流做匀速运动时处于受力平衡状态,故有

$$(p_1 - p_2)\pi r^2 = F_f$$

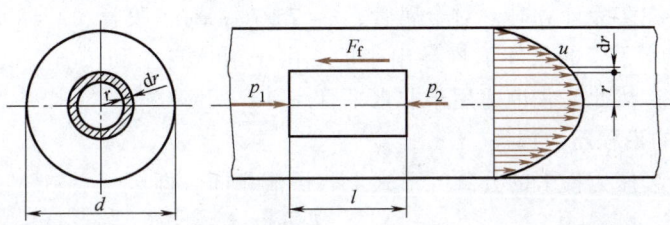

图 2-14 圆管中的层流

$F_f = -2\pi r l \mu du/dr$（负号表示流速 u 随 r 的增大而减小）

若令 $\Delta p = p_1 - p_2$，则将 F_f 代入上式整理可得

$$du = -\frac{\Delta p}{2\mu l} r dr$$

对上式积分，并应用边界条件，则当 $r = R$ 时，$u = 0$，得

$$u = \frac{\Delta p}{4\mu l}(R^2 - r^2) \tag{2-27}$$

可见管内液体质点的流速在半径方向上按抛物线规律分布。最小流速在管壁 $r = R$ 处，$u_{min} = 0$；最大流速在管轴 $r = 0$ 处，$u_{max} = \frac{\Delta p}{4\mu l}R^2 = \frac{\Delta p}{16\mu l}d^2$。

2. 通过管道的流量

对于半径为 r、宽度为 dr 的微小环形通流截面，其面积 $dA = 2\pi r dr$，所通过的流量

$$dq = u dA = 2\pi u r dr = 2\pi \frac{\Delta p}{4\mu l}(R^2 - r^2) r dr$$

于是积分可得

$$q = \int_0^R 2\pi \frac{\Delta p}{4\mu l}(R^2 - r^2) r dr = \frac{\pi R^4}{8\mu l}\Delta p = \frac{\pi d^4}{128\mu l}\Delta p \tag{2-28}$$

3. 管道内的平均流速

根据平均流速的定义，可得

$$v = \frac{q}{A} = \frac{1}{\frac{\pi d^2}{4}} \cdot \frac{\pi d^4}{128\mu l}\Delta p = \frac{d^2}{32\mu l}\Delta p \tag{2-29}$$

将式（2-29）与 u_{max} 值进行比较可知，平均流速 v 为最大流速 u_{max} 的 1/2。

4. 沿程压力损失

由式（2-29）整理后得沿程压力损失为

$$\Delta p_\lambda = \Delta p = \frac{32\mu l v}{d^2}$$

从上式可以看出，当直管中液流为层流时，沿程压力损失的大小与管长、流速、黏度成正比，而与管径的平方成反比。适当变换上式，则沿程压力损失的计算公式可改写为

$$\Delta p_\lambda = \frac{64\nu}{dv} \cdot \frac{l}{d} \cdot \frac{\rho v^2}{2} = \frac{64}{Re} \cdot \frac{l}{d} \cdot \frac{\rho v^2}{2} = \lambda \frac{l}{d} \cdot \frac{\rho v^2}{2} \tag{2-30}$$

式中　λ——沿程阻力系数。

对于圆管层流，理论值 $\lambda = 64/Re$。考虑到实际圆管截面可能有变形，靠近管壁处的液层可能冷却，因而在实际计算时，对金属管，$\lambda = 75/Re$，对橡胶管，$\lambda = 80/Re$。

式（2-30）是在水平管的条件下推导出来的。由于液体自重和位置变化所引起的压力变化很小，可以忽略，故此公式也适用于非水平管。

（二）湍流时的沿程压力损失

湍流时计算沿程压力损失的公式在形式上与层流相同，即

$$\Delta p_\lambda = \lambda \frac{l}{d} \cdot \frac{\rho v^2}{2}$$

但式中的阻力系数 λ 除与雷诺数 Re 有关外，还与管壁的粗糙度有关，即 $\lambda = f(Re, \Delta/d)$，$\Delta$ 为管壁的绝对粗糙度，它与管径 d 的比值 Δ/d 称为相对粗糙度。

对于光滑管，$\lambda = 0.3164 Re^{-0.25}$；对于粗糙管，$\lambda$ 的值可以根据不同的 Re 和 Δ/d 从手册上有关曲线查出。

管壁的绝对粗糙度 Δ 与管道的材料有关，一般计算时可参考下列数值：钢管为 0.04mm，铜管为 0.0015~0.01mm，铝管为 0.0015~0.06mm，橡胶软管为 0.03mm。

二、局部压力损失

液体流经管道的弯头、管接头、突变截面以及阀口、滤网等局部装置时，液流会产生旋涡，并出现强烈的紊动现象，由此而造成的压力损失称为局部压力损失。当液体流过上述各种局部装置时，流动状况极为复杂，影响因素较多，局部压力损失值不易从理论上进行分析计算，因此，局部压力损失的阻力系数，一般要通过实验来确定。局部压力损失的计算公式为

$$\Delta p_\zeta = \zeta \frac{\rho v^2}{2} \tag{2-31}$$

式中 ζ——局部阻力系数。各种局部装置结构的 ζ 值可查阅有关手册。

液体流过各种阀类的局部压力损失也可以用式(2-31)来计算。但因阀内通道结构复杂，按此公式计算比较困难，故阀类元件局部压力损失 Δp_v 的实际计算公式为

$$\Delta p_v = \Delta p_n \left(\frac{q}{q_n}\right)^2 \tag{2-32}$$

式中 q_n——阀的额定流量；

Δp_n——阀在额定流量 q_n 下的压力损失(可从阀的产品样本或设计手册中查出)；

q——通过阀的实际流量。

三、管路中的总压力损失

整个管路系统的总压力损失应为所有沿程压力损失和所有局部压力损失之和，即

$$\sum \Delta p = \sum \Delta p_\lambda + \sum \Delta p_\zeta + \sum \Delta p_v = \sum \lambda \frac{l}{d} \frac{\rho v^2}{2} + \sum \zeta \frac{\rho v^2}{2} + \sum \Delta p_n \left(\frac{q}{q_n}\right)^2 \tag{2-33}$$

在液压系统中，绝大部分压力损失将转变为热能，造成系统温度增高，泄漏增大，以致影响系统的工作性能。从计算压力损失的公式可以看出，减小流速，缩短管道长度，减少管道截面的突变，提高管道内壁的加工质量等，都可使压力损失减小。其中以流速的影响为最大，故液体在管路系统中的流速不应过高。但流速太低，也会使管路和阀类元件的尺寸加大，并使成本增高。

例 2-4 在图 2-15 所示的液压系统中，已知泵的流量 $q = 1.5 \times 10^{-3} \text{m}^3/\text{s}$，液压缸内径 $D = 100\text{mm}$，负载 $F = 30000\text{N}$，回油腔压力近似为零，液压缸的进油管是内径 $d = 20\text{mm}$ 的钢管，总长即为管的垂直高度 $H = 5\text{m}$，进油路总的局部阻力系数 $\sum \zeta = 7.2$，液压油的密度 $\rho = 900\text{kg/m}^3$，工作温度下的运动黏度 $\nu = 46\text{mm}^2/\text{s}$。试求：(1)进油路的压力损失；(2)泵的供油压力。

解 (1) 计算进油路的压力损失 进油管内流速为

$$v_1 = \frac{q}{\frac{\pi}{4}d^2} = \frac{1.5 \times 10^{-3}}{\frac{\pi}{4} \times (20 \times 10^{-3})^2} \text{m/s} = 4.77 \text{m/s}$$

则 $Re = \dfrac{v_1 d}{\nu} = \dfrac{4.77 \times 20 \times 10^{-3}}{46 \times 10^{-6}} = 2074 < 2320$ （为层流）

沿程阻力系数 $\lambda = \dfrac{75}{Re} = \dfrac{75}{2074} = 0.036$

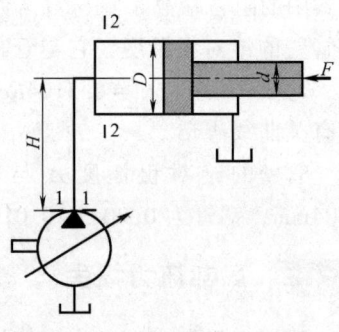

图 2-15 液压系统示意图

故进油路的压力损失为

$$\sum \Delta p = \lambda \frac{l}{d} \frac{\rho v_1^2}{2} + \sum \zeta \frac{\rho v_1^2}{2}$$

$$= \left(0.036 \times \frac{5}{20 \times 10^{-3}} + 7.2 \right) \times \frac{900 \times 4.77^2}{2} \text{Pa}$$

$$= 0.166 \times 10^6 \text{Pa} = 0.166 \text{MPa}$$

(2) 计算泵的供油压力 对泵的出口油管断面 1—1 和液压缸进口后的断面 2—2 之间的液体列伯努利方程

$$p_1 + \rho g h_1 + \frac{1}{2} \rho \alpha_1 v_1^2 = p_2 + \rho g h_2 + \frac{1}{2} \rho \alpha_2 v_2^2 + \Delta p_w$$

写成 p_1 的表达式为

$$p_1 = p_2 + \rho g (h_2 - h_1) + \frac{1}{2} \rho (\alpha_2 v_2^2 - \alpha_1 v_1^2) + \Delta p_w$$

式中 p_2——液压缸的工作压力，即

$$p_2 = \frac{F}{\frac{\pi}{4}D^2} = \frac{30000}{\frac{\pi}{4} \times (100 \times 10^{-3})^2} \text{Pa} = 3.81 \times 10^6 \text{Pa} = 3.81 \text{MPa}$$

$\rho g(h_2 - h_1)$——单位体积液体的位能变化量，即

$$\rho g(h_2 - h_1) = \rho g H = 900 \times 9.8 \times 5 \text{Pa} = 0.044 \times 10^6 \text{Pa} = 0.044 \text{MPa}$$

$\dfrac{1}{2} \rho (\alpha_2 v_2^2 - \alpha_1 v_1^2)$——单位体积液体的动能变化量，因

$$v_2 = \frac{q}{\frac{\pi}{4}D^2} = \frac{1.5 \times 10^{-3}}{\frac{\pi}{4} \times (100 \times 10^{-3})^2} \text{m/s} = 0.19 \text{m/s}$$

$$\alpha_2 = \alpha_1 = 2$$

则 $\dfrac{1}{2} \rho (\alpha_2 v_2^2 - \alpha_1 v_1^2) = \dfrac{1}{2} \times 900 \times (2 \times 0.19^2 - 2 \times 4.77^2) \text{Pa}$

$$= -0.02 \times 10^6 \text{Pa} = -0.02 \text{MPa}$$

Δp_w——进油路总的压力损失，即

$$\Delta p_w = \sum \Delta p = 0.166 \text{MPa}$$

故泵的供油压力为

$$p_1 = (3.81+0.044-0.02+0.166)\text{MPa} = 4\text{MPa}$$

从本例计算 p_1 的式子可以看出,在液压传动中,由液体位置高度变化和流速变化引起的压力变化量,相对来说是很小的,一般计算可将 $\rho g(h_2-h_1)$、$\frac{1}{2}\rho(\alpha_2 v_2^2-\alpha_1 v_1^2)$ 两项忽略不计。因此,p_1 的表达式可以简化为

$$p_1 = p_2 + \sum \Delta p \tag{2-34}$$

式(2-34)虽然为一近似公式,但在液压系统设计计算中得到了普遍应用。

第五节　液体流经小孔和缝隙的流量

液压传动中常利用液体流经阀的小孔或缝隙来控制流量和压力,以达到调速和调压的目的。液压元件的泄漏也属于缝隙流动。因而研究小孔或缝隙的流量计算,了解其影响因素,对于合理设计液压系统,正确分析液压元件和系统的工作性能,是很有必要的。

一、液体流过小孔的流量

小孔可分为三种:当小孔的长径比 $l/d \leq 0.5$ 时,为薄壁孔;当 $l/d > 4$ 时,为细长孔;当 $0.5 < l/d \leq 4$ 时,为短孔。

先研究薄壁孔的流量计算。图 2-16 所示为进口一侧做成薄刃式的典型薄壁孔口。由于惯性作用,液流通过小孔时要发生收缩现象,在靠近孔口的后方出现收缩最大的通流截面。对于薄壁圆孔,当孔前通道直径与小孔直径之比 $d_1/d \geq 7$ 时,流束的收缩作用不受孔前通道内壁的影响,这时的收缩称为完全收缩;反之,当 $d_1/d < 7$ 时,孔前通道对液流进入小孔起导向作用,这时的收缩称为不完全收缩。

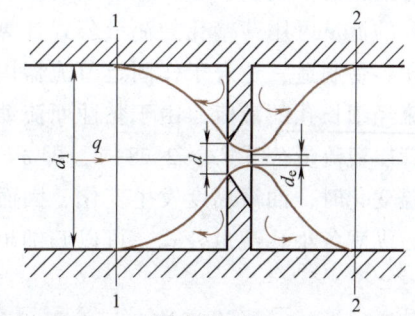

图 2-16　薄壁小孔的液流

现对孔前通流截面 1—1 和孔后通流截面 2—2 之间的液体列伯努利方程,有

$$\frac{p_1}{\rho} + \frac{\alpha_1 v_1^2}{2} + h_1 g = \frac{p_2}{\rho} + \frac{\alpha_2 v_2^2}{2} + h_2 g + h_w g$$

式中　h_w——局部能量头损失,它包括两部分,即截面突然减小时的局部压力头损失 h_{w1} 和截面突然增大时的局部压力头损失 h_{w2}。

$$h_{w1} = \zeta \frac{v_e^2}{2g}, \quad h_{w2} = \left(1 - \frac{A_e}{A_2}\right)\frac{v_e^2}{2g}$$

由于 $A_e \leq A_2$,所以

$$h_w = h_{w1} + h_{w2} = \zeta \frac{v_e^2}{2g} + \left(1 - \frac{A_e}{A_2}\right)\frac{v_e^2}{2g} = (\zeta+1)\frac{v_e^2}{2g}$$

将上式代入伯努利方程,并注意到由于 $A_1 = A_2$,故 $v_1 = v_2$,$\alpha_1 = \alpha_2$;且 $h_1 = h_2$,得

$$v_e = \frac{1}{\sqrt{1+\zeta}}\sqrt{\frac{2}{\rho}(p_1-p_2)} = C_v\sqrt{\frac{2}{\rho}\Delta p}$$

式中 Δp——小孔前后的压差，$\Delta p = p_1 - p_2$；

C_v——小孔速度系数，$C_v = \dfrac{1}{\sqrt{1+\zeta}}$。

由此可得通过薄壁小孔的流量公式为

$$q = A_e v_e = C_v C_c A_T \sqrt{\frac{2}{\rho}\Delta p} = C_q A_T \sqrt{\frac{2}{\rho}\Delta p} \tag{2-35}$$

式中 C_q——流量系数，$C_q = C_v C_c$；

C_c——收缩系数，$C_c = A_e / A_T = d_e^2 / d^2$；

A_e——收缩断面的面积；

A_T——小孔通流截面的面积，$A_T = \pi d^2 / 4$。

C_c、C_v、C_q 的数值可由实验确定。当液流完全收缩（管道直径与小孔直径之比 $d_1/d \geq 7$）时，$C_c = 0.61 \sim 0.63$，$C_v = 0.97 \sim 0.98$，这时 $C_q = 0.6 \sim 0.62$；当液流不完全收缩（管道直径与小孔直径之比 $d_1/d < 7$）时，$C_q = 0.7 \sim 0.8$。

薄壁孔由于流程很短，流量对油温的变化不敏感，因而流量稳定，宜作为节流孔用。流经短孔的流量可用薄壁孔的流量公式计算，但流量系数 C_q 不同，一般取 $C_q = 0.82$。短孔比薄壁孔容易制造，适合于作固定节流器用。

流经细长孔的液流，由于黏性而流动不畅，故多为层流。其流量计算可以应用前面推出的圆管层流流量公式(式(2-28))，即 $q = \pi d^4 \Delta p / (128 \mu l)$。细长孔的流量和油液的黏度有关，当油温变化时，油液黏度发生变化，因而流量也随之发生变化。这一点和薄壁小孔特性大不相同。纵观各小孔流量公式，可以归纳出一个通用公式

$$q = K A_T \Delta p^m \tag{2-36}$$

式中 A_T、Δp——小孔通流截面的面积和两端压差；

K——由孔的形状、尺寸和液体性质决定的系数，对于细长孔，$K = d^2 / (32\mu l)$，对于薄壁孔和短孔，$K = C_q \sqrt{2/\rho}$；

m——由孔的长径比决定的指数，对于薄壁孔，$m = 0.5$，对于细长孔，$m = 1$。

通用公式(2-36)常用来分析小孔的流量压力特性。

二、液体流过缝隙的流量

液压装置的各零件之间，特别是有相对运动的各零件之间，一般都存在缝隙（或称间隙）。油液流过缝隙就会产生泄漏，即缝隙流量。由于缝隙通道狭窄，液流受壁面的影响较大，故缝隙液流的流态均为层流。

缝隙流动有两种状况：一种是由缝隙两端的压差造成的流动，称为压差流动；另一种是形成缝隙的两壁面做相对运动所造成的流动，称为剪切流动。这两种流动经常会同时存在。

（一）液体流过平行平板缝隙的流量

平行平板缝隙可以由固定的两平行平板形成，也可由相对运动的两平行平板形成。

1. 液体流过固定平行平板缝隙的流量

图 2-17 所示为固定平行平板缝隙液流。设缝隙厚度为 δ，宽度为 b，长度为 l，两端的压力为 p_1 和 p_2。从缝隙中取出一微小的平行六面体（其体积为 $b\mathrm{d}x\mathrm{d}y$），其左右两端所受的压力为 p 和 $p+\mathrm{d}p$，上下两侧面所受的摩擦力为 $\tau+\mathrm{d}\tau$ 和 τ，则受力平衡方程为

$$pb\mathrm{d}y+(\tau+\mathrm{d}\tau)b\mathrm{d}x=(p+\mathrm{d}p)b\mathrm{d}y+\tau b\mathrm{d}x$$

整理后得

$$\frac{\mathrm{d}\tau}{\mathrm{d}y}=\frac{\mathrm{d}p}{\mathrm{d}x}$$

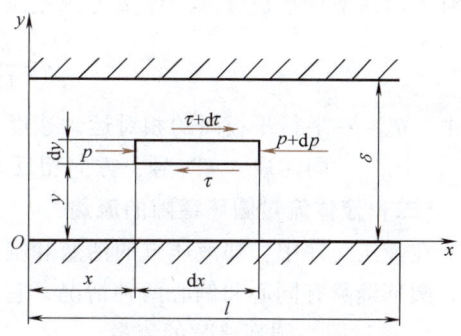

图 2-17 固定平行平板缝隙液流

由于 $\tau=\mu\dfrac{\mathrm{d}u}{\mathrm{d}y}$，则上式可转化为

$$\frac{\mathrm{d}^2u}{\mathrm{d}y^2}=\frac{1}{\mu}\frac{\mathrm{d}p}{\mathrm{d}x}$$

将上式对 y 进行两次积分得

$$u=\frac{1}{2\mu}\frac{\mathrm{d}p}{\mathrm{d}x}y^2+C_1y+C_2 \tag{2-37}$$

式中，C_1、C_2 为积分常数。将边界条件 $y=0$、$u=0$ 和 $y=\delta$、$u=0$ 分别代入式(2-37)得

$$C_1=-\frac{\delta}{2\mu}\frac{\mathrm{d}p}{\mathrm{d}x},\quad C_2=0$$

此外，在缝隙液流中，压力 p 沿 x 方向的变化率 $\mathrm{d}p/\mathrm{d}x$ 为常数，有

$$\frac{\mathrm{d}p}{\mathrm{d}x}=\frac{p_2-p_1}{l}=-\frac{p_1-p_2}{l}=-\frac{\Delta p}{l}$$

将上述关系代入式(2-37)便有

$$u=\frac{\Delta p}{2\mu l}(\delta-y)y \tag{2-38}$$

由此得液体在固定平行平板缝隙中做压差流动时的流量为

$$q=\int_0^{\delta}ub\mathrm{d}y=b\int_0^{\delta}\frac{\Delta p}{2\mu l}(\delta-y)y\mathrm{d}y=\frac{b\delta^3}{12\mu l}\Delta p \tag{2-39}$$

从式(2-39)可以看出，在压差作用下，流过固定平行平板缝隙的流量与缝隙厚度 δ 的三次方成正比，这说明液压元件内缝隙的大小对其泄漏量的影响是很大的。

2. 液体流过相对运动的平行平板缝隙的流量

由图 2-2 知，当一平板固定，另一平板以速度 u_0 做相对运动时，由于液体存在黏性，紧贴于动平板上的油液以速度 u_0 运动，紧贴于固定平板上的油液则保持静止，中间各层液体的流速呈线性分布，即液体做剪切流动。因为液体的平均流速 $v=u_0/2$，故由于平板相对运动而使液体流过缝隙的流量为

$$q'=vA=\frac{1}{2}u_0b\delta \tag{2-40}$$

式(2-40)所求值为液体在平行平板缝隙中做剪切流动时的流量。

在一般情况下，相对运动的平行平板缝隙中既有压差流动，又有剪切流动。因此，流过

相对运动的平行平板缝隙的流量为压差流量和剪切流量的代数和,即

$$q = \frac{b\delta^3}{12\mu l}\Delta p \pm \frac{1}{2}u_0 b\delta \tag{2-41}$$

式中 u_0——平行平板间的相对运动速度。当长平板相对于短平板移动的方向和压差方向相同时取"+"号,方向相反时取"-"号。

(二) 液体流过圆环缝隙的流量

在液压元件中,如液压缸的活塞和缸孔之间、液压阀的阀芯和阀孔之间,都存在圆环缝隙。圆环缝隙有同心和偏心两种情况,它们的流量公式有所不同。

1. 流过同心圆环缝隙的流量

图 2-18 所示为同心圆环缝隙的流动。圆柱体直径为 d,缝隙厚度为 δ,缝隙长度为 l。如果将圆环缝沿圆周方向展开,就相当于一个平行平板缝隙。因此,只要用 πd 替代式(2-41)中的 b,就可得到内外表面之间有相对运动的同心圆环缝隙的流量公式,即

$$q = \frac{\pi d\delta^3}{12\mu l}\Delta p \pm \frac{1}{2}\pi d\delta u_0 \tag{2-42}$$

当相对运动速度 $u_0 = 0$ 时,即为内外表面之间无相对运动的同心圆环缝隙流量公式,即

$$q = \frac{\pi d\delta^3}{12\mu l}\Delta p \tag{2-43}$$

2. 流过偏心圆环缝隙的流量

若圆环的内外圆不同心,偏心距为 e(图 2-19),则形成偏心圆环缝隙。其流量公式为

$$q = \frac{\pi d\delta^3 \Delta p}{12\mu l}(1 + 1.5\varepsilon^2) \pm \frac{1}{2}\pi d\delta u_0 \tag{2-44}$$

式中 δ——内外圆同心时的缝隙厚度;

  ε——相对偏心率,即偏心距 e 和同心圆环缝隙厚度 δ 的比值,$\varepsilon = e/\delta$。

由式(2-44)可以看出,当 $\varepsilon = 0$ 时,它就是同心圆环缝隙的流量公式;当 $\varepsilon = 1$ 时,即在最大偏心情况下,其压差流量为同心圆环缝隙压差流量的 2.5 倍。可见在液压元件中,为了减少圆环缝隙的泄漏,应使相互配合的零件尽量处于同心状态。

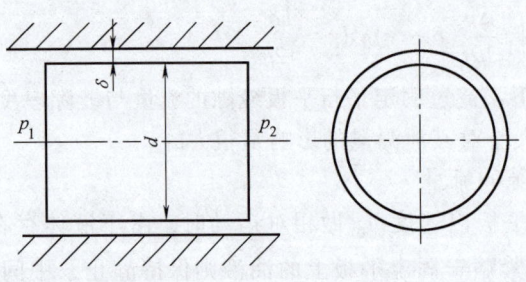

图 2-18 同心圆环缝隙流量

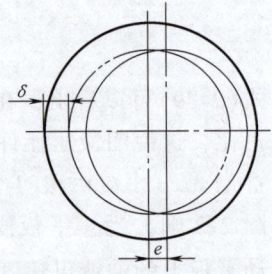

图 2-19 偏心圆环缝隙流量

第六节 液压冲击和空穴现象

在液压传动系统中,液压冲击和空穴现象会给系统的正常工作带来不利影响,因此需要

了解这些现象产生的原因,并采取措施加以防治。

一、液压冲击

在液压系统中,由于某种原因,系统的压力在某一瞬间会突然急剧上升,形成很高的压力峰值,这种现象称为液压冲击。

1. 液压冲击产生的原因及其危害性

在阀门突然关闭或液压缸快速制动等情况下,液体在系统中的流动会突然受阻。这时,由于液流的惯性作用,液体从受阻端开始,迅速将动能逐层转换为压力能,因此产生了压力冲击波;此后,又从另一端开始,将压力能逐层转换为动能,液体又反向流动;然后,又再次将动能转换为压力能,如此反复地进行能量转换。由于这种压力波的迅速往复传播,便在系统内形成压力振荡。实际上,由于液体受到摩擦力以及液体和管壁的弹性作用,不断消耗能量,才使振荡过程逐渐衰减而趋向稳定。

系统中出现液压冲击时,液体瞬时压力峰值可以比正常工作压力大好几倍。液压冲击会损坏密封装置、管道或液压元件,还会引起设备振动,产生很大噪声。有时,液压冲击会使某些液压元件(如压力继电器、顺序阀等)产生误动作,影响系统正常工作。

2. 冲击压力

假设系统的正常工作压力为 p,产生液压冲击时的最大压力,即压力冲击波第一波的峰值压力为

$$p_{\max} = p + \Delta p \tag{2-45}$$

式中　Δp——冲击压力的最大升高值。

由于液压冲击是一种非定常流动,动态过程非常复杂,影响因素很多,故精确计算 Δp 值是很困难的。下面介绍两种液压冲击情况下的 Δp 值的近似计算公式。

(1) 管道阀门关闭时的液压冲击　设管道截面积为 A,产生冲击的管长为 l,压力冲击波第一波在 l 长度内传播的时间为 t_1,液体的密度为 ρ,管中液体的流速为 v,阀门关闭后的流速为零,则由动量方程得

$$\Delta p A = \rho A l \frac{v}{t_1}$$

$$\Delta p = \rho \frac{l}{t_1} v = \rho c v \tag{2-46}$$

式中　c——压力冲击波在管中的传播速度,$c = l/t_1$。

应用式(2-46)时,需先知道 c 值的大小,而 c 不仅和液体的体积弹性模量 K 有关,还和管道材料的弹性模量 E、管道的内径 d 及壁厚 δ 有关,故 c 值的计算公式为

$$c = \frac{\sqrt{\dfrac{K}{\rho}}}{\sqrt{1 + \dfrac{Kd}{E\delta}}} \tag{2-47}$$

在液压传动中,c 值一般在 900~1400m/s 之间。

若流速 v 不是突然降为零,而是降为 v_1,则式(2-46)可写为

$$\Delta p = \rho c (v - v_1) \tag{2-48}$$

设压力冲击波在管中往复一次的时间为 t_c，$t_c=2l/c$。当阀门关闭时间 $t<t_c$ 时，压力峰值很大，称为直接冲击，其 Δp 值可按式（2-46）或式（2-48）计算。当 $t>t_c$ 时，压力峰值较小，称为间接冲击，这时 Δp 的计算公式为

$$\Delta p = \rho c(v-v_1)\frac{t_c}{t} \qquad (2-49)$$

（2）运动部件制动时的液压冲击　设总质量为 $\sum m$ 的运动部件在制动时的减速时间为 Δt，速度减小值为 Δv，液压缸有效面积为 A，则根据动量定理得

$$\Delta p = \frac{\sum m \Delta v}{A \Delta t} \qquad (2-50)$$

式（2-50）中因忽略了阻尼和泄漏等因素，计算结果偏大，但比较安全。

3. 减小液压冲击的措施

分析式（2-49）、式（2-50）中 Δp 的影响因素，可以归纳出如下减小液压冲击的主要措施：

1）延长阀门关闭和运动部件制动换向的时间。实践证明，运动部件制动换向时间若能大于 0.2s，冲击就大为减轻。在液压系统中采用换向时间可调的换向阀就可做到这一点。

2）限制管道流速及运动部件速度。例如在机床液压系统中，通常将管道流速限制在 4.5m/s 以下，液压缸所驱动的运动部件速度一般不宜超过 10m/min 等。

3）适当加大管道直径，尽量缩短管路长度。加大管道直径不但可以降低流速，而且可以减小压力冲击波速度 c 值；缩短管路长度的目的是减小压力冲击波的传播时间 t_c；必要时还可在冲击区附近安装蓄能器等缓冲装置来达到此目的。

4）采用软管，以增加系统的弹性。

二、空穴现象

在液压系统中，如果某处的压力低于空气分离压时，原先溶解在液体中的空气就会分离出来，导致液体中出现大量气泡的现象，称为空穴现象。如果液体中的压力进一步降低到饱和蒸气压时，液体将迅速气化，产生大量蒸气泡，这时的空穴现象将会更加严重。

当液压系统中出现空穴现象时，大量的气泡破坏了液流的连续性，造成流量和压力脉动，气泡随液流进入高压区时又急剧破灭，以致引起局部液压冲击，发出噪声并引起振动。当附着在金属表面上的气泡破灭时，它所产生的局部高温和高压会使金属剥蚀，这种由气穴造成的腐蚀作用称为气蚀。气蚀会使液压元件的工作性能变坏，并使其寿命大大缩短。

空穴多发生在阀口和液压泵的进口处。由于阀口的通道狭窄，液流的速度增大，压力则大幅度下降，以致产生空穴。当泵的安装高度过大，吸油管直径太小，吸油阻力太大，或泵的转速过高，造成进口处真空度过大时，也会产生空穴。

为减少空穴和气蚀的危害，通常采取下列措施：

1）减小小孔或缝隙前后的压降。一般希望小孔或缝隙前后的压力比值 $p_1/p_2<3.5$。

2）降低泵的吸油高度，适当加大吸油管内径，限制吸油管内液体的流速，尽量减少吸油管路中的压力损失（如及时清洗过滤器或更换滤芯等）。对于自吸能力差的泵，需用辅助泵供油。

3）管路要有良好的密封，以防止空气进入。

第三章 液压泵与液压马达

第一节 概述

一、作用与分类

液压泵是一种能量转换装置，它把驱动它的原动机（一般为电动机）的机械能转换成输送到系统中去的油液的压力能；而液压马达则是把输入油液的压力能转换成机械能，使其驱动的工作部件做旋转运动。

液压泵和液压马达都是容积式的。

图 3-1 所示为容积式泵的工作原理。凸轮 1 旋转时，柱塞 2 在凸轮 1 和弹簧 3 的作用下在缸体 4 中左右移动。柱塞右移时，缸体中的油腔（密封工作腔）容积变大，产生真空，油液便通过吸油阀 5 吸入；柱塞左移时，缸体中的油腔容积变小，已吸入的油液便通过压油阀 6 输出到系统中去。由此可见，泵是靠密封工作腔的容积变化进行工作的，而输出流量的大小由密封工作腔的容积变化大小来决定。

液压马达是一种执行元件，从原理上说，向容积式泵中输入液压油，就可使轴转动，成为液压马达。大部分容积式泵可作为液压马达使用，但在结构细节上有一些不同。

液压泵（液压马达）按其在每转一转所能

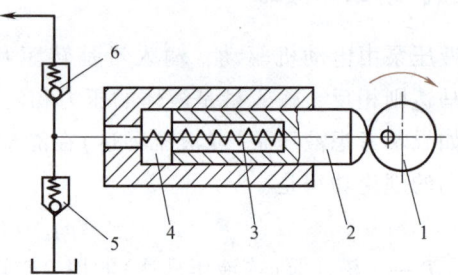

图 3-1 容积式泵的工作原理
1—凸轮 2—柱塞 3—弹簧 4—缸体
5—吸油阀 6—压油阀

输出（所需输入）油液体积可否调节而分成定量泵（定量马达）和变量泵（变量马达）两类；按结构形式可以分为齿轮式、叶片式和柱塞式三大类。

二、压力、排量和流量

（1）工作压力 液压泵的工作压力是指实际工作时的输出压力，也就是油液为了克服阻力所必须建立起来的压力；而液压马达的工作压力是指它的输入压力。

（2）额定压力 液压泵（液压马达）的额定压力是指泵（马达）在使用中按标准条件连续运转允许达到的最大工作压力。超过此值即为过载。

32 ▪ 液压与气压传动 第4版

除此之外还有最高允许压力，它是指泵短时间内所允许超载使用的极限压力，它受泵本身密封性能和零件强度等因素的限制。吸入压力是指泵吸入口处的压力。

由于液压传动的用途不同，液压系统所需的压力也不同。为了便于液压元件的设计、生产和使用，将压力分为几个等级，见表3-1。

表3-1 压力分级

压力分级	低压	中压	中高压	高压	超高压
压力/MPa	≤2.5	>2.5~8	>8~16	>16~32	>32

（3）排量（V）　液压泵（液压马达）的排量 V 是指在不考虑泄漏的情况下，轴转过一整转时所能输出（或所需输入）的油液体积。

（4）理论流量（q_t）　液压泵（液压马达）的理论流量 q_t 是指在不考虑泄漏的情况下，单位时间内所能输出（或所需输入）的油液体积。如泵轴的转速为 n，则泵的理论流量为 $q_t = Vn$。

（5）实际流量（q）　实际流量 q 是指液压泵（液压马达）工作时的输出（输入）流量，这时的流量必须考虑到泵（马达）的泄漏，所以实际流量 q 小于（大于）理论流量 q_t。

（6）额定流量（q_n）　液压泵（液压马达）的额定流量 q_n 是指在额定转速和额定压力下泵输出（或输入马达）的流量。因为泵和马达存在内泄漏，所以额定流量的值和理论流量是不同的。

（7）瞬时流量（q_{in}）　瞬时流量 q_{in} 是液压泵（液压马达）在每一瞬时的流量，一般指泵（马达）的瞬时理论（几何）流量。

三、功率和效率

液压泵由电动机驱动，输入量是转矩和转速（角速度），输出量是液体的压力和流量；液压马达则相反，输入量是液体的压力和流量，输出量是转矩和转速（角速度）。

如果不考虑液压泵（或液压马达）在能量转换过程中的损失，则输出功率等于输入功率，即它们的理论功率是

$$P_t = pq_t = pVn = T_t \omega = 2\pi T_t n \tag{3-1}^{\ominus}$$

式中　T_t——液压泵（或液压马达）的理论转矩；

ω——液压泵（或液压马达）的角速度。

实际上，液压泵和液压马达在能量转换过程中是有损失的，因此输出功率小于输入功率。两者之间的差值即为功率损失。功率损失可以分为容积损失和机械损失两部分。

容积损失是因内泄漏造成的流量上的损失。

对于液压泵来说，输出压力增大时内泄漏加大，泵实际输出的流量 q 减小。设泵的内泄漏为 q_1，则泵的容积损失可用容积效率 η_V 来表示，即

$$\eta_V = \frac{q}{q_t} = \frac{q_t - q_1}{q_t} = 1 - \frac{q_1}{q_t} \tag{3-2}$$

由于泵内机件间的间隙很小，泄漏油液的流态可以看作为层流，所以泄漏量和泵的输出压

$\ominus$　式(3-1)中，p、q_t、T_t、ω、n 的单位分别为 N/m^2、m^3/s、$N \cdot m$、rad/s、r/min，则 P_t 的单位为 $N \cdot m/s$，即 W。

力 p 成正比，即

$$q_1 = k_1 p \tag{3-3}$$

式中　k_1——泄漏系数。

因此有

$$\eta_V = 1 - \frac{k_1 p}{Vn} \tag{3-4}$$

式(3-4)表明：泵的输出压力越高，泄漏系数越大；或泵的排量越小，转速越低，则泵的容积效率也越低。

对于液压马达来说，由于泄漏损失，输入液压马达的实际流量 q 必然大于它的理论流量 q_t，即 $q = q_t + q_1$，它的容积效率为

$$\eta_V = \frac{q_t}{q} = 1 - \frac{q_1}{q} \tag{3-5}$$

机械损失是指因摩擦而造成的转矩上的损失。

对液压泵来说，驱动泵的转矩总是大于其理论上需要的转矩。设转矩损失为 T_1，则泵实际输入转矩为 $T = T_t + T_1$，用机械效率 η_m 来表示泵的机械损失时，有

$$\eta_m = \frac{T_t}{T} = \frac{1}{1 + \dfrac{T_1}{T_t}} \tag{3-6}$$

对于液压马达来说，由于摩擦损失，使液压马达的实际输出转矩 T 小于其理论转矩，它的机械效率 η_m 为

$$\eta_m = \frac{T}{T_t} = \frac{T_t - T_1}{T_t} = 1 - \frac{T_1}{T_t} \tag{3-7}$$

液压泵的总效率 η 是其输出功率与输入功率之比，由式(3-1)、式(3-2)、式(3-6)可以得出

$$\eta = \eta_V \eta_m \tag{3-8}$$

液压马达的总效率同样也是输出功率与输入功率之比，由式(3-1)、式(3-5)、式(3-7)，也能得到式(3-8)的关系，即 $\eta = \eta_V \eta_m$。因此，液压泵或液压马达的总效率都等于各自容积效率和机械效率的乘积。

液压泵和液压马达的各个参数和压力之间的关系，如图3-2所示。

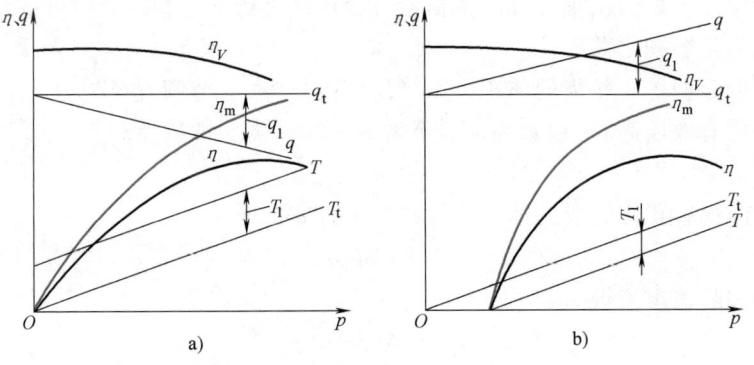

图3-2　液压泵、液压马达的特性曲线

a）液压泵　b）液压马达

第二节　齿轮泵

齿轮泵是液压系统中常用的液压泵，在结构上可分为外啮合式和内啮合式两类。

一、外啮合齿轮泵的工作原理

图3-3所示为外啮合齿轮泵的工作原理。在泵的壳体内有一对外啮合齿轮，齿轮两侧有端盖罩住(图3-3)。壳体、端盖和齿轮的各个齿槽组成了许多密封工作腔。当齿轮按图3-3所示的方向旋转时，右侧吸油腔由于相互啮合的轮齿逐渐脱开，密封工作腔容积逐渐增大，形成部分真空，油箱中的油液被吸进来，将齿槽充满，并随着齿轮旋转，把油液带到左侧压油腔去。在压油区一侧，由于轮齿在这里逐渐进入啮合，密封工作腔容积不断减小，油液便被排挤出去。吸油区和压油区是由相互啮合的轮齿以及泵体分隔开的。

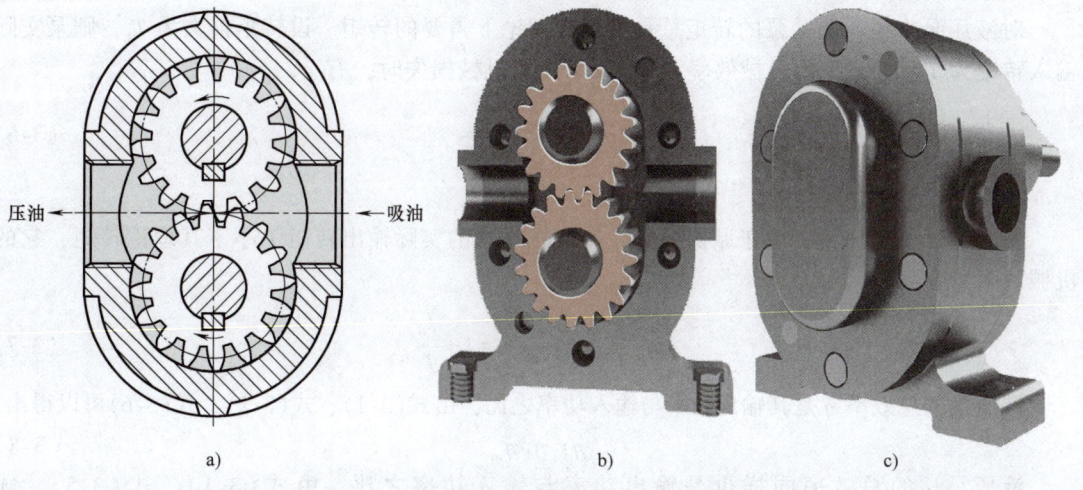

压油 —— 吸油

a)　　　　　　b)　　　　　　c)

图3-3　外啮合齿轮泵

二、排量、流量计算和流量脉动

外啮合齿轮泵排量的精确计算应依据啮合原理来进行，近似计算时可认为排量等于它的两个齿轮的齿间槽容积之总和。

设齿间槽的容积等于轮齿的体积，则当齿轮齿数为z、节圆直径为D、齿高为h(应为扣除顶隙部分后的有效齿高)、模数为m、齿宽为b时，泵的排量为

$$V = \pi D h b = 2\pi z m^2 b \tag{3-9}$$

考虑到齿间槽容积比轮齿的体积稍大些，所以通常取

$$V = 6.66 z m^2 b \tag{3-10}$$

齿轮泵的实际输出流量为

$$q = 6.66 z m^2 b n \eta_V \tag{3-11}$$

式(3-11)所表示的q是齿轮泵的平均流量。

实际上，由于齿轮啮合过程中，压油腔的容积变化率是不均匀的，因此齿轮泵瞬时流量

是脉动的。

设 q_{max}、q_{min} 表示最大、最小瞬时流量，流量脉动率 σ 的计算公式为

$$\sigma = \frac{q_{max} - q_{min}}{q} \qquad (3-12)$$

图 3-4 所示为齿轮泵流量脉动率，图中 i 为主动齿轮和从动齿轮的齿数比。

由图 3-4 可见，外啮合齿轮泵齿数越少，流量脉动率 σ 就越大，其值最高可达 0.2 以上；内啮合齿轮泵的流量脉动率就小得多。

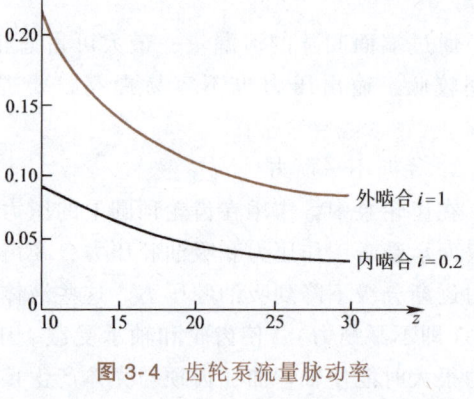

图 3-4　齿轮泵流量脉动率

三、外啮合齿轮泵的结构特点和优缺点

1. 困油现象

齿轮泵要平稳工作，齿轮啮合的重合度必须大于 1，于是总会出现两对轮齿同时啮合，并有一部分油液被困在两对轮齿所形成的封闭空腔之间，如图 3-5 所示。

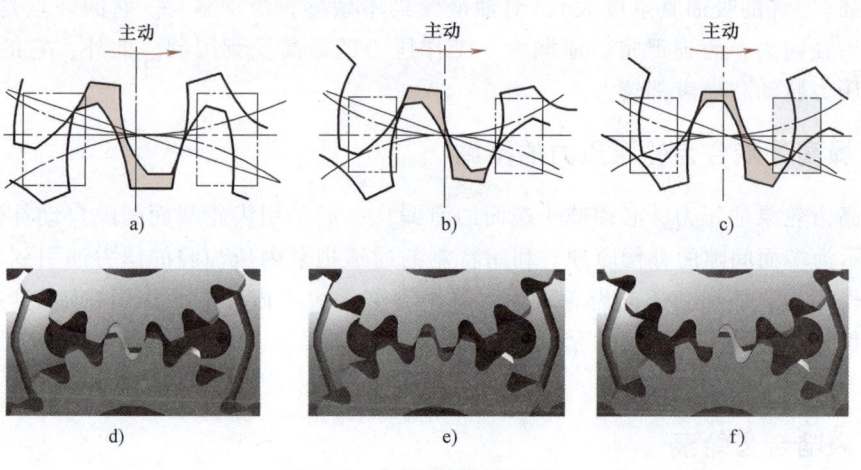

图 3-5　齿轮泵的困油现象

这个封闭腔的容积开始时随着齿轮的转动逐渐减小（图 3-5a 到图 3-5b 的过程），以后又逐渐增大（图 3-5b 到图 3-5c 的过程）。封闭腔容积的减小会使被困油液受挤压而产生很高的压力，从缝隙中挤出，油液发热，并使机件（如轴承等）受到额外的负载；而封闭腔容积的增大又会造成局部真空，使油液中溶解的气体分离出来，产生空穴现象。这些都将使泵产生强烈的噪声，这就是齿轮泵的困油现象。

通常消除困油的方法是在两侧盖板上开卸荷槽（如图 3-5 中的细双点画线所示），使封闭腔容积减小时通过左边的卸荷槽与压油腔相通（图 3-5a），容积增大时通过右边的卸荷槽与吸油腔相通（图 3-5c）。

2. 泄漏

外啮合齿轮泵高压腔的压力油，可通过三条途径泄漏到低压腔中去：①通过齿轮啮合

线处的间隙；②通过泵体内孔和齿顶圆间的顶隙；③通过齿轮两侧面和侧盖板间的端面间隙。

通过端面间隙的泄漏量，最大可占总泄漏量的70%~80%。因此，普通齿轮泵的容积效率较低，输出压力也不容易提高。要提高齿轮泵的压力，首要的问题是要减少端面泄漏。

3. 径向不平衡力

在齿轮泵中，作用在齿轮顶圆上的压力是不相等的，在高压腔和吸油腔处齿轮顶圆和齿廓表面承受着工作压力和吸油腔压力，在齿轮和壳体内孔的顶隙中，可以认为压力由高压腔压力逐渐分级下降到吸油腔压力。这些液体压力综合作用的结果，相当于给齿轮一个径向作用力(即不平衡力)，使齿轮和轴承受载。工作压力越大，径向不平衡力也越大。径向不平衡力很大时能使轴弯曲，齿顶与壳体产生接触，同时加速轴承的磨损，缩短轴承的寿命。为了减小径向不平衡力的影响，有的泵上采取了缩小压油口的方法，使压力油仅作用在一个齿到两个齿的范围内，同时适当增加顶隙，使齿轮在压力作用下，齿顶不能与壳体相接触。对于高压齿轮泵，为减少径向不平衡，应开压力平衡槽。

4. 优缺点

外啮合齿轮泵的优点是结构简单，尺寸小，重量轻，制造方便，价格低廉，工作可靠，自吸能力强(容许的吸油真空度大)，对油液污染不敏感，维护容易。它的缺点是一些机件承受不平衡径向力，磨损严重，泄漏大，工作压力的提高受到限制。此外，它的流量脉动大，因而压力脉动和噪声都较大。

四、提高外啮合齿轮泵压力的措施

要提高齿轮泵的压力，必须减小端面的泄漏，一般采用齿轮端面间隙自动补偿的方法。图3-6所示为端面间隙的补偿原理。利用特制的通道把泵内压油腔的压力油引到轴套外侧，产生液压作用力，使轴套压向齿轮端面。这个力必须大于齿轮端面作用在轴套内侧的作用力，才能保证在各种压力下，轴套始终自动贴紧齿轮端面，减小泵内通过端面的泄漏，达到提高压力的目的。

五、内啮合齿轮泵

内啮合齿轮泵有渐开线齿形和摆线齿形(又名转子泵)两种类型，它们的工作原理和主要特点与外啮合齿轮泵完全相同。图3-7所示为内啮合渐开线齿轮泵工作原理图。

相互啮合的小齿轮1和内齿轮3与侧板围成的密封容积，被月牙板2和齿轮的啮合线分隔成两部分，即形成吸油腔和压油腔。当传动轴带动小齿轮按图3-7所示的方向旋转时，内齿轮同向旋转，图中上半部轮齿脱开啮合，密封容积逐渐增大，是吸油腔；下半部轮齿进入啮合，使其密封容积逐渐减小，是压油腔。

内啮合渐开线齿轮泵与外啮合齿轮泵相比其流量脉动小，仅是外啮合齿轮泵流量脉动率的1/20~1/10。此外，它具有结构紧凑、重量轻、噪声小、效率高，还可以做到无困油现象等一系列优点。它的不足之处是齿形复杂，需专门的高精度加工设备，但随着科技水平的发展，内啮合齿轮泵将会有更广阔的应用前景。

图3-8所示为内啮合摆线齿轮泵的工作原理图。在内啮合摆线齿轮泵中，外转子1和内

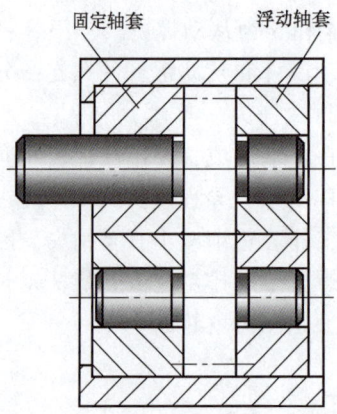

图 3-6 齿轮泵端面间隙自动补偿

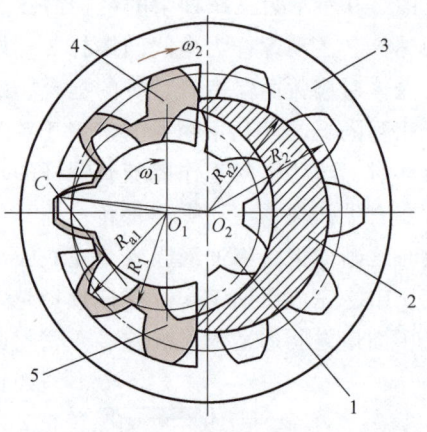

图 3-7 内啮合渐开线齿轮泵的工作原理

1—小齿轮(主动齿轮) 2—月牙板
3—内齿轮(从动齿轮) 4—吸油腔 5—压油腔

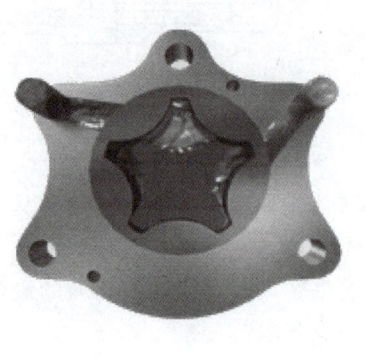

图 3-8 内啮合摆线齿轮泵的工作原理

1—外转子 2—内转子

转子 2 只差一个齿，没有中间月牙板。内、外转子的轴线有一个偏心距 e，内转子为主动轮。内、外转子与两侧配流板间形成密封容积，内、外转子的啮合线又将密封容积分为吸油腔和压油腔。当内转子按图示方向转动时，左侧密封容积逐渐变大，是吸油腔；右侧密封容积逐渐变小，是压油腔。

内啮合摆线齿轮泵的优点是结构紧凑、零件少、工作容积大、转速高、运动平稳、噪声低。由于齿数较少(一般为 4~7 个)，流量脉动比较大，啮合处间隙泄漏大，所以此泵工作压力比较低(一般为 2.5~7MPa)，通常作为润滑、补油等辅助泵使用。

六、螺杆泵

螺杆泵实质上是一种外啮合摆线齿轮泵。按其螺杆根数可分为单螺杆泵、双螺杆泵、三螺杆泵、四螺杆泵和五螺杆泵等；按螺杆的横截面可分为摆线齿形、摆线—渐开线齿形和圆弧齿形三种不同形式的螺杆泵。

图 3-9 所示为三螺杆泵的结构简图。在三螺杆泵壳体 2 内平行地安装着三根互为啮合的双头螺杆。主动螺杆为中间凸螺杆 3，上、下两根凹螺杆 4 和 5 为从动螺杆。三根螺杆的外圆与壳体对应弧面保持着良好的配合，螺杆的啮合线将主动螺杆和从动螺杆的螺旋槽分割成多个相互隔离的、互不相通的密封工作腔。当传动轴（与凸螺杆为一整体）沿图 3-9 所示方向转动时，这些密封工作腔随着螺杆的转动一个接一个地在左端形成，并不断地从左向右移动，在右端消失。主动螺杆每转一周，每个密封工作腔便移动一个导程。密封工作腔在左端形成时逐渐增大，将油液吸入，完成吸油工作，最右面的工作腔逐渐减小直至消失，因而将油液压出，完成压油工作。螺杆直径越大，螺旋槽越深，螺杆泵的排量越大；螺杆越长，吸油、压油口之间的密封层次越多，密封就越好，螺杆泵的额定压力就越高。

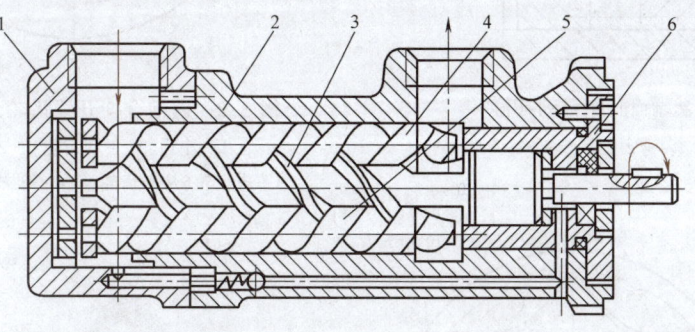

图 3-9　三螺杆泵的结构简图
1—后盖　2—壳体　3—主动螺杆　4、5—从动螺杆　6—前盖

螺杆泵与其他容积式液压泵相比，具有结构紧凑、体积小、重量轻、自吸能力强、运转平稳、流量无脉动、噪声小、对油液污染不敏感、工作寿命长等优点。目前常用在精密机床上和用来输送黏度大或含有颗粒物质的液体。螺杆泵的缺点是加工工艺复杂，加工精度要求高，所以应用受到限制。

第三节　叶片泵

叶片泵有单作用式（变量泵）和双作用式（定量泵）两大类，在液压系统中得到了广泛的应用。叶片泵输出流量均匀、脉动小、噪声小，但结构较复杂，吸油特性不太好，对油液中的污染比较敏感。

一、单作用叶片泵

1. 工作原理

图 3-10 所示为单作用叶片泵的工作原理。泵由转子 1、定子 2、叶片 3、配流盘和端盖（图 3-10 中未示出）等件所组成。定子的内表面是圆柱形孔。转子和定子之间存在偏心。叶片 3 在转子的槽内可灵活滑动，转子转动时，转子在离心力以及通入叶片泵根部液压油的作用下，叶片顶部紧贴在定子的内表面上，于是两相邻叶片、配流盘、定子和转子间便形成了一个个密封的工作腔。当转子按图 3-10 所示方向旋转时，图中右侧的叶片向外伸出，密封工作腔的容积逐渐增大，产生真空，于是通过吸油口和配流盘上窗口将油吸入。而在图中左

侧，叶片往里缩进，密封工作腔的容积逐渐缩小，其中的油液通过配流盘另一窗口和压油口被压出而输入到系统中去。这种泵的转子每旋转一周，吸油、压油各进行一次，故称为单作用泵；转子上受有单方向的液压不平衡作用力，又称为非平衡泵，轴承负载较大。改变定子和转子间偏心的大小，便可改变泵的排量，故是变量泵。

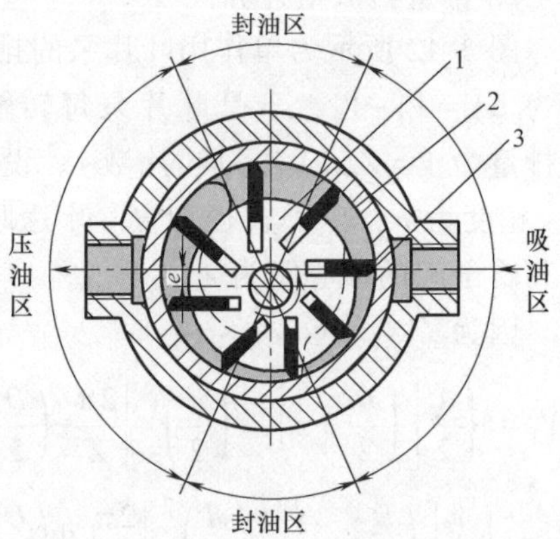

图 3-11 所示为单作用叶片泵的转子和配流盘结构图。单作用叶片泵配流盘上叶片底部的通油槽通常设计成高压腔和低压腔，高压腔压油，低压腔吸油。当叶片处于吸油区，叶片底部和配流盘低压腔相通也进行吸油；当叶片处于压油区，叶片底部和配流盘高压腔相通向外压油。叶片底部的吸油和压油作用，正好补偿了工作容积中叶片所占的体积，所以叶片体积对泵的瞬时流量无影响。为使叶片能顺利地向外运动并始终紧贴定子，必须使叶片所受的惯性力与叶片的离心力等的合力尽量与转子中叶片槽的方向一致，以免侧向分力使叶片与定子间产生摩擦力影响叶片的伸出。为此，转子中叶片槽应向后倾斜一定的角度(一般后倾 20°~30°)。

图 3-10 单作用叶片泵的工作原理

1—转子 2—定子 3—叶片

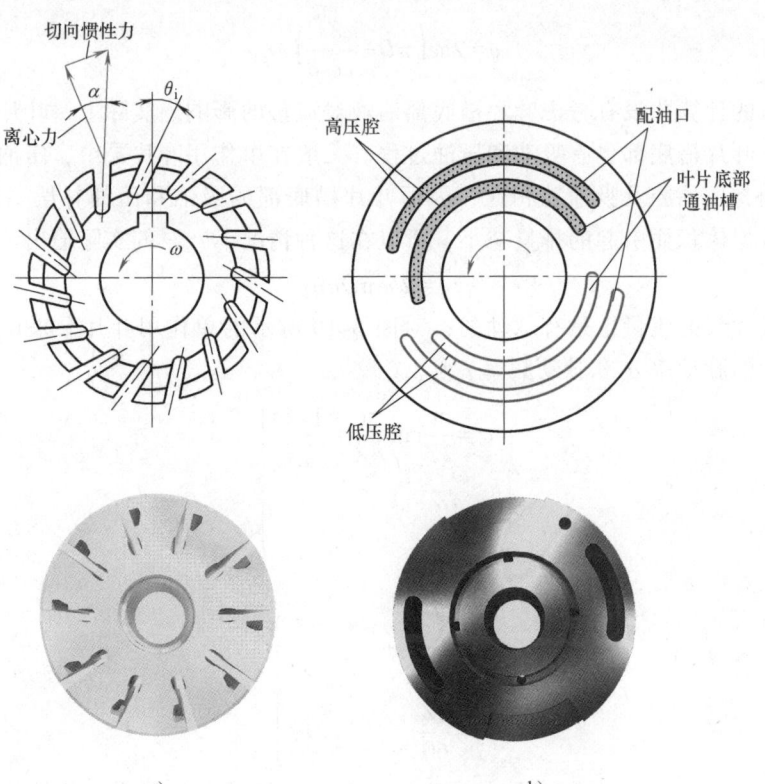

图 3-11 单作用叶片泵的转子和配流盘结构

a) 转子 b) 配流盘

2. 排量与流量计算

图 3-12 所示为单作用叶片泵的排量计算。转子每旋转一周，每个密封工作腔的容积变化为 $\Delta V = V_1 - V_2$，于是叶片泵每转输出的体积，即排量为 $V = Z\Delta V$（Z 为叶片数）。设定子内径为 D、宽度为 b、转子直径为 d、叶片厚度为 s、定子和转子间的偏心距为 e。

因为

$$V_1 = b\left\{\frac{1}{2}\left[\left(\frac{D}{2}+e\right)^2-\left(\frac{d}{2}\right)^2\right]\frac{2\pi}{Z}-\left(\frac{D}{2}+e-\frac{d}{2}\right)s\right\}$$

$$V_2 = b\left\{\frac{1}{2}\left[\left(\frac{D}{2}-e\right)^2-\left(\frac{d}{2}\right)^2\right]\frac{2\pi}{Z}-\left(\frac{D}{2}-e-\frac{d}{2}\right)s\right\}$$

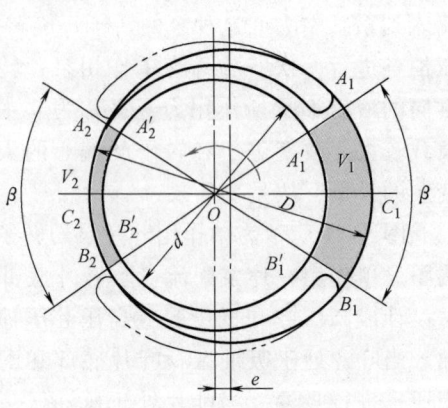

图 3-12　单作用叶片泵的排量计算

所以，单作用叶片泵的排量为

$$V = 2be(\pi D - Zs) \tag{3-13}$$

如果叶片不是径向放置，而是有一倾角 θ，则

$$V = 2be\left(\pi D - \frac{Zs}{\cos\theta}\right) \tag{3-14}$$

泵的实际输出流量为

$$q = 2be\left(\pi D - \frac{Zs}{\cos\theta}\right)n\eta_V \tag{3-15}$$

但是上面的计算并没有考虑叶片槽底部油液对流量的影响。实际上，叶片在转子槽中伸出和缩进时，叶片槽底部也有吸油和压油过程。一般在单作用叶片泵中，压油区和吸油区叶片的底部分别与压油腔及吸油腔相通，因而叶片槽底部的吸油和压油补偿了式（3-14）中由于叶片厚度占据体积而引起的排量减小，所以在这种情况下，泵的实际输出流量为

$$q = 2be\pi Dn\eta_V \tag{3-16}$$

单作用叶片泵的流量也是有脉动的，对图 3-10 所示的单作用叶片泵来说，当叶片数为奇数时，流量的脉动率 σ 和脉动频率 f 为

$$\left.\begin{aligned}\sigma &= \frac{\pi}{2Z}\tan\frac{\pi}{4Z} \approx \frac{1.25}{Z^2}\\f &= \frac{nZ}{30}\end{aligned}\right\} \tag{3-17}$$

当叶片数为偶数时，有

$$\left.\begin{aligned}\sigma &= \frac{\pi}{Z}\tan\frac{\pi}{2Z} \approx \frac{5}{Z^2}\\f &= \frac{nZ}{60}\end{aligned}\right\} \tag{3-18}$$

式（3-17）和式（3-18）表明：泵内叶片数越多，流量脉动率越小。此外，奇数叶片的泵的脉动率比偶数叶片的泵的脉动率小，所以单作用叶片泵的叶片数总取奇数，一般为 13 片或 15 片。

3. 特点

1）改变定子和转子之间的偏心，便可改变流量。偏心反向时，吸油、压油方向也相反。

2）处在压油腔的叶片顶部受液压油的作用，要把叶片推入转子槽内。为了使叶片顶部可靠地和定子内表面相接触，压油腔一侧的叶片底部要通过特殊的沟槽和压油腔相通。吸油腔一侧的叶片底部要和吸油腔相通，这里的叶片仅靠离心力的作用顶在定子的内表面上。

3）由于转子受到不平衡的径向液压作用力，所以这种泵一般不宜用于高压。

二、双作用叶片泵

1. 工作原理

图 3-13 所示为双作用叶片泵的结构简图。该泵主要有前、后泵体 8 和 6，在泵体中装有配流盘 2 和 7，用长定位销将配流盘和定子定位，固定在泵体上，以保证配流盘上吸油、压油窗口位置与定子内表面曲线相对应。转子 4 上均匀地开有叶片槽(图 3-13 中为 12 条,在实际使用中具体数目由叶片泵的性能决定)，叶片 12 可以在槽内沿径向滑动。配流盘 7 上开有与压油腔相通的环槽，将液压油引入叶片底部。传动轴 3 支承在滚针轴承 1 和滚动轴承 9 上，通过花键带动转子在配流盘之间转动。泵的左侧为吸油口，右侧(靠近伸出轴一端)为压油口。

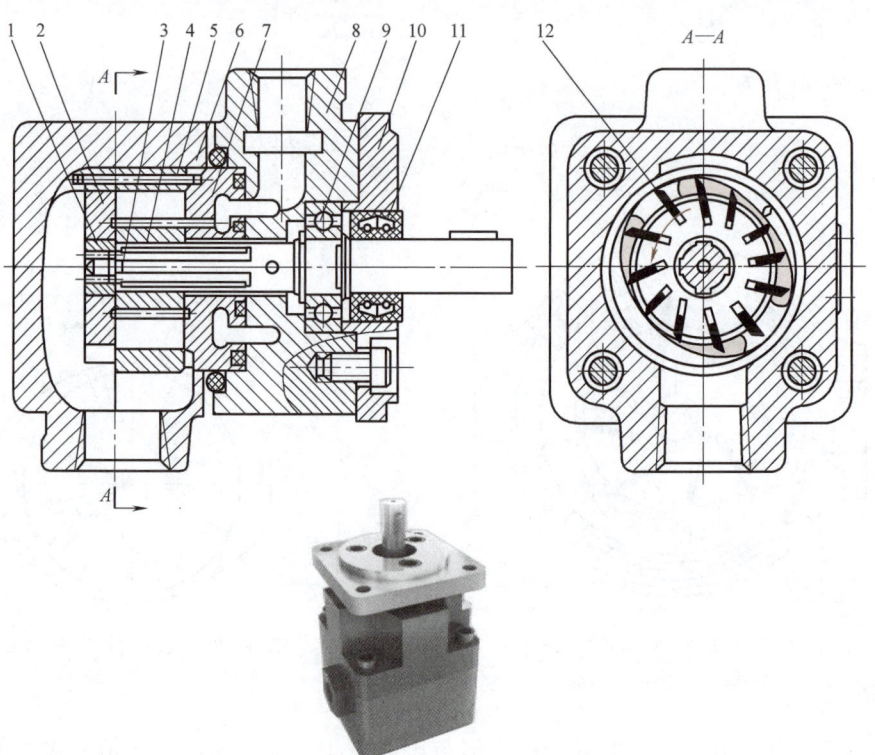

图 3-13 双作用叶片泵的结构简图
1—滚针轴承 2、7—配流盘 3—传动轴 4—转子 5—定子
6、8—泵体 9—滚动轴承 10—盖板 11—密封圈 12—叶片

图 3-14 所示为双作用叶片泵的工作原理图。它的工作原理和单作用叶片泵相似，不同之处只在于定子内表面由两段长半径圆弧、两段短半径圆弧和四段过渡曲线八个部分组成，且定子 2 和转子 3 是同心的。在图 3-14 所示转子沿逆时针方向旋转的情况下，密封工作腔的容积在左下角的右上角处逐渐增大，为吸油区，在左上角的右下角处逐渐减小，为压油区；吸油区和压油区之间有一段封油区把它们隔开。这种泵的转子每旋转一周，每个密封工作腔完成吸油和压油动作各两次，所以称为双作用叶片泵。泵的两个吸油区和两个压油区是径向对置的，作用在转子上的液压力径向平衡，所以又称为平衡式叶片泵。

2. 排量计算

图 3-15 所示为双作用叶片泵的流量计算。转子每旋转一周，吸油、压油各两次，则泵的排量为

$$V = 2Z(V_1 - V_2)$$

因为

$$V_1 = b\left[\frac{1}{2}(R^2 - r_0^2)\frac{2\pi}{Z} - \frac{(R - r_0)s}{\cos\theta}\right]$$

$$V_2 = b\left[\frac{1}{2}(r^2 - r_0^2)\frac{2\pi}{Z} - \frac{(r - r_0)s}{\cos\theta}\right]$$

所以

$$V = 2b\left[\pi(R^2 - r^2) - \frac{(R - r)}{\cos\theta}sZ\right] \tag{3-19}$$

泵的实际输出流量为

$$q = 2b\left[\pi(R^2 - r^2) - \frac{(R - r)}{\cos\theta}sZ\right]n\eta_V \tag{3-20}$$

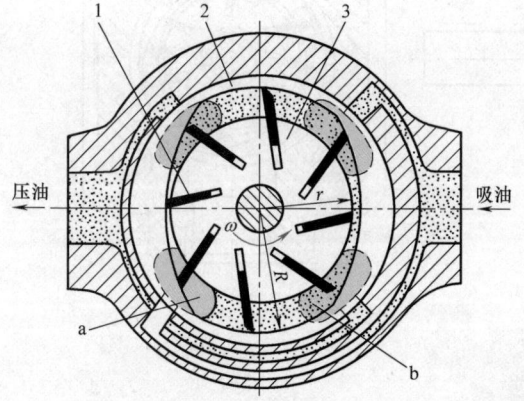

图 3-14 双作用叶片泵的工作原理
1—叶片 2—定子 3—转子

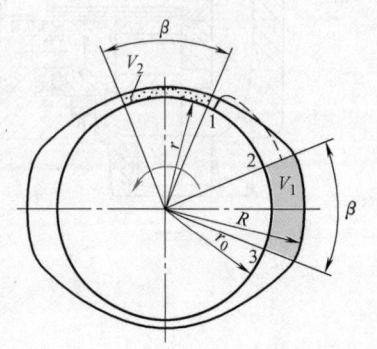

图 3-15 双作用叶片泵的流量计算
1~3—叶片

一般在双作用叶片泵中，叶片底部全部与压油腔相通，因而叶片在槽中做往复运动时，叶片槽底部的吸油和压油不能补偿由于叶片厚度所造成的排量减小，为此双作用叶片泵的流量须按式(3-20)计算。

双作用叶片泵如不考虑叶片厚度，则瞬时流量应是均匀的。这是因为当图 3-15 中的叶片 2 和 3 间的密封工作腔 V_1 进入压油区时，通过配流盘上的槽和叶片 1 和 2 间的密封工作腔相通。这时叶片 1、3 分别在短半径、长半径圆弧上滑动，而这两个密封工作腔的容积变化率是均匀的，因而泵的瞬时流量也是均匀的。但实际上叶片是有厚度的，长半径圆弧和短半径圆弧也不可能完全同心，尤其是当叶片底部槽设计成与压油腔相通时，泵的瞬时流量仍将出现微小的脉动，但其脉动率比其他形式的泵（螺杆泵除外）小得多，且在叶片数为 4 的倍数时最小。为此，双作用叶片泵的叶片一般都取 12 或 16 片。

3. 定量叶片泵的典型结构

图 3-16 所示为一种典型定量叶片泵的结构图。图中泵的壳体 6 内装有转子 4、定子 5 和配流盘 2 与 7。转子 4 由轴 3 带着旋转，轴 3 由滚针轴承 1 和滚动轴承 8 支承。转子 4 上均匀地开有 12 条沿转子旋转方向倾斜 θ 角的槽，叶片 9 能在槽中滑动。配流盘和定子紧靠在一起，转子则相对于定子和配流盘转动。叶片槽根部 b 通过配流盘上的环槽 c 与压油区相通。在压油区内，作用在叶片顶部和根部的液压力相互平衡，叶片仅在离心力作用下压向定子内表面，保证了可靠的密封；在吸油区内，叶片顶部没有液压油的作用（见图 3-16 中 a 处），叶片在根部液压作用力和离心力的作用下压向定子内表面，产生非常大的接触力，加剧了定子这部分内表面的磨损，这是这种叶片泵压力无法提高的原因之一。

4. 定子曲线

定子曲线是由四段圆弧和四段过渡曲线组成的。过渡曲线应保证叶片紧贴在定子内表面上，保证叶片在转子槽中径向运动时速度和加速度的变化均匀，使叶片对定子内表面的冲击尽可能小。

过渡曲线如采用阿基米德螺线，则叶片泵的流量理论上没有脉动，可是叶片在大、小圆弧和过渡曲线连接点处会产生很大的径向加速度，对定子产生冲击，造成连接点处严重磨损，并产生噪声。在连接点处用小圆弧进行修正，可以改善这种情况。在较为新式的泵中采用"等加速—等减速"曲线，如图 3-17 所示。

这种曲线的极坐标方程式为

$$
\left.
\begin{array}{ll}
\rho = r + \dfrac{2(R-r)}{\alpha^2}\theta^2 & \left(0 < \theta < \dfrac{\alpha}{2}\right) \\[3mm]
\rho = 2r - R + \dfrac{4(R-r)}{\alpha}\left(\theta - \dfrac{\theta^2}{2\alpha}\right) & \left(\dfrac{\alpha}{2} < \theta < \alpha\right)
\end{array}
\right\}
$$
$$(3\text{-}21)$$

式中符号含义如图 3-17 所示。

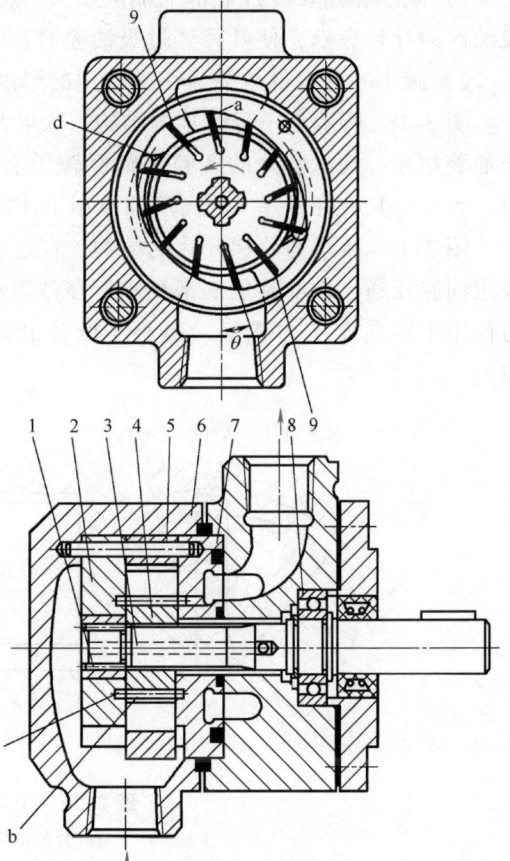

图 3-16　定量叶片泵的结构图
1—滚针轴承　2、7—配流盘　3—轴　4—转子
5—定子　6—壳体　8—滚动轴承　9—叶片

44 ▪ 液压与气压传动 第4版

由式(3-21)可求出叶片的径向速度 $\mathrm{d}\rho/\mathrm{d}t$ 和径向加速度 $\mathrm{d}^2\rho/\mathrm{d}t^2$，可以知道，当 $0<\theta<\alpha/2$ 时，叶片的径向加速度为等加速，当 $\alpha/2<\theta<\alpha$ 时为等减速。由于叶片的速度变化均匀，故不会对定子内表面产生冲击。但是，在 $\theta=0$、$\theta=\alpha/2$ 和 $\theta=\alpha$ 处，叶片的径向加速度仍有突变，还会产生一些冲击。为了改善这种情况，国外一些叶片泵上采用了三次以上的高次曲线作为过渡曲线。

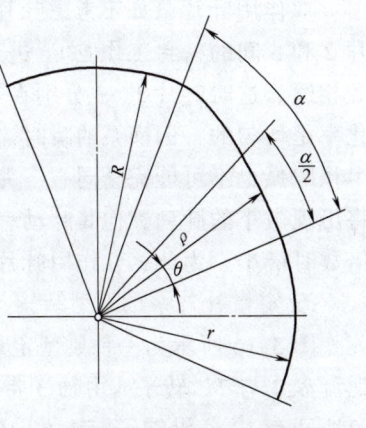

图 3-17 定子的过渡曲线

5. 提高双作用叶片泵压力的措施

一般的双作用叶片泵为了保证叶片与定子内表面紧密接触，叶片底部与压油腔相通。但当叶片处在吸油腔时，叶片底部作用着压油腔的压力、顶部作用着吸油腔的压力，这一压差使叶片以很大的力压向定子内表面，加速了定子内表面的磨损，影响了泵的寿命。对高压叶片泵来说，这一问题更为突出，所以高压叶片泵必须在结构上采取措施，使叶片压向定子的作用力减小。常用的措施有：

1）减小作用在叶片底部的油液压力。将泵压油腔的油通过阻尼槽或内装式减压阀通到吸油区的叶片底部，使叶片经过吸油腔时，叶片压向定子内表面的作用力不致过大。

2）减小叶片底部承受液压油作用的厚度。

图 3-18a 所示为子母叶片的结构，大叶片与小叶片之间的油室 f 始终经槽 e、d、a 和液压油腔相通，而大叶片的底腔 g 则经转子上的孔 b 和所在油腔相通。这样叶片处于吸油腔时，大叶片只有在油室 f 的高压油作用下压向定子内表面，使作用力不致过大。

图 3-18b 所示为阶梯叶片的结构。在这里，阶梯叶片和阶梯叶片槽之间的油室 d 始终和液压油腔相通，而叶片的底部则和所在油腔相通。这样，在吸油腔时，叶片在 d 室内油液压力作用下压向定子内表面，减小了叶片和定子内表面间的作用力，但这种结构的工艺性较差。

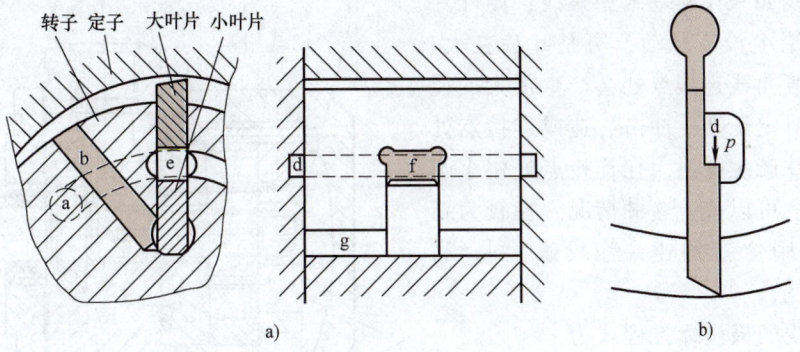

图 3-18 子母叶片和阶梯叶片

a）子母叶片的结构 b）阶梯叶片的结构

三、限压式变量叶片泵

单作用叶片泵的具体结构类型很多，按改变偏心方向的不同可分为单向变量泵和双向变量泵。双向变量泵能在工作中变换进油口、出油口，使液压执行元件的运动反向。按改变偏心方式的不同，又可分为手调式变量泵和自动调节式变量泵。自动调节式变量泵又可分为限压式变量泵、稳流式变量泵等多种形式。限压式变量泵还可分为外反馈式和内反馈式两种形式。下面介绍外反馈式变量叶片泵。

1. 工作原理

图 3-19 所示为外反馈限压式变量叶片泵的工作原理图。它能根据外负载（泵出口压力）的大小自动调节泵的排量。图 3-19 中转子的中心 O_1 是固定不动的，定子（其中心为 O_2）可左右移动。当泵的转子沿逆时针方向旋转时，转子上部为压油腔，下部为吸油腔，液压油把定子向上压在滑块滚针支承上。定子右边有一反馈柱塞，它的油腔与泵的压油腔相通。设反馈柱塞的受压面积为 A_x，则作用在定子上的反馈力 pA_x 小于作用在定子左侧的弹簧预紧力 F_s 时，弹簧把定子推向最右边，此时偏心距达到最大值 e_{max}，泵的输出流量最大。

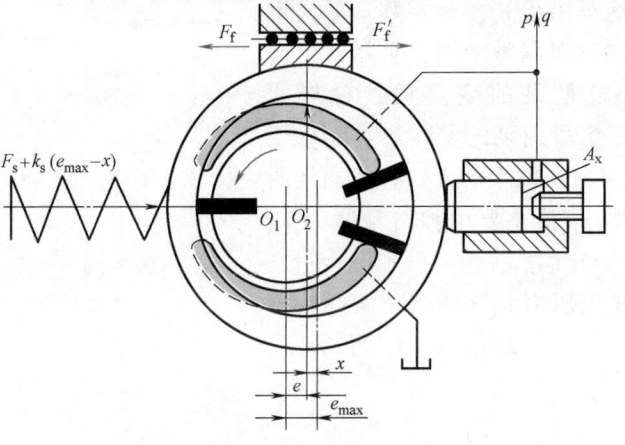

图 3-19　外反馈限压式变量叶片泵的工作原理

当泵的压力升高到 $pA_x > F_s$ 时，反馈力克服弹簧预紧力把定子向左推移 x 距离，偏心距减小，泵的输出流量也随之减小。压力越高，偏心距越小，输出流量也越小。

当压力大到泵内偏心所产生的流量全部用于补偿泄漏时，泵的输出流量为零，不管外负载再怎样加大，泵的输出压力不会再升高，所以这种泵被称为限压式变量叶片泵。至于外反馈的意义则表示反馈力是通过柱塞从外面加到定子上的。

设泵的最大偏心距为 e_{max}，弹簧的预压缩量为 x_0，弹簧刚度为 k_s。当泵压力为 p 时，定子移动了 x 距离（即弹簧压缩增量），这时的偏心距为

$$e = e_{max} - x \tag{3-22}$$

如忽略泵在滑块滚针支承处的摩擦力 F_f，则泵定子的受力方程为

$$pA_x = k_s(x_0 + x) = F_s + k_s x \tag{3-23}$$

压力逐渐增大，使定子开始移动时的压力设为 p_c，则

$$p_c A_x = k_s x_0 \tag{3-24}$$

由上述公式，可得

$$e = e_{max} - \frac{A_x(p - p_c)}{k_s} \quad (\text{当} \ p > p_c \ \text{时}) \tag{3-25}$$

再考虑泵实际输出流量的关系式

$$q = k_q e - k_1 p \tag{3-26}$$

式中 k_q——泵的流量常数；

k_1——泵的泄漏常数。

当 $pA_x < F_s$ 时，定子处于最右端位置，这时 $e = e_{max}$，则

$$q = k_q e_{max} - k_1 p \tag{3-27}$$

而当 $pA_x > F_s$ 时，定子左移，泵的流量减小，由式(3-24)~式(3-26)可得

$$q = k_q (x_0 + e_{max}) - \frac{k_q}{k_s} \left(A_x + \frac{k_s k_1}{k_q} \right) p \tag{3-28}$$

外反馈限压式变量叶片泵的静态特性曲线如图 3-20 所示。

图 3-20 中的 AB 段是泵的不变量段，它与式(3-22)相对应，在这里由于 e_{max} 是常数，就像定量泵一样，压力增加时泄漏量增加，实际输出流量减小；图中 BC 段是泵的变量段，它与式(3-28)相对应，这一区段内泵的实际流量随着压力的增大迅速下降。图 3-20 中的 B 点称为曲线的拐点；拐点处的压力 p_c 值主要由弹簧预紧力 F_s 确定，并可由式(3-24)计算。

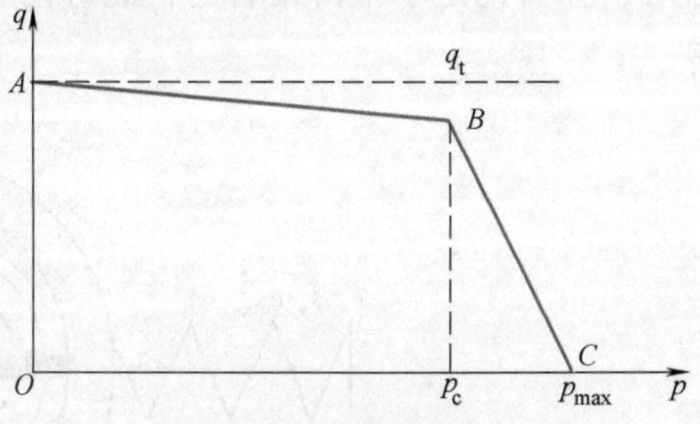

图 3-20 外反馈限压式变量
叶片泵的静态特性曲线

变量泵的最大输出压力 p_{max} 相当于实际输出流量为零时的压力，令式(3-28)中 $q = 0$，可得

$$p_{max} = \frac{k_s (x_0 + e_{max})}{A_x + \frac{k_s k_1}{k_q}}$$

通过调节 F_s 的大小，便可改变 p_c 和 p_{max} 的值，这时图 3-20 中 BC 段曲线左右平移。

调节图 3-19 右端的流量调节螺钉便可改变 e_{max}，从而改变流量的大小，此时曲线 AB 段上下平移，但曲线 BC 段不会左右平移(因为 p_{max} 值不会改变)，p_c 值则稍有变化。

如更换刚度不同的弹簧，便可改变 BC 段的斜率，弹簧越"软"(k_s 值越小)，BC 段越陡，p_{max} 值越小；反之，弹簧越"硬"(k_s 值越大)，BC 段越平坦，p_{max} 值也越大。

限压式变量叶片泵对既要实现快速行程，又要实现工作进给(慢速移动)的执行元件来说是一种合适的油源：快速行程需要大的流量，负载压力较低，正好使用 AB 段曲线；工作进给时负载压力升高，需要流量减小，正好使用 BC 段曲线。

2. 典型结构

图 3-21 所示为外反馈限压式变量叶片泵的结构图。图中转子 4 由泵轴 7 驱动，带着 15 个叶片在定子 5 内转动；转子的中心是固定不动的，定子可在泵体 3 内左右移动，以改变转子和定子间的偏心距。滑块 6 用来支承定子 5，承受定子内壁的液压作用力，并跟着定子一起移动。为了减小摩擦阻力，增加定子移动的灵活性，滑块顶部采用了滚针支承。反馈柱塞 8 装在定子右侧的油腔中，此油腔与泵体的压油区通过通道相连，油腔中的液压油作用在反馈柱塞 8 上，它与弹簧力联合控制定子的位置。螺钉 1 用来调节弹簧 2 的预紧力，螺钉 9 用来调节定子的最大偏心距。

第三章　液压泵与液压马达　47

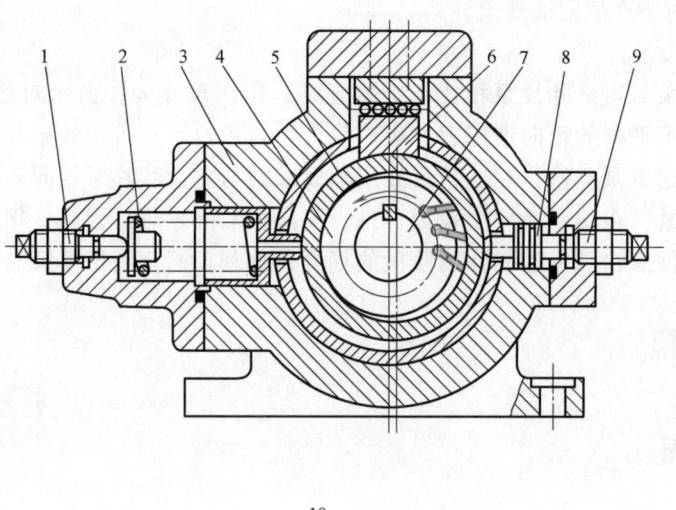

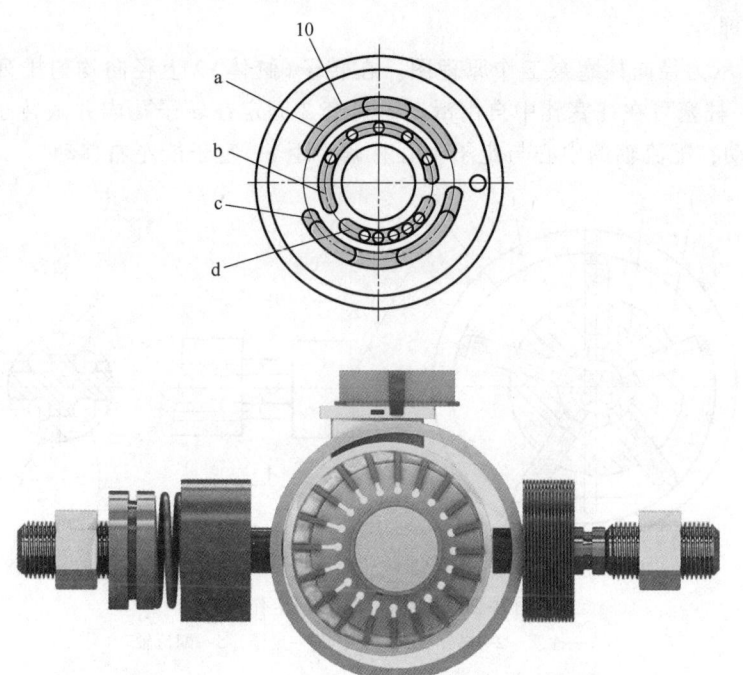

图 3-21　外反馈限压式变量叶片泵的结构图

1、9—螺钉　2—弹簧　3—泵体　4—转子　5—定子
6—滑块　7—泵轴　8—反馈柱塞　10—配流盘

这种泵的配流盘 10 上压油腔 a 和吸油腔 c 的位置，正好对称分布在水平线的上下，使定子内壁所受液压力的合力方向垂直于弹簧 2 的轴线，这样就使弹簧力只与反馈柱塞上的液压力相平衡，油槽 b 和 d 分别与转子上压油区和吸油区叶片槽的根部接通。由于 a 和 b、c 和 d 是相连的，所以吸油区和压油区内的叶片顶部和底部的液压力基本平衡。在封油区内，为了保证叶片可靠地压在定子内表面上，叶片槽的底部与压油区相通（为此油槽 b 的包角应比油槽 d 的大），这部分定子内表面的受力和磨损情况都比较严重。此外，为了防止高压腔与低压腔串通，两个叶片之间的夹角一定要小于封油区的包角，因此两叶片之间所包围的密封

工作腔在进入封油区时要产生困油现象。

3. 优缺点和用途

限压式变量叶片泵与定量叶片泵相比，结构复杂，轮廓尺寸大，做相对运动的机件多，泄漏较大，轴上受有不平衡的径向液压力，噪声较大，容积效率和机械效率都没有定量叶片泵高，流量脉动也比定量泵严重，制造精度和用油要求则与定量叶片泵相同；但是，它能按负载压力自动调节流量，在功率使用上较为合理，可减少油液发热。因此，把它用在机床液压系统中要求执行元件有快、慢速和保压阶段的场合，有利于简化液压系统。

第四节　柱塞泵

一、径向柱塞泵

1. 工作原理

图 3-22 所示为径向柱塞泵工作原理图。在转子(缸体)2 上径向均匀排列着柱塞孔，孔中装有柱塞 1，柱塞可在柱塞孔中自由滑动。衬套 3 固定在转子孔内并随转子一起旋转。配流轴 5 固定不动，配流轴的中心与定子中心有偏心距 e，定子能左右移动。

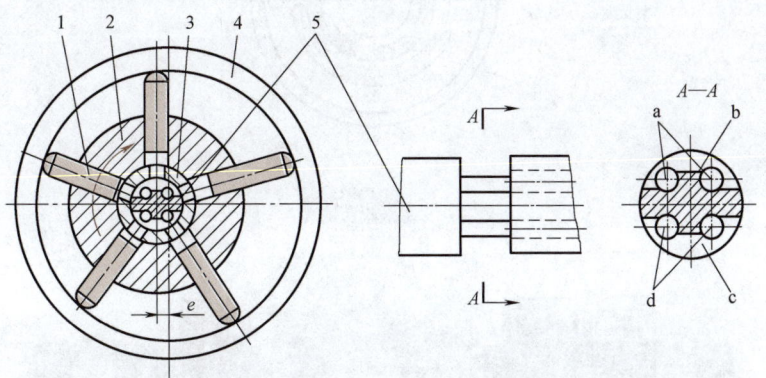

图 3-22　径向柱塞泵的工作原理
1—柱塞　2—转子　3—衬套　4—定子　5—配流轴

转子沿顺时针方向转动时，柱塞在离心力(或在低压油)的作用下压紧在定子 4 的内壁上，当柱塞转到上半周时，柱塞向外伸出，径向孔内的密封工作容积不断增大，产生局部真空，油箱中的油液经配流轴上的 a 孔进入 b 腔；当柱塞转到下半周时，柱塞被定子的表面向里推入，密封工作容积不断减小，将 c 腔的油从配流轴上的 d 孔向外压出。转子每旋转一周，柱塞在每个径向孔内吸油、压油各一次。改变定子与转子偏心距 e 的大小，就可以改变泵的排量；改变偏心距 e 的方向，即使偏心距 e 从正值变为负值时，泵的吸油、压油方向发生变化。因此，径向柱塞泵可以做成单向或双向变量泵。

由于径向柱塞泵的径向尺寸大，柱塞布置不如后面介绍的轴向柱塞泵布置紧凑，而且其结构较复杂，自吸能力差，配流轴受径向不平衡压力的作用，配流轴直径必须做得较大，以免变形过大；同时，在配流轴与衬套之间磨损后的间隙不能自动补偿，泄漏较大。这些因素限制了径向柱塞泵的转速和额定压力的进一步提高。

2. 排量和流量的计算

当径向柱塞泵的转子和定子间的偏心距为 e 时，柱塞在缸体内孔的行程为 $2e$，若柱塞数为 Z，柱塞直径为 d，则泵的排量为

$$V = \frac{\pi}{4}d^2 2eZ \tag{3-29}$$

若泵的转速为 n，容积效率为 η_{pV}，则泵的实际流量为

$$q = \frac{\pi}{4}d^2 2eZn\eta_{pV} \tag{3-30}$$

由于柱塞在缸体中的径向移动速度是变化的，而各个柱塞在同一瞬时径向移动速度也不一样，所以径向柱塞泵的瞬时流量是脉动的。由于柱塞数为奇数要比柱塞数为偶数的瞬时流量脉动小得多，所以径向柱塞泵采用的柱塞个数为奇数。

径向柱塞泵的加工精度要求不太高，但径向尺寸大，结构较复杂，自吸能力差，且配流轴受到径向不平衡压力的作用，易于磨损，这些都限制了其转速和压力的提高。

二、轴向柱塞泵

轴向柱塞泵除了柱塞轴向排列外，当缸体轴线与传动轴轴线重合时，称为斜盘式轴向柱塞泵；当缸体轴线和传动轴轴线成一个夹角 γ 时，称为斜轴式轴向柱塞泵。斜盘式轴向柱塞泵根据传动轴是否贯穿斜盘又分为通轴式和非通轴式轴向柱塞泵。

轴向柱塞泵具有结构紧凑，功率密度大，重量轻，工作压力高，容易实现变量等优点。

1. 工作原理

图 3-23 所示为斜盘式轴向柱塞泵工作原理图。斜盘式轴向柱塞泵由传动轴1、斜盘2、柱塞3、缸体4和配流盘5等主要零件组成。传动轴带动缸体旋转，斜盘和配流盘是固定不动的。

柱塞均布于缸体内，并且柱塞头部靠机械装置或在低压油作用下紧压在斜盘上。斜盘的法线和缸体轴线夹角为斜盘倾角 γ。当传动轴按图 3-23 所示方向旋转时，柱塞一方面随缸体转动，另一方面还在机械装置和低压油的作用下，在缸体内做往复运动，柱塞在其自下而上的半圆周内旋转时逐渐向外伸出，使缸体内孔和柱塞形成的密封工作容积不断增加，产生局部真空，从而将油液经配流盘的吸油口 a 吸入；柱塞在其自上而下的半圆周

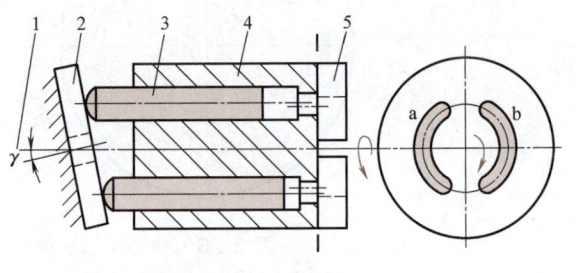

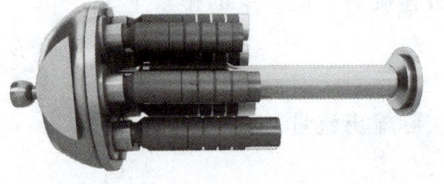

图 3-23　斜盘式轴向柱塞泵的工作原理
1—传动轴　2—斜盘　3—柱塞　4—缸体　5—配流盘

内旋转时又逐渐压入缸体内，使密封容积不断减小，将油液从配流盘窗口 b 向外压出。缸体每旋转一周，每个柱塞往复运动一次，完成吸油、压油各一次。

如果改变斜盘倾角 γ 的大小，就能改变柱塞行程长度，也就改变了泵的排量；如果改变斜盘倾角 γ 的方向，就能改变吸油、压油的方向，此时就成为双向变量轴向柱塞泵。

50 ▪ 液压与气压传动 第 4 版

图 3-24 所示为斜轴式轴向柱塞泵的
工作原理示意图。斜轴式轴向柱塞泵的
传动轴 1 在电动机的带动下转动时，连
杆 2 推动柱塞 4 在缸体 3 中做往复运动，
同时连杆的侧面带动柱塞连同缸体一同
旋转。利用固定不动的平面配流盘 5 的
吸入、压出窗口进行吸油、压油。若改
变缸体的倾斜角度 γ，就可改变泵的排
量；若改变缸体的倾斜方向，就可成为
双向变量轴向柱塞泵。

2. 排量和流量的计算

图 3-25 所示为轴向柱塞泵的柱塞运
动规律示意图。根据此图可求出轴向柱
塞泵的排量和流量。设柱塞直径为 d、柱
塞数为 Z、柱塞中心分布圆直径为 D、斜盘倾角为 γ，则柱塞行程 h 为

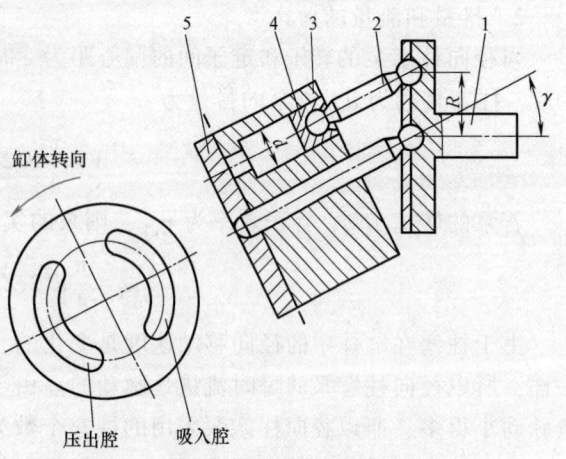

图 3-24　斜轴式轴向柱塞泵工作原理示意图
1—传动轴　2—连杆　3—缸体　4—柱塞　5—平面配流盘

$$h = D\tan\gamma \tag{3-31}$$

图 3-25　轴向柱塞泵的柱塞运动规律示意图

缸体旋转一周，泵的排量 V 为

$$V = \frac{\pi}{4}d^2 Zh = \frac{\pi}{4}d^2 ZD\tan\gamma \tag{3-32}$$

泵的实际输出流量 q 为

$$q = \frac{\pi}{4}d^2 ZD\tan\gamma n\eta_{pV} \tag{3-33}$$

式中　n——泵的转速；

　　　η_{pV}——泵的容积效率。

如图 3-25 所示，当缸体转过 ωt 角时，柱塞由 a 转至 b，则柱塞位移量 s 为

$$s = \overline{a'b'} = \overline{Oa'} - \overline{Ob'} = \frac{D}{2}\tan\gamma - \frac{D}{2}\cos\omega t\tan\gamma = \frac{D}{2}(1-\cos\omega t)\tan\gamma \tag{3-34}$$

将式(3-34)对时间变量 t 进行求导，得柱塞的瞬时移动速度 u 为

$$u = \frac{\mathrm{d}s}{\mathrm{d}t} = \frac{D}{2}\omega\tan\gamma\sin\omega t \tag{3-35}$$

故单个柱塞的瞬时流量 q' 为

$$q' = \frac{\pi d^2}{4}u = \frac{\pi d^2}{4}\frac{D}{2}\omega\tan\gamma\sin\omega t \tag{3-36}$$

由式(3-36)可知，单个柱塞的瞬时流量是按正弦规律变化的。整个泵的瞬时流量是处在压油区的几个柱塞瞬时流量的总和，因而也是脉动的。其流量脉动率 σ（同齿轮泵流量脉动率概念相同）经推导的结果为

$$\sigma = \frac{\pi}{2Z}\tan\frac{\pi}{4Z} \quad （当 Z 为奇数时） \tag{3-37}$$

$$\sigma = \frac{\pi}{Z}\tan\frac{\pi}{2Z} \quad （当 Z 为偶数时） \tag{3-38}$$

流量脉动率 σ 与柱塞数 Z 的关系见表 3-2。从表中可以看出柱塞数较多并为奇数时，流量脉动率 σ 较小。这就是柱塞泵的柱塞数为奇数的原因。从结构和工艺考虑，多采用 $Z=7$ 或 $Z=9$。

表 3-2   流量脉动率 σ 与柱塞数 Z 的关系

Z	5	6	7	8	9	10	11	12
$\sigma(\%)$	4.98	14	2.53	7.8	1.53	4.98	1.02	3.45

3. 结构

（1）SCY-1 型手动变量轴向柱塞泵主体部分   SCY-1 型手动变量轴向柱塞泵是非通轴式柱塞泵，它由主体和变量两部分组成。相同流量的泵，其主体结构相同，配以不同的变量机构便派生出许多种类型，其额定工作压力多为 32MPa。

图 3-26 所示为 SCY-1 型手动变量轴向柱塞泵的结构简图。图中的中部和右半部为主体部分（零件 1~14）。中间泵体 1 和前泵体 8 组成泵体，传动轴 9 通过花键带动缸体 5 旋转，使轴向均匀分布在缸体上的七个柱塞 4 绕传动轴的轴线旋转。每个柱塞的头部都装有滑靴 3，滑靴与柱塞为球铰连接，可以任意转动（图 3-27）。

定心弹簧 10 的作用力通过内套 11、钢球 13 和回程盘 14 将滑靴压靠在斜盘 20 的斜面上。当缸体转动时，该作用力使柱塞完成回程吸油动作。柱塞压油行程则是由斜盘斜面通过滑靴推动的。圆柱滚子轴承 2 用以承受缸体的径向力，缸体的轴向力由配流盘 7 来承受。配流盘上开有吸油、压油窗口，分别与前泵体上吸油口、压油口相通。前泵体上的吸油口、压油口分布在前泵体的左右两侧。通过上述结构的介绍，不难得出该泵的吸油、压油过程与前面介绍的斜盘式轴向柱塞泵相同。

SCY-1 型手动变量轴向柱塞泵主体部分的主要结构和零件有以下特点。

1）滑靴和斜盘。在斜盘式轴向柱塞泵中，若柱塞以球形头部直接接触斜盘滑动也能工作，但泵在工作中由于柱塞头部与斜盘平面相接触，从理论上讲为点接触，因而接触应力大，柱塞及斜盘极易磨损，故只适用于低压。在柱塞泵的柱塞上装有滑靴，使两者之间为球面接触，而滑靴与斜盘之间又以平面接触，从而改善了柱塞工作受力状况。另外，为了减小滑靴与斜盘的滑动摩擦，利用流体力学中平面缝隙流动原理，采用静压支承结构。

52 ■ 液压与气压传动 第 4 版

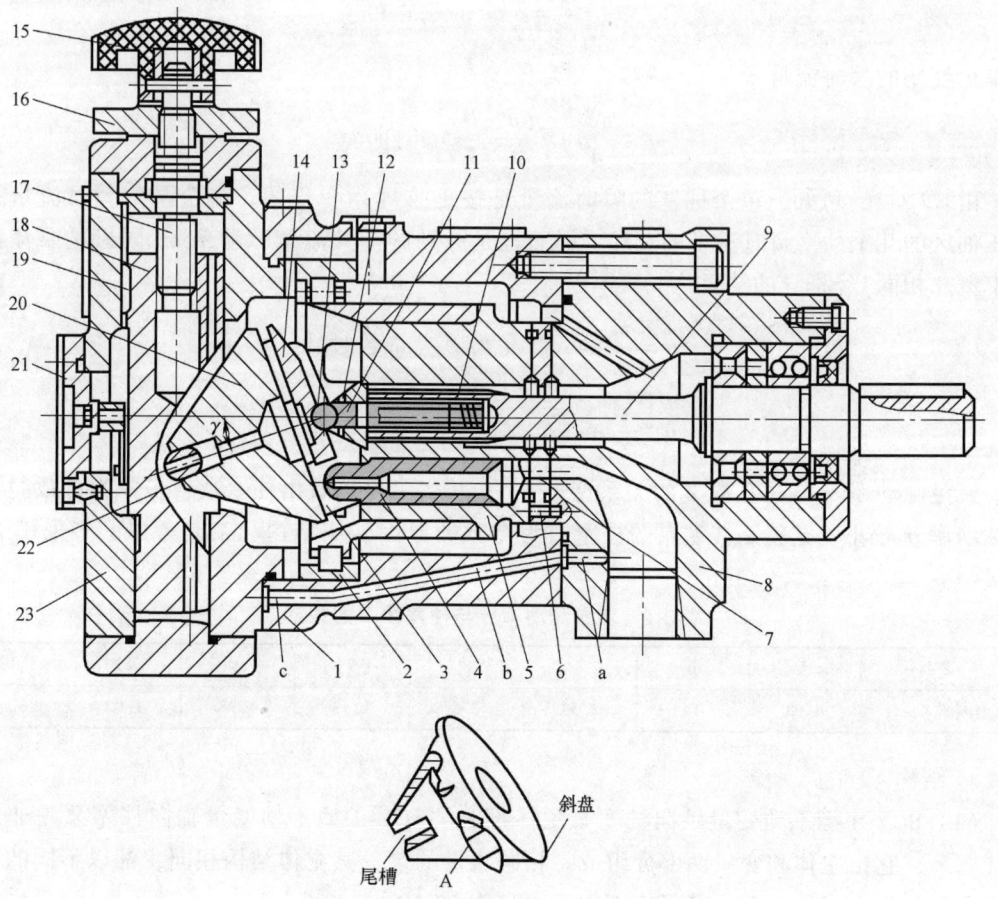

图 3-26 SCY-1 型手动变量轴向柱塞泵的结构简图

1—中间泵体 2—圆柱滚子轴承 3—滑靴 4—柱塞 5—缸体 6、7—配流盘

8—前泵体 9—传动轴 10—定心弹簧 11—内套 12—外套 13—钢球

14—回程盘 15—手轮 16—螺母 17—螺杆 18—变量活塞 19—导向键

20—斜盘 21—刻度盘 22—销轴 23—变量壳体

图 3-27 所示为滑靴静压支承原理图，在柱塞中心有直径为 d_0 的轴向阻尼孔，将柱塞压油时所产生的液压油中的一小部分通过阻尼孔引入滑靴端面的油室 h，使 h 处及其周围圆环

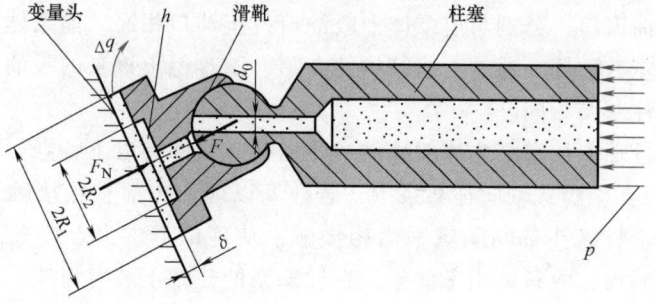

图 3-27 滑靴静压支承原理

密封带上压力升高，从而产生一个垂直于滑靴端面的液压反推力 F_N，其大小与滑靴端面的尺寸 R_1 和 R_2 有关，方向与柱塞压油时产生的柱塞对滑靴端面产生的压紧力 F 相反。通常取压紧系数 $M_0 = F_N/F = 1.05 \sim 1.10$。这样，液压反推力 F_N 不但抵消了压紧力 F，而且使滑靴与斜盘之间形成油膜，将金属隔开，使相对滑动面变为液体摩擦面，有利于泵在高压下工作。

2）柱塞和缸体。如图 3-27 所示，斜盘面通过滑靴作用给柱塞的液压反推力 F_N，可沿柱塞的轴向和半径方向分解成轴向力 $F_{Nx} = F_N \cos\gamma$ 和径向力 $F_{Ny} = F_N \sin\gamma$（γ 为斜盘倾角）。轴向力 F_{Nx} 是柱塞压油的作用力。而径向力 F_{Ny} 则通过柱塞传给缸体，它将使缸体产生颠覆力矩，造成缸体的倾斜，这将使缸体和配流盘之间出现楔形间隙，密封表面局部接触，从而导致缸体与配流盘之间的表面烧伤及柱塞和缸体的磨损，影响泵的正常工作。所以，在图 3-26 中合理地布置了圆柱滚子轴承 2，使径向力 F_{Ny} 的合力作用线在圆柱滚子轴承滚子的长度范围之内，从而避免了径向力 F_{Ny} 所产生的不良后果。另外，为了减小径向力 F_{Ny}，斜盘的倾角一般不大于 20°。

（2）SCY14-1 型变量机构　在变量轴向柱塞泵中均设有专门的变量机构，用来改变斜盘倾角 γ 的大小，以调节泵的流量。轴向柱塞泵变量机构的形式是多种多样的。

1）手动变量机构。SCY14-1 型手动变量轴向柱塞泵如图 3-26 左半部所示。变量时，先松开螺母 16，然后转动手轮 15，螺杆 17 便随之转动。因导向键 19 的作用，螺杆 17 的转动会使变量活塞 18 及活塞上的销轴 22 上下移动。

斜盘 20 的左右两侧用耳轴支承在变量壳体 23 的两块铜瓦上（图 3-26 中未画出），通过销轴带动斜盘绕其耳轴中心转动，从而改变斜盘倾角 γ。γ 的变化范围为 0° ~ 20°。流量调定后旋动螺母将螺杆锁紧，以防止松动。手动变量机构简单，但手动操纵力较大，通常只能在停机或泵压较低的情况下才能实现变量。

2）压力补偿变量机构。YCY14-1 型轴向柱塞泵是压力补偿变量泵，其主体部分与 SCY14-1 型轴向柱塞泵相同，只是变量部分是压力补偿变量机构。此机构使泵的流量随出口压力升高而自动减少，压力和流量的关系近似地按双曲线变化。它使泵的功率基本保持不变，故这种机构也称作恒功率变量机构。

图 3-28 所示为压力补偿变量机构。泵工作时，泵出口液压油的一部分经泵体上的孔道 a、b、c 通到变量机构（图 3-26），并顶开单向阀 9 进入

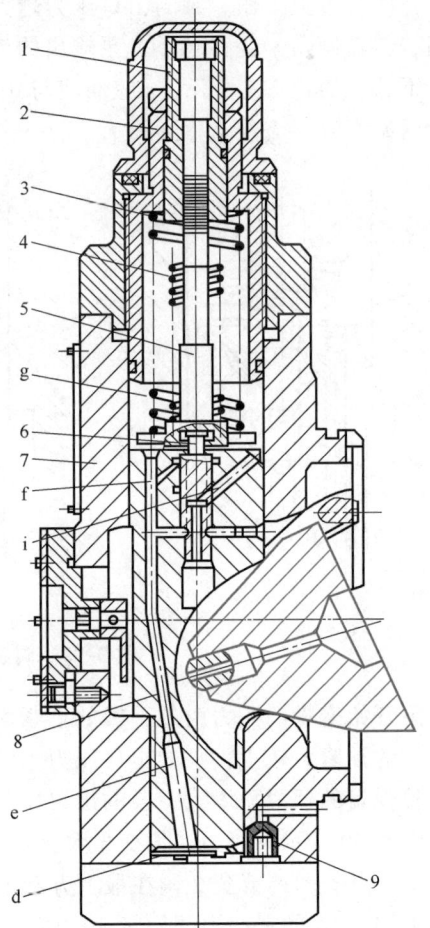

图 3-28　压力补偿变量机构
1、2—调节套　3—外弹簧　4—内弹簧
5—心轴　6—阀芯　7—变量壳体
8—变量活塞　9—单向阀

变量壳体 7 的下油腔 d，再沿孔道 e 通到伺服阀阀芯的下端环形面积处（图 3-29）。

当泵的出口压力不太高（即 $p<3\sim7\text{MPa}$）时，伺服阀阀芯环形面积上的液压作用力小于外弹簧 3 对阀芯的作用力，则伺服阀阀芯处在最下方位置（图 3-29a）。此时通道 f 的出口被打开，使 d 腔与 g 腔相通，油压相等。由于变量活塞 8 的两端端面积不等，即上端大、下端小，因此变量活塞在推力差的作用下被压到最下方的位置，斜盘倾角 γ 最大，泵的输出流量也最大。

当泵的出口压力升高（即 $p>3\sim7\text{MPa}$）时，阀芯环形面积处的液压作用力超过外弹簧 3 对阀芯的预紧力，使阀芯上移，通道 f 的出口被封闭，而通道 i 的出口被打开（图 3-29b），g 腔的油液经过通道 i、阀芯上的小孔（图中虚线所示）与泵的内腔相通，油压下降（因泵的内腔经泵的泄油口与油箱相通），变量活塞便在 d 腔油压的作用下向上移动，斜盘倾角 γ 减小，泵的流量下降。

随着变量活塞的上升，通道 i 被封闭，此时通道 f 仍被封闭（图 3-29c），g 腔被封死，d 腔内油压对变量活塞的作用力与 g 腔内油液的反作用力平衡，使得变量活塞停止上移，斜盘便在新的位置上工作。泵的出口压力越大，阀芯就能上升到更高的高度，变量活塞也上升得更高，斜盘倾角 γ 变得越小，泵输出的流量也越小。当出口油压下降时，阀芯在弹簧力的作用下下移，通道 f 被打开，g 腔油液与 d 腔相通，又恢复到图 3-29a 的位置，在压差作用下，变量活塞下降，流量又重新增大。

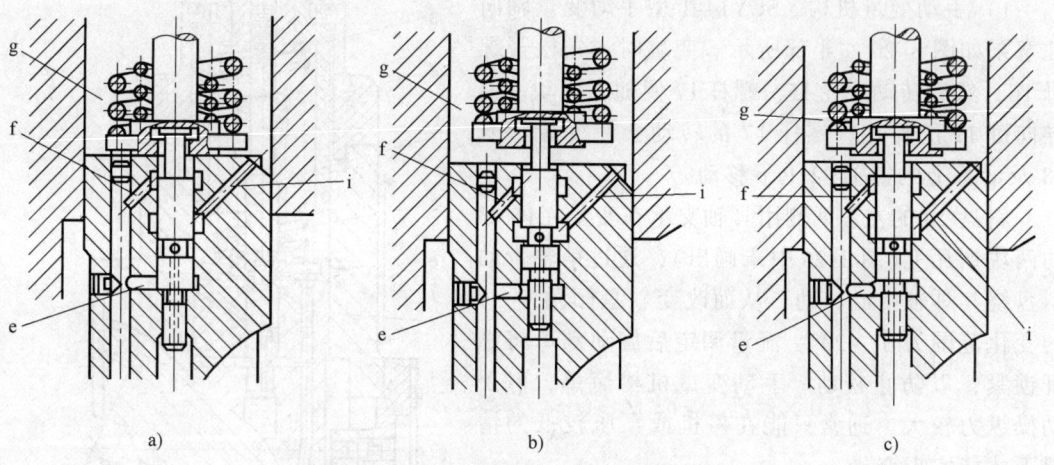

图 3-29 阀芯和变量活塞的位置变化图

泵开始变量的压力由外弹簧的预紧力来决定，当调节套 2（图 3-28）调在最上方位置时，外弹簧的预紧力较小，泵的出口压力大于 3MPa 时才开始变量；当调节套 2 调在最下方位置时，外弹簧的预紧力增大，泵的出口压力达到 7MPa 时才开始变量。

图 3-30 所示为压力补偿变量泵的调节特性曲线，它表示了流量-压力变化的关系。图中 A 点和 G 点表示调节套 2 调在最上方和最下方位置时的开始变量压力。阴影部分为泵的调节特性范围。AB 的斜率由外弹簧 3 的刚度决定。

FE 的斜率由外弹簧 3 和内弹簧 4 的合成刚度决定，ED 的长度由调节套 1 的位置决定。若将调节套 2 调在最上方和最下方之间的某一位置，则泵的流量与压力变化关系在图 3-30 所示的阴影范围内，且为三条直线组成的折线，例如 $G'F'E'D'$ 线。

G' 点表示开始变量压力。当泵的出口压力低于 G' 对应的压力 p' 时，泵输出额定流量的 100%；当油压超过压力 p' 时，变量机构中只有外弹簧端面碰到调节套 2，端面逐渐被压缩，流量随压力升高沿斜线 $G'F'$ 减小。$G'F'$ 的斜率仅由外弹簧的刚度决定，直线 $G'F'$ 与直线 AB 平行。

当油压继续升高超过 F' 点所对应的压力 p'' 时，变量机构中内、外弹簧 3 和 4 端面同时被调节套端面逐渐压缩，相当于弹簧刚度增大，流量随压力升高沿斜线 $F'E'$ 减少。$F'E'$ 的斜率由内、外弹簧的组合刚度决定，直线 $F'E'$ 与直线 FE 平行。

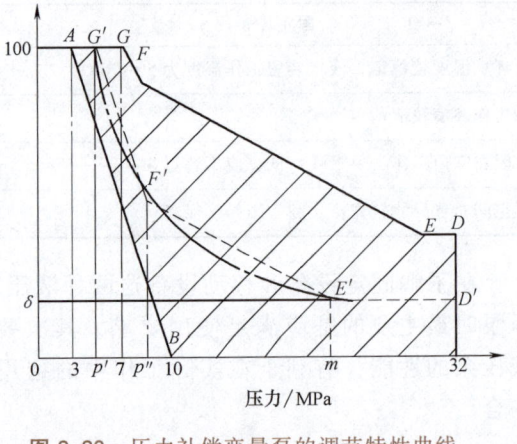

图 3-30 压力补偿变量泵的调节特性曲线

E' 点表示心轴 5 的轴肩已碰到调节套 1 的端面，变量活塞已不能上升，此时不论油压如何升高，流量已不能再减少，保持在额定流量的 $\delta\%$ 内，所以直线 $E'D'$ 为水平线，表示流量已不随压力改变。

从图 3-30 中可以看出，折线 $G'F'E'D'$ 与点画线表示的双曲线十分近似。

泵的压力与流量的乘积近似等于常数，即泵的输出功率近似为恒定，所以这种液压泵称为恒功率变量泵。

这种泵可以使液压执行机构在空行程需用较低压力时获得最大流量，使空行程速度加快；而在工作行程时，由于压力升高，泵的输出流量减少，使工作行程速度减慢。这正符合许多机器设备的动作要求，例如液压机、工程机械等。这样能够充分发挥设备的能力，使功率利用合理。

CY14-1 系列轴向柱塞泵除上述手动变量形式外，还有恒流量变量、恒压变量、手动伺服变量、电液比例变量等多种变量形式，在此不一一列举。

第五节 各类液压泵的性能比较及应用

在国民经济的各个领域中，液压泵的应用范围很广，但可以归纳为两大类：一类统称为固定设备用液压装置，如各类机床、液压机、注塑机、轧钢机等；另一类统称为移动设备用液压装置，如起重机、汽车、飞机等。这两类液压装置对液压泵的选用有较大的差异，它们的区别见表 3-3。

表 3-3 两类不同液压泵的主要区别

固定设备用	移动设备用
原动机多为电动机，驱动转速较稳定，且多为 1450r/min 左右	原动机多为内燃机，驱动转速变化范围较大，一般为 500~4000r/min
多采用中压范围，压力为 7~21MPa，个别可达 25MPa	多采用中、高压范围，压力为 14~35MPa，个别高达 40MPa

（续）

固定设备用	移动设备用
环境温度较稳定，液压装置工作温度为50~70℃	环境温度变化大，液压装置工作温度为-20~110℃
工作环境较清洁	工作环境较脏，尘埃多
因在室内工作，要求噪声低，应不超过80dB	因在室外工作，噪声可较大，允许达90dB
空间布置尺寸较宽裕，利于维修、保养	空间布置尺寸紧凑，不利于维修、保养

在了解固定设备和移动设备这两种液压装置的主要区别的基础上，在选用前述各类液压泵时最主要的是应满足使用要求，其次要考虑价格、维修保养等因素。比较前述各类液压泵的性能，有利于在实际工作中的选用。表3-4中列出了各类液压泵的性能及应用场合。

表3-4 各类液压泵的性能及应用

类型 性能参数		齿轮泵			叶片泵		螺杆泵	柱塞泵			
		内啮合		外啮合	单作用	双作用		轴向		径向	
		渐开线式	摆线式					斜盘式	斜轴式	轴配流式	阀流盘式
压力范围/MPa	低压型	2.5	1.6	2.5	≤6.3	6.3	2.5	≤40	≤40	35	≤70
	中、高压型	≤30	16	≤30	21	≤32	10				
排量范围/（mL/r）		0.3~300	2.5~150	0.3~650	1~320	0.5~480	1~9200	0.2~560	0.2~3600	16~2500	<4200
转速范围/（r/min）		300~4000	1000~4500	3000~7000	500~2000	500~4000	1000~18000	600~6000		700~4000	≤1800
容积效率(%)		≤96	80~90	70~95	58~92	80~94	70~95	88~93		80~90	90~95
总效率(%)		≤90	65~80	63~87	54~81	65~82	70~85	81~88		81~83	83~86
流量脉动		小	小	大	中	小	很小	中		中	
功率质量比/（kW/kg）		大	中	中	小	中	小	大	中~大	小	大
噪声		小		大	较大	小	很小	大			
对油液污染敏感性		不敏感			敏感		不敏感	敏感			
流量调节		不能			能		不能	能			
自吸能力		好			中		好	差			
价格		较低	低	最低	中	中低		高			
应用场合		机床、农业机械、工程机械、航空、船舶、一般机械			机床、注塑机、工程机械、液压机、飞机等		精密机床及机械、食品化工机械、石油机械、纺织机械等	工程机械、运输机械、锻压机械、船舶和飞机、机床和液压机			

第三章　液压泵与液压马达　**57**

第六节　液压马达

一、作用与分类

液压马达是将压力能转变成机械能并对外做功的执行元件。从原理上讲，它与液压泵是可逆的，在结构上与液压泵也基本相似。但在实际应用中，除了轴向柱塞泵与马达可以互逆使用外，其他的都不可以，其原因是液压泵和液压马达的工作条件不同，其性能要求也不同。液压马达一般要求能够正反转，其内部结构是对称的，调速范围大，一般不具备自吸能力，但要求一定的初始密封性，以提供必要的起动转矩。

液压马达通常分为高速和低速两大类。

额定转速高于 500r/min 的为高速液压马达，主要形式有齿轮式、螺杆式、叶片式和轴向柱塞式。其特点是转速较高、功率密度高、转动惯量小、排量小，起动、制动、调速及换向方便，但输出转矩不大，通常为几十到几百牛米，在大多数情况下不能直接满足工程上负载对转矩和转速的要求，往往需要配置减速机构，所以其应用受到一定限制。额定转速低于 500r/min 的为低速液压马达。低速马达排量大，体积也大，转速在低到每分钟几转时仍能输出几千到几万牛米的转矩，这就是通常所说的低速大转矩液压马达。其主要形式有多作用内曲线柱(球)塞式液压马达和曲轴连杆、静压平衡径向柱塞式液压马达。它适用于直接连接并驱动负载，且起动、加速时间短，性能好，所以在工程实践中得到了广泛应用。

二、液压马达的结构与工作原理

由于液压马达的结构与液压泵类似，所以本节内容以斜盘式定量轴向柱塞马达为例介绍其工作原理和结构。

1. 工作原理

图 3-31 为斜盘式定量轴向柱塞马达工作原理示意图。当液压马达的进油口输入液压油后，与配流盘 4 进油腔对应的柱塞 3 因受到液压力的作用被推出并顶在斜盘 1 上，斜盘 1 对

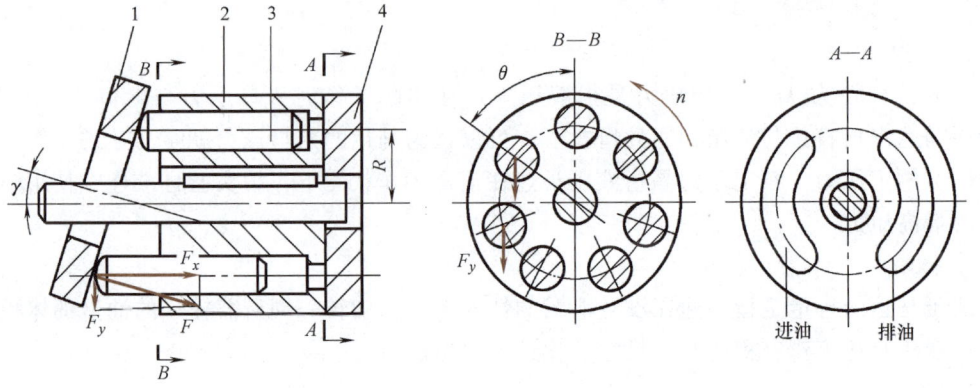

图 3-31　斜盘式定量轴向柱塞马达工作原理示意图

1—斜盘　2—缸体　3—柱塞　4—配流盘

58 ┈┈▪ 液压与气压传动 第4版

柱塞 3 产生法向反力 F，将 F 正交分解，水平分力与液压力相平衡，垂直分力通过柱塞传递给缸体 2，从而对传动轴产生转矩。由于每个柱塞所处的位置不同，所以产生的转矩大小也不同，液压马达输出的转矩是同处于进油腔各柱塞瞬时对传动轴产生的转矩之和。

2. 结构

斜盘式定量轴向柱塞马达的典型结构与 MCY14—1B 系列液压泵的结构可完全互换。图 3-32 所示为斜盘式定量轴向柱塞马达结构示意图，其结构特点是：

1）液压马达的缸体分成前后两段，前段称为鼓轮 4，后段称为缸体 7。鼓轮通过平键和传动轴联接，缸体 7 与鼓轮 4 通过传动销 6 联接，弹簧 5 补偿配流盘的轴向间隙。同样柱塞也分为两部分，分布在鼓轮 4 内的称为推杆 9，分布在缸体 7 内的称为柱塞 10。推杆 9 在柱塞 10 的作用下与斜盘 2 接触，由于缸体 7 和工作柱塞 10 仅承受轴向力，而推杆 9 和鼓轮 4 既承受轴向力又承受径向力，所以推杆 9 和鼓轮 4 可传递转矩。

2）斜盘 2 与壳体间装有推力轴承 3。工作过程中，由于推杆 9 与斜盘 2 之间为刚性接触，所以减少了摩擦阻力损失。

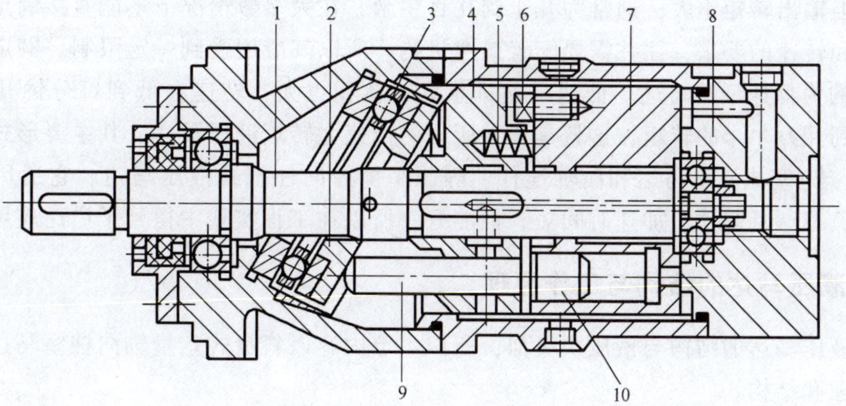

图 3-32 斜盘式定量轴向柱塞马达结构示意图
1—传动轴 2—斜盘 3—推力轴承 4—鼓轮 5—弹簧 6—传动销 7—缸体 8—配油盘 9—推杆 10—柱塞

三、液压马达的主要性能参数

1. 压力

（1）工作压力 Δp 工作压力是指液压马达在实际工作时入口压力与出口压力的差值。一般在马达出口直接与油箱相通的情况下，可以认为马达的入口压力就是马达的工作压力。

（2）额定压力 额定压力是指液压马达在正常工作状态下，按实验标准连续使用中允许达到的最高压力。

2. 排量

液压马达的排量是指马达在没有泄漏的情况下，每旋转一周所需输入的油液的体积。它是通过液压马达工作容积的几何尺寸变化计算得出的。

3. 流量

液压马达的流量分为理论流量和实际流量：

1）理论流量是指液压马达在没有泄漏的情况下，单位时间内其密封容积变化所需输入的油液的体积。可见，它等于液压马达的排量和转速的乘积。

2）实际流量是指液压马达在单位时间内实际输入的油液的体积。

由于存在着油液的泄漏，马达的实际流量大于理论流量。

4. 功率

（1）**输入功率**　液压马达的输入功率（单位为 W）就是驱动马达运动的液压功率，它等于液压马达的输入压力乘以输入流量，即

$$P_i = \Delta p q \tag{3-39}$$

（2）**输出功率**　液压马达的输出功率（单位为 W）就是马达带动外负载所需的机械功率，它等于液压马达的输出转矩乘以角速度。

$$P_o = T\omega \tag{3-40}$$

5. 转矩和转速

对于液压马达的参数计算，常常是要计算液压马达能够驱动的负载及输出的转速，由前面计算可推出，液压马达的输出转矩为

$$T = \frac{\Delta p V}{2\pi} \eta_{mm} \tag{3-41}$$

液压马达的输出转速为

$$n = \frac{q \eta_{mV}}{V} \tag{3-42}$$

四、液压泵与液压马达的比较

1. 相同点

1）从原理上讲，液压马达和液压泵是可逆的。若用电动机驱动，则输出的是液压能（压力和流量），即为液压泵；若输入液压油，输出的是机械能（转矩和转速），则变成了液压马达。

2）从结构上看，两者是相似的。

3）从工作原理上看，两者均是利用密封工作容积的变化进行吸油和排油的。对于液压泵，工作容积增大时吸油，工作容积减小时排出高压油；对于液压马达，工作容积增大时进入高压油，工作容积减小时排出低压油。

2. 不同点

1）液压泵是将电动机的机械能转换为液压能的转换装置，输出流量和压力，希望容积效率高；液压马达是将液体的压力能转换为机械能的装置，输出转矩和转速，希望机械效率高。因此，液压泵是能源装置，而液压马达是执行元件。

2）液压马达输出轴的转向必须能正转和反转，因此其结构呈对称性；而有些液压泵（如齿轮泵、叶片泵等）的转向有明确的规定，只能单向转动，不能随意改变旋转方向。

3）液压马达除了进油口、出油口外，还有单独的泄漏油口；液压泵一般只有进油口、出油口（轴向柱塞泵除外），其内泄漏油液与进油口相通。

4）液压马达的容积效率比液压泵低；通常液压泵的工作转速都比较高，而液压马达输出转速较低。

5）从具体机构细节来看，齿轮泵的吸油口大、排油口小，而齿轮液压马达的吸油口、

排油口大小相同；齿轮液压马达的齿数比齿轮泵的齿数多；叶片泵的叶片必须斜置安装，而叶片马达的叶片应径向安装；叶片马达的叶片是依靠根部的燕式弹簧，使其压紧在定子表面，而叶片泵的叶片是依靠根部的液压油和离心力作用压紧在定子表面上。

3. 液压泵与液压马达的图形符号

液压马达的图形符号与液压泵类似。但要注意，液压马达输入液压油，而液压泵输出液压油，图形符号中黑三角箭头的方向表示液压油的输入或输出。常用液压马达和液压泵的图形符号见附录一中的附表1-3。

五、液压马达的选用

选用液压马达时应考虑以下几个因素：

1）首先根据负载转矩和转速要求确定液压马达所需的转矩和转速。

2）根据负载和转速确定液压马达的工作压力和排量。

3）根据执行元件的转速要求确定采用定量液压马达还是变量液压马达。

4）对于液压马达不能直接满足负载转矩和转速要求的，可以考虑配置减速机构。

第四章　液压缸

第一节　液压缸的工作原理、类型和特点

　　液压缸是液压系统中的执行元件，它的职能是将液压能转换成机械能。液压缸的输入量是液体的流量和压力，输出量是直线速度和力。液压缸的活塞能完成往复直线运动，输出有限的直线位移。

一、液压缸的工作原理

　　液压缸的工作原理如图 4-1 所示。液压缸由缸筒、活塞、活塞杆、端盖、活塞杆密封件等主要部件组成。其他类型的活塞式液压缸的主要零件与图 4-1 所示结构类似。

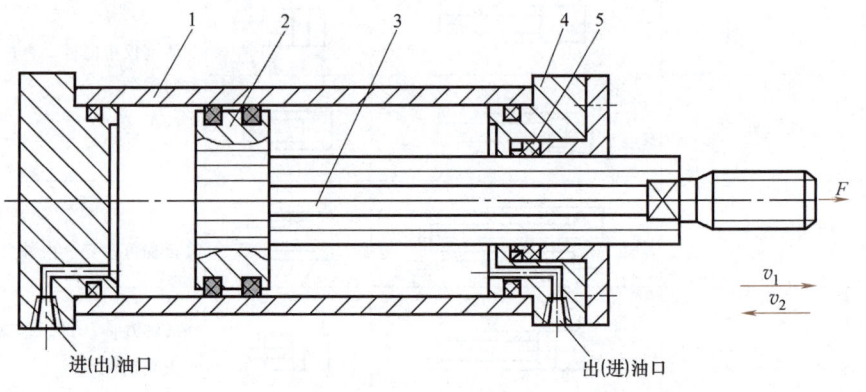

进(出)油口　　　　　　　　　　　　出(进)油口

图 4-1　液压缸的工作原理

1—缸筒　2—活塞　3—活塞杆　4—端盖　5—密封件

　　若缸筒固定，左腔连续地输入液压油，当油的压力足以克服活塞杆上的所有负载时，活塞以速度 v_1 连续向右运动，活塞杆对外界做功。反之，向右腔输入液压油时，活塞以速度 v_2 向左运动，活塞杆也对外界做功。这样，就完成了一个往复运动。这种液压缸称为缸筒固定缸。

　　若活塞杆固定，左腔连续地输入液压油时，则缸筒向左运动；当往右腔连续地通入液压油时，则缸筒右移。这种液压缸称为活塞杆固定缸。

　　本章所涉及的液压缸，除特别指明外，均以缸筒固定、活塞杆运动的液压缸为例。

由此可知，输入液压缸的油必须具有压力 p 和流量 q。压力用来克服负载，流量用来形成一定的运动速度。输入液压缸的压力和流量就是给缸输入液压能，活塞作用于负载的力和运动速度就是液压缸输出的机械能。因此，缸输入的压力 p、流量 q，以及输出的作用力 F 和速度 v 是液压缸的主要性能参数。

二、液压缸的分类

为了满足各种主机的不同用途，液压缸有多种类型。

（1）按供油方向分类　液压缸可分为单作用缸和双作用缸。单作用缸只向缸的一侧输入高压油，而靠其他外力使活塞反向回程。双作用缸则分别向缸的两侧输入液压油，活塞的正反向运动均靠液压力完成。

（2）按结构形式分类　液压缸可分为活塞缸、柱塞缸、摆动缸和伸缩式套筒缸。

（3）按活塞杆的形式分类　液压缸又可分为单活塞杆缸和双活塞杆缸。

（4）按缸的特殊用途分类　液压缸可分为串联缸、增压缸、增速缸、步进缸等。此类缸都不是一个单纯的缸筒，而是和其他缸筒、构件组合而成的，所以从结构的观点看，这类缸又称为组合缸。

缸的分类见表 4-1。

表 4-1　缸的分类

		名　称	原　理　图	符　号	说　明
液压缸	单作用缸	活塞缸			活塞仅单向运动，由外力使活塞反向运动
		柱塞缸			
		伸缩式套筒缸			有多个互相联动活塞组成的缸，其行程可改变，由外力使活塞返回
	双作用缸	单活塞杆　缸			活塞双向运动，活塞在行程终了时不减速
		不可调缓冲式缸			活塞在行程终了时减速制动，减速值不变
		可调缓冲式缸			活塞在行程终了时减速制动，但减速值可调
		差动缸			活塞两端的面积差较大，使缸往复的作用力和速度差较大，对系统的工作特性有明显的作用

第四章 液压缸 **63**

（续）

		名　称	原　理　图	符　号	说　明
液压缸	双作用缸	双活塞杆 等行程等速缸			活塞左右移动速度和行程均相等
		双活塞杆 双向缸			两个活塞同时向相反方向运动
		伸缩式套筒缸			有多个互相联动活塞组成的缸，其行程可变，活塞可双向运动
	组合缸	弹簧复位缸			活塞单向作用，由弹簧使活塞复位
		串联缸			当缸的直径受限制，而长度不受限制时，用以得到大的推力
		增压缸			由两个不同的压力室 A 和 B 组成，利用力平衡原理，目的是提高 B 室中液体的压力
		多位缸			活塞有三个位置
		步进缸			将若干活塞的行程按二进制排列，根据需要打开不同的进油口，以实现不同距离的移动
		增速缸			利用不同油口供油，可以得到快速或慢速伸出

第二节　液压缸基本参数的计算

一、双活塞杆缸的计算

双活塞杆缸的计算简图如图 4-2 所示。根据流量连续性定理，进入液压缸的液体流量等于液流截面和流速的乘积，而液压缸液流的截面面积即为活塞的有效面积，液流的平均流速即为活塞的运动速度。因此

$$v=\frac{q}{A}=\frac{4q}{\pi(D^2-d^2)} \qquad (4\text{-}1)$$

式中　q——进入液压缸的液体流量；

v——活塞的运动速度；

A——活塞的有效面积；

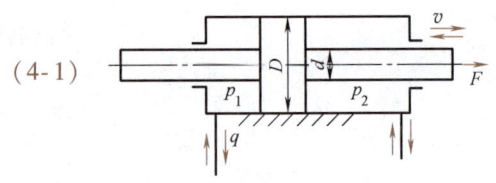

图 4-2　双活塞杆缸的计算简图

64 液压与气压传动 第4版

D——活塞直径，即缸筒内径；

d——活塞杆直径。

活塞杆上的理论输出力 F 等于活塞两侧有效面积和活塞两腔压差的乘积，即

$$F = \frac{\pi}{4}(D^2 - d^2)(p_1 - p_2) \tag{4-2}$$

式中 p_1——进油压力；

p_2——回油压力，即液压缸出油口的压力。

以上计算未考虑液压油从活塞的一腔到另一腔的内泄漏和端盖与活塞杆之间的外泄漏，以及活塞和缸筒、活塞杆和端盖之间的摩擦力。

由以上公式可知，这类液压缸在两个方向上的运动速度和输出力均相等。

二、单活塞杆缸的计算

单活塞杆缸又称为单出杆液压缸。其计算简图如图 4-3 所示。

无杆腔活塞的有效面积 A_1 为 $A_1 = \frac{\pi}{4}D^2$

有杆腔活塞的有效面积 A_2 为 $A_2 = \frac{\pi}{4}(D^2 - d^2)$

当液压油进入无杆腔的流量为 q_1 时，活塞右移速度为 v_1，输出力为 F_1，则

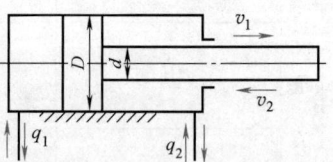

图 4-3 单活塞杆缸的计算简图

$$v_1 = \frac{q_1}{A_1} = \frac{4q_1}{\pi D^2} \tag{4-3}$$

$$F_1 = p_1 A_1 - p_2 A_2 = (p_1 - p_2)\frac{\pi}{4}D^2 + p_2 \frac{\pi}{4}d^2 \tag{4-4}$$

式中 p_1——进油压力；

p_2——回油压力。

当液压油进入有杆腔的流量为 q_2 时，活塞左移速度为 v_2，输出力为 F_2，则

$$v_2 = \frac{q_2}{A_2} = \frac{4q_2}{\pi(D^2 - d^2)} \tag{4-5}$$

$$F_2 = p_1 A_2 - p_2 A_1 = (p_1 - p_2)\frac{\pi}{4}D^2 - p_1 \frac{\pi}{4}d^2 \tag{4-6}$$

若 $q_1 = q_2 = q$、$p_1 = p$、$p_2 = 0$，则式(4-3)~式(4-6)将分别为

$$v_1 = \frac{q}{A_1} = \frac{4q}{\pi D^2} \tag{4-7}$$

$$F_1 = pA_1 = p\frac{\pi}{4}D^2 \tag{4-8}$$

$$v_2 = \frac{q}{A_2} = \frac{4q}{\pi(D^2 - d^2)} \tag{4-9}$$

$$F_2 = pA_2 = p(D^2 - d^2) \tag{4-10}$$

由于 $A_1 > A_2$，所以 $v_1 < v_2$、$F_1 > F_2$。其意为：若分别进入液压缸两腔的流量均为 q，进口

压力均为 p，则 q 进入无杆腔时，活塞的运动速度较小，而输出力较大；q 进入有杆腔时，活塞的运动速度较大，而输出力较小。因此，常把液压油进入无杆腔的情况作为工作行程，而把液压油进入有杆腔的情况作为空回行程。活塞两个方向上的速度比称为液压缸的速比，用 φ 表示，则有

$$\varphi = \frac{v_2}{v_1} = \frac{A_1}{A_2} = \frac{D^2}{D^2 - d^2} = \frac{1}{1 - \left(\dfrac{d}{D}\right)^2} \tag{4-11}$$

$$\varphi = \frac{v_2}{v_1} = \frac{A_1}{A_2} = \frac{F_1}{F_2} \tag{4-12}$$

式(4-12)说明，活塞速度与活塞有效面积成反比，活塞输出力和活塞有效面积成正比。φ 值越接近于 1，正反两个方向上的速度越接近；φ 值远大于 1，则回程速度也远大于工作行程的速度。当两个方向的流量均为 q，D 也一定时，改变活塞杆直径可得到满意的 φ 值。若向单活塞杆缸的无杆腔中供液压油，将有杆腔排出的油再接回到无杆腔(图4-4)，则称为液压缸油路的差动连接或称差动缸。这时液压缸两腔的压力虽然相等，但活塞仍向右运动。

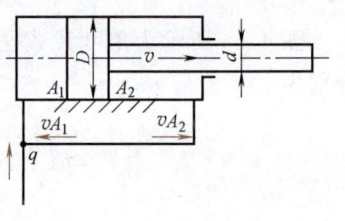

图 4-4　差动连接

由

$$q + vA_2 = vA_1$$

得活塞的运动速度 v 为

$$v = \frac{q}{A_1 - A_2} = \frac{4q}{\pi d^2} \tag{4-13}$$

活塞的输出力 F 为

$$F = p(A_1 - A_2) = p\,\frac{\pi d^2}{4} \tag{4-14}$$

将未差动连接向无杆腔输油的液压缸和差动缸相比较，从式(4-13)和式(4-14)可见，后者的速度较快，但输出的力较小。若 $A_2 = A_1/2$，即 $D = \sqrt{2}\,d$，则差动缸在两个方向上的速度相等、输出的力也相等。这是因为（设活塞左行的速度为 v_2，活塞左行的输出力为 F_2）

$$v_2 = \frac{q}{A_2} = \frac{q}{\dfrac{\pi}{4}(D^2 - d^2)} = \frac{4q}{\pi d^2} = v \tag{4-15}$$

$$F_2 = pA_2 = p\,\frac{\pi}{4}(D^2 - d^2) = p\,\frac{\pi}{4}d^2 = F \tag{4-16}$$

差动缸常用于工作行程需要慢进快退和进退速度相等的场合。

三、柱塞缸

柱塞缸如图4-5所示。柱塞缸只能实现一个方向的运动，反向运动则要靠外力实现。柱塞缸一般成对反向布置使用。这种液压缸中的柱塞和缸筒不接触，运动时

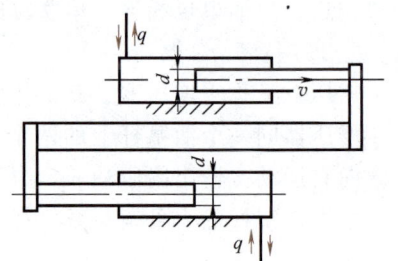

图 4-5　柱塞缸

由缸盖上的导向套来导向，因此缸筒的内壁不需要精加工。它特别适用于行程较长的场合。柱塞缸输出的推力和速度分别为

$$F = (p_1 - p_2) \frac{\pi}{4} d^2 \tag{4-17}$$

$$v = \frac{4q}{\pi d^2} \tag{4-18}$$

式中　d——柱塞直径；

　　　p_1——进油压力；

　　　p_2——另一柱塞的回油压力。

四、摆动缸

图 4-6a 所示为单叶片式摆动缸，它的摆动角度较大，可达 300°。其输出转矩和角速度分别为

$$T = b \int_{R_1}^{R_2} (p_1 - p_2) r \mathrm{d} r \eta_\mathrm{m} = \frac{b}{2} (R_2^2 - R_1^2)(p_1 - p_2) \eta_\mathrm{m} \tag{4-19}$$

$$\omega = 2\pi n = \frac{2q\eta_V}{b(R_2^2 - R_1^2)} \tag{4-20}$$

式中　b——叶片宽度。

图 4-6b 所示为双叶片式摆动缸，它的摆动角度较小，为 150°，它的输出转矩是单叶片式摆动缸的两倍，而角速度则是单叶片式摆动缸的一半。

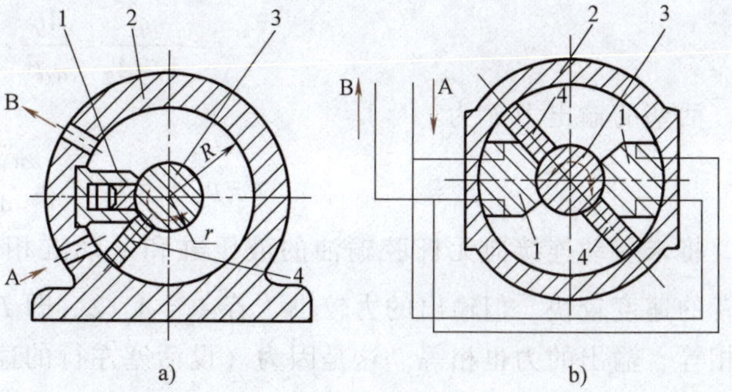

五、组合缸

1. 串联缸

图 4-7 所示为由两个液压缸组成的串联缸。两个液压缸分别有自己的进油口、出油口，缸筒固定在同一个活塞杆上。两个液压缸的进油口相连，出油口也相连。串联缸的输出力是两个液压缸输出力的总和。

图 4-6　摆动缸
a) 单叶片式　b) 双叶片式
1—限位挡块　2—缸体　3—输出轴　4—叶片

2. 增压缸

增压缸又称为增压器，其工作原理如图 4-8 所示。

增压器同一个活塞杆上的两个活塞的直径是不同的。当低压油 p_1 进入液压缸左端时，活塞向右运动，输出高压油 p_2。

根据活塞杆的力平衡关系可得

$$p_1 A_1 = p_2 A_2$$

式中　p_1——输入的低压；

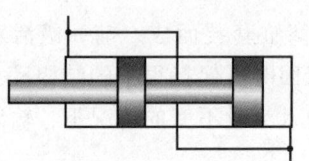

图 4-7　串联缸

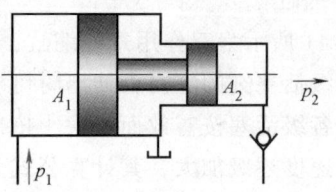

图 4-8　增压缸

p_2——输出的高压；

A_1——大活塞的面积；

A_2——小活塞的面积。

$$p_2 = p_1 \frac{A_1}{A_2} = p_1 K$$

式中　K——压力放大倍数，$K = A_1 / A_2$。

面积 A_1 和 A_2 相差越大，K 值也越大，在 p_1 相同时输出的 p_2 值也越大，但输出的流量也越小。

反向通油时，活塞杆左移是空回行程，无高压油输出，这种类型的增压器不能连续输出高压油。若需连续输出高压油，需对活塞和活塞杆的结构和连接方式进行改进，并加上控制油路。

3. 增速缸

增速缸如图 4-9 所示。先由 a 口供油，使活塞以较快的速度右移。当活塞运动到某一位置后，再由 b 口供油，这时活塞又以较慢的速度右移，输出力相应增大。

4. 多位缸

多位缸如图 4-10 所示。此类液压缸由两个单缸组成，有 A、B、C、D 共四个油口。改变各油口的通断状况，即可得到四种液压缸的伸出位置，见表 4-2。油口的通断可用换向阀控制。

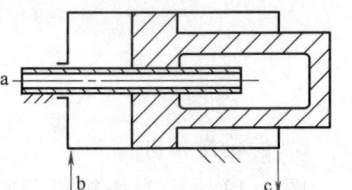

图 4-9　增速缸

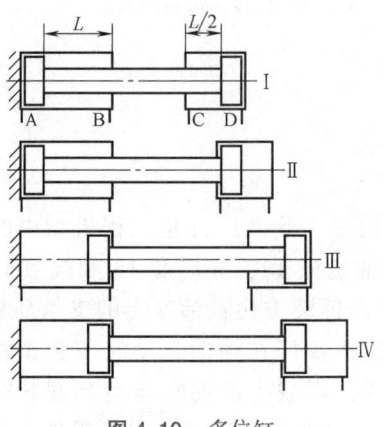

图 4-10　多位缸

表 4-2　多位缸的行程

位置	油口的通断情况				行程
	A	B	C	D	
Ⅰ	−	+	+	−	0
Ⅱ	−	+	−	+	$L/2$
Ⅲ	+	−	+	−	L
Ⅳ	+	−	−	+	$3L/2$

注："+"表示"通"，"−"表示"断"。

68 ──────▪ 液压与气压传动 第4版

5. 伸缩缸

图 4-11 所示为双作用式伸缩缸，它由两个或多个活塞缸套装而成。前一级活塞缸的活塞是后一级活塞缸的缸筒，伸出时可获得很长的行程，缩回时可保持很小的结构尺寸。通入液压油时各级活塞按有效面积大小依次先后动作，并在输入流量不变的情况下，输出推力逐级减小，速度逐级加大，其计算公式为

$$F_i = p_1 \frac{\pi}{4} D_i^2 \eta_{mi} \tag{4-21}$$

$$v_i = \frac{4q\eta_{Vi}}{\pi D_i^2} \tag{4-22}$$

式中　i——第 i 级活塞缸。

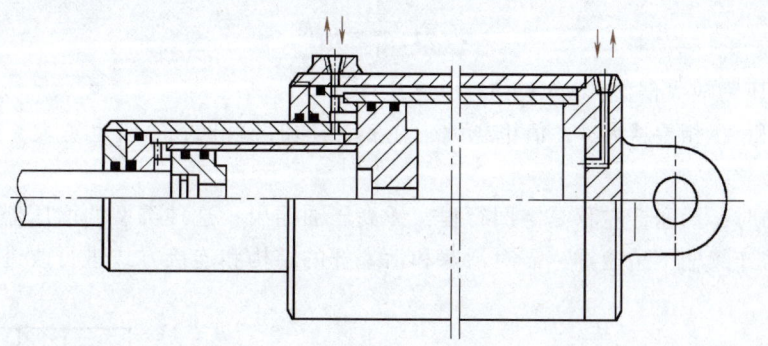

图 4-11　双作用式伸缩缸

6. 齿轮齿条缸

图 4-12 所示为齿轮齿条缸，它由两个柱塞缸和一套齿轮齿条传动装置组成。柱塞的移动经齿轮齿条传动装置变成齿轮的转动，用于实现工作部件的往复摆动或间歇进给运动。

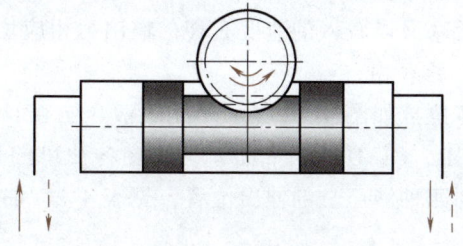

图 4-12　齿轮齿条缸

第三节　液压缸的典型结构

一、液压缸典型结构举例

图 4-13 所示是一个双作用单杆活塞液压缸的结构图。此液压缸是工程机械中的常用液压缸。它的主要零件是缸底 2、活塞 8、缸筒 11、活塞杆 12、导向套 13 和端盖 15。此液压缸结构上的特点是活塞和活塞杆用卡环连接，因而拆装方便；活塞上的支承环 9 由聚四氟乙烯等耐磨材料制成，摩擦力较小；导向套可使活塞杆在轴向运动时不致歪斜，从而保护了密封件；液压缸的两端均有缝隙式缓冲装置，可减少活塞在运动到端部时的冲击和噪声。此类液压缸的工作压力为 12~15MPa。以下将介绍此液压缸主要零件的几种常见结构。

第四章　液压缸 ▪▪▪▪▪ **69**

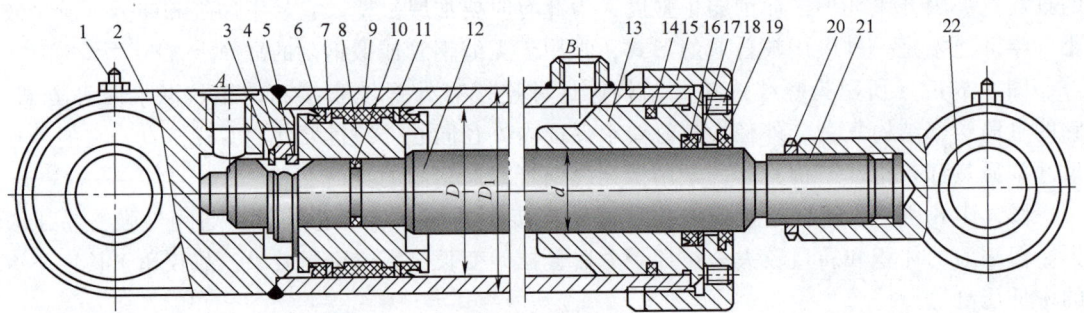

图 4-13　双作用单杆活塞液压缸的结构

1—螺钉　2—缸底　3—弹簧卡圈　4—挡环　5—卡环(由两个半圆组成)　6—密封圈　7—挡圈　8—活塞

9—支承环　10—活塞与活塞杆之间的密封圈　11—缸筒　12—活塞杆　13—导向套

14—导向套和缸筒之间的密封圈　15—端盖　16—导向套和活塞杆之间的密封圈

17—挡圈　18—锁紧螺钉　19—防尘圈　20—锁紧螺母　21—耳环　22—耳环衬套圈

▌ 二、液压缸的组成

从图 4-13 可以看出，液压缸的结构组成基本上可以分为缸筒和缸盖、活塞和活塞杆、密封装置、缓冲装置和排气装置五个部分。

1. 缸筒和缸盖

一般来说，缸筒和缸盖的结构形式和其使用的材料有关。工作压力 $p < 100 \times 10^5 \mathrm{Pa}$ 时使用铸铁，$p < 200 \times 10^5 \mathrm{Pa}$ 时使用无缝钢管，$p > 200 \times 10^5 \mathrm{Pa}$ 时使用铸钢或锻钢。

图 4-14 所示为常见的缸筒和缸盖结构形式。图 4-14a 所示为法兰连接式结构。这种连接结构简单，易于加工，也易于装拆，但外形尺寸和质量都较大，常用于铸铁制的缸筒上。

图 4-14b 所示为半环连接式结构。这种连接分为外半环连接和内半环连接两种形式。它

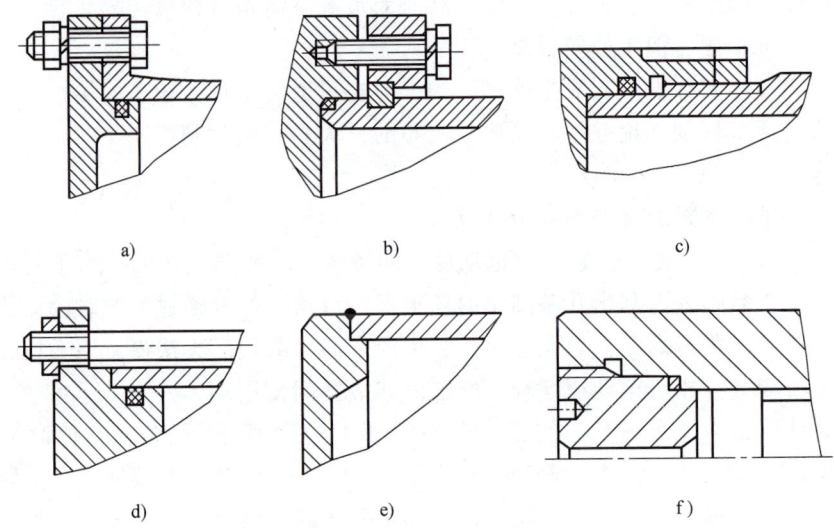

图 4-14　常见的缸筒和缸盖结构形式

的缸筒壁部因开了环形槽而削弱了强度，为此有时要加厚缸壁。它易于加工和装拆，质量较小。半环连接是一种应用较普遍的形式，常用于无缝钢管或锻钢制的缸筒上。

图 4-14c、f 所示为螺纹连接式结构。这种连接有外螺纹联接和内螺纹联接两种方式。它的缸筒端部结构复杂，外径加工时要求保证内外径同心，装拆要使用专用工具，它的外形尺寸和质量都较小，结构紧凑，常用于无缝钢管或锻钢制的缸筒上。

图 4-14d 所示为拉杆连接式结构。这种连接结构简单，工艺性好，通用性强，易于装拆。但端盖的体积和质量较大，拉杆受力后会拉伸变长，影响密封效果，故仅用于长度不大的中低压缸。

图 4-14e 所示为焊接式连接结构。这种连接强度高，制造简单，但焊接时容易引起缸筒变形。

2. 活塞和活塞杆

活塞和活塞杆的结构形式很多，除常见的一体式、锥销式连接外，还有螺纹式连接和半环式连接等多种形式，如图 4-15 所示。

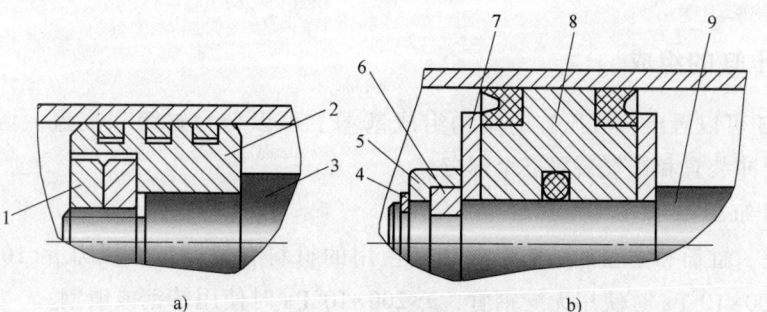

图 4-15　活塞和活塞杆的结构

a）螺纹式连接　b）半环式连接

1—螺母　2、8—活塞　3、9—活塞杆　4—弹簧卡圈　5—轴套　6—半环　7—压板

螺纹式连接结构简单，装拆方便，但在高压大负载下需备有螺母防松装置。半环式连接结构较复杂，装拆不便，但工作较可靠。

此外，活塞和活塞杆也可制成整体式结构，但它只适用于尺寸较小的场合。活塞一般用耐磨铸铁制造，活塞杆则不论是空心的还是实心的，大多用钢材制造。

3. 密封装置

液压缸中常见的密封装置如图 4-16 所示。

图 4-16a 所示为间隙密封，它依靠运动件间的微小间隙来防止泄漏。为了提高这种装置的密封能力，常在活塞表面制出几条细小的环形槽，以增大油液通过间隙时的阻力。它结构简单，摩擦阻力小，可耐高温，但泄漏大、加工要求高，磨损后无法恢复原有能力，只有在尺寸较小、压力较低、相对运动速度较高的缸筒和活塞间使用。

图 4-16b 所示为摩擦环密封，它依靠套在活塞上的摩擦环（尼龙或其他高分子材料制成），在 O 形圈弹力作用下贴紧缸壁而防止泄漏。这种结构密封效果较好，摩擦阻力较小且稳定，可耐高温，磨损后有自动补偿能力，但加工要求高、装拆不太方便，适用于缸筒和活塞之间的密封。

图 4-16c、d 所示为密封圈(O 形圈、V 形圈等)密封,它利用橡胶或塑料的弹性使各种截面的环形圈贴紧在过盈配合、间隙配合面之间来防止泄漏。它结构简单,制造方便,磨损后有自动补偿能力,性能可靠,在缸筒与活塞之间、活塞与活塞杆之间、缸筒与缸盖之间都能使用。

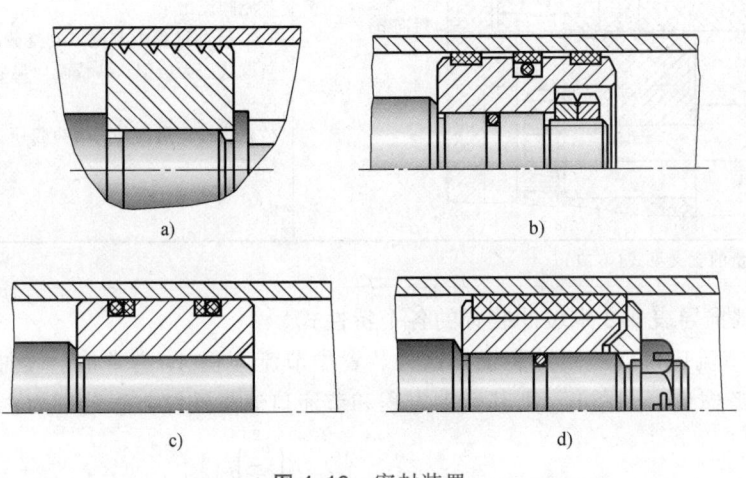

图 4-16 密封装置

a) 间隙密封 b) 摩擦环密封 c)、d) 密封圈密封

对于活塞杆外伸部分来说,由于它很容易把脏物带入液压缸,使油液受污染,使密封件磨损,因此常需要在活塞杆密封处增添防尘圈,并放在朝向活塞杆外伸的一段。

4. 缓冲装置

液压缸中缓冲装置的工作原理是:利用活塞或缸筒在其走向行程终端时在活塞和缸盖之间封住一部分油液,强迫它从小孔或细缝中挤出,产生很大的阻力,使工作部件受到制动,逐渐减慢运动速度,达到避免活塞和缸盖相互撞击的目的。

液压缸中常用的缓冲装置有节流口可调式和节流口变化式两种,它们的主要性能和特点见表 4-3。

表 4-3 液压缸中常用的缓冲装置

名 称 和 工 作 原 理 图	特 点 说 明
节流口可调式 A_p	1)被封在活塞和缸盖间的油液经针形节流阀流出 2)节流阀开口可根据负载情况进行调节 3)起始缓冲效果大,随着活塞的行进,缓冲效果逐渐减弱,故制动行程长 4)缓冲腔中的冲击压力大 5)缓冲性能受油温影响 6)适用范围广

72 ────■ 液压与气压传动 第 4 版

（续）

名称和工作原理图	特 点 说 明
节流口变化式 轴向节流槽 v	1）被封在活塞和缸盖间的油液经活塞上的轴向节流阀流出 2）缓冲过程中节流口通流截面不断减小，当轴向横截面为矩形、纵截面为抛物线时，缓冲腔可保持恒压 3）缓冲作用均匀，缓冲腔压力较小，制动位置精度高

注：图中物理量的含义见式（4-31）。

例 4-1　试推导表 4-3 中缓冲装置的各个特性式。

解　（1）节流口可调式缓冲装置　这种装置中节流面积 A_T 为常值。缓冲开始后，活塞产生减速度，考虑到 $v = dx/dt$，则其运动方程和节流口流量连续方程分别为

$$p_c A_c = -m \frac{dv}{dt} = -m \frac{d\left(\dfrac{v^2}{2}\right)}{dt} \qquad （例 4-1-1）$$

$$q_c = A_c v = C_d A_T \sqrt{\frac{2\Delta p}{\rho}} = C_d A_T \sqrt{\frac{2p_c}{\rho}} \qquad （例 4-1-2）$$

式中　　p_c——缓冲腔压力；

A_c——缓冲腔工作面积；

m——活塞等移动件质量；

v——移动件速度；

A_T——节流口通流截面面积；

C_d——节流口流量系数；

ρ——油液密度。

将式（例 4-1-1）代入式（例 4-1-2），经整理、积分、化简，并使用 $x=0$ 时 $v=v_0$（v_0 为缓冲开始时的速度）的条件，得

$$v = v_0 e - \frac{A_c \rho}{2m} \left(\frac{A_c}{C_d A_T}\right)^2 x \qquad （例 4-1-3）$$

将式（例 4-1-3）代入式（例 4-1-1），并使用 $x=0$ 时 $a=a_0$、$p_c=p_0$ 的条件（a_0 为缓冲开始时的加速度，p_0 为缓冲起始时的缓冲压力），得

$$p_c = p_0 e - \frac{A_c p_0}{m v^2} x \qquad （例 4-1-4）$$

（2）节流口变化式缓冲装置　这种装置中 A_T 为变量。要求 p_c（因而也有减速度 a）在整个缓冲过程中保持为常值，由于 $v^2 = v_0^2 - 2a_0 x$，则

$$v = v_0 \sqrt{1 - \frac{2a_0}{v_0^2} x} \qquad （例 4-1-5）$$

将式(例 4-1-5)代入式(例 4-1-2)，整理后得

$$A_{\mathrm{T}} = \frac{A_{\mathrm{c}} v_0}{C_{\mathrm{d}}} \sqrt{\frac{\left(1 - \dfrac{2a_0}{v_0^2}\right)\rho}{2p_{\mathrm{c}}}} \tag{例 4-1-6}$$

这表明节流槽纵截面必须呈抛物线形状。

5. 排气装置

液压缸中的排气装置通常有两种形式：一种是在缸盖最高部位开排气孔，用长管道接向远处排气阀排气，如图 4-17a 所示；另一种是在缸盖最高部位安装排气塞，如图 4-17b 所示。两种排气装置都是在液压缸排气时打开(使其做全行程往复移动数次)，排气完成后关闭。

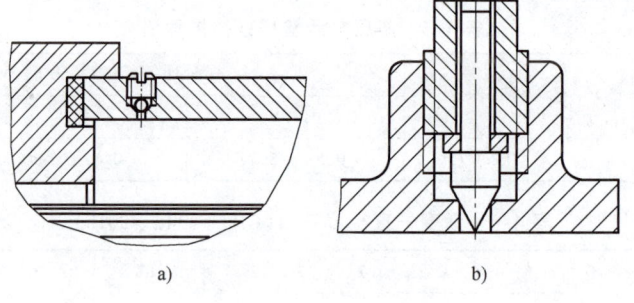

图 4-17 排气装置

排气装置在液压缸中十分必要，这是因为油液中混入空气或液压缸长期不使用，外界侵入的空气都积聚在缸内最高部位，会影响液压缸运动平稳性，即低速时引起爬行、起动时造成冲击、换向时降低精度等。

第四节 液压缸的设计计算

液压缸的设计是在对整个液压系统进行了工况分析，编制了负载图，并选定了工作压力之后进行的。设计时先根据使用要求选择结构类型，然后按负载情况、运动要求、最大行程等确定其主要工作尺寸，进行强度、稳定性和缓冲验算，最后再进行结构设计。

一、液压缸设计应注意的问题

1) 尽量使活塞杆在受拉状态下承受最大负载，或在受压状态下具有良好的纵向稳定性。

2) 考虑液压缸行程终了处的制动问题和液压缸的排气问题。缸内如无缓冲装置和排气装置，系统中需要有相应的措施，但是并非所有的液压缸都要考虑这些问题。

3) 正确确定液压缸的安装、固定方式。液压缸只能一端定位。

4) 液压缸各部分结构需根据推荐的结构形式和设计标准进行设计，尽可能做到结构简单、紧凑，加工、装配和维修方便。

二、液压缸主要尺寸的确定

1. 缸筒内径 D

液压缸缸筒内径 D 是根据负载大小和选定的工作压力，或运动速度和输入流量，按式 (4-1)~式 (4-22) 计算后，再从 GB/T 2348—2018 (见表 4-4) 中选取最近的标准值而得出的。

表 4-4　缸筒内径 D 系列 (GB/T 2348—2018)　　　（单位：mm）

8	10	12	16	20	25	32	40	50	63
80	100	125	160	200	250	320	400	500	

2. 活塞杆直径 d

液压缸活塞杆直径 d 按工作时的受力情况来确定，见表 4-5。计算出的活塞杆直径 d 按表 4-6 中的值进行圆整。

表 4-5　液压缸活塞杆直径推荐值

活塞杆受力情况	受　拉　伸	受压缩, 工作压力 p_1/MPa		
		$p_1 \leq 5$	$5 \leq p_1 < 7$	$p_1 > 7$
活塞杆直径	$(0.3 \sim 0.5)D$	$(0.5 \sim 0.55)D$	$(0.6 \sim 0.7)D$	$0.7D$

表 4-6　活塞杆直径 d 系列 (GB/T 2348—2018)　　　（单位：mm）

4	5	6	8	10	12	14	16	18	20
22	25	28	32	36	40	45	50	56	63
70	80	90	100	110	125	140	160	180	200
220	250	280	320	360					

单活塞缸中的 d 值也可由 D 和 λ_v 来决定。为了不使往复运动速度相差太大，一般推荐 $\lambda_v \leq 1.6$。

3. 设计压力 p

液压件的额定压力是指在指定运转条件下液压件能长期正常工作的压力。此压力又称为公称压力。

液压件的工作压力是指在系统中所承受的压力，若负载变化，工作压力的大小也随之变化。在使用中，不希望工作压力高于额定压力。但在特殊情况下，也允许在极短时间内工作压力超过额定压力。

元件的试验压力远远超过额定压力，缸的设计压力的数值等于额定压力。若系统的额定压力已确定，则取系统压力为设计压力；若系统的额定压力尚未确定，可参照或类比相同的主机选定缸的设计压力，见表 4-7。

表 4-7　各类主机常用的系统压力　　　（单位：MPa）

主机类型	系统压力	主机类型	系统压力
精加工机床	0.8~2	农业机械、小型工程机械、工程机械的辅助机构	10~16
半精加工机床	3~5	液压机、重型机械、起重机械、大中型工程机械	20~32
粗加工或重型机械	5~10		

第四章 液压缸 ■·········· **75**

4. 缸筒长度 l

液压缸的缸筒长度 l 由最大工作行程所决定，一般不宜超过其内径的 20 倍。

三、强度校核

液压缸的缸筒壁厚 δ、活塞杆直径 d 和缸盖处固定螺栓的直径，在高压系统中必须进行强度校核。其他零件如活塞、导向套、端盖、放气阀、管接头、密封件等，不需要进行强度计算，可参阅有关设计手册直接选用。

1. 缸筒壁厚

缸筒壁厚校核时分薄壁和厚壁两种情况。当 $D/\delta \geqslant 10$ 时为薄壁，壁厚的校核公式为

$$\delta \geqslant \frac{p_y D}{2[\sigma]} \tag{4-23}$$

式中 D——缸筒直径；

       p_y——缸筒试验压力，当缸的额定压力 $p_n \leqslant 16\text{MPa}$ 时，取 $p_y = 1.5 p_n$，当 $p_n > 16\text{MPa}$ 时，取 $p_y = 1.25 p_n$；

       $[\sigma]$——缸筒材料的许用压力，$[\sigma] = R_m/n$，R_m 为材料的抗拉强度，n 为安全系数，一般取 $n = 5$。

当 $D/\delta < 10$ 时为厚壁，壁厚的校核公式为

$$\delta \geqslant \frac{D}{2}\left(\sqrt{\frac{[\sigma] + 0.4 p_y}{[\sigma] - 1.3 p_y}} - 1\right) \tag{4-24}$$

2. 活塞杆直径 d

活塞杆直径 d 的校核公式为

$$d \geqslant \sqrt{\frac{4F}{\pi[\sigma]}} \tag{4-25}$$

式中 F——活塞杆上的作用力；

       $[\sigma]$——活塞杆材料的许用应力，$[\sigma] = R_m/1.4$。

3. 固定螺栓直径 d_s

液压缸固定螺栓直径的校核公式为

$$d_s \geqslant \sqrt{\frac{5.2 kF}{\pi Z[\sigma]}} \tag{4-26}$$

式中 F——液压缸负载；

       Z——固定螺栓个数；

       k——螺纹拧紧系数，$k = 1.12 \sim 1.5$，$[\sigma] = \sigma_s/(1.2 \sim 2.5)$；

       σ_s——材料屈服强度。

四、稳定性校核

活塞杆受轴向压缩负载时，它所承受的轴向力 F 不能超过使它保持稳定工作所允许的临界负载 F_k，以免发生纵向弯曲，破坏液压缸的正常工作。F_k 值与活塞杆材料性质、截面形状、直径和长度以及液压缸的安装方式等因素有关。活塞杆稳定性的校核（稳定条件）公

式为

$$F \leqslant \frac{F_k}{n_k} \quad (4-27)$$

式中　n_k——安全系数，一般取 $n_k = 2 \sim 4$。

当活塞杆的细长比 $l/r_k > \psi_1 \sqrt{\psi_2}$ 时

$$F_k = \frac{\psi_2 \pi^2 E J}{l^2} \quad (4-28)$$

当活塞杆的细长比 $l/r_k \leqslant \psi_1 \sqrt{\psi_2}$，且 $\psi_1 \sqrt{\psi_2} = 20 \sim 120$ 时，则

$$F_k = \frac{fA}{1 + \dfrac{\alpha}{\psi_2} \left(\dfrac{l}{r_k} \right)^2} \quad (4-29)$$

式中　l——安装长度，其值与安装方式有关，见表4-8；

　　　r_k——活塞杆截面最小回转半径，$r_k = \sqrt{J/A}$；

　　　ψ_1——柔性系数，其值见表4-9；

　　　ψ_2——由液压缸支承方式决定的末端系数，其值见表4-8；

　　　E——活塞杆材料的弹性模量，对于钢取 $E = 2.06 \times 10^{11} \mathrm{N/m^2}$；

　　　J——活塞杆横截面惯性矩；

　　　A——活塞杆横截面面积；

　　　f——由材料强度决定的实验值，其值见表4-9；

　　　α——系数，其值见表4-9。

五、缓冲计算

液压缸的缓冲计算主要是估计缓冲时缸内出现的最大缓冲压力，以便用来校核缸筒强度、制动距离是否符合要求。缓冲计算中如发现工作腔中的液压能和工作部件的动能不能全部被缓冲腔所吸收时，制动中就可能产生活塞和缸盖相碰现象。

液压缸在缓冲时，背压腔内产生的液压能 E_1 和工作部件产生的机械能 E_2（见表4-3中图）分别为

表 4-8　液压缸支承方式和末端系数 ψ_2 值

支承方式	支承说明	末端系数 ψ_2
	一端自由、 一端固定	1/4
	两端铰接	1

（续）

支 承 方 式	支 承 说 明	末端系数 ψ_2
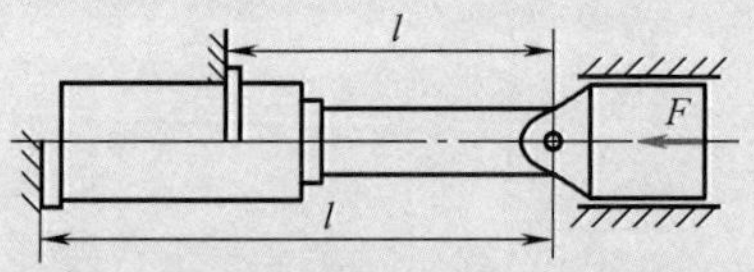	一端铰接、 一端固定	2
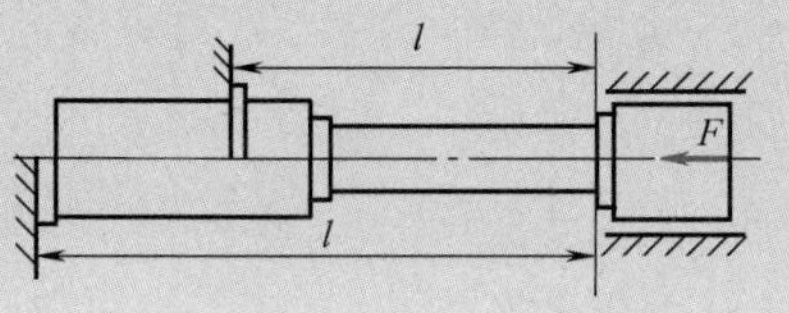	两端固定	4

表 4-9　f、α、ψ_1 值

材　料	$f/10^8 \mathrm{N \cdot m}$	α	ψ_1
铸铁	5.6	$\dfrac{1}{1600}$	80
锻钢	2.5	$\dfrac{1}{9000}$	110
软钢	3.4	$\dfrac{1}{7500}$	90
硬钢	4.9	$\dfrac{1}{5000}$	85

$$E_1 = p_c A_c l_c \tag{4-30}$$

$$E_2 = \underbrace{p_p A_p l_c}_{\substack{\text{高压腔中} \\ \text{的液压能}}} + \underbrace{\frac{1}{2} m v_0^2}_{\substack{\text{工作部件} \\ \text{的动能}}} - \underbrace{F_f l_c}_{\substack{\text{摩擦能}}} \tag{4-31}$$

式中　p_c——缓冲腔中的平均缓冲压力；

　　　p_p——高压腔中的油液压力；

　A_c、A_p——缓冲腔、高压腔的有效工作面积；

　　　l_c——缓冲行程长度；

　　　m——工作部件质量；

　　　v_0——工作部件运动速度；

　　　F_f——摩擦力。

　　当 $E_1 = E_2$ 时，工作部件的机械能全部被缓冲腔液体所吸收，由式（4-30）、式（4-31）可得

$$p_c = \frac{E_2}{A_c l_c} \qquad\qquad (4\text{-}32)$$

若缓冲装置为节流口可调式缓冲装置，则在缓冲过程中的缓冲压力逐渐降低。假定缓冲压力线性地降低，则最大缓冲压力即冲击压力等于

$$p_{cmax} = p_c + \frac{m v_0^2}{2 A_c l_c} \qquad\qquad (4\text{-}33)$$

若缓冲装置为节流口变化式缓冲装置，则由于缓冲压力 p_c 始终不变，最大缓冲压力值即如式(4-33)所示。

第五章　液压控制阀

在液压系统中，液压阀是控制和调节液流的压力、流量和流向的元件。液压阀的种类繁多，结构复杂，新型阀不断涌现，分析和研究工程设备中常用液压阀的工作原理、工作特性及应用场合，对于分析液压设备的工作过程、工作性能和系统设计十分重要。在此着重介绍常用液压元件的典型结构、工作原理及特点。

第一节　概述

为了对液压阀有一总体了解，需要对液压阀的分类、特点及常用参数做概要介绍。

一、液压控制阀的分类

液压阀的品种已达到几百个品种上千个规格，从不同角度分析液压阀有不同分类方式：按用途可分为方向控制阀、压力控制阀、流量控制阀；按连接方式可分为管式连接阀、板式连接阀、法兰式连接阀，目前还出现了叠加式连接阀、插装式连接阀；按工作原理可分为通断式、比例式和伺服式元件；按组合程度可分为单一阀和组合阀等。

二、液压阀的特点和要求

液压阀属于控制调节元件，本身有一定的能量消耗。液压阀的阀芯与阀体间的密封方式一般采取间隙密封（球芯阀除外），这种密封方式不可避免地存在内泄漏。为使阀芯能灵活运动而又减少泄漏，对液压阀性能的基本要求是：制造精度高，阀芯动作灵活，工作性能可靠，密封性好，阀的结构紧凑，工作效率高，通用性好。

三、液压阀的基本参数

液压阀的工作能力由阀的性能参数决定，液压阀的基本参数与阀的种类有关，不同的液压阀具有不同的性能参数，其共性的参数与压力和流量相关。

1. 公称压力

公称压力是标志液压阀承载能力大小的参数。液压阀的公称压力是指液压阀在额定工作状态下的名义压力，液压阀的公称压力单位为 MPa。

2. 与流量有关的参数

流量是标志液压阀通流性能的参数，与流量有关的参数主要有公称流量和公称通径，对于流量阀还有最小稳定流量等。

（1）液压阀的公称流量　国产的中低压液压阀(≤6.3MPa)常用公称流量来表示元件的通流能力。公称流量是指液压阀在额定工作状态下通过的名义流量。代号为 q_g，常用的计量单位为 L/min，国标规定的液压阀公称流量标准有：2L/min、3L/min、6L/min、10L/min、25L/min、40L/min、50L/min、63L/min、80L/min、100L/min、125L/min、160L/min、200L/min、320L/min、400L/min、500L/min、630L/min、800L/min、1000L/min、1250L/min、1600L/min。

公称流量参数对于液压阀无实际使用意义，仅供市场选购时便于与动力元件配套时参考。在实际情况下，液压元件厂商在样本上给出液压阀在各种流量值时的特性曲线，此曲线对于元件的选择、了解元件在各种工作参数下的工作状态，具有更直接的实用价值。

（2）液压阀的公称通径　液压阀的公称通径是表征阀规格大小的性能参数，常用于中高压阀。阀的通径一旦确定之后，所配套的管道的规格也就随之确定了。需要说明的是，液压阀的通径仅表明该阀的通流能力和所配管道的尺寸规格，并不表示该阀的实际进出口尺寸。

第二节　方向控制阀

方向控制阀是用以控制和改变液压系统中各油路之间液流方向的阀，方向控制阀可分为单向阀和换向阀两大类。

一、单向阀

单向阀是用以防止液流倒流的元件。按控制方式不同，单向阀可分为普通单向阀和液控单向阀两类。

1. 普通单向阀

普通单向阀又称止回阀，其作用是使液体只能向一个方向流动，反向截止。单向阀按阀芯的结构形式不同，可分为球芯阀、柱芯阀、锥芯阀；按液压油的流向与进出油口的位置关系，又可分为直通式阀和直角式阀两类。

图 5-1a、b 所示均为普通直通式单向阀，只是连接方式不同。其工作原理为：当液压油从 P_1 流入时，液压油推动阀芯，压缩弹簧，从 P_2 口流出；当液压油从 P_2 口流入时，阀芯锥面紧压在阀体的结合面上，油液无法通过。当单向阀导通时，使阀芯开启的压力称为开启压力。单向阀的开启压力一般为 0.03~0.05MPa。若用作背压阀时可更换弹簧，开启压力可达 0.2~0.6MPa。图 5-1c 所示为普通单向阀的图形符号。图 5-2 所示为直角式单向阀，其工作原理与直通式阀相似。

单向阀的应用如图 5-3 所示。图 5-3a 所示为将单向阀串接于液压泵的出口，保护泵避免由于意外的外加冲击载荷而造成的损坏；图 5-3b 所示为将单向阀串接在回油路上形成背压，以提高系统的速度刚性。

2. 液控单向阀

液控单向阀又称为单向闭锁阀，其作用是使液流有控制地单向流动。液控单向阀分为普通型和卸荷型两类。

图 5-4 所示为普通液控单向阀，它由单向阀和微型控制液压缸组成。其工作原理为：当液控口 K 有控制油压时，液压油推动控制活塞 1，进而推动锥阀芯 3 开启，使油口 P_1 到 P_2

第五章 液压控制阀 ■········· **81**

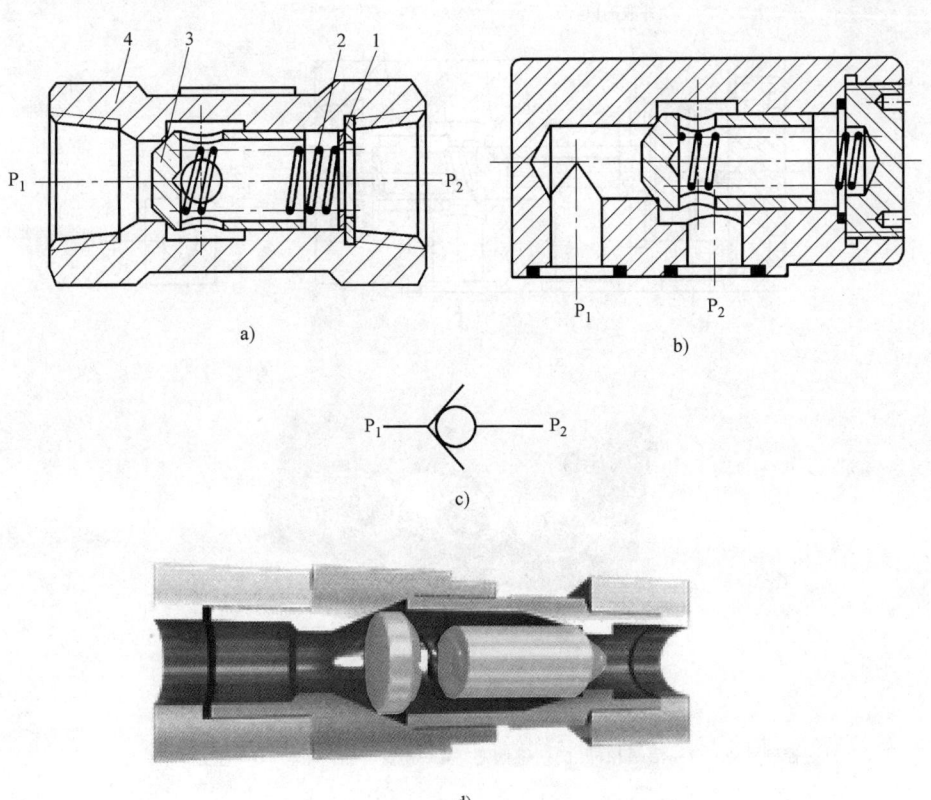

图 5-1 普通直通式单向阀

a) 管式连接阀 b) 板式连接阀 c) 图形符号 d) 三维图
1—挡圈 2—弹簧 3—阀芯 4—阀体

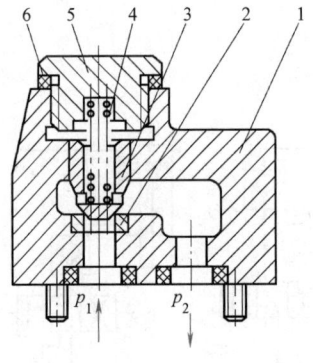

图 5-2 锥形阀芯直角式单向阀
1—阀体 2—阀座 3—阀芯
4—弹簧 5—阀盖 6—密封圈

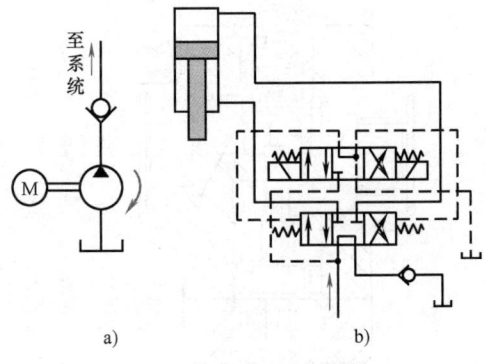

图 5-3 单向阀的应用
a) 单向阀保护液压泵 b) 单向阀作背压阀用

及 P_2 到 P_1 均能接通；当液控油口 K 油压为零时，与普通单向阀功能一样，油口 P_1 到 P_2 导通，P_2 到 P_1 不通，L 为泄漏孔。图 5-4b 所示为液控单向阀的图形符号。

82 ——————■ 液压与气压传动 第4版

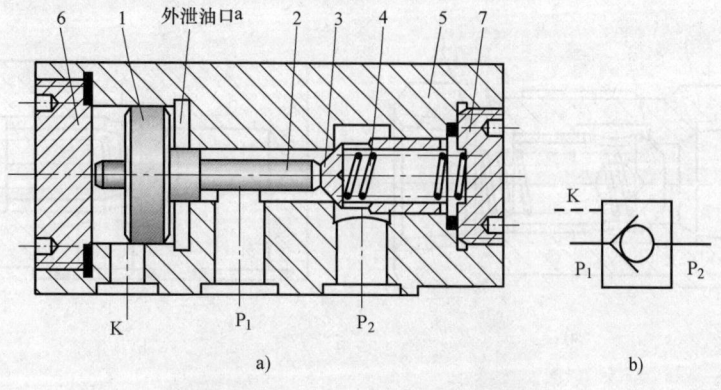

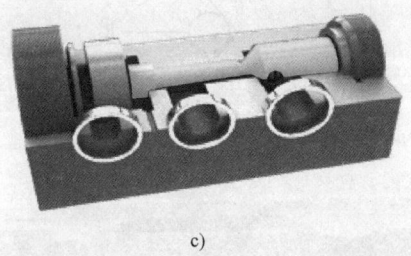

c)

图 5-4 普通液控单向阀

a) 结构图   b) 图形符号   c) 三维图

1—控制活塞 2—活塞顶杆 3—锥阀芯 4—弹簧 5—阀体 6—左盖 7—右盖

图 5-5 所示为带卸荷阀芯的液控单向阀，其卸荷过程为：当阀反向导通时，微动活塞 3 首先顶起卸荷阀芯 2，使高压油首先通过卸荷阀芯卸荷，然后再打开单向阀芯 1 使油口 P_1 到 P_2 导通。

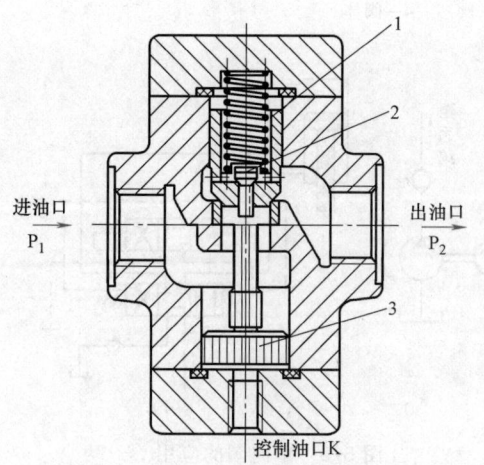

图 5-5 带卸荷阀芯的液控单向阀

1—单向阀芯 2—卸荷阀芯 3—微动活塞

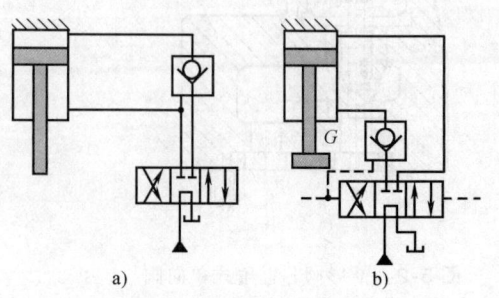

图 5-6 液控单向阀的应用

a) 保压作用   b) 支承作用

如图 5-6 所示，在液压系统中液控单向阀的主要应用有：

（1）保压作用 如图 5-6a 所示，当活塞向下运动完成工件的压制任务后，液压缸上腔

第五章　液压控制阀　**83**

仍需保持一定的高压；此时，液控单向阀靠其良好的单向密封性短时保持液压缸上腔的压力。

（2）支承作用　如图5-6b所示，当活塞以及所驱动的部件向上抬起并停留时，由于重力作用，液压缸下腔承受了因重力形成的油压，使活塞有下降的趋势。此时，在油路上串接一液控单向阀，以防止液压缸下腔回流，使液压缸保持在停留位置，支承重物不致落下。

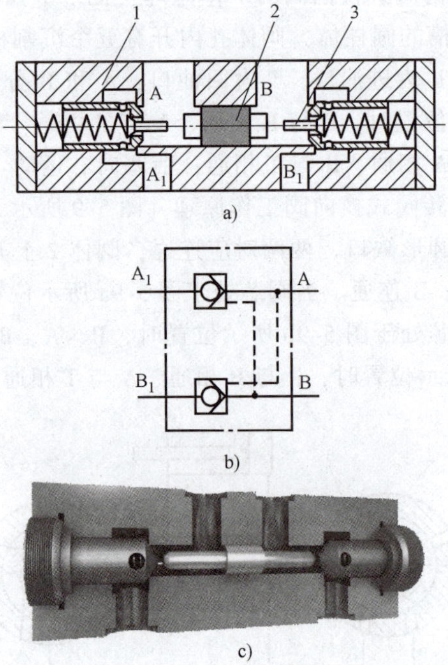

3. 双向液压锁

双向液压锁又称双向闭锁阀。如图5-7a所示，双向液压锁由两个液控单向阀组成。两个液控单向阀共用一个阀体1和一个活塞2，当液压油从油口A流入时，液压油推动左边阀芯，左边单向阀芯被推开，A到A_1导通。同时，液压油向右推动活塞2，使之向右运动，把右边单向阀顶开，使B_1到B接通。由此可见，当一个油口正向流动时（A连通A_1），另一个油口反向导通（B_1与B连通），反之亦然；当A、B口没有液压油时，反向不导通。利用单向阀良好的密封性，液压油反向受到封闭。图5-7b所示为双向液压锁的图形符号。

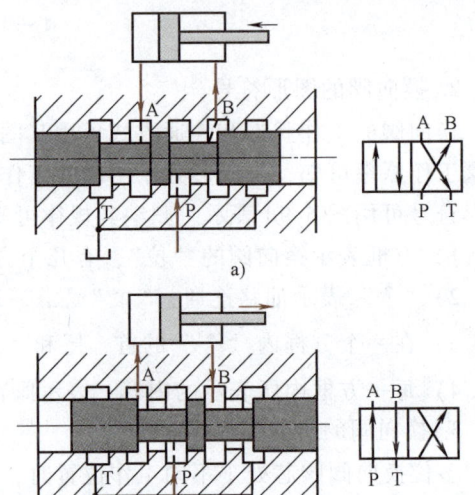

图5-7　双向液压锁
a）原理图　b）图形符号　c）三维图
1—阀体　2—活塞　3—顶杆

二、换向阀

换向阀是利用阀芯与阀体间的相对运动来切换油路中液流方向的液压元件。换向阀应用广泛，品种繁多。按阀芯运动的方式可分为转阀和滑阀两类，按操纵方式可分为手动、机动、电动、液动、电液动等，按阀芯在阀体内占据的工作位置可分为二位、三位、多位等，按阀体上主油路的数量可分为二通、三通、四通、五通、多通等，按阀的安装方式可分为管式、板式、法兰式。在此重点介绍换向阀的工作原理、典型结构、性能特点、图形符号及主要应用。

（一）换向阀的工作原理及有关的共性问题

1. 换向阀的工作原理

无论是滑阀式换向阀还是转阀式换向阀，其工作原理均是依靠阀芯与阀体的相对运动而切换液流的方向。

图5-8　滑阀式换向阀的工作原理图
a）阀芯处于左位时　b）阀芯处于右位时

84 · 液压与气压传动　第4版

（1）滑阀式换向阀的工作原理　图5-8所示为滑阀式换向阀工作原理图，阀芯是具有若干个环槽的圆柱体，阀体孔内开有五个沉割槽，每个沉割槽都通过相应的孔道与主油路连通。其中P为进油口，T为回油口，A和B分别与液压缸的左右两腔连通。当阀芯处于图5-8a所示位置时，P与B相通、A与T相通，活塞向左运动；当阀芯处于图5-8b所示位置时，P与A相通、B与T相通，活塞向右运动。

（2）转阀式换向阀工作原理　图5-9所示为转阀式换向阀工作原理图，阀芯1上开有四个对称的圆形缺口，两两对应连通，阀体2上开有四个油口分别与液压泵P、油箱T、液压缸两腔A、B连通。当阀芯处于图5-9a所示位置时，P与A相通、B与T相通，活塞向右运动；当阀芯处于图5-9b所示位置时，P、A、B、T均不相通，活塞停止运动；当阀芯处于图5-9c所示位置时，P与B相通、A与T相通，活塞向左运动。

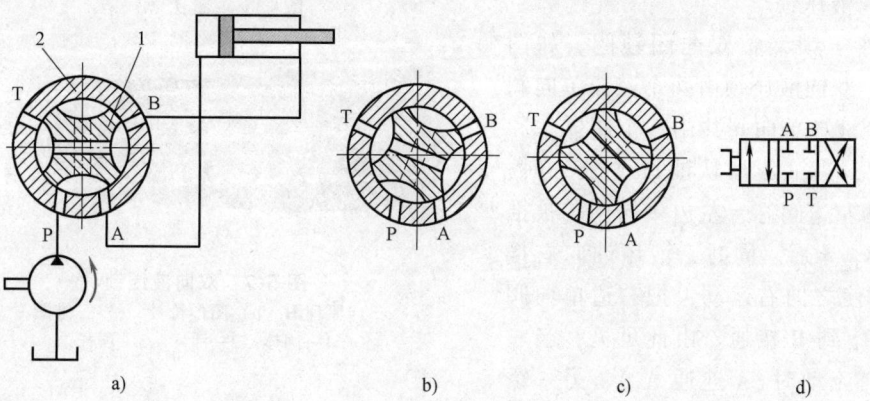

图5-9　转阀式换向阀的工作原理图
a）活塞向右运动　b）活塞停止运动　c）活塞向左运动　d）图形符号
1—阀芯　2—阀体

2. 换向阀的图形符号

换向阀的工作状态和连通方式可用其图形符号较形象地表示。由图5-9所示的转阀式换向阀工作原理可知，当阀芯处于不同的工作位置时，阀体上的主油路有不同的连通方式，其图形符号可用图5-9d表示。归纳其规律可知，换向阀的图形符号含义为：

1）方框表示换向阀的"位"，有几个方框表示该阀有几个工作位置。

2）"↑"表示油路连通，"⊤""⊥"表示油路被堵塞。

3）在一个方框内"↑"的首、尾和"⊤"与方框的交点数表示通路数。

4）每一方框内所表示的内容，表示阀在该工作状态下主油路的连通方式。

3. 换向阀的机能

多位换向阀阀芯处于不同工作位置时，主油路的连通方式不同，其控制机能也不一样。通常把滑阀主油路的这种连通方式称为滑阀机能。在三位滑阀中，把阀芯处于中间位置时主油路的连通方式称为滑阀的中位机能，把阀芯处于左位（或右位）时主油路的连通方式称为滑阀的左位（右位）机能。

表5-1列出了常见的三位四通阀和三位五通阀的中位机能、结构形式及图形符号。由表5-1可以看出，各种不同中位机能的换向阀的阀体结构基本相同，只是阀芯的结构形式不同。

表 5-1　三位换向阀的中位机能

机能代号	结构原理图	中位图形符号	机能特点和作用
O		A B P T	各油口全部封闭，液压缸两腔封闭，系统不卸荷。液压缸充满油，从静止到起动平稳；制动时运动惯性引起的液压冲击较大；换向位置精度高
H		A B P T	各油口全部连通，系统卸荷，液压缸呈浮动状态。液压缸两腔接油箱，从静止到起动有冲击；制动时油口互通，故制动较 O 型平稳，但换向位置变动大
P		A B P T	液压油口 P 与液压缸两腔连通，回油口封闭，可形成差动回路；从静止到起动较平稳；制动时液压缸两腔均通液压油，故制动平稳；换向位置变动比 H 型小，应用广泛
Y		A B P T	液压泵不卸荷，液压缸两腔通回油，液压缸呈浮动状态，由于液压缸两腔接油箱，从静止到起动有冲击，制动性能介于 O 型与 H 型之间
K		A B P T	液压泵卸荷，液压缸一腔封闭，一腔接回油。两个方向换向时性能不同
M		A B P T	液压泵卸荷，液压缸两腔封闭。从静止到起动较平稳；制动性能与 O 型相同；可用于液压泵卸荷、液压缸锁紧的液压回路中
X		A B P T	各油口半开启接通，P 口保持一定的压力；换向性能介于 O 型和 H 型之间

换向阀的中位机能不但影响液压系统工作状态，而且影响执行元件换向时的工作性能。通常可根据液压系统的保压或卸荷要求、执行元件停止时的浮动或锁紧要求和执行元件换向时的平稳或准确性要求，选择换向阀的中位机能。换向阀中位机能选择的一般原则为：

1）当系统有卸荷要求时，应选用中位时油口 P 与 T 相互连通的形式，如 H 型、K 型、M 型。

2）当系统有保压要求时，应选用中位时油口 P 封闭的形式，如 O 型、Y 型等。

3）当对执行元件换向精度要求较高时，应选用中位时油口 A 与 B 封闭的形式，如 O 型、M 型。

4）当对执行元件换向平稳性要求较高时，应选用中位时油口 A、B 与 T 口相互连通的形式，如 H 型、Y 型、X 型。

5）当对执行元件起动平稳性要求较高时，应选用中位时油口 A 与 B 均不与 T 连通的形式，如 O 型、P 型。

4. 滑阀的液压卡紧现象及消除措施

圆柱形滑阀式液压阀，若阀芯形状误差或位置误差较大时，特别是当阀芯与阀体间形成偏心环状间隙且轴向形成锥形间隙时，液压油经过此间隙后形成径向间隙内压力分布不均，从而产生径向不平衡力。此径向不平衡力会使阀芯靠向阀体，使两者相对移动时受到阻碍，有时甚至卡紧。

图 5-10 所示为阀芯存在不同的形状或位置误差时所产生的压力分布不均的现象。由图中的显示可知，当阀芯出现锥形偏心时，且锥度方向与压力降低方向一致时，所产生的因压力分布不均而形成的径向不平衡力会把阀芯压向阀体壁，经过一定时间作用后（约 5min）会使阀芯卡紧。

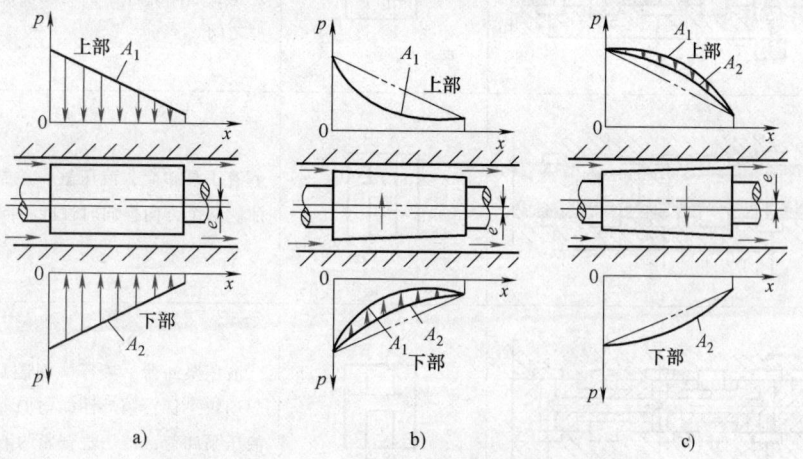

图 5-10 作用在阀芯上的径向不平衡力的产生

a）阀芯偏心 b）阀芯偏心且顺锥 c）阀芯偏心且倒锥

减小阀芯卡紧的措施之一（对国产阀而言）是在阀芯上开设环形压力平衡槽，如图 5-11 所示，平衡槽的尺寸为宽 0.3~0.5mm，深 0.5~0.8mm，槽距 1~5mm。减小阀芯卡紧的另一措施是严格控制阀芯和阀孔的制造精度和装配精度，一般阀芯的圆度公差为 0.003~0.005mm，锥度控制为倒锥状态。

（二）滑阀式换向阀的操纵方式及典型结构

使换向阀阀芯移动的驱动力有多种方式，目前主要有手动、电动、液动、电液几种方式。下面介绍液压阀的典型结构。

1. 机动换向阀

机动换向阀又称为行程阀，它是靠安装在执行元件上的挡块或凸轮推动阀芯移动，机动换向阀通常是两位阀。图 5-12a 所示为二位三通机动换向阀。在图示位置，阀芯 2 在弹簧 1 作用下处于上位，油口 P 与 A 连通；当运动部件挡块 5 压下滚轮 4 时，阀芯向下移动，油口 P 与 T 连通。图 5-12b 所示为二位三通机动换向阀的图形符号。

机动换向阀结构简单，换向平稳可靠，但必须安装在运动部件附近，油管较长，压力损失较大。

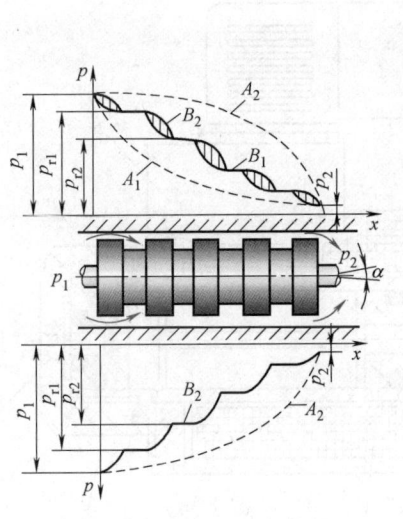

图 5-11　在阀芯上开径向
平衡槽的作用

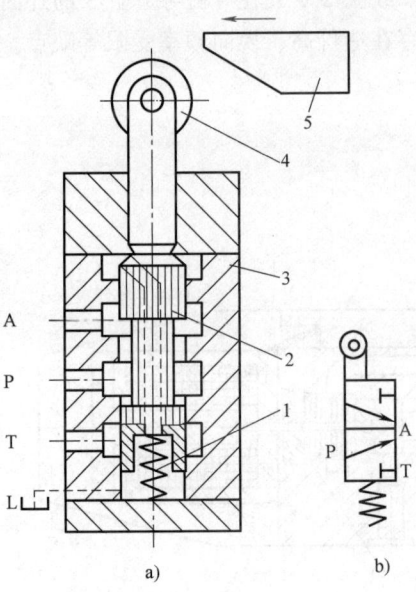

图 5-12　二位三通机动换向阀
a) 工作原理图　b) 图形符号
1—弹簧　2—阀芯　3—阀体　4—滚轮　5—挡块

2. 电磁换向阀

电磁换向阀利用电磁铁的吸合力，控制阀芯运动实现油路换向。电磁换向阀控制方便，应用广泛，但由于液压油通过阀芯时所产生的液动力使阀芯移动受到阻碍，受到电磁铁吸合力的限制，因此只能用于控制较小流量的回路。

（1）电磁铁　电磁换向阀中的电磁铁是驱动阀芯运动的动力元件，按电源可分为直流电磁铁和交流电磁铁；按活动衔铁是否在液压油充润状态下运动，可分为干式电磁铁和湿式电磁铁。

交流电磁铁可直接使用 380V、220V、110V 交流电源，具有电路简单，无需特殊电源，吸合力较大等优点。由于其铁心材料由矽钢片叠压而成，故体积大；电涡流造成的热损耗和噪声无法消除，因而具有发热大、噪声大，且工作可靠性差、寿命短等缺点，用在设备换向精度要求不高的场合。

88 ·········■ 液压与气压传动 第4版

直流电磁铁需要一套变压与整流设备，所使用的直流电源为12V、24V、36V或110V。由于其铁心材料一般为整体工业纯铁制成，具有电涡流损耗小、无噪声、体积小、工作可靠性好、寿命长等优点。但直流电磁铁需特殊电源，造价较高，加工精度也较高，一般用在换向精度要求较高的场合。

图5-13所示为干式电磁铁结构图。干式电磁铁结构简单、造价低、品种多、应用广泛。但为了保证电磁铁不进油，在阀芯推动杆4处设置了密封圈10，此密封圈所产生的摩擦力消耗了部分电磁推力，同时也缩短了电磁铁的使用寿命。

图5-14所示为湿式电磁铁结构图。由图可知，电磁阀推杆1上无密封圈，换向阀端的液压油直接进入衔铁4与导磁导套缸3之间的空隙处，使衔铁在充分润滑的条件下工作，工作条件得到改善。油槽a的作用是使衔铁两端油室既相互连通，又存在一定的阻尼，使衔铁运动更加平稳。线圈2安放在导磁导套缸3的外面不与液压油接触，使其寿命大大提高。当然，湿式电磁铁存在造价高、换向频率受限等缺点。湿式电磁铁也有直流和交流电磁铁之分。

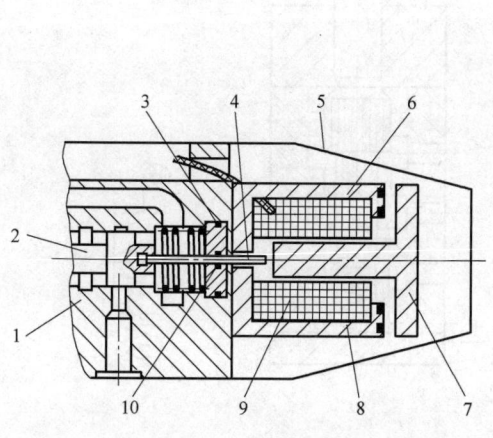

图5-13 干式电磁铁结构
1—阀体 2—阀芯 3、10—密封圈
4—推动杆 5—外壳 6—分磁环 7—衔铁
8—定铁心 9—线圈

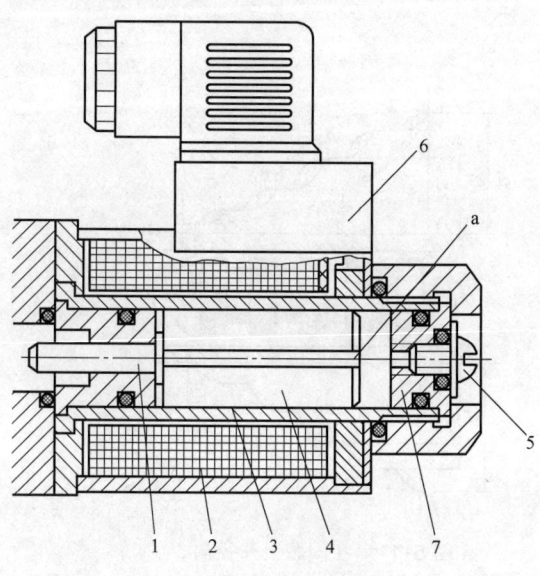

图5-14 湿式电磁铁结构图
1—推杆 2—线圈 3—导磁导套缸 4—衔铁
5—放气螺钉 6—插头组件 7—挡板

（2）二位二通电磁换向阀 图5-15a所示为二位二通电磁换向阀结构图，由图5-15a可以看出，阀体上两个沉割槽分别与开在阀体上的油口相连（由箭头表示），当电磁铁未通电时，阀芯2被弹簧3压向左端位置，顶在挡板5的端面上，此时油口P与A不通；当电磁铁通电时，衔铁8向右吸合，推杆7推动阀芯向右移动，弹簧3压缩，油口P与A接通。图5-15b所示为二位二通电磁换向阀的图形符号。

（3）三位四通电磁换向阀 图5-16a所示为三位四通电磁换向阀结构图，由图可知，阀芯2上有两个环槽，阀体上开有五个沉割槽，中间三个沉割槽分别与油口P、A、B相通（由箭头表示）。当两端电磁铁8、9均不通电时，阀芯在两端弹簧5的作用下处于中间位置，油口A、B、P、T均不导通；当电磁铁9通电时，推杆推动阀芯2向右移动，油口P与

A 接通，B 与 T 接通；当电磁铁 8 通电时，推杆推动阀芯 2 向左移动，油口 P 与 B 接通，A 与 T 接通。图 5-16b 所示为三位四通电磁换向阀的图形符号。

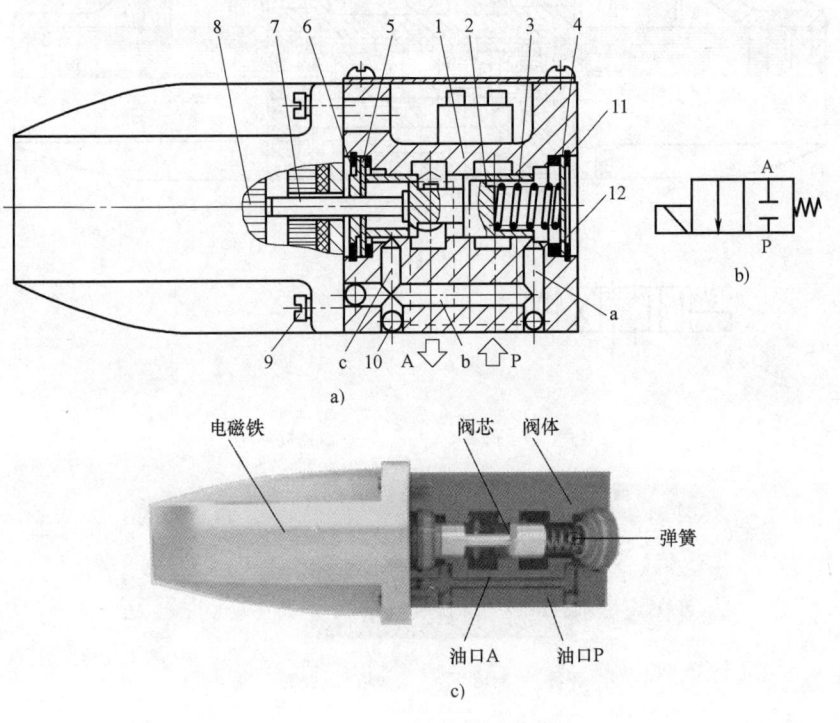

图 5-15　二位二通电磁换向阀

a) 结构图　b) 图形符号　c) 三维图

1—阀体　2—阀芯　3—弹簧　4、5、6—挡板　7—推杆　8—衔铁　9—螺钉

10—钢球　11—弹簧挡圈　12—密封圈

3. 液动换向阀

液动换向阀利用液压系统中控制油路的液压油来推动阀芯移动实现油路的换向。由于控制油路的压力可以调节，可以形成较大的推力，液动换向阀可以控制流量较大的回路。

图 5-17a 所示为三位四通液动换向阀的结构图，阀芯 2 上开有两个环槽，阀体 1 上开有五个沉割槽。阀体的沉割槽分别与油口 P、A、B、T 相通(左右两沉割槽在阀体内有内部通道相通)，阀芯两端的两个控制油口 K_1、K_2 分别与控制油路连通。当控制口 K_1 与 K_2 均无液压油时，阀芯 2 处于中间位置，油口 P、A、B、T 互不相通；当控制口 K_1 有液压油时，液压油推动阀芯 2 向右移动，使之处于右端位置，油口 P 与 A 连通、B 与 T 连通；当控制口 K_2 有液压油时，液压油推动阀芯 2 向左移动，使之处于左端位置，油口 P 与 B 连通、A 与 T 连通。图 5-17b 所示为三位四通液动换向阀的图形符号。

4. 电液动换向阀

电液动换向阀简称电液换向阀，由电磁换向阀和液动换向阀组成。电磁换向阀为 Y 型中位机能的先导阀，用于控制液动换向阀换向；液动换向阀为 O 型中位机能的主换向阀，用于控制主油路换向。

电液换向阀集中了电磁换向阀和液动换向阀的优点，既可方便地换向，又可控制较大的

90 ■ 液压与气压传动 第4版

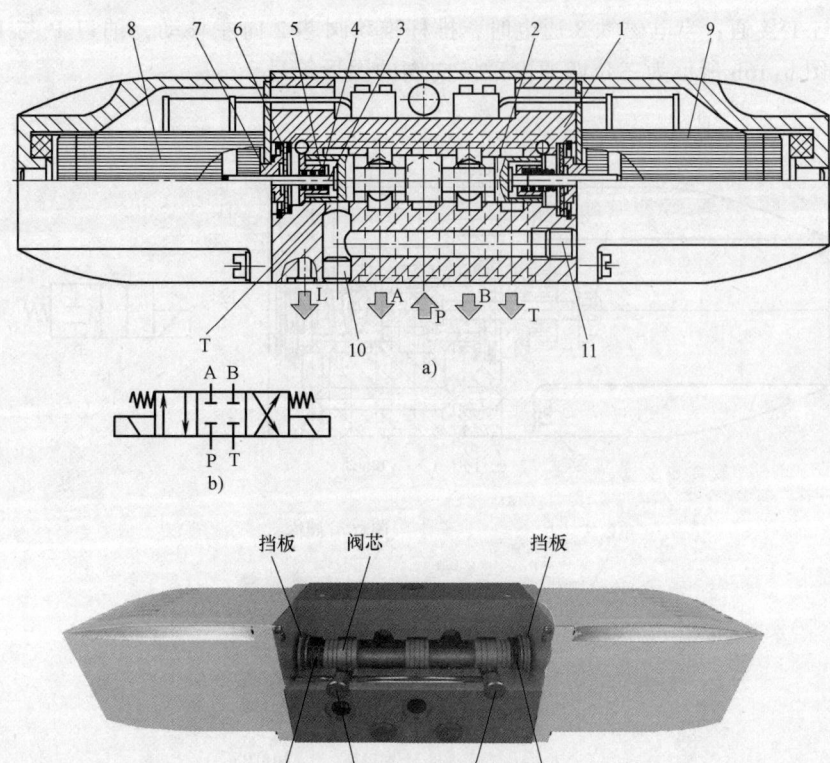

图 5-16 三位四通电磁换向阀
a) 结构图 b) 图形符号 c) 三维图
1—阀体 2—阀芯 3—推杆 4—定位套 5—对中弹簧 6、7—挡板 8、9—电磁铁 10—封堵 11—螺塞

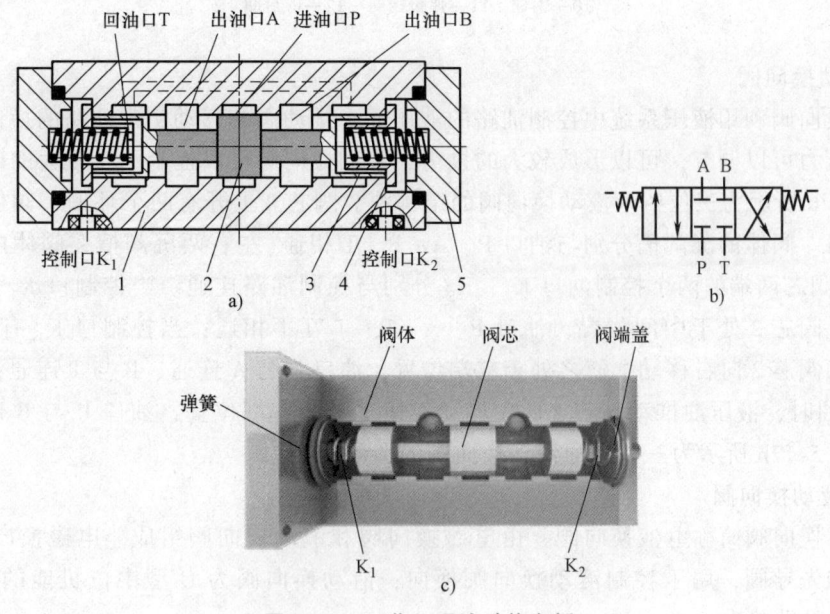

图 5-17 三位四通液动换向阀
a) 结构图 b) 图形符号 c) 三维图
1—阀体 2—阀芯 3—弹簧 4—弹簧套 5—阀端盖

液流流量。图 5-18a 所示为三位四通电液换向阀结构原理图，图 5-18b 所示为该阀的图形符号，图 5-18c 所示为该阀的简化图形符号。

由图 5-18a 可知电液换向阀的原理为：当电磁铁 4、6 均不通电时，电磁阀阀芯 5 处于中位，控制油进口 P′被关闭，液动阀阀芯 1 两端均不通液压油，在弹簧作用下液动阀阀芯处于中位，控制油油口 P、A、B、T 互不导通；当电磁铁 4 通电时，电磁阀阀芯 5 处于右位，控制油由油口 P′通过单向阀 2 到达液动阀阀芯 1 左腔；回油经节流阀 7、电磁阀阀芯 5 流回油箱 T′，此时液动阀阀芯向右移动，主油口 P 与 A 导通、B 与 T 导通。同理，当电磁铁 6 通电、电磁铁 4 断电时，电磁阀阀芯向左移，控制油压使液动阀阀芯向左移动，主油口 P 与 B 导通、A 与 T 导通。

电液换向阀内的节流阀可以调节液动阀阀芯的移动速度，从而使主油路的换向平稳性得到控制。有些电液换向阀无此调节装置。

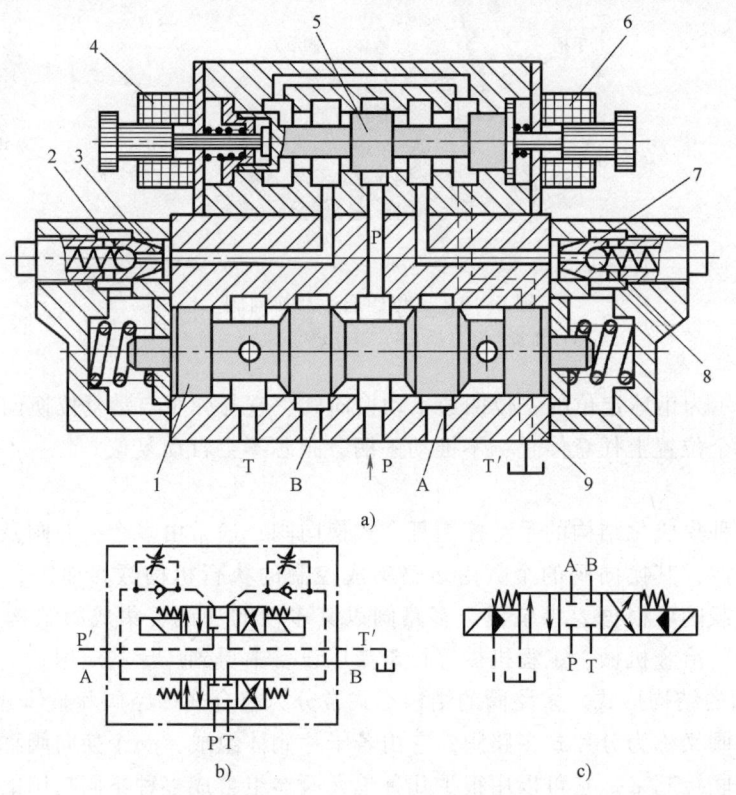

图 5-18　三位四通电液换向阀

a）结构原理图　b）图形符号　c）简化图形符号

1—液动阀阀芯　2、8—单向阀　3、7—节流阀　4、6—电磁铁　5—电磁阀阀芯　9—阀体

5. 手动换向阀

手动换向阀是指用控制手柄直接操纵阀芯的移动而实现油路切换的阀。

图 5-19a 所示为弹簧自动复位的三位四通手动换向阀。由图可以看出：向右推动手柄时，阀芯向左移动，油口 P 与 A 相通，油口 B 通过阀芯中间的孔与油口 T 相通；当松开手柄时，在弹簧作用下，阀芯处于中位，油口 P、A、B、T 全部封闭；当向左推动手柄时，阀

芯处于右位，油口 P 与 B 相通、A 与 T 相通。

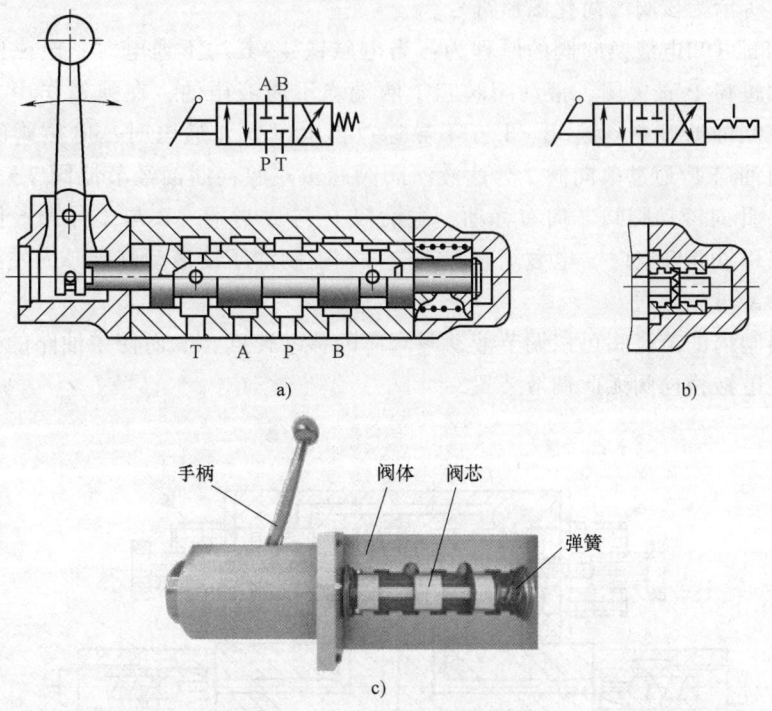

图 5-19　三位四通手动换向阀
a) 弹簧自动复位　b) 钢球定位　c) 三维图

图 5-19b 所示为钢球定位的三位四通手动换向阀，它与弹簧自动复位换向阀的主要区别为：手柄可在三个位置上任意停止，不推动手柄，阀芯不会自动复位。

6. 多路阀

多路阀是一种集成化结构的手动控制复合式换向阀，通常由多个换向阀及单向阀、溢流阀、补油阀等组成，其换向阀的个数由多路集成控制的执行机构数目而定，溢流阀、补油阀、单向阀、过载阀可根据要求装设。多路阀以其多项的功能、集成的结构和方便的操作性，在矿山机械、冶金机械、工程机械等行走液压设备中得到广泛的应用。

（1）多路阀的结构形式　多路阀的结构形式常分为组合式多路阀和整体式多路阀两种。

组合式多路阀又称为分片式多路阀。它由若干片阀体组成，一个换向阀称为一片，用螺栓将叠加的各片联接起来。它可以用很少几种单元阀体组合成多种不同功用的多路阀，能够适应多种机械的需要。它具有通用性较强，制造工艺性好等特点；但也存在阀体体积大，片间需密封，阀体容易变形而卡阻阀芯，内泄漏较为严重等问题。

整体式多路阀是把具有固定数目的多个换向阀体铸造成一个整体，所有换向阀阀芯及各种阀类元件均装在这一阀体内。该阀体铸造成油道，利于设计安排，其拐弯处过渡圆滑，过流损失小，通流能力大，阀体刚性好，阀芯配合精度可得到较大的提高，机械加工工作量减小，内外泄漏小，结构更加紧凑。这种阀的缺点是铸造及加工要求的工艺性高，清砂工作困难，制造时质量控制难度较大。

（2）多路阀油路的连接方式　根据主机工作性能要求，各换向阀之间的油路连接方式通常有并联、串联、串并联三种。

图 5-20a 所示为并联油路的多路阀。在这类多路阀中，从系统来的液压油可直接通到各联滑阀的进油腔，各联滑阀的回油腔又都直接通到多路阀的总回油口。当采用这种油路连通方式的多路阀操作多个执行元件同时工作时，液压油总是先进入油压较低的执行元件。因此，只有执行元件进油腔的油压相等时，它们才能同时动作。并联油路的多路阀压力损失较小。

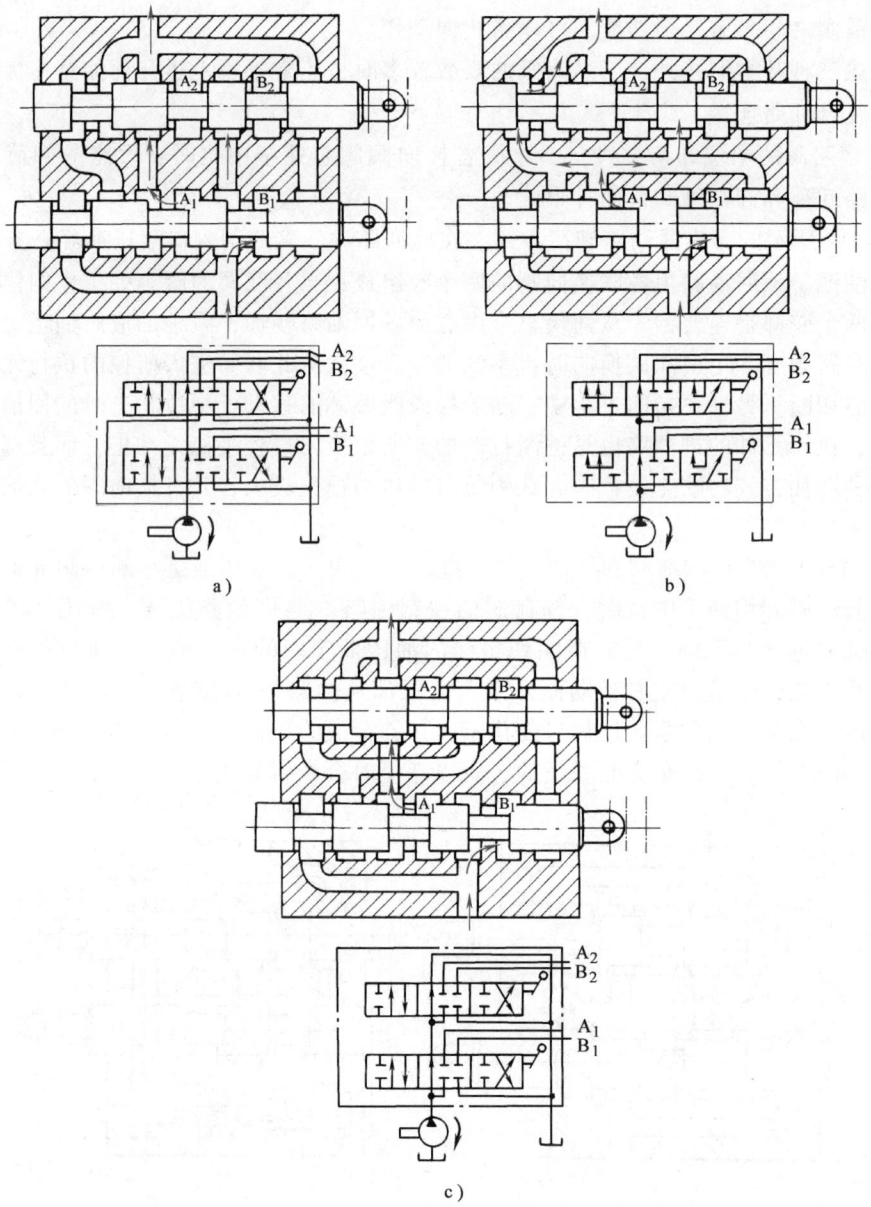

a) b)

c)

图 5-20 多路阀的油路连接方式及图形符号

a）并联连接 b）串联连接 c）串并联连接

A_1、B_1—第一个执行元件的工作油口 A_2、B_2—第二个执行元件的工作油口

图 5-20b 所示为串联油路连接的多路阀。在这类阀中，每一联滑阀的进油腔都与前一联滑阀的中位回油路相通，这样可使串联油路内数个执行元件同时动作。实现上述动作的条件是：液压泵所能提供的油压要大于所有正在工作的执行元件两腔压差之和。串联油路的多路阀的压力损失较大。

图 5-20c 所示为串并联油路连接的多路阀。在此类阀中，每一联滑阀的进油腔都与前一联滑阀的中位回油路相通，每一联滑阀的回油腔则直接与总回油路连接，即各滑阀的进油腔串联，回油腔并联。它的特点是：当某一联滑阀换向时，其后各联滑阀的进油路均被切断。因此，各滑阀之间具有互锁功能，可以防止误动作。

除上述三种基本形式外，当多路阀的联数较多时，还常采用上述几种油路连接形式的组合，称为复合油路连接。

（3）多路阀的中位卸荷方式　多路阀各换向阀阀芯处于中位时，回路的卸荷方式主要有直通油路卸荷和卸荷阀卸荷两种形式。

图 5-21a 所示的为直通油路卸荷方式。在此回路中，多路阀入口液压油经一条专用的直通油路回油池。该回油路由各联换向阀的两个腔组成，当各联阀的阀芯处于中间位置时，换向阀的这两个腔都是连通的，从而使整个中立位置回油路畅通，系统的液压油经此油路直接卸荷。当多路阀有一个换向阀换向时，系统的液压油就从此联阀进入所控的执行元件，同时把卸荷油路切断。另外在换向过程中，随着换向阀阀芯的移动，中位状态时的回油路是被逐渐关小的，执行元件的进油路也是逐渐打开的，所以换向过程平稳无冲击，而且有一定调速性能。这种回油方式的缺点是：阀芯在中位时的压力损失较大，并且换向阀的联数越多，压力损失越大。

图 5-21b 所示为用卸荷阀卸荷的方式。此时多路阀入口液压油是经卸荷阀 A 卸荷的。当所有换向阀的阀芯均处于中位时，卸荷阀的控制油路 B 与回油路接通，液压油流经卸荷阀上的阻尼孔 C 时产生压降，使卸荷阀弹簧腔的油压低于阀的进口油压，卸荷阀便在此两腔压差的作用下克服弹簧力向右移动而开启，液压油从油路 D 回油箱。这种卸荷方式的特点是，卸荷压力在换向阀的联数增加时变化不大，卸荷压力较低。但由于卸荷阀的控制通路 B 在被切断的瞬时，卸荷阀是突然关闭的，所以卸荷时会产生液压冲击。

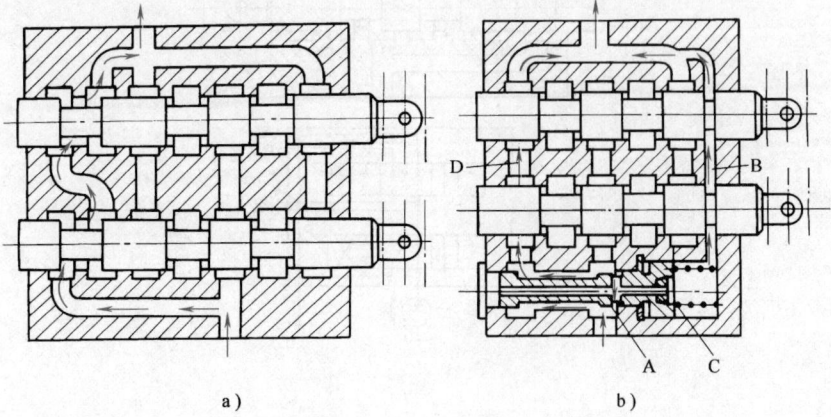

a)　　　　　　　　　　　　　　　b)

图 5-21　多路阀的卸荷方式

a) 直通油路卸荷　b) 卸荷阀卸荷

目前大部分多路阀采用中位回油卸荷的方案，因为采用这种方式可以通过控制杆的移动距离实现调速，而阀的结构简单。

（4）多路阀应用实例　图5-22所示为叉车中常采用的一种ZFS型多路阀。它是由进油阀体1、回油阀体4和中间两片换向阀2、3组成，彼此间用螺栓5联接。在相邻阀体之间装O形密封圈（图中未标出）。进油阀体1内装有安全阀（图5-22中只表示出安全阀的进口K）。换向阀为三位六通阀，工作原理与一般手动换向阀相同。当换向阀2、3的阀芯均未被操纵时（图示位置），泵的来油由P口进入，经阀体内部通道直通回油阀体4并经回油口T返回油箱，泵处于卸荷状态，如图5-22b所示。当向左扳动换向阀3的阀芯时，阀内卸荷油路被截断，油口A、B分别接通压油口P和回油口T，柱塞缸活塞杆缩回；当反向扳动换向阀3的阀芯时，活塞杆伸出。

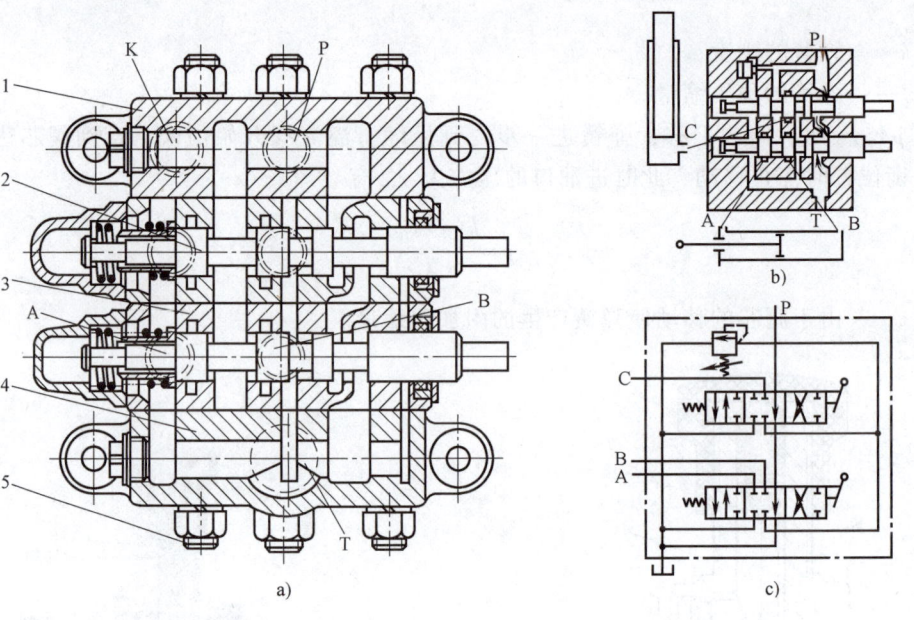

图5-22　ZFS型多路阀

a）结构图　b）结构原理图　c）图形符号

1—进油阀体　2—升降换向阀　3—倾斜换向阀　4—回油阀体　5—联接螺栓

第三节　压力控制阀

控制和调节液压系统中压力大小的阀通称为压力控制阀。在液压系统中，压力控制阀的作用是控制液压系统的压力或以液体压力的变化来控制油路的通断。

压力控制阀按其功能可分为溢流阀、减压阀、顺序阀和压力继电器等。本节主要介绍压力阀的工作原理、调压特性、典型结构及主要用途。

一、溢流阀

溢流阀的功用是当系统压力达到其调定值时，开始溢流，将系统的压力基本稳定在某一调定的数值上。**按调压性能和结构特征划分，溢流阀可分为直动式溢流阀和先导式溢流阀两大类。**

（一）溢流阀的工作原理及典型结构

1. 直动式溢流阀

图 5-23a 所示为直动式溢流阀结构图，P 为进油口，T 为回油口。被控液压油由 P 口进入溢流阀，经阀芯 4 的径向孔 f、轴向孔 g 进入阀芯下端腔 c。若阀芯的面积为 A，则此时阀芯下端受到的液压力为 pA。调压弹簧的预紧力为 F_s，当 $F_s = pA$ 时，阀芯即将开启，这一状态下的压力称为直动式溢流阀的开启压力，用 p_k 表示，即

$$p_k A = F_s = k x_0 \tag{5-1}$$

或

$$p_k = \frac{k x_0}{A} \tag{5-2}$$

式中　k——弹簧的刚度；

　　　x_0——弹簧的预压缩量。

当 $pA > F_s$ 时，阀芯上移，弹簧进一步受到压缩，溢流阀开始溢流。直到阀芯达到某一新的平衡位置时停止移动，此时进油口的压力为 p，有

$$p = \frac{k(x + x_0)}{A}$$

式中　x——由于阀芯的移动使弹簧产生的附加压缩量。

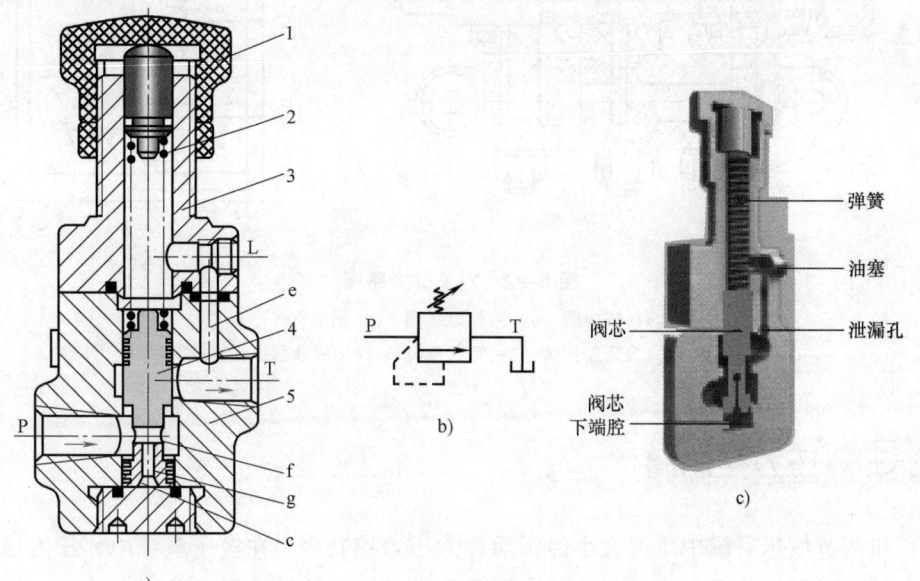

图 5-23　直动式溢流阀

a）结构原理图　b）图形符号　c）三维图

1—手柄　2—弹簧　3—上阀体　4—阀芯　5—下阀体

由于阀芯移动量不大（即 x 变动很小），所以当阀芯处于平衡状态时，可认为阀进口压力 p 基本保持不变。

调节手柄 1 可改变弹簧的预压缩量从而调节溢流压力 p。通道 g 为细长孔，当阀芯振动时 g 孔起阻尼作用；通道 e 为泄漏孔，泄漏到弹簧腔的油液经此孔流回油箱。图 5-23b 所示为直动式溢流阀的图形符号。

由于直动式溢流阀是直接利用阀芯上的弹簧力与液压力相平衡的，所以弹簧刚度 k 较大，压力调节也较费力，溢流量发生变化时阀的进油口压力波动较大，因此只用于低压小流量或平稳性要求不高的液压系统。

图 5-24a 所示为具有阻尼活塞和偏流盘的直动式溢流阀的结构图。其工作原理为：液压油从油口 P 进入，当油液所产生液压力大于阀芯上的弹簧力时，阀芯抬起，液压油经过阀芯的锥面 2 与阀体间形成环形通道，从油口 T 流出。图 5-24b 所示为该阀的阀芯部分放大图。由图 5-24b 可以得出直动式溢流阀的性能特点主要有以下几点：

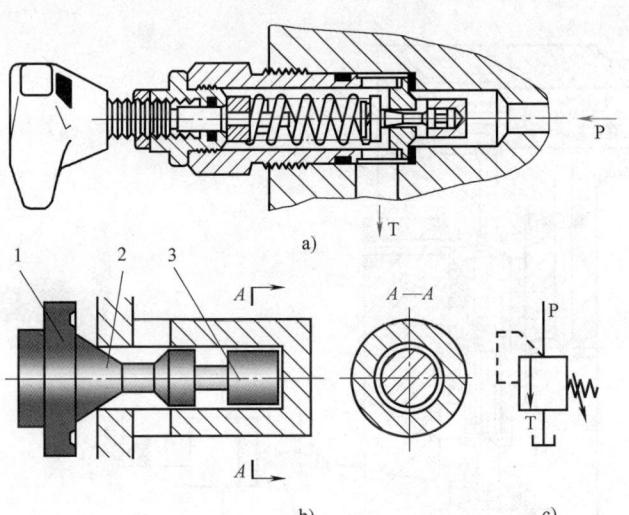

图 5-24　具有阻尼活塞和偏流盘的直动式溢流阀的结构
a）结构图　b）阀芯放大图　c）图形符号
1—偏流盘　2—锥面　3—阻尼活塞

（1）灵敏度高　由于控制开口的阀形面 2 为锥面，当阀芯沿轴向有较小移动时，就可以产生较大的开口；阀芯体积较小，惯性小，移动灵活。

（2）通流能力大　阀芯左端偏流盘 1 上开有环形凹槽，当油液流过此槽时流向发生改变，形成与弹簧力方向相反的液动力。当阀芯开大时，弹簧压缩量增大，而通过的流量也增大，由此所产生的液动力增大，从而抵消了弹簧力的增量，使得阀芯开启稳定性增加，通流能力增强。

（3）调压范围广　由于上述原因使阀芯所需的弹簧刚度大大降低，从而增大了阀的调压范围。

（4）稳定性增强　阀芯下端的阻尼活塞 3 与阀体间设置了适当间隙，使阀芯在移动时受到液压油的阻尼，阻尼活塞与阀体不直接接触，减少了阀芯移动时的摩擦力；同时，压力的波动可以及时反馈到阀芯上，使之灵活而又平稳地移动，压力的平稳性大大增强。

此类直动式溢流阀的通径为 6~30mm 不等，最高压力可达 31.5~63MPa，最大流量可达

300L/min。该阀在高压大流量下具有较平缓的压力-流量特性，关键在于偏流盘上的射流力对液动力的补偿作用。采用阻尼活塞可提高阀的稳定性。

2. 先导式溢流阀

先导式溢流阀由先导阀和主阀组成。先导阀用以控制主阀阀芯两端的压差，主阀阀芯用于控制主油路的溢流。目前广泛应用的先导式溢流阀按阀芯结构形式可分为三节同心式和二节同心式。

图 5-25a 所示为三节同心先导式溢流阀的结构图。该阀的阀体上设有进出油口 P 和 T，K 为遥控油口，主阀阀芯 7 与阀体内孔相配合，先导阀阀芯 4 由调压弹簧 2 紧压在先导阀阀座 5 上。通过调节手轮 1 调整调压弹簧 2 的预压缩量，从而调节溢流阀的调整压力。

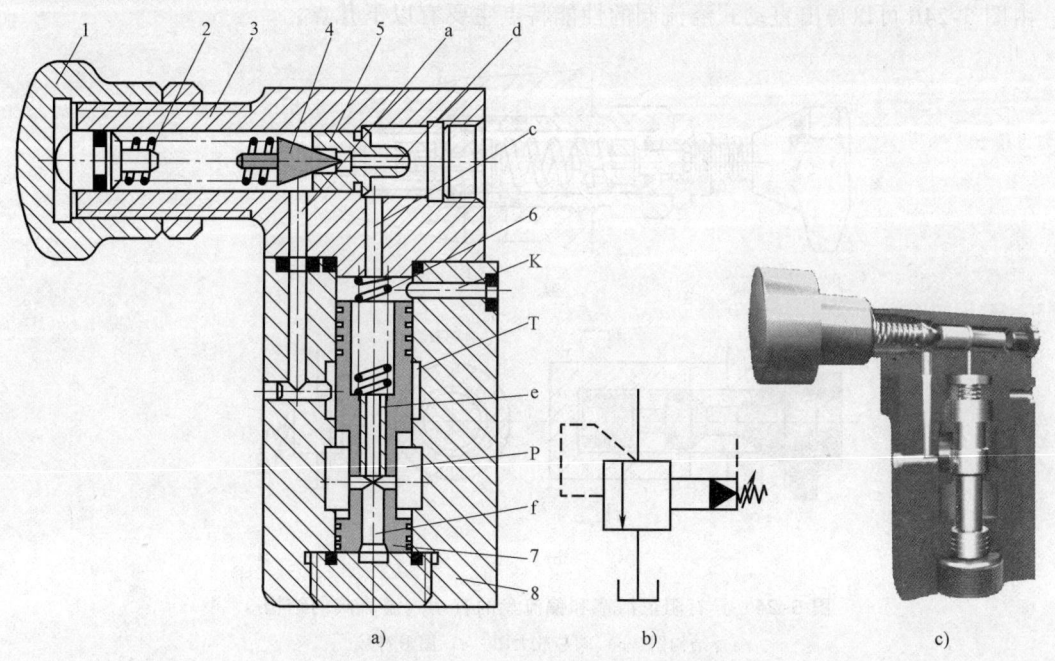

图 5-25　三节同心先导式溢流阀

a）结构图　b）图形符号　c）三维图

1—手轮　2—调压弹簧　3—先导阀阀体　4—先导阀阀芯　5—先导阀阀座　6—主阀弹簧　7—主阀阀芯　8—阀体

其工作原理为：当系统液压油从进油口 P 进入后，作用在主阀阀芯的下腔 f，并经阻尼孔 e 进入主阀阀芯的上腔，再经过通道 c、d 作用在先导阀阀芯 4 右端。当作用力小于调压弹簧的预紧力时，先导阀关闭。此时，阻尼孔内没有油液流动，不起阻尼作用，主阀阀芯上下两腔的压力相等。主阀阀芯在主阀弹簧 6 的作用下处于最下端位置，进油口 P 与回油口 T 不相通，溢流阀不溢流。

当系统压力升高，超过先导阀的开启压力时，先导阀阀芯被顶开，液压油自进油口 P 经阻尼孔 e、主阀上腔、通道 c、d、a，从出油口 T 流回油箱。由于阻尼孔 e（$\phi 0.8 \sim \phi 1.2$mm）的节流作用，使得主阀阀芯上腔的压力 p'（p'是由先导阀调整的）小于下腔的压力 p，在两腔之间产生压差 Δp（$\Delta p = p - p'$）。当此压差对主阀阀芯所产生的作用力超过弹簧力 F_s 时，主阀阀芯被抬起，进油口 P 与回油口 T 相通，实现溢流作用。

作用于主阀阀芯上的力平衡方程为

$$pA = p'A + F_s$$

或

$$p = p' + F_s/A$$

式中　　F_s——主阀弹簧的预紧力；

　　　　A——主阀阀芯上、下腔的有效工作面积；

　　　　p——系统压力；

　　　　p'——主阀阀芯上腔的压力。

由于主阀上腔存在压力 p'，所以主阀弹簧 6 的刚度可以较小，F_s 的变化也较小。当先导阀的调压弹簧调整好以后，p' 基本上是定值。当溢流量变化较大时，阀口开度可以上下波动，但进油口处的压力 p 变化则较小，这就克服了直动式溢流阀的缺点。先导式溢流阀工作时振动小、噪声低、压力稳定，适用于中、高压系统，但反应不如直动式溢流阀灵敏。

遥控口 K 用以调节主阀阀芯上腔的压力 p'。当 K 孔连接遥控调压阀（结构与先导阀相似）时，可用遥控调压阀调节溢流阀的进口压力。

转动手轮 1 可调节调压弹簧 2 的预紧力，从而调整了主阀阀芯上腔的压力 p'，使 Δp 发生变化，主阀阀芯在新位置上平衡，阀的溢流开口发生了变化，从而调整了溢流阀进口压力 p。

图 5-25b、c 所示分别为三节同心先导式溢流阀的图形符号和三维图。

图 5-26 所示为二节同心式先导溢流阀，该阀主阀阀芯 1 的结构大为简化，只有阀芯外径与主阀阀体和阀芯下端锥面与阀座有配合要求。当液压油经阻尼孔 2、控制油道 4 顶开先导阀 6 时，在阻尼孔 2 两端形成压差 Δp，此压差经控制油道 5、阻尼器 3 作用在主阀阀芯 1 的两端，当压差达到一定值时，主阀芯抬起，溢流阀开始溢流。外供油口 13 的作用相当于普通先导式溢流阀的遥控口。

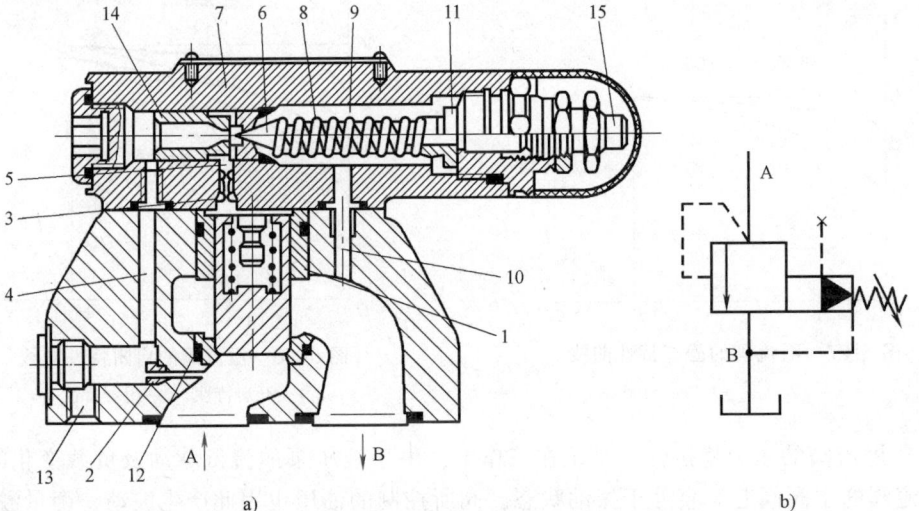

图 5-26　二节同心式先导溢流阀

1—主阀阀芯　2—阻尼孔　3—阻尼器　4、5—控制油道　6—先导阀
7—先导阀阀体(阀盖)　8—调压弹簧　9—弹簧腔　10、11—控制回油道
12—阀座　13—外供油口　14—防振器　15—调节螺栓

（二）溢流阀的性能

溢流阀的性能主要有静态性能和动态性能两类。

1. 静态特性

溢流阀的静态性能是指阀在系统压力没有突变的稳态情况下，所控制流体的压力、流量的变化情况。溢流阀的静态特性主要指压力-流量特性、启闭特性、压力调节范围、许用流量范围、卸荷压力等。

（1）流阀的压力-流量特性　溢流阀的压力-流量特性是指溢流阀入口压力与流量之间的变化关系。图 5-27 所示为溢流阀的静态特性曲线。其中 p_{k1} 为直动式溢流阀的开启压力，当阀入口压力小于 p_{k1} 时，溢流阀处于关闭状态，通过阀的流量为零；当阀入口压力大于 p_{k1} 时，溢流阀开始溢流。图 5-27 中 p'_{k2} 为先导阀的开启压力，当阀进口压力小于 p'_{k2} 时，先导阀关闭，溢流量为零；当压力大于 p'_{k2} 时，先导阀开启，然后主阀阀芯打开，溢流阀开始溢流。在这两种阀中，当阀入口压力达到调定压力 p_n 时，通过阀的流量达到额定溢流量 q_n。

由溢流阀的特性分析可知：当阀溢流量发生变化时，阀进口压力波动越小，阀的性能越好。由图 5-27 所示的溢流阀的静态特性曲线可知，先导式溢流阀性能优于直动式溢流阀。

（2）溢流阀的启闭特性　启闭特性是表征溢流阀性能好坏的重要指标，一般用开启压力比率和闭合压力比率表示。当溢流阀从关闭状态逐渐开启，其溢流量达到额定流量的 1% 时所对应的压力，定义为开启压力 p_k，p_k 与调定压力 p_s 之比的百分率称为开启压力比率。当溢流阀从全开启状态逐渐关闭，溢流量为其额定流量的 1% 时，所对应的压力定义为闭合压力 p'_k，p'_k 与调定压力 p_s 之比的百分率称为闭合压力比率。开启压力比率与闭合压力比率越高，阀的性能越好。一般开启压力比率应 ≥90%，闭合压力比率应 ≥85%。图 5-28 所示为溢流阀的启闭特性曲线。图 5-28 中曲线 1 为开启特性，曲线 2 为闭合特性。

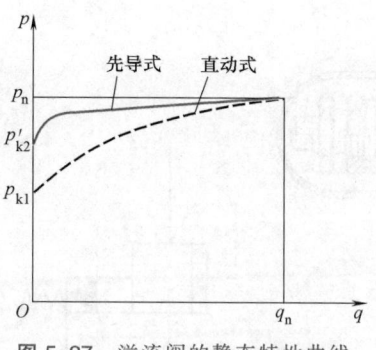

图 5-27　溢流阀的静态特性曲线

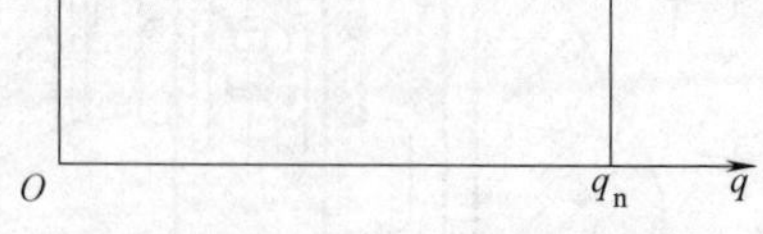

图 5-28　溢流阀的启闭特性曲线
1—开启特性　2—闭合特性

（3）溢流阀的压力稳定性　系统在工作中，由于液压泵的流量脉动及负载变化的影响，导致溢流阀的主阀阀芯一直处于振动状态，阀所控制的油压也因此产生波动。衡量溢流阀的压力稳定性有两个指标：一是在整个调压范围内，阀在额定流量状态下的压力波动值；二是在额定压力和额定流量状态下，3min 内的压力偏移值。上述两个指标越小，溢流阀的压力稳定性越好。

（4）溢流阀的卸荷压力　将溢流阀的遥控口与油箱连通后，液压泵处于卸荷状态时，溢流阀进出油口压力之差称为卸荷压力。溢流阀的卸荷压力越小，系统发热越少。一般溢流阀的卸荷压力不大于 0.2MPa，最大不应超过 0.45MPa。

（5）压力调节范围　溢流阀的压力调节范围是指溢流阀能够保证性能的压力使用范围。溢流阀在此范围内调节压力时，进口压力能保持平稳变化，无突跳、迟滞等现象。在实际使用中，当需要溢流阀扩大调压范围时，可通过更换不同刚度的弹簧来实现。如国产调压范围为 12~31.5MPa 的高压溢流阀，更换四种刚性不等的调节弹簧可实现 0.5~7MPa、3.5~14MPa、7~21MPa 和 14~35MPa 四种范围的压力调节。

（6）许用流量范围　溢流阀的许用流量范围一般是指阀额定流量的 15%~100% 之间。阀在此流量范围内工作，其压力平稳，噪声小。

2. 动态特性

溢流阀的动态特性是指在系统压力突变时，阀在响应过程中所表现出的性能指标。图 5-29 所示为溢流阀的动态特性曲线。此曲线的测定过程是：将处于卸荷状态下的溢流阀突然关闭(一般是由小流量电磁阀切断通油池的遥控口)，阀的进口压力迅速提升至最大峰值，然后振荡衰减至调定压力，再使溢流阀在稳态溢流时开始卸荷。经此压力变化循环过程后，可以得出以下动态特性指标：

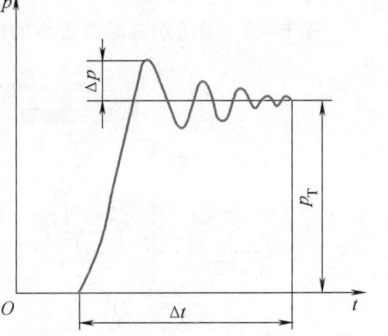

图 5-29　溢流阀的动态特性曲线

（1）压力超调量　最大峰值压力与调定压力之差称为压力超调量，用 Δp 表示。压力超调量越小，阀的稳定性越好。

（2）过渡时间　过渡时间是指溢流阀从压力开始升高达到稳定在调定压力所需的时间，用符号 Δt 表示。过渡时间越小，阀的灵敏性越高。

（3）压力稳定性　溢流阀在调压状态下工作时，由于泵的压力脉动而引起系统压力在调定压力附近产生有规律的波动，这种压力的波动可以从压力表针的振摆看到，此压力振摆的大小标志阀的压力稳定性。阀的压力振摆越小，压力稳定性越好。一般溢流阀的压力振摆应小于 0.2MPa。

（三）溢流阀的应用

溢流阀应用十分广泛，每一个液压系统都使用溢流阀。溢流阀在液压系统中的应用主要有：

（1）作溢流阀用　在图 5-30 所示的用定量泵供油的节流调速回路中，泵的流量大于节流阀允许通过的流量，溢流阀使多余的油液流回油箱，此时泵的出口压力保持恒定。

（2）作安全阀用　在图 5-31 所示的由变量泵组成的液压系统中，用溢流阀限制系统的最高压力，防止系统过载。系统在正常工作状态下，溢流阀关闭；当系统过载时，溢流阀打开，使液压油经阀流回油箱。此时，溢流阀为安全阀。

（3）作背压阀用　在图 5-32 所示的液压回路中，溢流阀串联在回油路上，溢流阀产生背压使运动部件运动平稳性增加。

（4）作卸荷阀用　在图 5-33 所示的液压回路中，在溢流阀的遥控口串接一小流量的电磁阀，当电磁铁通电时，溢流阀的遥控口通油箱，此时液压泵卸荷。溢流阀此时作为卸荷阀使用。

102 ▪ 液压与气压传动 第4版

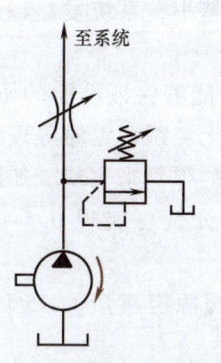

图5-30　溢流阀起溢流定压的作用

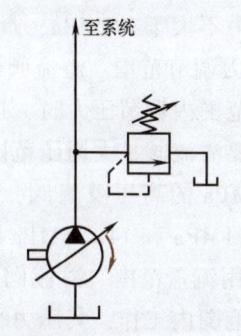

图5-31　溢流阀作安全阀用

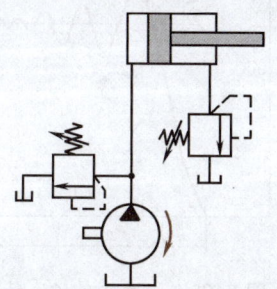

图5-32　溢流阀作背压阀用

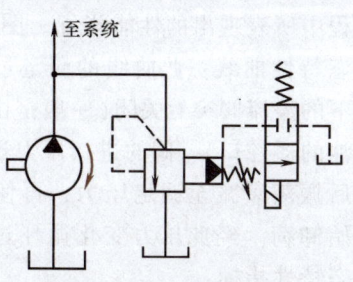

图5-33　溢流阀作卸荷阀用

二、减压阀

减压阀的功用是能使其出口压力低于进口压力，并使出口压力可以调节。在液压系统中，减压阀用于降低或调节系统中某一支路的压力，以满足某些执行元件的需要。减压阀常用于夹紧回路、润滑系统中。

减压阀按其调节性能又可分为定压减压阀、定比减压阀和定差减压阀三种。定差减压阀能保持阀的进出油口压力之间有近似恒定的差值。定比减压阀能使阀的进出油口压力之间保持近似恒定的比值。这两种阀一般不单独使用，而是与其他功能的阀组合形成相应的组合阀。限于篇幅，在此不单独分析，在讨论到相应的阀时一并研究。

定压减压阀简称减压阀，能使其出油口压力低于进油口压力，并能保持出口压力近似恒定。与溢流阀一样，减压阀也分为直动式和先导式。

1. 先导式减压阀

图5-34a所示为传统型先导式减压阀。它由先导阀和主阀两部分组成。图中 P_1 为进油口，P_2 为出油口，液压油通过主阀阀芯4下端通油槽a、主阀阀芯内阻尼孔b，进入主阀阀芯上腔c后，经孔d进入先导阀前腔。当减压阀出口压力 p_2 小于调定压力时，先导阀阀芯2在弹簧作用下关闭，主阀阀芯4上下腔压力相等，在弹簧的作用下，主阀阀芯处于下端位置。此时，主阀阀芯4进出油之间的通道间隙e最大，主阀阀芯全开，减压阀进出口压力相等。当阀出口压力达到调定值时，先导阀阀芯2打开，液压油经阻尼孔b产生压差，主阀阀芯上下腔压力不等，下腔压力大于上腔压力，其差值克服主阀弹簧3的作用使阀芯抬起，此时通道间隙e减小，节流作用增强，使出口压力 p_2 低于进口压力 p_1，并保持在调定值上。

第五章 液压控制阀 ■ **103**

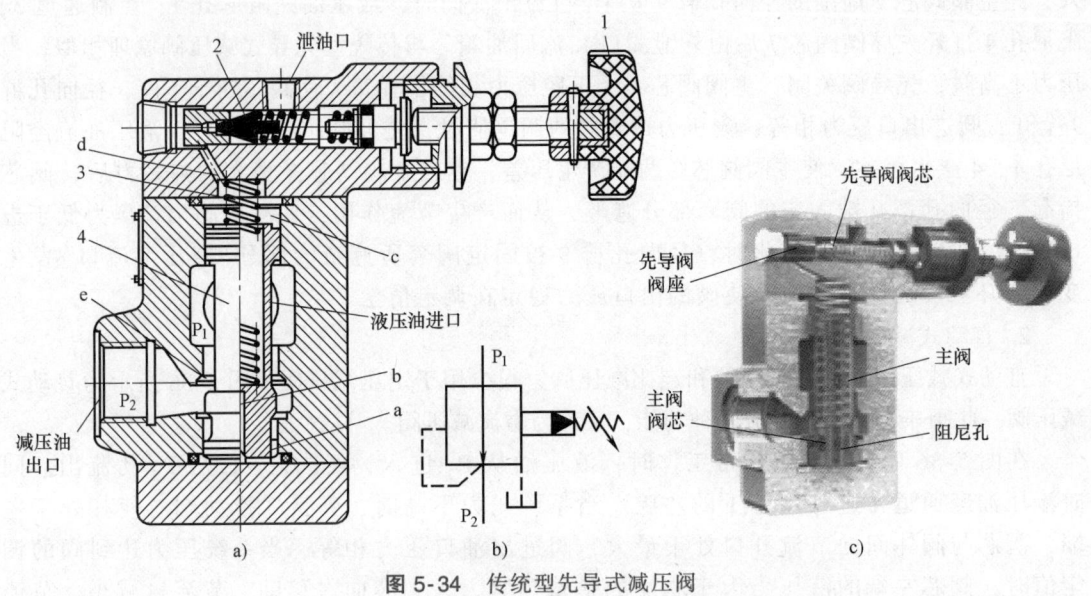

图 5-34 传统型先导式减压阀
a) 结构图 b) 图形符号 c) 三维图
1—手轮 2—先导阀阀芯 3—主阀弹簧 4—主阀阀芯

　　当调节手轮 1 时，先导阀弹簧的预压缩量受到调节，使先导阀所控制的主阀阀芯前腔的压力发生变化，从而调节了主阀阀芯的开口位置，调节了出口压力。由于减压阀出口为系统内的支油路，所以减压阀的先导阀上腔的泄漏口必须单独接油箱。图 5-34b 所示为先导式减压阀的图形符号。

　　图 5-35 所示为新型先导式减压阀。图中 P_1 为进油口，P_2 为出油口，液压油由 P_1 口进

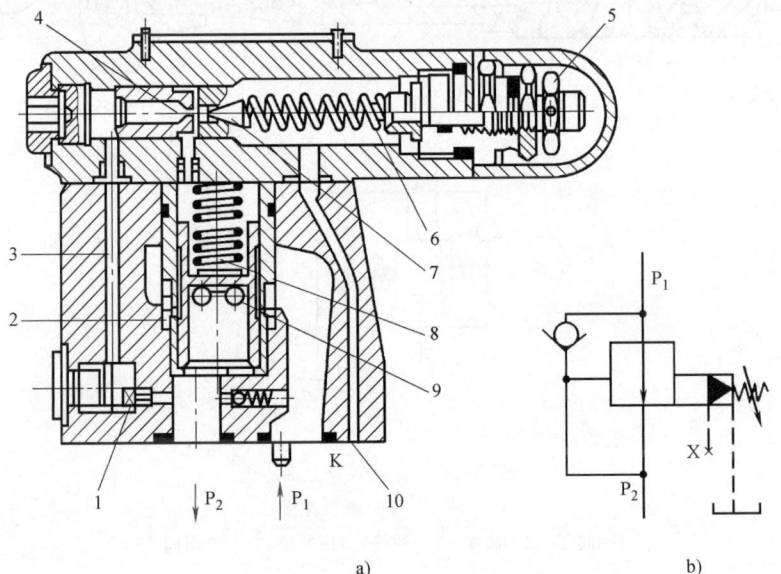

图 5-35 新型先导式减压阀
a) 结构图 b) 图形符号
1、4—阻尼孔 2—主阀阀芯 3—控制通道 5—螺母 6—先导阀弹簧 7—先导阀阀芯
8—主阀阀芯弹簧 9—径向孔群 10—泄漏孔通道

入，经主阀阀芯 2 周围的径向孔群 9 从 P_2 口流出。同时，液压油经阻尼孔 1、控制通道 3、阻尼孔 4 打开先导阀阀芯 7 后由外泄漏口 K 流回油箱。与传统型先导式减压阀原理相似，当压力不高时，先导阀关闭，主阀阀芯 2 上下腔压力相等。弹簧 8 使阀芯处于下端，径向孔群 9 全开，阀进出口压力相等；当压力达到阀的调定值时，先导阀阀芯 7 打开，液压油流经阻尼孔 1、4 产生压差，使主阀阀芯 2 两端产生压差，克服主阀阀芯弹簧 8 的弹簧力后，阀芯抬起，径向孔群 9 被固定的阀套部分遮蔽，从而产生节流作用，使减压阀出口压力低于进口压力。当阀出口压力变化时，径向孔群 9 被固定阀套所遮蔽的部分（减压节流口）发生变化，补偿压力的波动值，使阀的出口压力稳定在调定值上。

2. 直动式减压阀

直动式减压阀一般用于定差和定比减压阀，很少用于定压减压阀。图 5-36 所示为直动式减压阀。此阀兼有减压和溢流两种功能，又称为溢流减压阀。

在图 5-36 中，当系统正常工作时，液压油从 P_1 进入，经阀芯 1，从 P_2 孔流出。同时液压油经通道 4 进入阀芯 1 的左腔。当系统压力不高时，弹簧 3 推动阀芯使其处于左端，阀芯与阀体间的节流开口处于最大，阀进出油口压力相等。当系统压力达到阀的调定值时，阀芯左端的液压力大于右端的弹簧预紧力，阀芯向右移动，节流口减小，节流作用增强，使阀的出口压力降低到调定值。当油液反向流动时，液压油从 P_2 进入，经单向阀从 P_1 口流出。

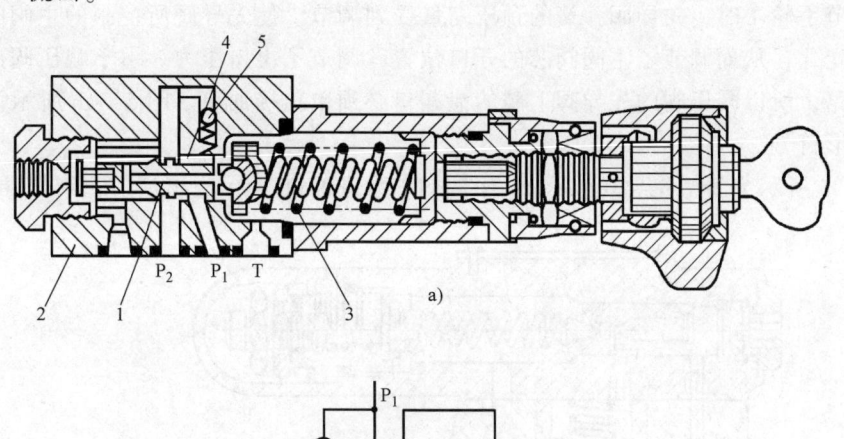

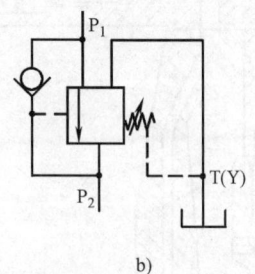

图 5-36　直动式减压阀

a）结构图　b）图形符号

1—阀芯　2—阀体　3—弹簧　4—通道　5—单向阀

3. 减压阀的应用

减压阀用于液压系统中某支油路的减压、调压和稳压。

（1）减压回路　图 5-37 所示为减压回路，在主系统的支路上串接一减压阀，用以降低和调节支路液压缸的最大推力。

（2）稳压回路　如图 5-38 所示，当系统压力波动较大，液压缸 2 需要有较稳定的输入压力时，在液压缸 2 进油路上串接一减压阀，减压阀处于工作状态下，可使液压缸 2 的压力不受溢流阀压力波动的影响。

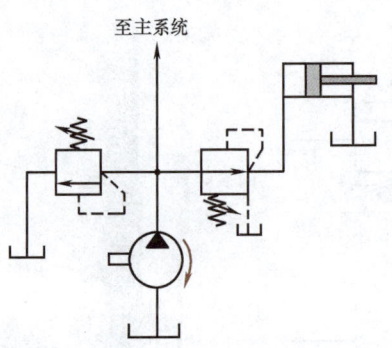

图 5-37　减压回路

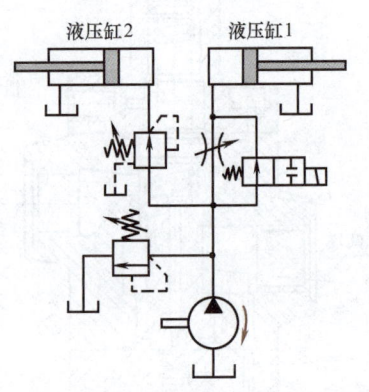

图 5-38　稳压回路

（3）单向减压回路　当需要执行元件的正反向压力不同时，可用图 5-39 所示的单向减压回路。图中用单点画线框起的单向减压阀是具有单向阀和减压阀功能的组合阀。

三、顺序阀

顺序阀是以压力为控制信号，自动接通或断开某一支路的液压阀。由于顺序阀可以控制执行元件顺序动作，因此称为顺序阀。

顺序阀按其控制方式不同，可分为内控式顺序阀和外控式顺序阀。内控式顺序阀直接利用阀的进口液压油控制阀的启闭，一般称为顺序阀；外控式顺序阀利用外来的液压油控制阀的启闭，也称为液控顺序阀。顺序阀按其结构不同，又可分为直动式顺序阀和先导式顺序阀。

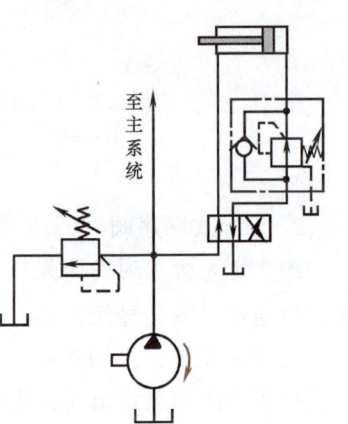

图 5-39　单向减压回路

1. 直动式顺序阀

图 5-40a 所示为高压直动式顺序阀，图示状态为内控式。液压油从进油口 P_1 进入，经阀体 3 上的通道、下端盖 5 上的通道，进入控制活塞 4 的下腔。当进口压力不高时，弹簧 1 压下阀芯 2，使进油口 P_1 与出油口 P_2 不通。当进油口压力提高到阀的调定值时，控制活塞 4 抬起，推动阀芯 2 使进油口 P_1 与出油口 P_2 连通。由于顺序阀的出油口接系统，所以泄油口要单独与油箱连接。图 5-40b 所示为内控式顺序阀图形符号。

将图 5-40a 中的下端盖 5 拆下，旋转 90°后再安装上（下端盖为正方形，螺孔对称分布），并将螺塞 6 旋下连接控制油路，就形成了外控式顺序阀。此时，阀的启闭靠外控油压控制。

图 5-40c 所示为外控式顺序阀图形符号。

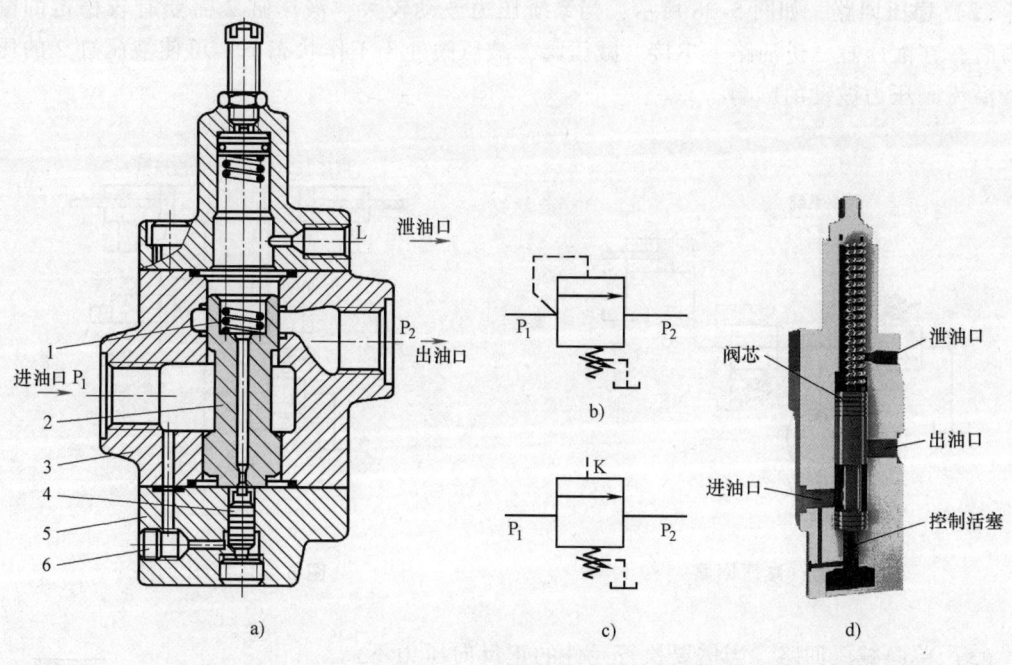

图 5-40 高压直动式顺序阀

a）结构图　b）内控式顺序阀职能符号　c）外控式顺序阀图形符号　d）三维图
1—弹簧　2—阀芯　3—阀体　4—控制活塞　5—下端盖　6—螺塞

2. 先导式顺序阀

图 5-41a 所示为高压先导式顺序阀。该阀由主阀与先导阀组成。液压油从进油口 P_1 进入，经通道进入先导阀下端，经阻尼孔和先导阀后由外泄油口 L 流回油箱。当系统压力不高时，先导阀关闭，主阀阀芯两端压力相等，复位弹簧将阀芯推向下端，顺序阀进出油口关闭；当压力达到调定值时，先导阀打开，液压油经阻尼孔时形成节流，在主阀阀芯两端形成压差，此压差克服弹簧力，使主阀阀芯抬起，进出油口打开。图 5-41b 所示为先导式顺序阀的图形符号。

由以上分析可知，顺序阀在结构上与溢流阀十分相似，但在性能和功能上有很大区别，主要有：溢流阀出口接油箱，顺序阀出口接下一级液压元件；溢流阀为内泄漏，顺序阀一般为外泄漏；溢流阀主阀阀芯遮盖量小，顺序阀主阀阀芯遮盖量大；溢流阀打开时阀处于半打开状态，主阀阀芯开口处节流作用强，顺序阀打开时主阀阀芯处于全打开状态，主通道节流作用弱。

3. 顺序阀的应用

顺序阀常用于实现执行元件的顺序动作，或串接在垂直运动的执行元件上，用以平衡执行元件以及所带动运动部件的质量。

图 5-42 所示为实现定位夹紧顺序动作的液压回路。液压缸 A 为定位缸，液压缸 B 为夹紧缸。要求进程时（活塞向下运动），A 缸先动作，B 缸后动作。在 B 缸进油路上串联一单

第五章　液压控制阀　**107**

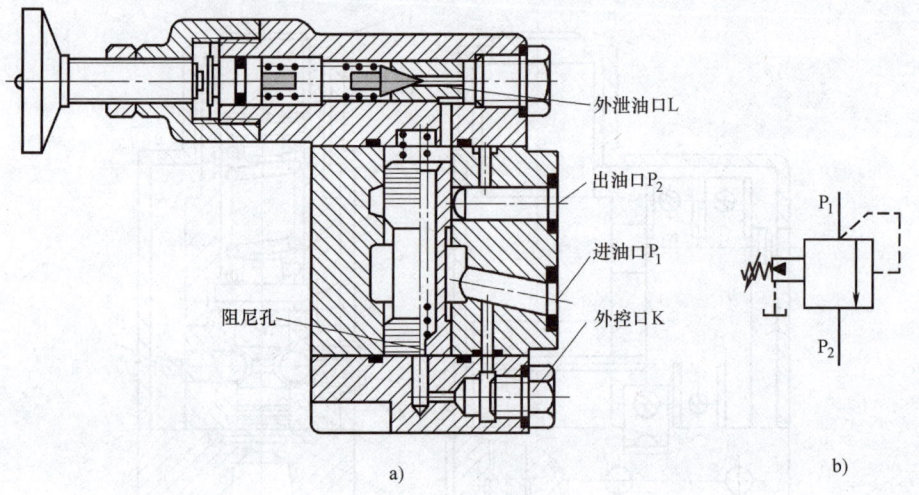

图 5-41　高压先导式顺序阀

a）结构图　b）图形符号

向顺序阀，将顺序阀的压力值调定到高于 A
缸活塞移动时的最高压力。当电磁阀的电磁
铁断电时，A 缸活塞先动作，定位完成后，
油路压力提高，打开顺序阀，B 缸活塞动
作。回程时，两缸同时供油，B 缸的回油路
经单向阀回油箱，缸 A、B 的活塞同时动作。

■ 四、压力继电器

　　压力继电器是液压系统中将液压油的压
力信号转变成电信号的元件。压力继电器分
为柱塞式和薄膜式。

　　图 5-43a 所示为薄膜式压力继电器结
构，其工作原理为：控制油进入压力继电器
的进油口 P 作用到薄膜 2 上，当控制压力不

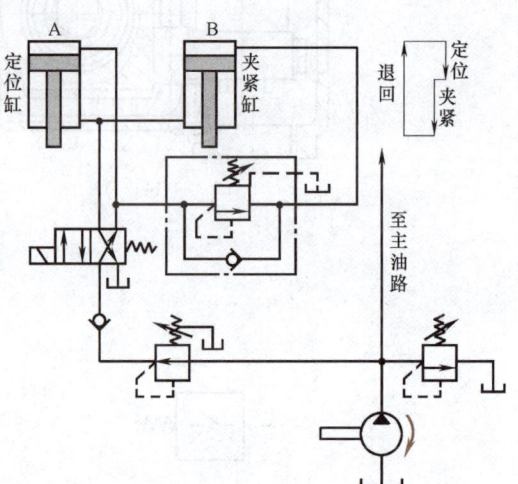

图 5-42　定位夹紧顺序动作液压回路

足以克服弹簧力时，弹簧使柱塞 3 处于下端，微动开关 13 不动作；当控制压力达到调定压
力时，弹簧 10 受到压缩，柱塞 3 向上移动，柱塞上的斜面推动钢球 7 使其向右移动，杠杆 1
被钢球向右推动。此时，杠杆绕支点（销轴 12）沿逆时针方向摆动，杠杆左端压下微动开关
13 的触头使电路闭合，发出电信号；当控制油口压力降低到一定值时，弹簧 10 通过钢球 8
将柱塞压下，微动开关 13 的触头依靠自身的弹力推动杠杆 1 复位，电路断开。

　　螺钉 14 用于调节微动开关与杠杆之间的相对位置。弹簧 5 用于调节使电路闭合与断开
的控制压力差值（称为返回区间）。螺钉 11 用于调节弹簧 10 的预压缩量，进而调节压力继
电器的发信压力。图 5-43b 所示为压力继电器的图形符号。

108 ┄┄▪ 液压与气压传动 第4版

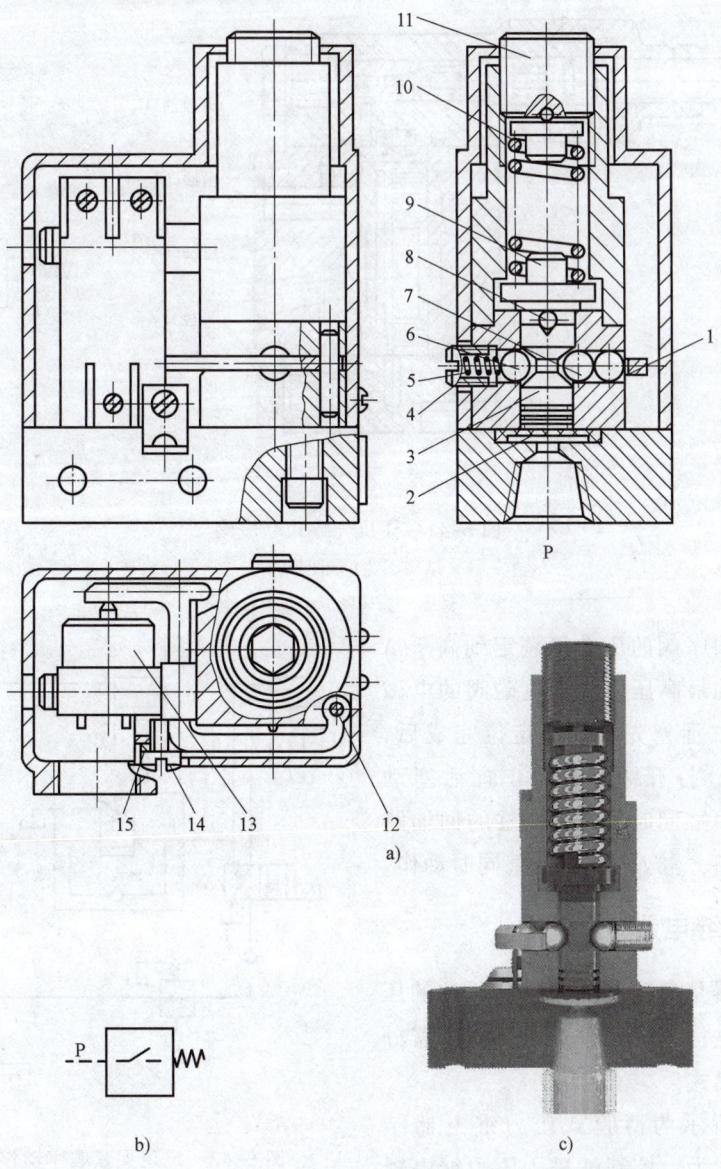

图 5-43　薄膜式压力继电器

a）结构图　b）图形符号　c）三维图

1—杠杆　2—薄膜　3—柱塞　4、11、14—螺钉　5、10—弹簧
6、7、8—钢球　9—弹簧下座　12—销轴　13—微动开关　15—垫圈

第四节　流量控制阀

　　流量控制阀是指通过改变节流口面积的大小来改变通过阀流量的阀。在液压系统中，流量控制阀的作用是对执行元件的运动速度进行控制。常见的流量控制阀有节流阀、调速阀、溢流节流阀等。

第五章　液压控制阀　**109**

一、流量控制原理及节流口的节流特性

1. 流量控制原理

在图 5-44 所示的回路中，由定量泵供油，溢流阀控制泵出口压力，将一流量阀串联在进油路上，改变流量阀节流口的通流面积大小，可以改变通过阀的流量，从而控制活塞的运动速度。

2. 节流口的节流特性

节流口的节流特性是指液体流经节流口时，通过节流口的流量所受到的影响因素，以及这些因素与流量之间的关系，从而分析如何减弱这些因素的影响，提高流量的稳定性。分析节流特性的理论依据是节流口的流量特性方程，即

$$q_T = KA_T(\Delta p_T)^m \tag{5-3}$$

图 5-44　流量控制原理

式中　q_T——通过节流口的流量；

　　K——与节流口形状、液体流态、油液性质有关的系数；

　　Δp_T——节流口两端的压差；

　　m——与节流口形状有关的指数，细长孔 $m=1$，薄壁孔 $m=0.5$；

　　A_T——节流孔面积。

由式(5-3)可以得出影响通过流量阀流量稳定性的主要因素有：

（1）节流口两端的压差 Δp_T　由式(5-3)可知，当阀进出油口的压差 Δp_T 变化时，通过阀的流量 q_T 要发生变化。由于指数 m 和节流孔面积 A_T 的不同，节流口两端的压差 Δp_T 对流量阀流量 q_T 的影响也不一样。为进一步分析 Δp_T 对 q_T 的影响，引入了节流刚度 T。节流刚度是节流口前、后压差 Δp_T 的变化值与通过阀流量 q_T 微分之比，即

$$T = \frac{\mathrm{d}\Delta p_T}{\mathrm{d}q_T} \tag{5-4}$$

将式(5-3)代入，可得

$$T = \frac{\Delta p_T^{1-m}}{KA_T m} \tag{5-5}$$

图 5-45 所示为节流孔的节流特性曲线，从图中可以看出节流刚度 T 相当于特性曲线上某点的切线与横坐标的夹角 β 的余切。即

$$T = \cot\beta \tag{5-6}$$

由图 5-45 及式(5-6)可得出以下结论：T 越大，β 越小，节流阀的流量平稳性越好。也就是说，节流口通流面积 A 越小，节流口两端的压差 Δp_T 越大，阀口结构越接近于薄壁孔（指数 m 越小），通过节流阀的流量越平稳。

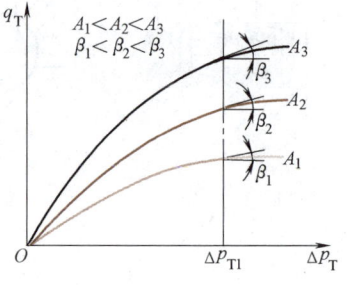

图 5-45　节流孔的节流特性曲线

（2）液压油的温度 t　液压油的温度发生变化时，油的黏度和密度随之改变，式（5-3）中的 K 值也发生变化，节流阀的流量受到影响。温度对细长孔类节流口的影响比薄壁类节流口大。因此，性能好的节流阀一般采用薄壁孔类节流口。

（3）节流口形状　通过阀最小稳定流量的大小是衡量流量阀性能的一个重要指标。阀的最小稳定流量与节流口的水力半径有关，水力半径越大，最小稳定流量越小。当节流口的形状为圆形时好于三角形，矩形好于缝隙。

二、节流口的形式

流量控制阀种类很多，阀的节流口形式将直接影响流量阀的性能。因此，有必要讨论节流口的形式。从理论上讲，节流口可以是薄壁孔、细长孔和短孔。实际上，受到制造工艺和强度的限制，常见节流口的形式主要有图 5-46 所示的几种。

图 5-46a 所示为针阀式节流口。其节流口的截面形状为环形缝隙。当改变阀芯轴向位置时，通流面积发生改变。此节流口的特点是：结构简单，易于制造，但水力半径小，流量稳定性差，适用于对节流性能要求不高的系统。

图 5-46b 所示为周向三角槽式节流口。在阀芯上开有周向偏心槽，其截面为三角槽，转动阀芯，可改变通流面积。这种节流口水力半径较针阀式节流口大，流量稳定性较好，但在阀芯上存在径向不平衡力，使阀芯转动费力，一般用于低压系统。

图 5-46c 所示为轴向三角槽式节流口。在阀芯断面轴向开有两个轴向三角槽，当轴向移动阀芯时，三角槽与阀体间形成的节流口面积发生变化。这种节流口的特点是：工艺性好，径向力平衡，水力半径较大，调节方便，广泛应用于各种流量阀中。

图 5-46d 所示为周向缝隙式节流口。为得到薄壁孔的效果，在阀芯内孔局部铣削出一薄

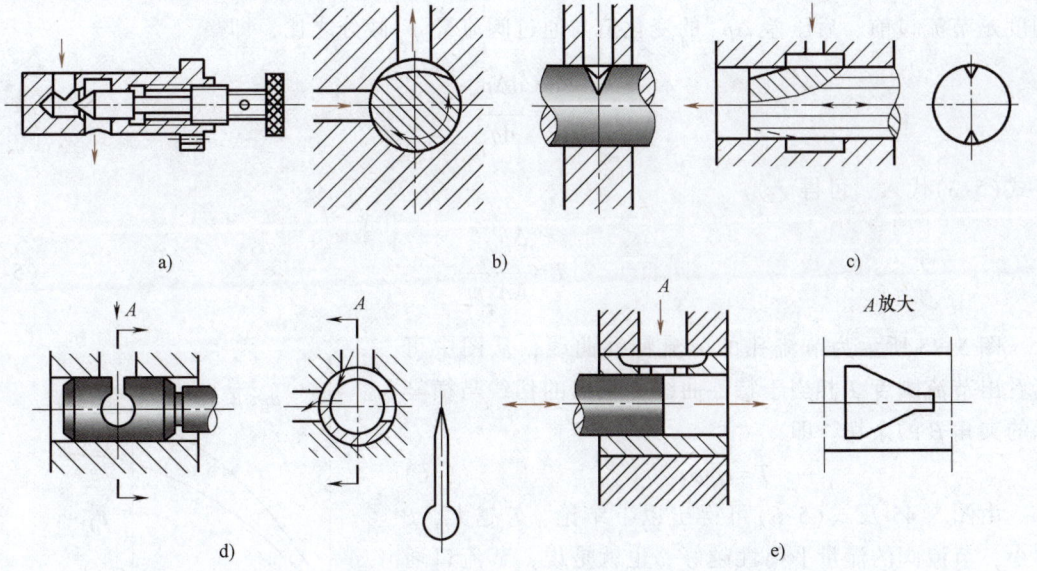

a)　　　　　　b)　　　　　　c)

d)　　　　　　e)

图 5-46　节流口的形式

a) 针阀式节流口　b) 周向三角槽式节流口　c) 轴向三角槽式节流口
d) 周向缝隙式节流口　e) 轴向缝隙式节流口

壁区域，然后在薄壁区域开出一周向缝隙（缝隙展开形状如图 5-46d 中 A 向展开图所示）。此节流口形状近似为矩形，通流性能较好。由于接近薄壁孔，其流量稳定性也较好。

图 5-46e 所示为轴向缝隙式节流口。此节流口形式为在阀套外壁铣削出一薄壁区域，然后在其中间开一个近似梯形的窗口（如图 5-46e 中 A 向放大图所示）。圆柱形阀芯在阀套光滑圆孔内做轴向移动时，阀芯前沿与阀套所开梯形窗口之间所形成矩形实现了由矩形到三角形节流口的变化。由于更接近薄壁孔，通流性能较好，这种节流口为目前最好的节流口之一，用于要求较高的流量阀上。

三、节流阀

节流阀是结构最为简单的流量控制阀，常与其他形式的阀相组合，形成单向节流阀或行程节流阀。在此介绍普通节流阀和单向节流阀的典型结构。

1. 普通节流阀

图 5-47a 所示为普通节流阀的结构图。液压油从进油口 P_1 流入，经阀芯 2 下部的节流口从出油口 P_2 流出。调节手轮 3，阀芯 2 随之做轴向移动，阀芯下端的环形通流面积改变，通过阀的流量随之改变。由图 5-47a 可知，此阀属于针状节流口，当压力较高时，阀芯 2 会受到较大的轴向力，调节手轮困难。因此，这种节流阀需卸载调节，应用于要求不高的系统。图 5-47b 所示为节流阀的图形符号。

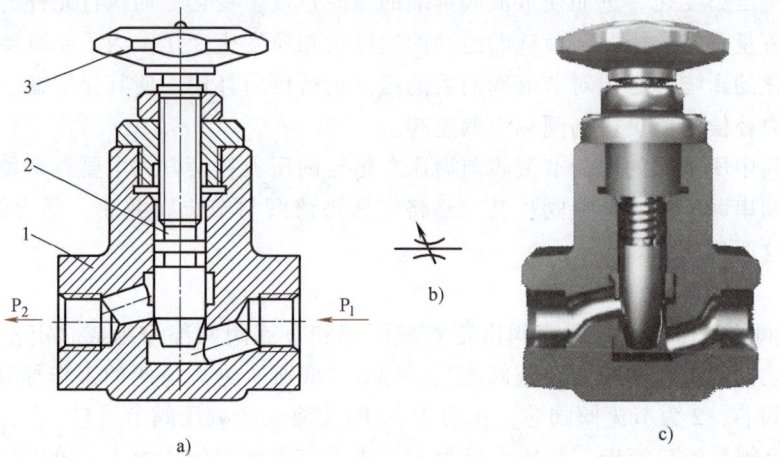

图 5-47　普通节流阀

a）结构图　b）图形符号　c）三维图

1—阀体　2—阀芯　3—手轮

2. 单向节流阀

图 5-48a 所示为单向节流阀的结构图。当液压油从 P_1 流入时，液压油经阀芯 2 上的轴向三角槽的节流口从 P_2 流出。此时调节螺母 5，可调节顶杆 4 的轴向位置，弹簧 1 推动阀芯 2 随之做轴向移动，节流口的通流面积得到了改变。当液压油从 P_2 流入时，液压油推动阀芯 2 压缩弹簧 1 从 P_1 流出。此时节流口不起节流作用，油路畅通。图 5-48b 所示为单向节流阀的图形符号。

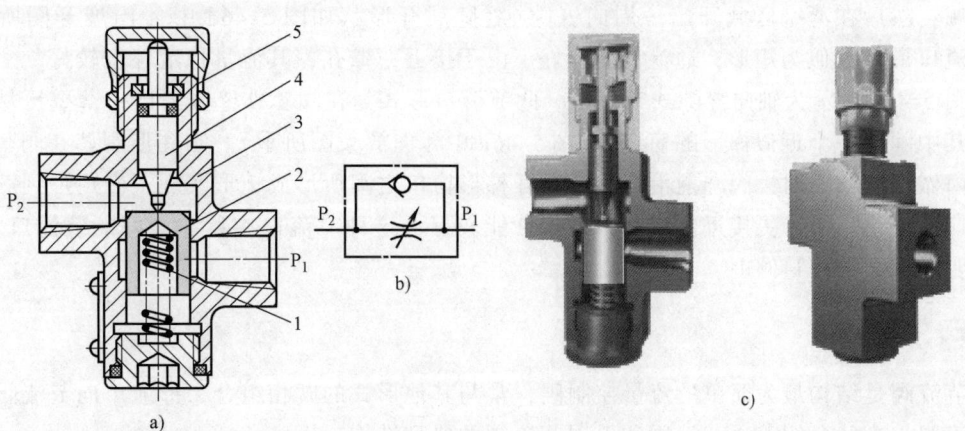

图 5-48　单向节流阀

a）结构图　b）图形符号　c）三维图

1—弹簧　2—阀芯　3—阀体　4—顶杆　5—螺母

四、调速阀及溢流节流阀

通过节流阀的流量受其进出油口两端压差变化的影响。在液压系统中，执行元件的负载变化时引起系统压力变化，进而使节流阀两端的压差也发生变化，而执行元件的运动速度由节流阀控制的流量确定。因此，负载的运动的速度也相应发生变化。为了使流经节流阀的流量不受负载变化的影响，必须对节流阀前后的压差进行压力补偿，使其保持在一个稳定的值上。这种带压力补偿的流量控制阀称为调速阀。

目前调速阀中所采取的保持节流阀前后压差恒定的压力补偿方式主要有两种：其一是将减压阀与节流阀串联，称为调速阀；其二是将定压溢流阀与节流阀并联，称为溢流节流阀。在此着重介绍这两种阀。

1. 调速阀

（1）调速阀的工作原理　调速阀由定差减压阀和节流阀两部分组成。定差减压阀可以串联在节流阀之前，也可串联在节流阀之后。图 5-49a 所示为调速阀的工作原理图，图中 1 为定差减压阀阀芯，2 为节流阀阀芯。压力为 p_1 的油液流经减压阀节流口 x_R 后，压力降为 p_2，然后经节流阀节流口流出，其压力降为 p_3。进入节流阀前的压力为 p_2 的油液，经通道 e 和 f 进入定差减压阀的 b 腔和 c 腔；而流经节流口压力为 p_3 的油液，经通道 g 被引入减压阀 a 腔。当减压阀的阀芯在弹簧力 F_s、液动力 F_y、液压力 A_3p_3 和 $(A_1+A_2)p_2$ 的作用下处于平衡位置时，调速阀处于工作状态。此时，若调速阀出口压力 p_3 因负载增大而增大时，作用在减压阀阀芯左端的压力增大，阀芯失去平衡向右移动，减压阀开口 x_R 增大，减压作用减小，p_2 增大，结果节流阀口两端压差 $\Delta p = p_2 - p_3$ 基本保持不变。同理，当 p_3 减小时，减压阀阀芯左移，p_2 也减小，节流阀节流口两端压差同样基本不变。这样，通过节流口的流量基本不会因负载的变化而改变。图 5-49b 所示为调速阀的图形符号。图 5-49c 所示为调速阀的简化图形符号。

（2）调速阀的静态特性分析　调速阀能保持流量稳定的功能，主要是由具有压力补偿作用的减压阀起作用，从而保持节流阀口前后的压差近似不变，而使流量保持近似恒定。建立静态特性方程的主要依据是动力学方程和流量连续性方程以及相应的流量表达式。

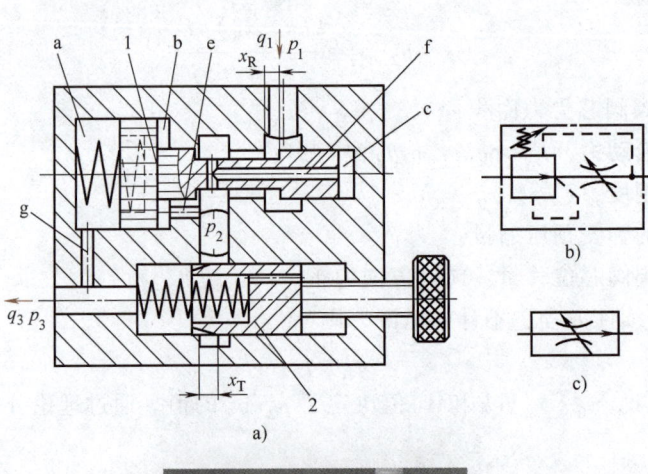

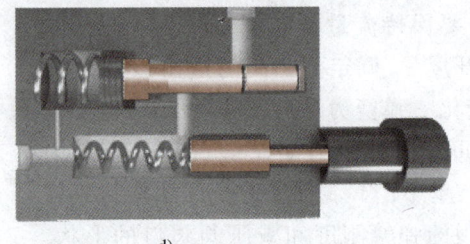

图 5-49 调速阀

a）结构图 b）图形符号 c）简化图形符号 d）三维图

1—定差减压阀阀芯 2—节流阀阀芯

1）减压阀的流量方程为

$$q_R = K_R w(x_R) \sqrt{\frac{2}{\rho}(p_1 - p_2)} \tag{5-7}$$

式中 K_R——减压阀阀口的流量系数；

$w(x_R)$——减压阀阀口的过流面积；

x_R——减压阀阀芯位移量，向右方向为正；

ρ——油液密度；

p_1——调速阀的进口压力，即减压阀的进口压力；

p_2——减压阀的出口压力，即节流阀的进口压力。

2）节流阀的流量方程为

$$q_T = K_T B(x_T) \sqrt{\frac{2}{\rho}(p_2 - p_3)} \tag{5-8}$$

式中 K_T——节流阀阀口的流量系数；

$B(x_T)$——节流阀阀口的过流面积；

p_3——调速阀的出口压力，即节流阀的出口压力。

3）减压阀芯的受力平衡方程为

$$p_2 A_b + p_2 A_c + F_y = p_3 A_a + k(x_0 - x_R) \tag{5-9}$$

$$A_a = A_b + A_c$$

$$p_2 - p_3 = \frac{k(x_0 - x_R) - F_y}{A_a} \qquad (5\text{-}10)$$

式中　A_a——减压阀阀芯受力面积；

　　　F_y——稳态液动力，$F_y = \rho q_R v_R \cos\theta$，$\theta = 69°$；

　　　k——弹簧刚度，$F_s = k(x_0 - x_R)$；

　$x_0 - x_R$——零时的弹簧预压缩量；

　　　x_R——减压阀阀芯位移量，向左方向为正。

4）根据流量连续性方程，不计内泄漏，则

$$q_R = q_T \qquad (5\text{-}11)$$

由式（5-10）可知，x_0、x_R、k 和 A_a 值决定了 $p_2 - p_3$ 的值。通过理论分析和实验验证选择 $p_2 - p_3 \approx 0.3\text{MPa}$。

由式（5-8）可知，要保持流量稳定就要求 $p_2 - p_3$ 压差稳定。当节流阀阀口开度 x_T 调定后，阀的进出口压力 p_1 或 p_3 变化时，x_R 也变化，弹簧力 F_s 和液动力 F_y 也要发生变化。由式（5-10）可知，弹簧力变化量 ΔF_s 与液动力变化量 ΔF_y 的差值 ΔF 越小，A_a 越大，$p_2 - p_3$ 的变化量就越小。合理设计减压阀的弹簧刚度和减压阀阀口的形状，即可得到较好的等流量特性。

图 5-50 所示为调速阀与普通节流阀相比较的特性曲线，即阀两端压差 Δp 与通过阀的流量之间关系的曲线。由图 5-50 可知：在压差较小时，调速阀的特性与普通节流阀相同，此时，由于压差较小，不能将调速阀中的减压

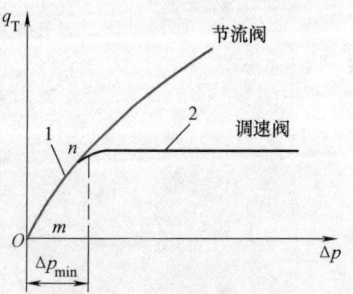

图 5-50　节流阀和调速
阀的静态特性曲线
1—无压力补偿　2—有压力补偿

阀阀芯抬起，减压阀失去了压力补偿作用，调速阀与节流阀的这部分曲线重合；当阀两端压差大于某一值时，减压阀阀芯处于工作状态，通过调速阀的流量不受阀两端压差的影响，而通过节流阀的流量仍然随压差的变化而改变，两者的曲线出现了明显的差别。$\Delta p_{\min}$ 是调速阀的最小稳定工作压差，一般约为 1MPa。

2. 溢流节流阀

溢流节流阀是节流阀与溢流阀并联而成的组合阀，它能补偿因负载变化而引起的流量变化。图 5-51a 所示为溢流节流阀原理图，压力为 p_1 的油液由进油口 P_1 进入阀后，一部分经节流阀阀芯 2 的节流口 d 进入执行元件，另一部分经溢流阀阀芯 1 的溢流口 e 流回油箱。溢流阀阀芯右腔 a 和节流阀出口相通，压力为 p_2；溢流阀阀芯大台肩下面的油腔 b、左端油腔 c 和节流阀的入口相通，压力为 p_1。当负载 F_L 增大时，出口压力 p_2 增大，溢流阀阀芯左移，关小溢流口 e，节流阀

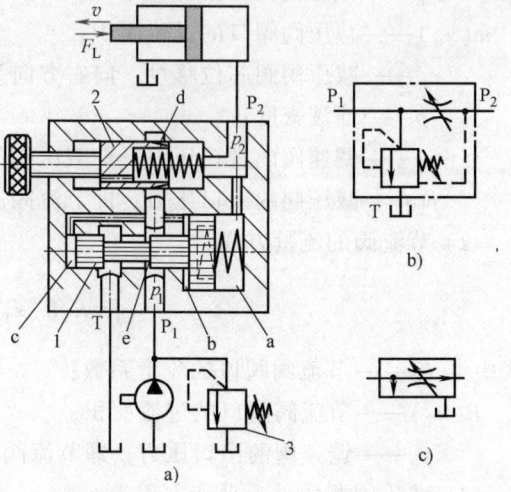

图 5-51　溢流节流阀工作原理图及符号
a) 原理图　b) 图形符号　c) 简化图形符号
1—溢流阀阀芯　2—节流阀阀芯　3—安全阀

入口压力 p_1 增大，结果节流阀前后压差 p_1-p_2 基本保持不变；反之情况相同。当系统超载时，压力 p_2 超过系统正常值，安全阀 3 打开，系统溢流。图 5-51b 所示为溢流节流阀图形符号。图 5-51c 所示为溢流节流阀简化图形符号。

3. 溢流节流阀与调速阀的比较

溢流节流阀与调速阀一样，都能使通过阀的流量不受阀两端压差变化的影响。但从使用范围和性能上比较，两者还是有所区别，主要有：

1）使用溢流节流阀的系统效率较高。因为采用溢流节流阀的系统，泵的供油压力随负载的增大而增大，能量损失较小，系统发热少。

2）调速阀较溢流节流阀应用范围广。溢流节流阀只能安装在节流调速回路的进油路上组成进油路节流调速回路，而调速阀则可安装在执行元件的进油路、回油路和旁油路上组成进油路、回油路、旁油路节流调速回路。

3）溢流节流阀较调速阀流量稳定性差。溢流节流阀中溢流阀的承载大，弹簧刚度较大，当负载变化时，节流口两端的压差变化较大；在调速阀中，减压阀的弹簧刚度较小，节流阀两端压差变化小，流量稳定性好。

第五节　比例控制阀

比例控制阀是一种能使所输出油液的参数(压力、流量和方向)随输入电信号参数(电流、电压)变化而成比例变化的液压控制阀，它是集开关式电液控制元件和伺服式电液控制元件的优点于一体的一种新型液压控制元件。

同普通液压元件分类一样，比例控制阀按所控制参数种类的不同，可分为比例压力阀、比例流量阀、比例方向阀和比例复合阀。按所控制参数的数量可分为单参数控制阀和多参数控制阀。比例压力阀、比例流量阀属于单参数控制阀，比例方向复合比例阀属于多参数控制阀。

由于比例控制阀能使所控制的参数成比例地变化，所以比例控制阀可使液压系统大为简化，所控参数的精度大为提高，特别是高性能电液比例阀的出现，使比例控制阀的应用获得了越来越广阔的空间。

比例控制阀由比例调节机构和液压阀两部分组成。前者结构较为特殊，性能也不同于所学过的电磁阀；后者与普通的液压阀十分相似。

一、比例电磁铁

比例电磁阀属于直流电磁阀。比例电磁铁的吸力或位移与输入电流成正比。图 5-52a 所示为比例电磁铁的结构原理图。图中线圈 2 安装在壳体 5 内，固连在极靴 1 上，隔磁环 4 将磁路内的磁力线集中在衔铁 10、气隙和极靴 1 之间，使极靴对衔铁产生较大的吸合力。衔铁 10 在导向套 12 内可以自由滑动，调节螺钉 8 用以调整弹簧 9 的推力，以调整衔铁 10 的输出特性，衔铁产生的电磁力通过推杆 13 推动阀芯。衔铁 10 所产生的电磁力与线圈 2 内输入的电流成正比。

当线圈内的电流一定时，吸力的大小与极靴和衔铁之间的气隙 y_M 有关，两者之间的特性如图 5-52b 所示。可以将比例电磁铁的吸力特性分为三段：第 I 段为气隙很小时，此时吸力 F 很大，但吸力 F 随气隙 y_M 的改变而急剧变化，此段不易作为比例阀的工作段；第 II 段为当气隙 y_M 变化时，吸力 F 变化不大，此时比较符合比例阀的工作要求，因此将此段作为比例电磁铁的工作段；第Ⅲ段为当气隙 y_M 变化时，吸力 F 急剧减小，此部分也不宜作为比例阀的工作段。

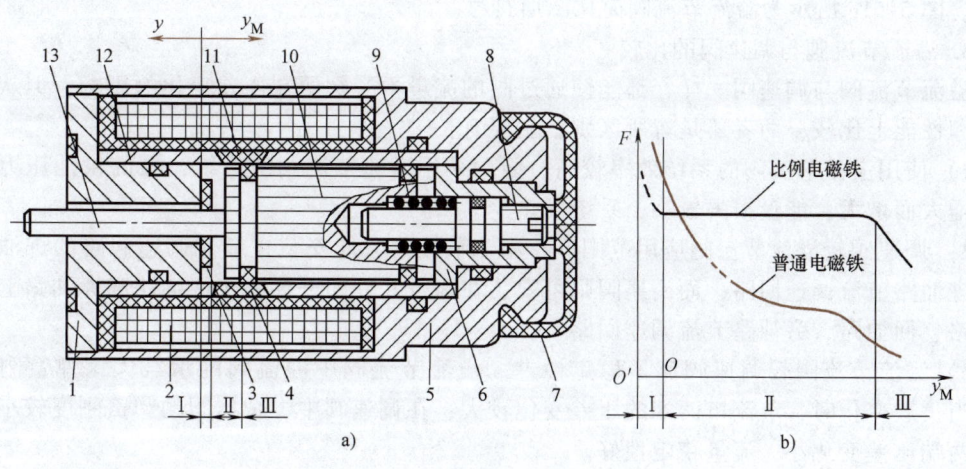

图 5-52　比例电磁铁结构及吸力特性

a）比例电磁铁结构原理图　b）比例电磁铁吸力特性

1—极靴　2—线圈　3—限位环　4—隔磁环　5—壳体　6—内盖导套　7—外盖
8—调节螺钉　9—弹簧　10—衔铁　11—支承环　12—导向套　13—推杆

比例电磁铁工作时，其衔铁的吸力 F 与极靴间的气隙 y_M 成较为平缓的关系。此时，在线圈内通入不同大小的电流，在衔铁上就可得到不同大小的吸力。用曲线表示为图 5-53a、c 所示的曲线族。当将比例电磁铁用于行程控制时，此时应在铁心左侧加一弹簧，弹簧的特性曲线与电流曲线族交点的横坐标 y_M 为衔铁在线圈通入不同电流时的工作位置。图 5-53b 所示为比例电磁铁输入电流与输出位移间的关系曲线。当比例电磁铁用于力控制时，可认为衔铁不动，衔铁的吸力通过硬弹簧传到阀芯（如溢流阀的先导阀），将阀芯的反作用和硬弹簧所形成的当量弹簧的特性曲线与电流曲线族画在同一坐标系内，可得到图 5-53c。两曲线交点的纵坐标为比例电磁铁在通入不同的电流时的输出力，此力与电流的关系可用图 5-53d 表示。

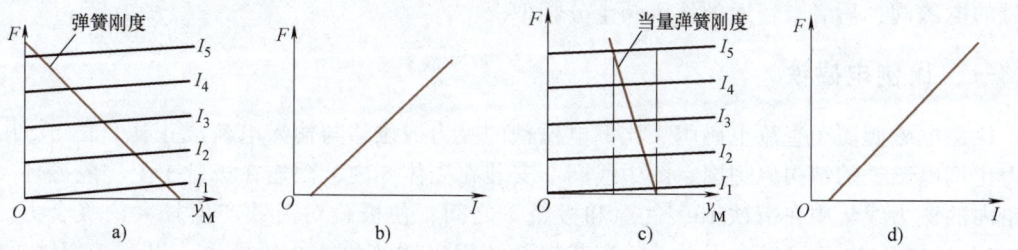

图 5-53　比例电磁铁用于不同控制时的特性

a）用于行程控制时的综合特性　b）用于行程控制时的输入输出特性
c）用于力控制时的综合特性　d）用于力控制时的输入输出特性

二、电液比例阀

比例阀种类很多，几乎所有种类、功能的普通液压阀都有相应种类、功能的电液比例阀。按照功能不同，电液比例阀可分为电液比例压力阀、电液比例方向阀、电液比例流量阀及复合功能阀等。按反馈方式，电液比例阀又可分为不带位移电反馈型和带位移电反馈型。前者配用普通比例电磁铁，控制简单，价格低廉，但其功率参数、重复精度等性能较差，用于要求不高的控制系统；后者控制精度高，动态特性好，适用于各类要求较高的控制系统。由于篇幅所限，在此选择几种具有代表性的电液比例阀进行介绍，以期对电液阀有概括了解。

1. 电液比例压力阀

与普通压力阀一样，电液比例压力阀也分为直动式和先导式。在此只介绍先导式电液比例溢流阀。图 5-54 所示为两种先导式电液比例溢流阀，图 5-54a 所示为间接检测型，图 5-54b 所示为直接检测型。

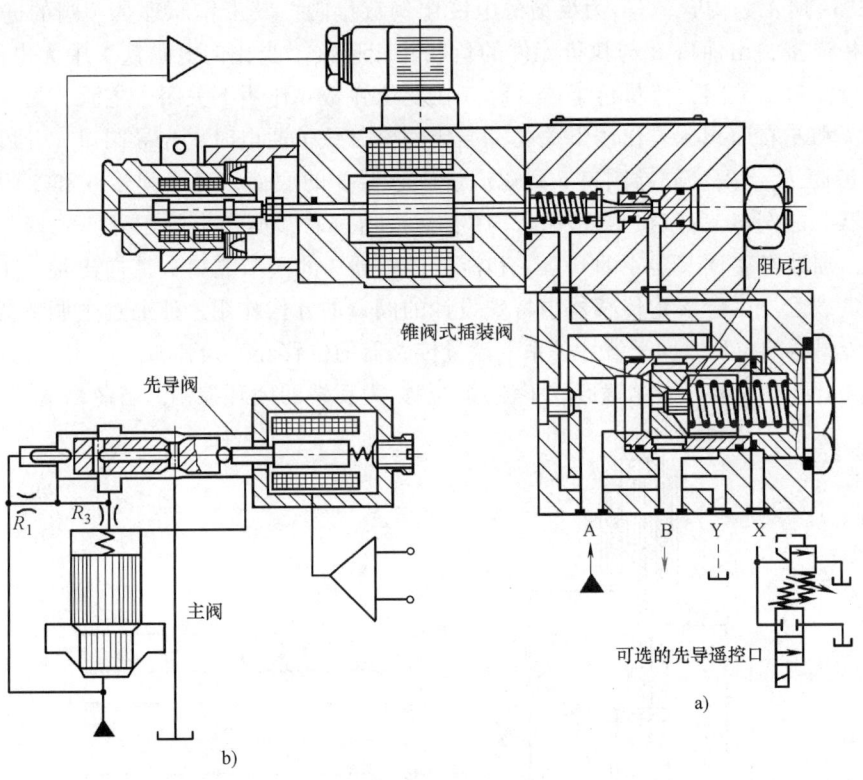

图 5-54　电液比例溢流阀

a) 间接检测型　b) 直接检测型

从 5-54a 所示的结构图可以看出：间接检测型的电液比例溢流阀与传统溢流阀相比十分相似，它只是将手动调节机构改成了位置调节比例电磁铁。这种阀的特点是结构简单，作用在先导阀芯上的压力是经过阻尼孔减压后的进口压力的分压，因此所间接检测的信号只是所控信号的局部反馈，主阀阀芯上的各种干扰并没有得到及时的控制，其压力控制精度不高。

图 5-54b 所示为直接检测型电液比例溢流阀的结构原理图。由图可知，阀的进口压力直接作用在先导阀的阀芯上，并直接与作用在先导阀阀芯另一端的电磁力相平衡，从而控制先

118━━━■ 液压与气压传动 第 4 版

导阀的开度；同时，再由前置液阻 R_1 与先导阀的开口所组成的液压半桥来控制主阀阀芯阀口的开度；液阻 R_3 构成了先导阀与主阀阀芯之间的动压反馈。由于上述原理上的改进，直接检测型电液比例阀的动态特性及压力稳定性均得到了较大的提高。

由以上分析可知，若将减压阀、顺序阀等压力控制阀的先导阀或调压部分换成比例电磁铁调节方式，就可形成相应的电液比例压力阀。电液比例压力阀可很方便地实现多级调压，因此在多级调压回路中，使用电液比例压力阀可大大简化回路，使系统简洁紧凑，效率提高。

2. 电液比例流量阀

电液比例流量阀包括电液比例节流阀、电液比例调速阀、电液比例旁通型调速阀等，也有直动式和先导式之分。在此仅介绍一种新型的内含流量-力反馈的电液比例流量阀。

图 5-55a 所示为内含流量-力反馈的电液比例流量阀，其工作原理是：阀的进油口 A 与恒压油源相连接，出油口 B 与执行元件的负载腔相连接。当比例电磁铁 1 中无电流通过时，先导阀 2 节流口 a 关闭，流量传感器 3 阀口在复位弹簧 6 作用下关闭，主调节器 4 节流口在复位弹簧 7 和左右面积压差作用下关闭。当比例电磁铁 1 通电时，先导阀口 a 开启，控制油从 A 口经液阻 R_1、R_2、先导阀口 a 到达流量传感器 3 的底面，克服弹簧 6 和 5 的作用力使流量传感器 3 的阀口 b 开启。当液阻 R_1 中有油液通过时，所产生的压降使主调节器 4 节流口 c 开启，油液经主调节器 4 的开口 c 和流量传感器 3 的阀节流口 b 流向出油口 B，进入执行元件的负载腔。由于流量传感器中特殊设计的阀口的补偿作用，使通过主调节器 4 的流量与其流量传感器的位移之间呈线性关系。流量传感器的位移经反馈弹簧 5 作用于先导阀 2，在比例电磁铁上形成反馈。这样就形成了流量-位移-力反馈的闭环控制。若忽略先导阀液动力、

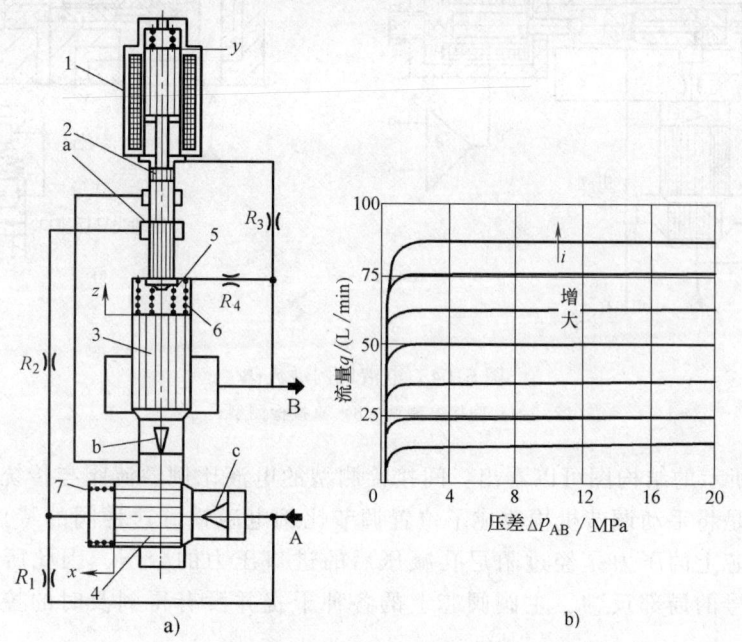

图 5-55 内含流量-力反馈的电液比例流量阀

a) 结构原理图 b) 流量特性曲线

1—比例电磁铁 2—先导阀 3—流量传感器 4—主调节器 5—反馈弹簧 6、7—复位弹簧

摩擦力和自重等因素的影响，并假定稳态时比例电磁铁的电磁力与反馈弹簧 5 的弹簧力相平衡，这时所输入的控制电流就能与通过阀的流量成正比，这样就实现了流量的比例控制。

当该阀 A、B 口的压差发生变化时，由于主调节器和流量传感器的流量转换为流量传感器阀芯位移经反馈弹簧 5 对先导阀力反馈的闭环作用，改变先导阀节流口 b 的大小，由先导阀与 R_1、R_2 所组成的液阻网络对主调节器节流面积的自动调节作用，使通过阀的流量保持恒定。图 5-55b 所示为该阀的流量特性曲线。

3. 电液比例方向阀

电液比例方向阀能按其输入电信号的正负及幅值大小，同时实现液流的流动方向及流量的控制，因此又称为电液比例方向节流阀。电液比例方向阀按其对流量的控制方式，可分为节流控制型和流量控制型两类；按换向方式可分为直接作用方式和先导作用方式。

图 5-56 所示为一种新型的位移-电反馈直接控制式电液比例方向节流阀。此阀由阀芯 4、阀体 3、比例电磁铁 2、5 和位移传感器 1 组成。阀芯 4 在阀体内的位置是由比例电磁铁 2 或 5 所输入的电信号的大小所决定的。位移传感器 1 可准确地测量阀芯所处的准确位置，当液动力或摩擦力的干扰使阀芯的实际位置与期望到达的位置产生误差时，位移传感器将所测得的误差反馈至比较放大器 6，经比较放大后发出信号，补偿误差，使阀芯最终到达准确位置。这样形成一闭环控制，使此比例方向节流阀的控制精度得到提高。当然，直接控制式电液比例方向节流阀只用于较小流量的系统。

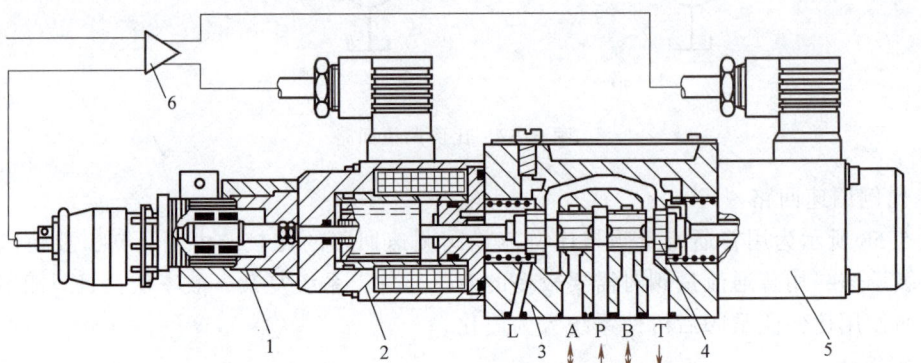

图 5-56 位移-电反馈直接控制式电液比例方向节流阀
1—位移传感器 2、5—比例电磁铁 3—阀体 4—阀芯 6—比较放大器

三、比例阀的应用

与普通液压阀一样，比例阀在工程实际中得到了广泛的应用。

1. 比例压力阀的应用

采用比例阀对回路进行控制时一般有两种方式：一是使用比例压力阀对普通压力阀进行控制；二是采用专门设计和制造的先导式比例压力阀直接进行压力控制。前者将比例压力阀作为先导级，连接在普通压力阀的遥控口上，间接调节普通压力阀的工作压力。采用这种方式的特点是：比例阀的规格小，造价低，控制电流小，电路简化。但由于受到普通主阀性能的影响，回路控制精度不高，回路管路较多。后者由于是专门设计的阀，性能得到保证，控制精度较高，但造价较高。

120 ▪ 液压与气压传动 第4版

图 5-57 所示为普通调压回路与比例调压回路的比较。图 5-57a 所示为普通调压回路，它是直动式溢流阀与安全阀并联使用的方案。此时，两直动式溢流阀的调节压力分别为 p_2、p_3，安全阀的调节压力为 p_1。其中，直动式溢流阀的调节压力 p_2、p_3 不能大于安全阀的调节压力 p_1。由图可知，此方案使用的阀较多，且系统只能实现两级压力调节。图 5-57b 所示为使用电液比例阀的方案。在此方案中，在普通先导式溢流阀的遥控口上连接电液比例溢流阀。此时，先导式溢流阀所调节的压力 p_1 为系统安全限定压力，比例阀的调节压力可在不大于 p_1 的范围内实现无级调节。

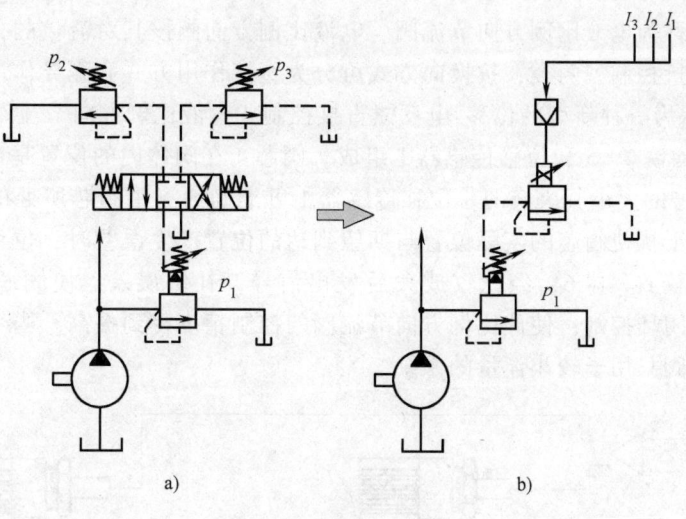

图 5-57 比例调压回路

2. 比例调速回路

图 5-58 所示为用普通流量阀与比例流量阀调速回路的比较。由图可知，要使执行元件实现多级调速，用普通流量阀时需要较多的液压元件，系统复杂、效率低，且只能实现几级速度，而使用比例流量阀后可使系统大为简化。

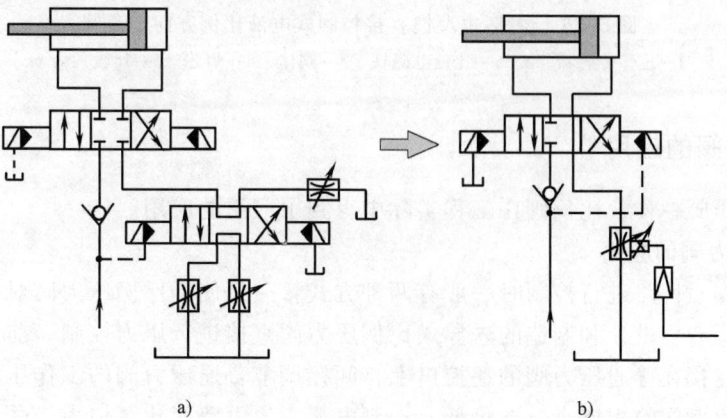

图 5-58 普通流量阀与比例流量阀调速回路的比较

a）采用普通流量阀的多级调速回路　b）采用比例流量阀的多级调速回路

第六节　插装阀及叠加阀

一、插装阀

插装阀又称为二通插装阀、逻辑阀、锥阀，简称插装阀，是一种以二通型单向元件为主体、采用先导控制和插装式连接的新型液压控制元件。插装阀具有一系列的优点，主阀阀芯质量小行程短、动作迅速、响应灵敏、结构紧凑、工艺性好、工作可靠、寿命长，便于实现无管化连接和集成化控制等。特别适用于高压大流量系统，二通插装阀控制技术在锻压机械、塑料机械、冶金机械、铸造机械、船舶、矿山以及其他工程领域得到了广泛的应用。

（一）插装阀的基本结构及工作原理

二通插装阀的主要结构包括插装件、控制盖板、先导控制阀和集成块体，如图 5-59a 所示，图 5-59b 是其原理符号图。

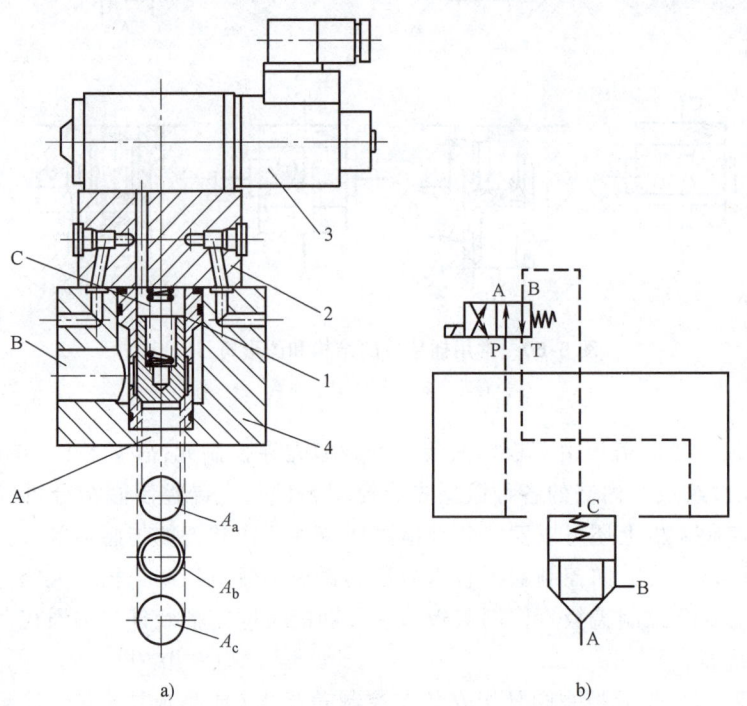

a)　　　　　　　　　　　　b)

图 5-59　插装阀结构原理图和原理符号

a）结构原理图　b）原理符号

1—插装件　2—控制盖板　3—先导控制阀　4—集成块体

（1）插装件　插装件由阀芯、阀体、弹簧和密封件等组成，可以是锥阀式结构，也可以是滑阀式结构。插装件是插装阀的主体，插装元件为中空的圆柱，前端为圆锥形密封面的组合体。性能不同的插装阀其阀芯的结构不同，如插装阀阀芯的圆锥端可以为封堵的锥面，也可为带阻尼孔或开三角槽的圆锥面。插装元件安装在插装块体内，可以自由地做轴向移

122 ·······■ 液压与气压传动 第 4 版

动。控制插装阀阀芯的启闭和开启量的大小，可以控制主油路液体的流动方向、压力和流量。常用插装件的结构和图形符号如图 5-60 所示。

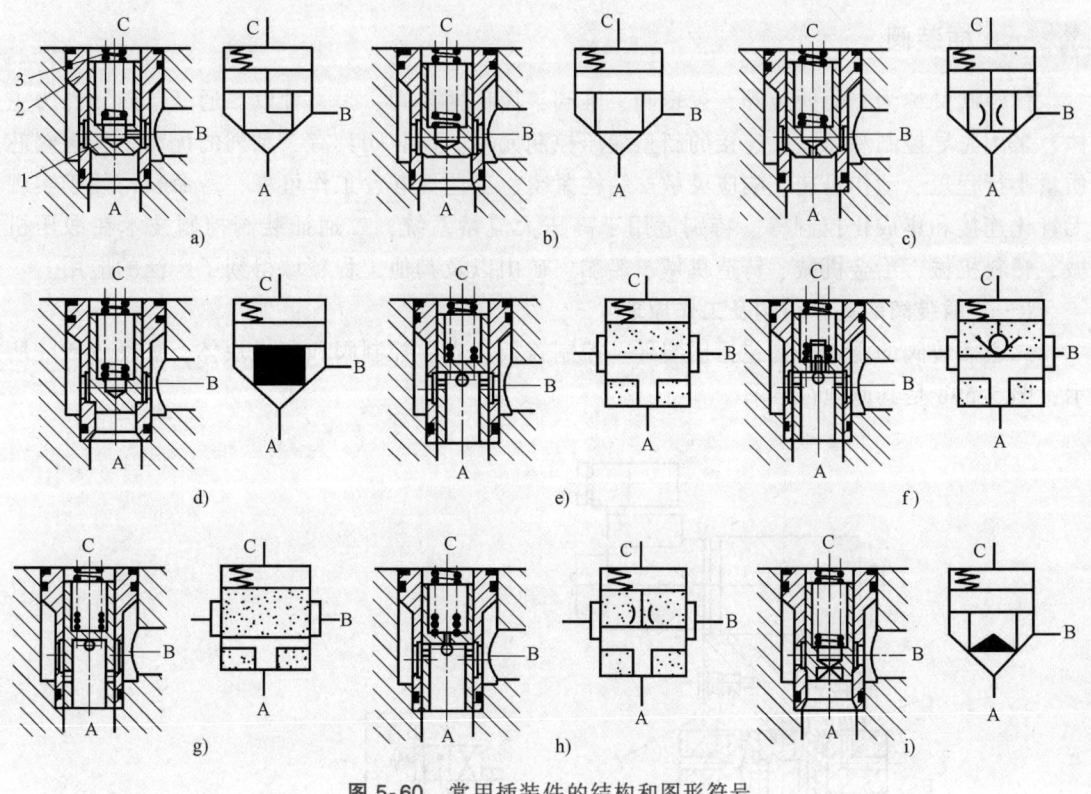

图 5-60 常用插装件的结构和图形符号
1—阀芯 2—阀套 3—弹簧

（2）控制盖板 控制盖板由盖板内嵌装各种微型先导控制元件（如梭阀、单向阀、插式调压阀等）及其他元件组成。内嵌的各种微型先导控制元件与先导控制阀结合可以控制插装件的工作状态，在控制盖板上还可以安装各种检测插装件工作状态的传感器等。根据控制功能不同，控制盖板可以分为方向控制盖板、压力控制盖板和流量控制盖板三大类。当具有两种以上功能时，称为复合控制盖板。控制盖板的主要功能是固定插装件、沟通控制油路与主阀控制腔之间的联系等。

（3）先导控制阀 先导控制阀是指安装在控制盖板上（或集成块上），对插装件动作进行控制的小通径控制阀。主要有 6mm 和 10mm 通径的电磁换向阀、电磁球阀、压力阀、比例阀、可调阻尼器、缓冲器及液控先导阀等。当主插件通径较大时，为了改善其动态特性，也可以用较小通径的插装件进行两级控制。先导控制元件用于控制插装件阀芯的动作，以实现插装阀的各种功能。

（4）集成块 集成块用于安装插装件、控制盖板和其他控制阀，沟通主要油路。

由图 5-59a 可知，插装件的工作状态由作用在阀芯上的合力大小及方向决定。通常状况下，阀芯的自重和摩擦力可以忽略不计，即

$$\sum F = p_c A_c - p_b A_b - p_a A_a + F_s + F_y$$

式中 p_c——控制腔 C 腔的压力；

A_c——控制腔 C 腔的面积；

p_b——主油路 B 口的压力；

A_b——主油路 B 口的控制面积；

p_a——主油路 A 口的压力；

A_a——主油路 A 口的控制面积，$A_c = A_a + A_b$；

F_s——弹簧力；

F_y——液动力(一般可忽略不计)。

当 $\sum F > 0$ 时，阀芯处于关闭状态，A 口与 B 口不通；当 $\sum F < 0$ 时，阀芯开启，A 口与 B 口连通；当 $\sum F = 0$ 时，阀芯处于平衡位置。由上式可以看出，采取适当的方式控制 C 腔的压力 p_c，那么可以控制主油路中 A 口与 B 口的油流方向和压力。从图 5-59a 还可以看出，如果采取措施控制阀芯的开启高度(也就是阀口的开度)，那么可以控制主油路中的流量。

以上所述即为二通插装阀的基本工作原理。在这儿特别要强调的一点是：二通插装阀 A 口控制面积与 C 腔控制面积之比 $\alpha = A_c/A_a$，称为面积比，它是一个十分重要的参数，对二通插装阀的工作性能有重要的影响。

图 5-61 所示为不同通径基本插装阀的流量-压力特性曲线(在 $\nu = 30cSt$、$T = 20°C$ 下测得)。

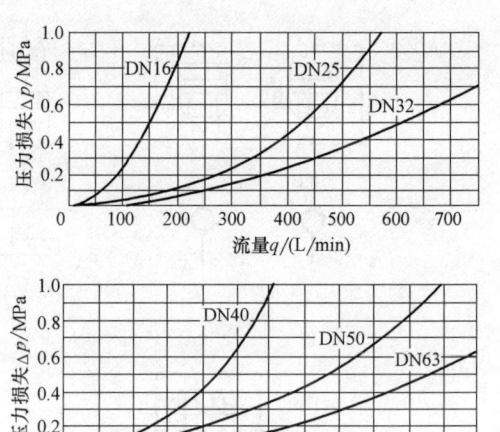

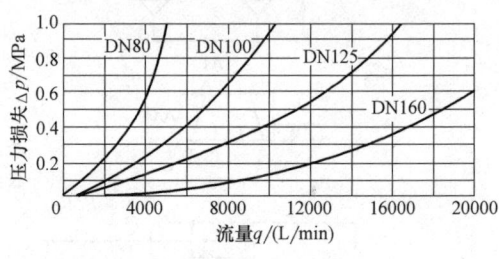

图 5-61 不同通径基本插装阀
的流量-压力特性曲线

(二) 插装阀的应用

选择适当的插装元件，连接不同的控制盖板或与不同的先导控制阀可组成各种功能的大流量插装阀。在此仅介绍几种插装阀常见的组合应用。

1. 方向控制插装阀

同普通液压阀相类似，插装阀与换向阀组合可形成各种形式的插装方向阀。图 5-62 所示为几种插装方向控制阀示例。

(1) 插装单向阀 如图 5-62a 所示，将插装阀的控制油口 C 与 A 口或 B 口连接，形成插装单向阀。若 C 口与 A 口连接，则阀口 B 到 A 导通，A 到 B 不通；若 C 口与 B 口连接，则阀口 A 到 B 导通，B 到 A 不通。

(2) 电液控单向阀 如图 5-62b 所示，当电磁阀不通电时，B 口与 C 口连通，此时只能从 A 到 B 导通，B 到 A 不通。当电磁阀通电时，C 口通过电磁阀接油箱，此时 A 口与 B 口可以双方向导通。

124 ┄┄┄■ 液压与气压传动　第 4 版

（3）二位二通插装换向阀　如图 5-62c 所示，当电磁阀不通电时，油口 A 与 B 关闭；当电磁阀通电时，油口 A 与 B 导通。

（4）二位三通插装换向阀　如图 5-62d 所示，当电磁阀不通电时，油口 A 与 T 导通，油口 P 关闭；当电磁阀通电时，油口 P 与 A 导通，油口 T 关闭。

（5）三位三通插装换向阀　如图 5-62e 所示，当电磁阀不通电时，控制油液使两个插装件关闭，油口 P、T、A 互不连通；当电磁阀左电磁铁通电时，油口 P 与 A 连通，油口 T 关闭；当电磁阀右电磁铁通电时，油口 A 与 T 连通，油口 P 关闭。

（6）二位四通插装换向阀　如图 5-62f 所示，当电磁阀不通电时，油口 P 与 B 导通，油口 A 与 T 导通；当电磁阀通电时，油口 P 与 A 导通，油口 B 与 T 导通。

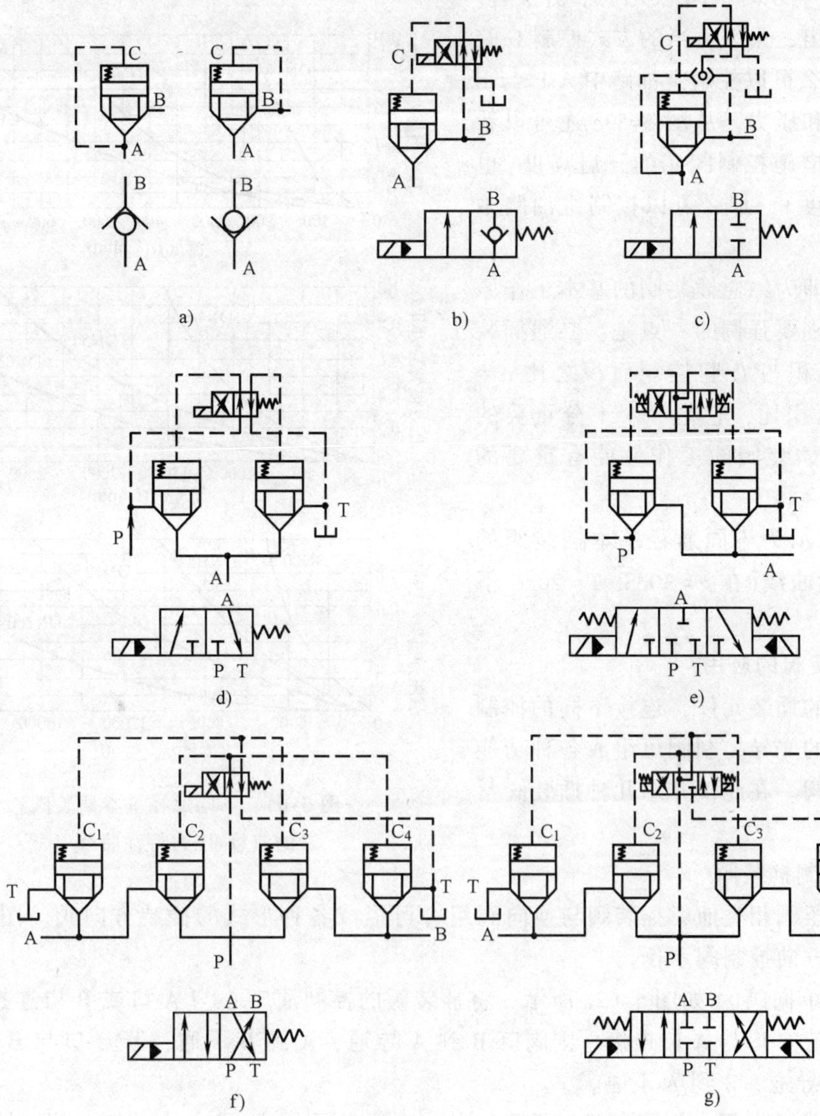

图 5-62　插装方向控制阀

a）插装单向阀　b）电液控单向阀　c）二位二通插装换向阀　d）二位三通插装换向阀
e）三位三通插装换向阀　f）二位四通插装换向阀　g）三位四通插装换向阀

第五章　液压控制阀　**125**

（7）三位四通插装换向阀　如图 5-62g 所示，当电磁阀不通电时，控制油液使四个插装件关闭，油口 P、T、A、B 互不连通；当电磁阀左电磁铁通电时，油口 P 与 A 连通，油口 B 与 T 连通；当电磁阀右电磁铁通电时，油口 P 与 B 连通，油口 A 与 T 连通。

根据需要还可以组成具有更多位置和不同机能的四通换向阀。例如一个由二位四通电磁阀控制的三通阀和一个由三位四通电磁阀控制的三通阀组成的四通阀则具有六种工作机能。若用两个三位四通电磁阀来控制，则可构成一个九位的四通换向阀。

如果四个插装件各自用一个电磁阀进行控制时，即可构成一个具有 12 种工作机能的四通换向阀，如图 5-63 所示。这种组合形式的机能最全，适用范围最广，通用性最好，电磁阀品种简单划一。但是应用的电磁阀数量最多，对电气控制的要求较高，成本也高。在实际使用中，一个四通换向阀通常不需要这么多的工作机能。所以，为了减少电磁阀数量，减少故障，应该多采用上述的只用一个或两个电磁阀集中控制的形式。

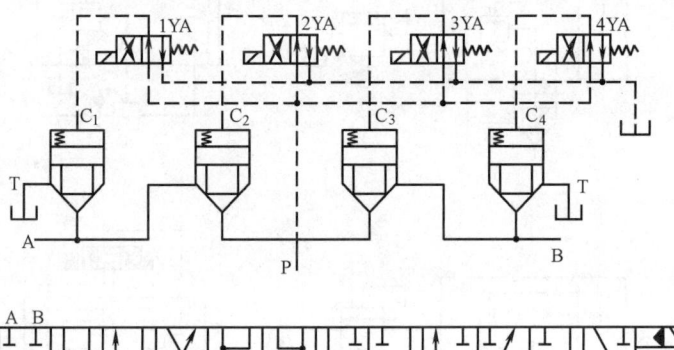

图 5-63　十二位四通电液换向阀

2. 压力控制插装阀

采用带阻尼孔的插装阀阀芯并在控制口 C 安装压力控制阀即组成了图 5-64 所示的各种插装式压力控制阀。

图 5-64a 所示为插装式溢流阀，用直动式溢流阀来控制油口 C 的压力，当油口 B 接油箱时，阀口 A 处的压力达到溢流阀控制口的调定值后，油液从 B 口溢流，其工作原理与传统的先导式溢流阀完全一样。

图 5-64b 所示为插装式电磁溢流阀，溢流阀的先导回路上再加一个电磁阀来控制其卸荷，便构成一个电磁溢流阀。这种形式在二通插装阀系统中是很典型的，应用极其普遍。电磁阀不通电时，系统卸荷，通电时溢流阀工作，系统升压。

图 5-64c 所示为插装式卸荷溢流阀，用卸荷溢流阀来控制油口 C 的压力。当远控油路没有油压时，系统按溢流阀调定的压力工作；当远控油路有控制油压时，系统卸荷。

图 5-64d 所示为插装式减压阀，当 A 口的压力低于先导溢流阀调定的压力时，A 口与 B 口直通，不起减压作用。当 A 口压力达到先导溢流阀调定的压力时，先导溢流阀开启，减压阀阀芯动作，使 B 口的输出压力稳定在调定的压力值上。

图 5-64e 所示为插装式远控顺序阀，B 口不接油箱，与负载相接，先导溢流阀的出口单独接油箱，即成为一个先导式顺序阀。当远控油路无油压时，即为内控式顺序阀；当远控油

126 ────▪ 液压与气压传动 第 4 版

路有油压时，即为远控式顺序阀。

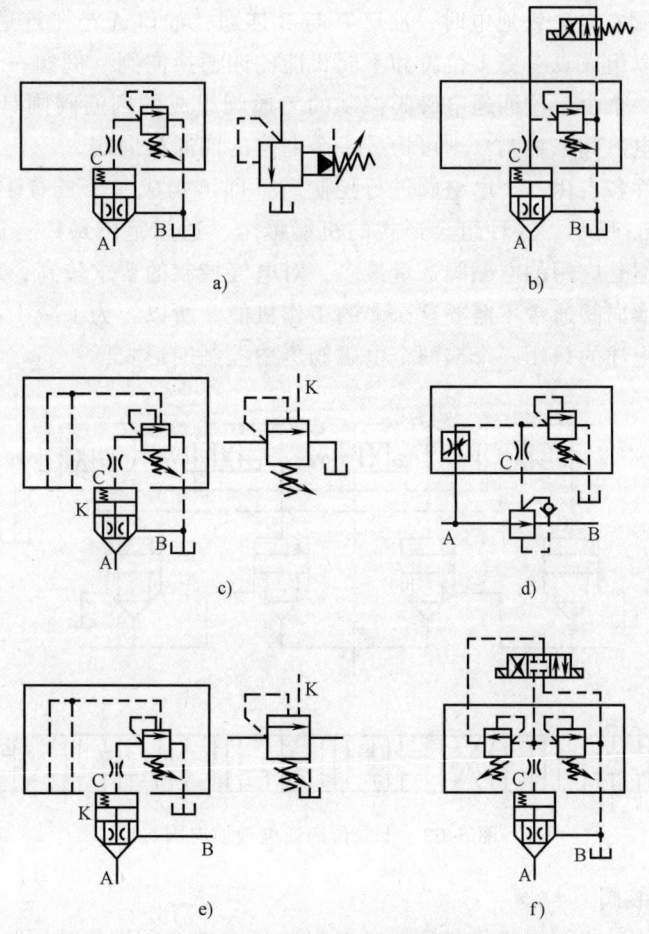

图 5-64　插装式压力控制阀

a）插装式溢流阀　b）插装式电磁溢流阀　c）插装式卸荷溢流阀
d）插装式减压阀　e）插装式远控顺序阀　f）插装式双级调压溢流阀

图 5-64f 所示为插装式双级调压溢流
阀，用两个先导溢流阀控制一个压力插装
件，用一个三位四通换向阀控制两个先导阀
的导通，更换不同中位机能的换向阀就有不
同的控制方式，包括卸荷功能就有三级
调压。

3. 插装式流量阀

控制插装件阀芯的开启高度就能使它起
到节流作用。

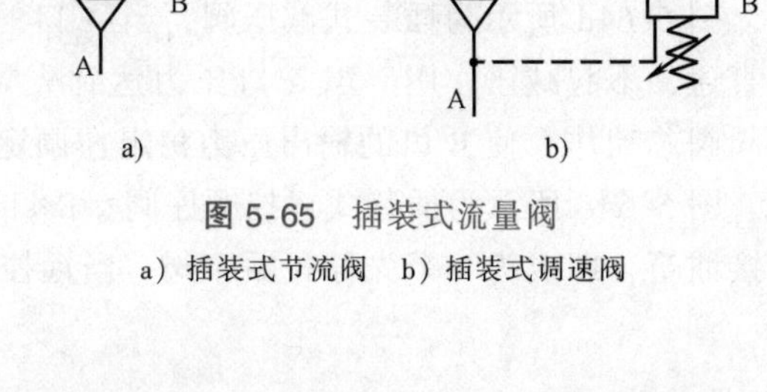

如图 5-65a 所示，插装件与带行程调节
器的盖板组合，由调节器上的调节杆限制阀

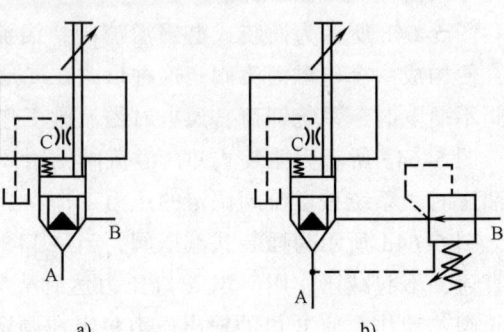

图 5-65　插装式流量阀

a）插装式节流阀　b）插装式调速阀

芯的开口大小，就形成了插装式节流阀。若将插装式节流阀与定差减压阀连接，就形成了插装式调速阀，如图 5-65b 所示。

插装阀经过适当的连接和组合可组成各种功能的液压控制阀。实际的插装阀系统是一个集方向、流量、压力于一体的复合油路，一组插装油路也可由不同通径规格的插装件组合；也可与普通液压阀组合，组成复合系统；也可与比例阀组合，组成电液比例控制的插装阀系统。

二、叠加阀

叠加阀是叠加式液压阀的简称。叠加阀是在集成块的基础上发展起来的一种新型液压元件。叠加阀的结构特点是阀体本身既是液压阀的机体，又具有通道体和连接体的功能。使用叠加阀可实现液压元件间无管化集成连接，使液压系统连接方式大为简化，系统紧凑，功耗减少，设计安装周期缩短。

目前，叠加阀的生产已形成系列：每一种通径系列的叠加阀的主油路通道的位置、直径，安装螺孔的大小、位置、数量都与相应通径的主换向阀相同。因此，每一通径系列的叠加阀都可叠加起来组成相应的液压系统。

在叠加式液压系统中，一个主换向阀及相关的其他控制阀所组成的子系统可以叠加成阀组，阀组与阀组之间可以用底板或油管连接形成总液压回路。因此，在进行液压系统设计时，完成了系统原理图的设计后，还要绘制成叠加阀式液压系统图。为便于设计和选用，目前所生产的叠加阀都给出其型谱符号。有关部门已颁布了国产普通叠加阀的典型系列型谱。

叠加阀根据工作性能可分为单功能阀和复合功能阀两类。

1. 单功能叠加阀

单功能叠加阀与普通液压阀一样，也包括压力控制阀(包括溢流阀、减压阀、顺序阀等)、流量阀(如节流阀、单向节流阀、调速阀等)和方向阀(如换向阀、单向阀、液控单向阀等)。为便于连接形成系统，每个阀体上都具备 P、T、A、B 四条以上贯通的通道，阀内油口根据阀的功能分别与自身相应的通道相连接。为便于叠加，在阀体的结合面上，上述各通道的位置相同。由于结构的限制，这些通道多数为精密铸造成型的异型孔。

单功能叠加阀的控制原理、内部结构均与普通同类板式液压阀相似。为避免重复，在此仅以 Y_1 型溢流阀为例，说明叠加阀的结构特点。

图 5-66 所示为先导叠加式溢流阀。图中先导阀为锥阀，主阀阀芯为前端为锥形面的圆柱形。液压油从阀口 P 进入主阀阀芯右端 e 腔，作用于主阀阀芯 6 右端，同时通过小孔 d 进入主阀阀芯左腔 b，再通过小孔 a 作用于锥阀阀芯 3 上。当进油口压力小于阀的调整压力时，锥阀阀芯关闭，主阀阀芯无溢流；当进油口压力升高，达到阀的调整压力后，锥阀阀芯打开，液流经小孔 d、a 到达出油口 T_1，液流流经阻尼孔 d 时产生压降，使主阀阀芯两端产生压差，此压差克服弹簧力使主阀阀芯 6 向左移动，主阀阀芯开始溢流。调节螺钉 1，可压缩弹簧 2，从而调节阀的调定压力。图 5-66b 所示为先导叠加式溢流阀的型谱符号。

2. 复合功能叠加阀

复合功能叠加阀又称为多机能叠加阀。它是在一个控制阀芯单元中实现两种以上控制机能的叠加阀。在此以顺序背压叠加阀为例，介绍复合功能叠加阀的结构特点。

图 5-67 所示为顺序背压叠加阀，其作用是在差动系统中，当执行元件快速运动时，保

128 ·········■ 液压与气压传动 第 4 版

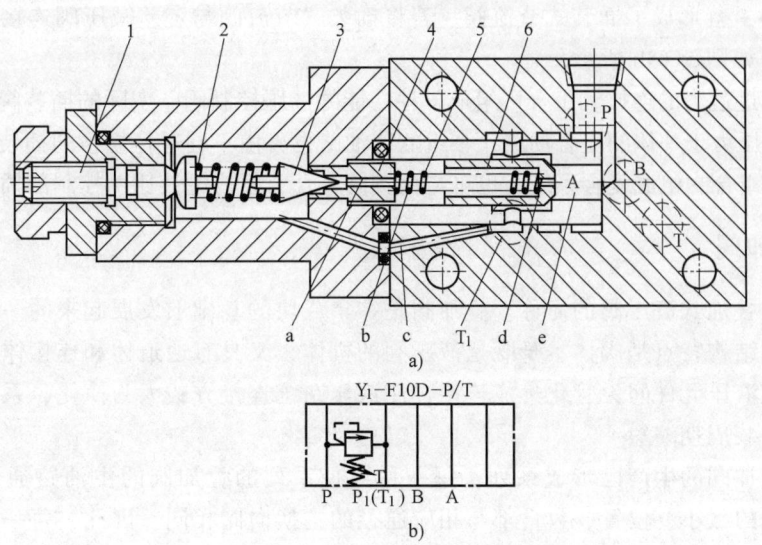

Y₁-F10D-P/T

图 5-66 先导叠加式溢流阀

a）典型结构 b）型谱符号

1—螺钉 2、5—弹簧 3—锥阀阀芯 4—锥阀阀座 6—主阀阀芯

证液压缸回油畅通；当执行元件进入工进工作过程后，顺序阀自动关闭，背压阀工作，在液压缸回油腔建立起所需的背压。该阀的工作原理为：当执行元件快进时，A 口的压力低于顺序阀的调定压力值，主阀阀芯 1 在调压弹簧 2 的作用下处于左端，油口 B 液流畅通，顺序阀处于常通状态。执行件进入工进后，由于流量阀的作用，使系统的压力提高，当进油口 A 的压力超过顺序阀的调定值时，控制活塞 3 推动主阀阀芯右移，油路 B 被截断，顺序阀关闭。此时，B 腔回油阻力升高，液压油作用在主阀阀芯上开有轴向三角槽的台阶左端面上，对阀芯产生向右的推力，主阀阀芯 1 在 A、B 两腔油压的作用下，继续向右移动使节流阀口打开，B 腔的油液经节流口回油，维持 B 腔回油保持一定值的压力。

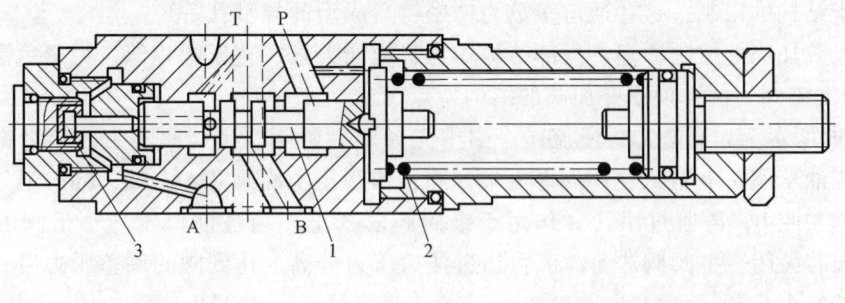

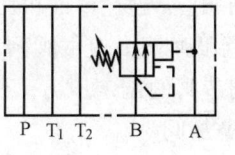

图 5-67 顺序背压叠加阀

1—主阀阀芯 2—调压弹簧 3—控制活塞

第六章 液压辅助元件

在液压系统中，蓄能器、过滤器、油箱、热交换器、管件等元件属于辅助元件。这些元件结构比较简单，功能也比较单一，但对于液压系统的工作性能、噪声、温升、可靠性等，都有直接的影响。因此，应当对液压辅助元件引起足够的重视。在液压辅助元件中，大部分元件都已标准化，并有专业厂家生产，设计时直接选用即可。只有油箱等少量非标准件品种较少，要求也有较大的差异，有时需要根据液压设备的要求自行设计。

第一节 过滤器

1. 过滤器的作用

在液压系统中，由于系统内的形成或系统外的侵入，液压油中难免会存在污染物，这些污染物的颗粒不但会加速液压元件的磨损，而且会堵塞阀件的小孔，卡住阀芯，划伤密封件，使液压阀失灵，系统产生故障。因此，必须对液压油中的杂质和污染物的颗粒进行清理。目前，控制液压油洁净程度的最有效方法就是采用过滤器。过滤器的主要功用就是对液压油进行过滤，控制油液的洁净程度。

2. 过滤器的性能指标

过滤器的主要性能指标有过滤精度、通流能力、压力损失等，其中过滤精度为主要指标。

（1）过滤精度　过滤器的工作原理是用具有一定尺寸过滤孔的滤芯对污染物进行过滤。过滤精度就是指过滤器从液压油中所过滤掉的杂质颗粒的最大尺寸（以污染物颗粒平均直径 d 表示）。

目前所使用的过滤器按过滤精度可分为四级：粗（$d \geq 0.1\text{mm}$）、普通（$d \geq 0.01\text{mm}$）、精（$d \geq 0.001\text{mm}$）和特精（$d \geq 0.0001\text{mm}$）。

过滤精度选用的原则是使所过滤污染物颗粒的尺寸要小于液压元件密封间隙尺寸的一半。系统压力越高，液压件内相对运动零件的配合间隙越小，需要的过滤器的过滤精度也就越高。液压系统的过滤精度主要取决于系统的压力。过滤器过滤精度推荐值见表 6-1。

表 6-1　过滤器过滤精度推荐值

系 统 类 型	润 滑 系 统	传 动 系 统			伺 服 系 统
压力/MPa	0~2.5	≤14	14<p≤21	>21	21
过滤精度/μm	100	25~50	25	10	5

130 ■ 液压与气压传动 第 4 版

(2) 通流能力 过滤器的通流能力一般用额定流量表示，它与过滤器滤芯的过滤面积成正比。

(3) 压力损失 压力损失是指过滤器在额定流量下的进出油口间的压差。一般，过滤器的通流能力越好，压力损失也越小。

(4) 其他性能 过滤器的其他性能主要指滤芯强度、滤芯寿命、滤芯耐蚀性等定性指标。不同过滤器的这些性能会有较大的差异，可以通过比较确定各自的优劣。

3. 过滤器的典型结构

按照过滤机理，过滤器可分为机械过滤器和磁性过滤器两类。前者是使液压油通过滤芯的孔隙时将污染物的颗粒阻挡在滤芯的一侧；后者用磁性滤芯将所通过的液压油内铁磁颗粒吸附在滤芯上。在一般液压系统中常使用机械过滤器，在要求较高的系统中可将上述两类过滤器联合使用。在此着重介绍机械过滤器。

(1) 网式过滤器 图 6-1 所示为网式过滤器结构图。它由上端盖 1、下端盖 4 之间连接开有若干孔的筒形塑料骨架 3（或金属骨架）组成，在骨架外包裹一层或几层过滤网 2。过滤器工作时，液压油从过滤器外通过过滤网进入过滤器内部，再从上端盖管口处进入系统。此过滤器属于粗过滤器，其过滤精度为 0.04~0.13mm，压力损失不超过 0.025MPa，这种过滤器的过滤精度与铜丝网的网孔大小、铜网的层数有关。网式过滤器的特点是：结构简单，通油能力强，压力损失小，清洗方便；但是过滤精度低，一般安装在液压泵的吸油管口上用以保护液压泵。

(2) 线隙式过滤器 图 6-2 所示为线隙式过滤器结构图。它由端盖 1、壳体 2、带孔眼的筒形骨架 3 和绕在骨架外部的金属绕线 4 组成。工作时，油液从孔 a 进入过滤器内，经线间的间隙、骨架上的孔眼进入滤芯中再由孔 b 流出。这种过滤器利用金属绕线间的间隙过滤，其过滤精度取决于间隙的大小。过滤精度有 30μm、50μm 和 80μm 三种精度等级；其额定流量为 6~250L/min，在额定流量下，压力损失为 0.03~0.06MPa。线隙式过滤器分为吸油管用和压油管用两种。前者安装在液压泵的吸油管道上，其过滤精度为 0.05~0.1mm，通过额定流量时压力损失小于 0.02MPa；后者用于液压系统的压力管道上，过滤精度为 0.03~

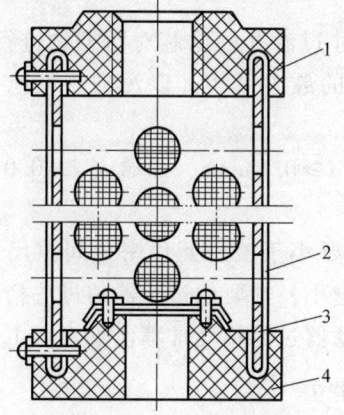

图 6-1 网式过滤器
1—上端盖 2—过滤网
3—骨架 4—下端盖

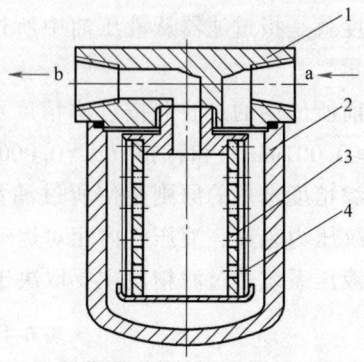

图 6-2 线隙式过滤器
1—端盖 2—壳体 3—筒形骨架
4—金属绕线

0.08mm，压力损失小于 0.06MPa。这种过滤器的优点是结构简单，通油性能好，过滤精度较高，所以应用较普遍；缺点是不易清洗，滤芯强度低，多用于中、低压系统。

（3）纸芯式过滤器　纸芯式过滤器以滤纸为过滤材料，把厚度为 0.35~0.7mm 的平纹或波纹的酚醛树脂或木浆的微孔滤纸环绕在带孔的镀锡铁皮骨架上，制成滤纸芯，如图 6-3 所示。油液从滤芯外面经滤纸进入滤芯内，然后从孔道 a 流出。为了增加滤纸 1 的过滤面积，纸芯一般都做成折叠式。这种过滤器过滤精度有 0.01mm 和 0.02mm 两种规格，压力损失为 0.01~0.04MPa。其优点是过滤精度高；缺点是堵塞后无法清洗，需定期更换纸芯，强度低，一般用于精过滤系统。

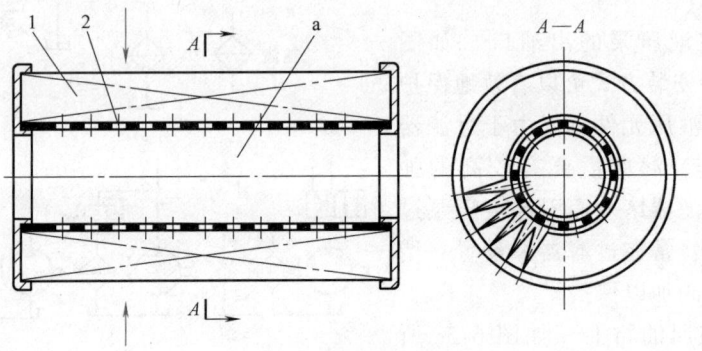

图 6-3　纸芯式过滤器
1—滤纸　2—骨架

（4）烧结式过滤器　图 6-4 所示为烧结式过滤器结构图。此过滤器由端盖 1、壳体 2、滤芯 3 组成，滤芯由颗粒状铜粉烧结而成。其过滤过程是：液压油从 a 孔进入，经铜颗粒之间的微孔进入滤芯内部，从 b 孔流出。烧结式过滤器的过滤精度与滤芯上铜颗粒之间的微孔尺寸有关，选择不同颗粒的粉末，制成厚度不同的滤芯，就可获得不同的过滤精度。烧结式过滤器的过滤精度为 0.001~0.01mm，压力损失为 0.03~0.2MPa。这种过滤器的优点是强度大，可制成各种形

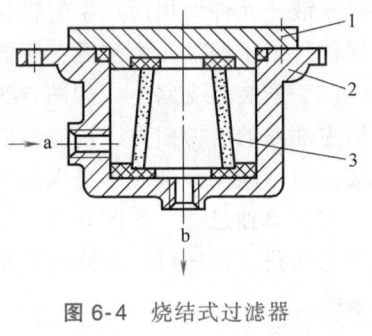

图 6-4　烧结式过滤器
1—端盖　2—壳体　3—滤芯

状，制造简单，过滤精度高；缺点是难清洗，金属颗粒易脱落，常用于需要精过滤的场合。

4. 过滤器的选用

选择过滤器时，主要根据液压系统的技术要求及过滤器的特点综合考虑来选择。主要考虑的因素有：

（1）系统的工作压力　系统的工作压力是选择过滤器精度的主要依据之一。系统的压力越高，液压元件的配合精度越高，所需要的过滤精度也就越高。

（2）系统的流量　过滤器的通流能力是根据系统的最大流量而确定的。过滤器的额定流量不能小于系统的流量，否则过滤器的压力损失会增加，过滤器易堵塞，寿命也缩短。但过滤器的额定流量越大，其体积也越大，造价也越高，因此应选择合适的流量。

（3）滤芯的强度　过滤器滤芯的强度是一重要指标；不同结构的过滤器有不同的强度。

高压或冲击大的液压回路应选用强度高的过滤器。

5. 过滤器的安装

过滤器的安装是根据系统的需要而确定的，一般可安装在图 6-5 所示的各种位置上：

（1）安装在液压泵的吸油口　如图 6-5a 所示，在泵的吸油口安装过滤器，可以保护系统中的所有元件，但由于受泵吸油阻力的限制，只能选用压力损失小的网式过滤器。这种过滤器过滤精度低，泵磨损所产生的颗粒将进入系统，对系统其他液压元件无法完全保护，还需其他过滤器串接在油路上使用。

（2）安装在液压泵的出油口　如图 6-5b 所示，这种安装方式可以有效地保护除泵以外的其他液压元件，但由于过滤器是在高压下工作，滤芯需要有较高的强度。为了防止过滤器堵塞而引起液压泵过载或过滤器损坏，常在过滤器旁设置一堵塞指示器或旁路阀加以保护。

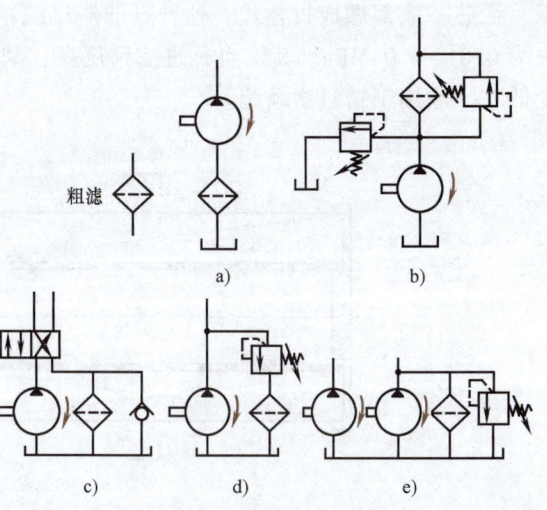

图 6-5　过滤器的安装

（3）安装在回油路上　如图 6-5c 所示，将过滤器安装在系统的回油路上。这种方式可以把系统内油箱或管壁氧化层的脱落或液压元件磨损所产生的颗粒过滤掉，以保证油箱内液压油的清洁，使泵及其他元件受到保护。由于回油压力较低，所需过滤器强度不必过高。

（4）安装在支路上　如图 6-5d 所示，过滤器主要安装在溢流阀的回油路上，这时不会增加主油路的压力损失，过滤器的流量也可小于泵的流量，比较经济合理。但不能过滤全部油液，也不能保证杂质不进入系统。

（5）单独过滤　如图 6-5e 所示，用一个液压泵和过滤器单独组成一个独立于系统之外的过滤回路，这样可以连续清除系统内的杂质，保证系统内清洁。此种方式一般用于大型液压系统。

第二节　蓄能器

蓄能器是在液压系统中储存和释放压力能的元件。它还可以用作短时供油和吸收系统的振动和冲击的液压元件。

一、蓄能器的类型和结构

蓄能器主要有重锤式、弹簧式和充气式三种类型。

1. 重锤式蓄能器

重锤式蓄能器的结构原理图如图 6-6 所示，它是利用重物的位置变化来储存和释放能量的。重物 1 通过活塞 2 作用于液压油 3 上，使之产生压力。当储存能量时，油液从孔 a 经单向阀进入蓄能器内，通过活塞推动重物上升；当释放能量时，活塞同重物一起下降，油液从

b 孔输出。这种蓄能器结构简单，压力稳定；但容量小，体积大，反应不灵活，易产生泄漏。目前只用于少数大型固定设备的液压系统中。

2. 弹簧式蓄能器

图 6-7 所示为弹簧式蓄能器的结构原理图，它利用弹簧的伸缩来储存和释放能量。弹簧 1 的力通过活塞 2 作用于液压油 3 上。液压油的压力取决于弹簧的预紧力和活塞的面积。由于弹簧伸缩时弹簧力会发生变化，所形成的油压也会发生变化。为减少这种变化，一般弹簧的刚度不可太大，弹簧的行程也不能过大，从而限定了这种蓄能器的工作压力。这种蓄能器用于低压、小容量系统，常用于液压系统的缓冲。弹簧式蓄能器具有结构简单，反应较灵敏等特点；但容量较小，承压较低。

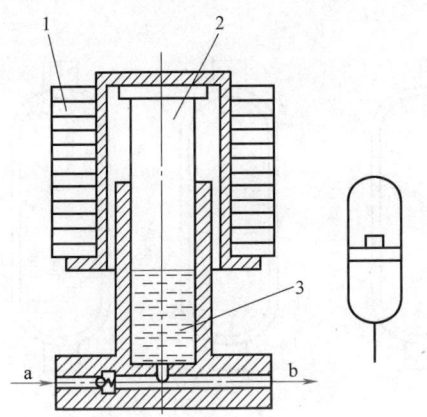

图 6-6 重锤式蓄能器

1—重物 2—活塞 3—液压油

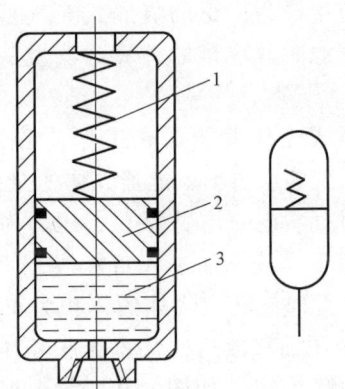

图 6-7 弹簧式蓄能器

1—弹簧 2—活塞 3—液压油

3. 充气式蓄能器

充气式蓄能器利用气体的压缩和膨胀来储存和释放能量。为安全起见，所充气体一般为惰性气体或氮气。常用的充气式蓄能器有活塞式和囊隔式两种，如图 6-8 所示。

（1）活塞式充气蓄能器 图 6-8a 所示为活塞式充气蓄能器结构图。液压油从 a 口进入推动活塞，压缩活塞上腔的气体储存能量；当系统压力低于蓄能器内压力时，气体推动活塞释放液压油，满足系统需要。这种蓄能器具有结构简单，工作可靠，维修方便等特点；但由于缸体的加工精度较高，活塞密封易磨损，活塞的惯性及摩擦力的影响，使之存在造价高、易泄漏、反应灵敏程度差等缺陷。

（2）囊隔式充气蓄能器 图 6-8b 所

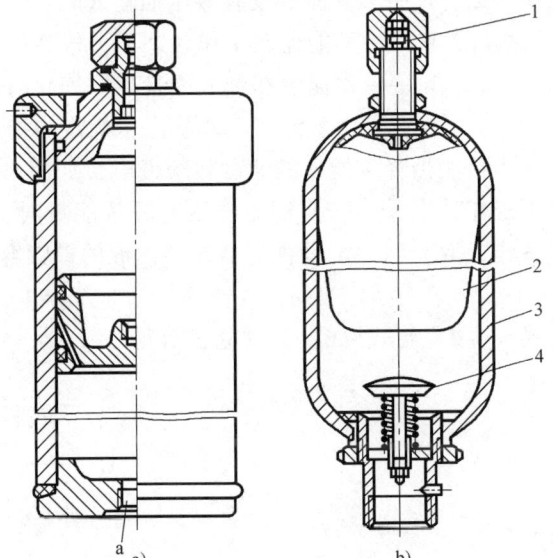

图 6-8 充气式蓄能器

a) 活塞式充气蓄能器 b) 囊隔式充气蓄能器

1—充气阀 2—气囊 3—壳体 4—菌形限位阀

示为囊隔式充气蓄能器结构图。由图可知，气囊 2 安装在壳体 3 内，充气阀 1 为气囊充入氮气，液压油从入口顶开菌形限位阀 4 进入蓄能器压缩气囊，气囊内的气体被压缩而储存能量；当系统压力低于蓄能器压力时，气囊膨胀，液压油输出，蓄能器释放能量。菌形限位阀的作用是防止气囊膨胀时从蓄能器油口处凸出而损坏。这种蓄能器的特点是气体与油液完全隔开，气囊惯性小、反应灵活、结构尺寸小、重量轻、安装方便，是目前应用最为广泛的蓄能器之一。

二、蓄能器的容量计算

蓄能器的容量是选用蓄能器的主要指标之一。不同的蓄能器其容量的计算方法不同，在此仅对应用最为广泛的囊隔式充气蓄能器用作辅助能源时其容量的计算方法做一简要的介绍。

囊隔式充气蓄能器在工作前要先充气，当充气后气囊会占据蓄能器壳体的全部体积，假设此时气囊内的体积为 V_0，压力为 p_0；在工作状态下，液压油进入蓄能器，使气囊受到压缩，此时气囊内气体的体积为 V_1，压力为 p_1；液压油释放后，气囊膨胀其体积变为 V_2，压力降为 p_2，如图 6-9 所示。根据波义耳气体定律可知

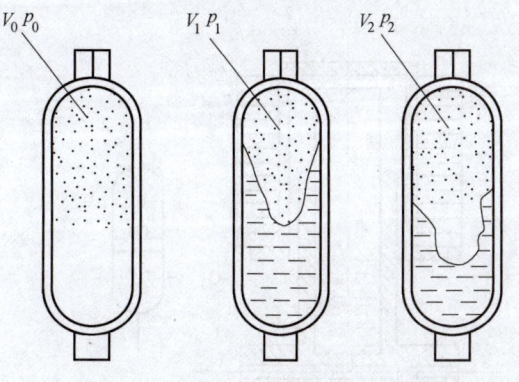

图 6-9 囊隔式充气蓄能器的工作状态

$$p_0 V_0^n = p_1 V_1^n = p_2 V_2^n = \text{const} \tag{6-1}$$

式中 p_0、V_0——蓄能器没有液压油输入时，气囊内预充气体的压力和体积；

       p_1、V_1——蓄能器在工作状态下，气囊压缩后其内腔的压力和体积；

       p_2、V_2——蓄能器在释放能量后，气囊内的压力和体积；

       n——由蓄能器工作状态所确定的指数。

当蓄能器释放能量的速度较缓慢时，如用来保压或补偿泄漏，可以认为气体是在等温条件下工作，取 $n=1$；当蓄能器迅速释放能量时，如用来大量供油，可以认为是在绝热条件下工作，取 $n=1.4$。设蓄能器储存油液的最大容积为 V_W，则有

$$V_W = V_2 - V_1 \tag{6-2}$$

将式 (6-2) 与式 (6-1) 联立，可得

$$V_0 = \frac{V_W \left(\dfrac{p_2}{p_0}\right)^{\frac{1}{n}}}{\left[1 - \left(\dfrac{p_2}{p_1}\right)^{\frac{1}{n}}\right]} \tag{6-3}$$

或

$$V_W = V_0 p_0^{\frac{1}{n}} \left[\left(\frac{1}{p_2}\right)^{\frac{1}{n}} - \left(\frac{1}{p_1}\right)^{\frac{1}{n}}\right]$$

理论上，充气压力 p_0 与释放能量后的压力 p_2 应当相等，但由于系统中有泄漏，为了保

证系统压力为 p_2 时蓄能器还能向系统供油，应使 $p_0 < p_2$。对于折合型气囊，取 $p_0 = (0.8 \sim 0.85) p_2$；对于波纹型气囊，取 $p_0 = (0.6 \sim 0.65) p_2$。

p_1 和 p_2 为系统的最高工作压力和维持系统工作的最低工作压力，它们均由系统的要求确定；V_0 为气囊的最大容积，也可认为是蓄能器的容积，在确定 V_0 时，应先由式（6-3）计算出 V_0，再查手册选取蓄能器容积标准值。

例 6-1　在一个最高和最低工作压力分别为 $p_1 = 20\mathrm{MPa}$、$p_2 = 10\mathrm{MPa}$ 的液压系统中，若蓄能器的充气压力为 $p_0 = 9\mathrm{MPa}$，求满足输出 5L 液体的蓄能器的容量。

解　当蓄能器慢速输油时，$n = 1$，由式（6-3）有

$$V_0 = \frac{5 \times \dfrac{10}{9}}{1 - \dfrac{10}{20}} \mathrm{L} = 11.11\mathrm{L}$$

当蓄能器快速输油时，$n = 1.4$，由式（6-3）有

$$V_0 = \frac{5 \times \left(\dfrac{10}{9}\right)^{\frac{1}{1.4}}}{1 - \left(\dfrac{10}{20}\right)^{\frac{1}{1.4}}} \mathrm{L} = 13.81\mathrm{L}$$

三、蓄能器的安装使用

蓄能器在液压系统中安装的位置由蓄能器的功能来确定。在使用和安装蓄能器时应注意以下问题：

1）囊隔式充气蓄能器应当垂直安装，倾斜安装或水平安装会使蓄能器的气囊与壳体磨损，影响蓄能器的使用寿命。

2）吸收压力脉动或冲击的蓄能器应该安装在振源附近。

3）安装在管路中的蓄能器必须用支架或挡板固定，以承受因蓄能器蓄能或释放能量时所产生的动量反作用力。

4）蓄能器与管道之间应安装止回阀，用于充气或检修。蓄能器与液压泵之间应安装单向阀，以防止停泵时液压油倒流。

第三节　油箱

油箱的主要功用是储存油液，同时箱体还具有散热、沉淀污物、析出油液中渗入的空气以及作为安装平台等作用。

一、油箱的分类及典型结构

1. 油箱的分类

油箱可分为开式结构和闭式结构两种：开式结构油箱中的油液具有与大气相通的自由液面，多用于各种固定设备；闭式结构的油箱中的油液与大气是隔绝的，多用于行走设备及

136 ———— 液压与气压传动 第 4 版

车辆。

开式结构的油箱又分为整体式和分离式。整体式油箱通常利用主机的底座作为油箱，其特点是结构紧凑，液压元件的泄漏容易回收，但散热性能差，维修不方便，对主机的精度及性能有所影响。

分离式油箱单独成立一个供油泵站，与主机分离，其散热性、维护和维修性均好于整体式油箱，但需增加占地面积。目前，精密设备多采用分离式油箱。

2. 油箱的典型结构

图 6-10 所示为开式结构分离式油箱的结构简图。箱体一般用 2.5～4mm 的薄钢板焊接而成，表面涂有耐油涂料；油箱中间有下隔板 7 和上隔板 9，用来将液压泵的吸油管 1 与回油管 4 分离开，以阻挡沉淀杂物及回油管产生的泡沫；油箱顶部的安装板 5 用较厚的钢板制造，用以安装电动机、液压泵、集成块等部件。在安装板上装有过滤网 2、防尘盖 3，用以注油时过滤，并防止异物落入油箱。防尘盖侧面开有小孔与大气相通，油箱侧面装有液位计 6 用以显示油量，油箱底部装有排油阀 8 用以换油时排油和排污。

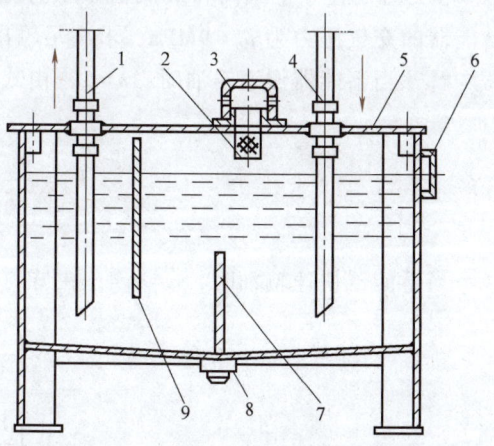

图 6-10 油箱简图

1—吸油管（注油器） 2—过滤网 3—防尘盖（泄油管） 4—回油管 5—安装板 6—液位计 7—下隔板 8—排油阀 9—上隔板

二、油箱的设计

油箱属于非标准件，在实际情况下常根据需要自行设计。油箱设计时主要考虑油箱的容积、结构、散热等问题。限于篇幅，在此仅将设计思路简介如下。

1. 油箱容积的估算

油箱容积是油箱设计时需要确定的主要参数。油箱体积大时散热效果好，但用油多，成本高；油箱体积小时占用空间少，成本降低，但散热条件不足。在实际设计时，可用经验公式初步确定油箱的容积，然后再验算油箱的散热量 Q_1，计算系统的发热量 Q_2，当油箱的散热量大于液压系统的发热量时（$Q_1 > Q_2$），油箱容积合适；否则需增大油箱的容积或采取冷却措施（油箱散热量及液压系统发热量计算请查阅有关手册）。

油箱容积的估算经验公式为

$$V = \alpha q \tag{6-4}$$

式中　V——油箱的容积（L）；

　　　q——液压泵的总额定流量（L/min）；

　　　α——经验系数（min），对于低压系统，$\alpha = 2～4min$，对于中压系统，$\alpha = 5～7min$，对于中高压或高压大功率系统，$\alpha = 6～12min$。

2. 设计时的注意事项

在确定容积后，油箱的结构设计就成为实现油箱各项功能的主要工作。设计油箱结构时应注意以下几点：

1）箱体要有足够的强度和刚度。油箱一般用 2.5～4mm 的钢板焊接而成，尺寸大者要加焊加强肋。

2）泵的吸油管上应安装100～200目的网式过滤器。过滤器与箱底间的距离不应小于20mm。过滤器不允许露出液面，防止泵卷吸空气产生噪声。系统的回油管要插入液面以下，防止回油冲溅产生气泡。

3）吸油管与回油管应隔开，两者间的距离尽量远些，应当用几块隔板隔开，以增加油液的循环距离，使油液中的污染物和气泡充分沉淀或析出。隔板高度一般取液面高度的3/4。

4）防污密封。为防止油液污染，盖板及窗口各连接处均需加密封垫，各油管通过的孔都要加密封圈。

5）油箱底部应有坡度。箱底与地面间应有一定距离。箱底最低处要设置放油塞。

6）油箱内壁表面要做专门处理。为防止油箱内壁涂层脱落，新油箱内壁要经喷丸、酸洗和表面清洗，然后可涂一层与工作液相溶的塑料薄膜或耐油清漆。

第四节　热交换器

液压系统在工作时，液压油的温度应保持在15～65℃之间，油温过高将使油液迅速变质，同时油液的黏度下降，系统的效率降低；油温过低则油液的流动性变差，系统压力损失加大，泵的自吸能力降低。因此，保持油温的数值是液压系统正常工作的必要条件。因受各种因素的限制，有时靠油箱本身的自然调节无法满足油温的需要，需要借助外界设施满足设备油温的要求。热交换器就是最常用的温控设施。热交换器分为冷却器和加热器两类。

一、冷却器

冷却器按冷却形式可分为水冷、风冷和氨冷等多种形式，其中水冷和风冷是常用的冷却形式。

图6-11a所示为常用的蛇形管式水冷却器，将蛇形管安装在油箱内，冷却水从管内流过，带走油液内产生的热量。这种冷却器结构简单，成本低，但热交换效率低，水耗大。

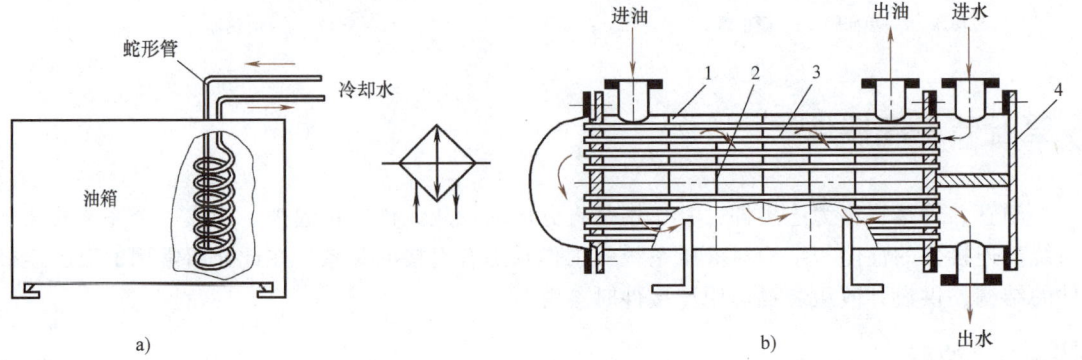

图6-11　冷却器

a）蛇形管式　b）壳管式

1—壳体　2—隔板　3—铜管　4—壳体右隔箱

图 6-11b 所示为大型设备常用的壳管式冷却器，它是由壳体 1、铜管 3 及隔板 2 组成。液压油从壳体 1 的左油口进入，经多条冷却铜管 3 外壁及隔板冷却后，从壳体右口流出。冷却水从壳体右隔箱 4 上部进水口流入，沿上部铜管 3 内腔到达壳体左封堵，然后再经下部铜管 3 内腔通道由壳体右隔箱 4 下部出水口流出。由于多条冷却铜管及隔墙的作用，这种冷却器热交换效率高，但体积大，造价高。

近年来出现了翅片式冷却器，冷却管外套用多个具有良好导热材料制成的散热翅片，以增加散热面积。

风冷式散热器在行走车辆的液压设备上应用较多。风冷式冷却器可以是排管式，也可以用翅片式（单层管壁），其体积小，但散热效率不及水冷式高。

冷却器一般安装在液压系统的回油路上或在溢流阀的溢流管路上。图 6-12 所示为冷却器安装位置的例子。液压泵输出的液压油直接进入系统，已发热的回油和溢流阀溢出的油一起经冷却器 1 冷却后回到油箱。单向阀 2 用以保护冷却器。截止阀 3 用于当不需要冷却器时打开，提供通道。

二、加热器

液压系统中所使用的加热器一般采用电加热方式。电加热器结构简单，控制方便，可以设定所需温度，温控误差较小。但电加热器的加热管直接与液压油接触，易造成箱体内油温不均匀，有时会加速油质老化。因此，可设置多个加热器，且控制加热温度不宜过高。图 6-13 所示为加热器的应用，加热器 2 安装在油箱 1 的箱体壁上，用法兰连接。

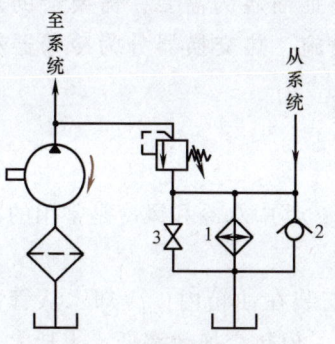

图 6-12 冷却器的安装位置
1—冷却器 2—单向阀 3—截止阀

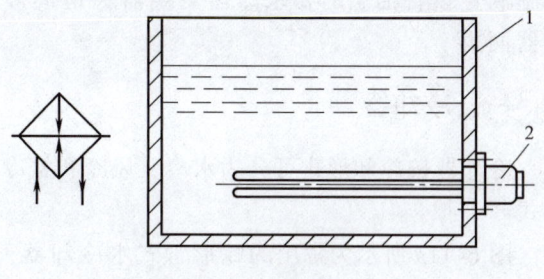

图 6-13 加热器的安装
1—油箱 2—加热器

第五节 连接件

油管、管接头称为连接件，其作用是将分散的液压元件连接起来，构成一个完整的液压系统。连接件的性能与结构对液压系统的工作状态有直接的关系。在此介绍常用的液压连接件的结构，供设计液压装置选用连接件时参考。

一、油管

1. 油管的种类

在液压系统中，所使用的油管种类较多，有钢管、铜管、尼龙管、塑料管、橡胶管等。

在选用时要考虑液压系统压力的高低、液压元件安装的位置、液压设备工作的环境等因素。

(1) 钢管　钢管分为无缝钢管和焊接钢管两类。前者一般用于高压系统，后者用于中低压系统。钢管的特点是：承压能力强，价格低廉，强度高，刚度好，但装配和弯曲较困难。目前在各种液压设备中，钢管应用最为广泛。

(2) 铜管　铜管分为黄铜管和纯铜管两类，多用纯铜管。铜管具有装配方便、易弯曲等优点，但也有强度低、抗振能力差、材料价格高、易使液压油氧化等缺点，一般用于液压装置内部难装配的地方或压力为 0.5~10MPa 的中低压系统。

(3) 尼龙管　这是一种乳白色半透明的新型管材，承压能力有 2.5MPa 和 8MPa 两种。尼龙管具有价格低廉、弯曲方便等特点，但寿命较短，多用于低压系统替代铜管使用。

(4) 塑料管　塑料管价格低，安装方便，但承压能力低，易老化，目前只用于泄漏管和回油路。

(5) 橡胶管　这种油管有高压和低压两种。高压管由夹有钢丝编织层的耐油橡胶制成，钢丝层越多，油管耐压能力越高；低压管的编织层为帆布或棉线。橡胶管用于具有相对运动的液压件的连接。

2. 油管的计算

油管的计算主要是确定油管内径和管壁的厚度。

油管内径的计算公式为

$$d = 2\sqrt{\frac{q}{\pi v}} \tag{6-5}$$

式中　q——通过油管的流量；

$\quad\quad v$——油管中推荐的流速，吸油管取 0.5~1.5m/s，压油管取 2.5~5m/s，回油管取 1.5~2.5m/s。

油管壁厚的计算公式为

$$\delta \geqslant \frac{pd}{2[\sigma]} \tag{6-6}$$

式中　p——油管内压力；

$\quad\quad [\sigma]$——油管材料的许用应力。

$[\sigma] = R_m/n$，R_m 为油管材料的抗拉强度，n 为安全系数。对于钢管，当 $p < 7$MPa 时，取 $n = 8$；当 $p \leqslant 17.5$MPa 时，取 $n = 6$；当 $p > 17.5$MPa 时，取 $n = 4$。

二、管接头

管接头是连接油管与液压元件或阀板的可拆卸的连接件。管接头应满足拆装方便、密封性好、连接牢固、外形尺寸小、压降小、工艺性好等要求。

常用的管接头种类很多，按接头的通路分类，有直通式、角通式、三通式和四通式；按接头与阀体或阀板的连接方式分类，有螺纹式、法兰式等；按油管与接头的连接方式分类，有扩口式、焊接式、卡套式、扣压式、快换式等。以下仅对后一种分类做介绍。

(1) 扩口式管接头　图 6-14a 所示为扩口式管接头，它利用油管 1 管端的扩口在卡套 2 的压紧下进行密封。这种管接头结构简单，适用于铜管、薄壁钢管、尼龙管和塑料管的连接。

（2）焊接式管接头　图 6-14b 所示为焊接式管接头，油管与接头内芯 3 焊接而成，接头内心的球面与接头体锥孔面紧密相连，具有密封性好、结构简单、耐压性强等优点。其缺点是焊接较麻烦，适用于高压厚壁钢管的连接。

（3）卡套式管接头　图 6-14c 为卡套式管接头，它利用弹性极好的卡套 2 卡住油管 1 进行密封。其特点是结构简单，安装方便，油管外壁尺寸精度要求较高。卡套式管接头适用于高压冷拔无缝钢管连接。

（4）扣压式管接头　图 6-14d 所示为扣压式管接头，这种管接头由接头外套 4 和接头芯子 5 组成。此接头适用于软管连接。

（5）可拆卸式管接头　图 6-14e 所示为可拆卸式管接头。此接头的结构是将外套 4 和接头芯子 5 做成六角形，便于经常拆卸软管，适用于高压小直径软管连接。

（6）快换接头　图 6-14f 所示为快换接头，此接头便于快速拆装油管。其原理为：当卡箍 9 向左移动时，钢珠 8 从插嘴 10 的环槽中向外退出，插嘴不再被卡住，可以迅速从插座 10 中抽出。此时管塞 7 和 11 在各自的弹簧力作用下将两个管口关闭，使油管内的油液不会流失。这种管接头适用于需要经常拆卸的软管连接。

（7）伸缩管接头　图 6-14g 所示为伸缩管接头，这种管接头由内管 13、外管 12 组成，内管可以在外管内自由滑动并用密封圈密封。内管外径必须经过精密加工。这种管接头适用于连接件有相对运动的管道的连接。

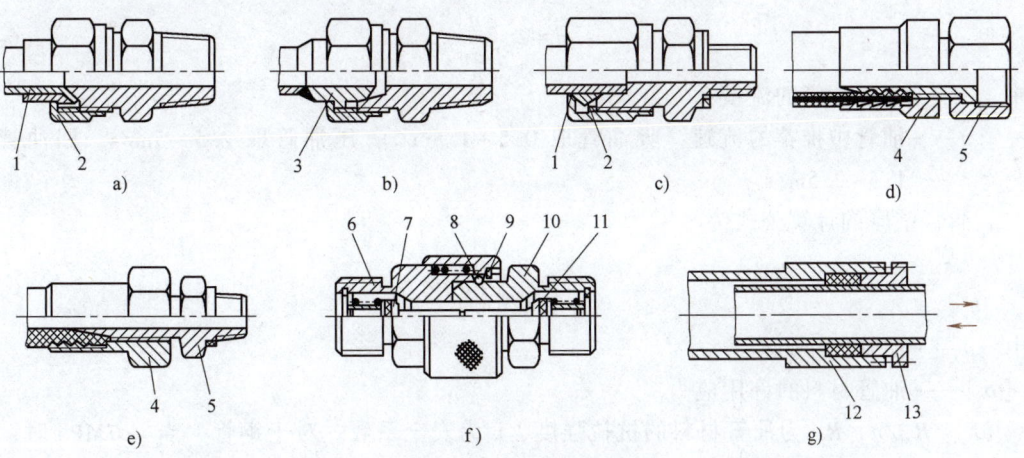

图 6-14　常用管接头

a）扩口式管接头　b）焊接式管接头　c）卡套式管接头　d）扣压式管接头
e）可拆卸式管接头　f）快换接头　g）伸缩管接头

1—油管　2—卡套　3—接头内芯　4—接头外套　5—接头芯子　6—插座　7、11—管塞
8—钢珠　9—卡箍　10—插嘴　12—外管　13—内管

第六节　密封装置

密封是解决液压系统泄漏问题的有效手段之一。当液压系统的密封不好时，会因外泄漏而污染环境，还会造成空气进入液压系统而影响液压泵的工作性能和液压执行元件运动的平稳性；当内泄漏严重时，造成系统容积效率过低及油液温升过高，导致系统不能正常工作。

第六章 液压辅助元件 **141**

一、对密封装置的要求

1）在工作压力和一定的温度范围内，应具有良好的密封性能，并随着压力的增加能自动提高密封性能。

2）密封装置和运动件之间的摩擦力要小，摩擦因数要稳定。

3）抗腐蚀能力强，不易老化，工作寿命长，耐磨性好，磨损后在一定程度上能自动补偿。

4）结构简单，使用、维护方便，价格低廉。

二、密封装置的类型和特点

密封按其工作原理可分为非接触式密封和接触式密封。前者主要指间隙密封，后者指密封件密封。

1. 间隙密封

间隙密封是靠相对运动件配合面之间的微小间隙来进行密封的。间隙密封常用于柱塞、活塞或阀的圆柱配合副中。

采用间隙密封的液压阀，在其阀芯的外表面开有几条等距离的均压槽，它的主要作用是使径向压力分布均匀，减少液压卡紧力，同时使阀芯在孔中对中性好。间隙密封以减少间隙的方法来减少泄漏。另外，均压槽所形成的阻力对减少泄漏也有一定的作用。所开均压槽的尺寸一般宽为 0.3~0.5mm，深为 0.5~1.0mm。圆柱面间的配合间隙与直径大小有关，对于阀芯与阀孔一般取 0.005~0.017mm。这种密封的优点是摩擦力小，缺点是磨损后不能自动补偿，主要用于直径较小的圆柱面之间的配合，如液压泵内的柱塞与缸体之间、滑阀的阀芯与阀孔之间。

2. O 形密封圈

O 形密封圈一般用耐油橡胶制成，其横截面呈圆形，它具有良好的密封性能，内、外侧和端面都能起密封作用。它具有结构紧凑、运动件的摩擦阻力小、制造容易、装拆方便、成本低、高低压均可使用等特点，在液压系统中得到广泛的应用。

O 形密封圈的结构和工况如图 6-15 所示。图 6-15a 所示为 O 形密封圈的外形截面图；图 6-15b 所示为装入密封沟槽时的情况图，其中 δ_1、δ_2 为 O 形密封圈装配后的预压缩量，通常用压缩率 W 表示，即

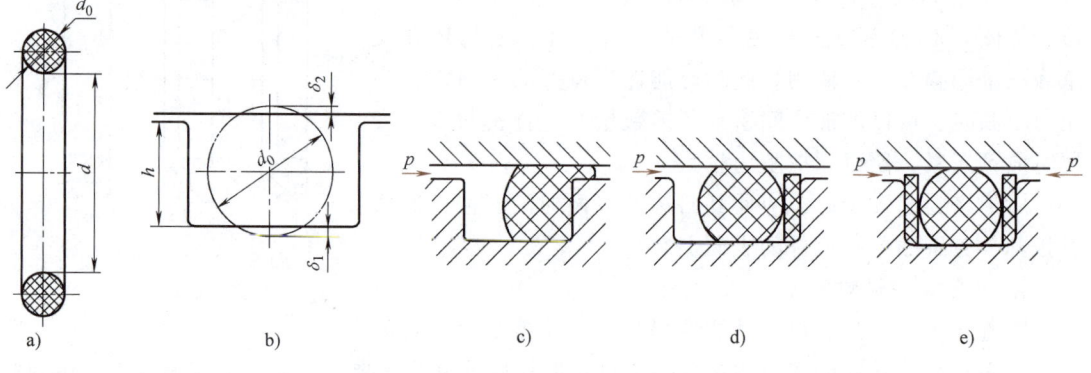

图 6-15 O 形密封圈的结构和工况

$$W = \frac{d_0 - h}{d_0} \times 100\% \qquad (6\text{-}7)$$

对于固定密封、往复运动密封和回转运动密封，压缩率应分别达到 15%~20%、10%~20% 和 5%~10%，才能获得满意的密封效果。

当油液工作压力超过 10MPa 时，O 形密封圈在往复运动中容易被油液压力挤入间隙而损坏，如图 6-15c 所示。为此要在它的侧面安放 1.2~1.5mm 厚的聚四氟乙烯挡圈，单向受力时在受力侧的对面安放一个挡圈，双向受力时则在两侧各安放一个挡圈，如图 6-15d、e 所示。

O 形密封圈的安装沟槽除矩形外，还有 V 形、燕尾形、半圆形、三角形等，实际应用中可查阅有关手册及国家标准。

3. 唇形密封圈

唇形密封圈根据截面的形状可分为 Y 形、V 形、U 形、L 形等，其工作原理如图 6-16 所示。液压力将密封圈的两唇边 h_1 压向形成间隙的两个零件表面。这种密封作用的特点是能随着工作压力的变化自动调整密封性能，压力越高则唇边被压得越紧，密封性越好；当压力降低时，唇边压紧程度也随之降低，从而减少了摩擦阻力和功率消耗。此外，还能自动补偿唇边的磨损。

目前，小 Y 形密封圈在液压缸中得到普遍的应用，主要用作活塞和活塞杆的密封。图 6-17a 所示为轴用密封圈，图 6-17b 所示为孔用密封圈。这种小 Y 形密封圈的特点是断面宽度和高度的比值大，增加了底部支承宽度，可以避免摩擦力造成的密封圈翻转和扭曲。

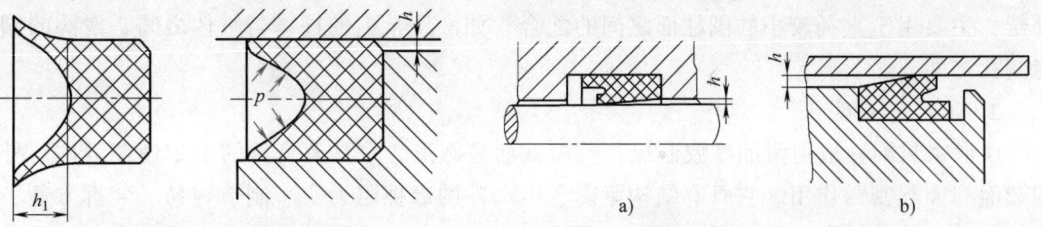

图 6-16 唇形密封圈的工作原理

图 6-17 小 Y 形密封圈
a) 轴用密封圈 b) 孔用密封圈

在高压和超高压情况下（压力大于 25MPa）的轴密封多采用 V 形密封圈。V 形密封圈由多层涂胶织物压制而成，其形状如图 6-18 所示。V 形密封圈通常由压环、密封环和支承环三个圈叠在一起使用，此时已能保证良好的密封性，当压力更高时，可以增加中间密封环的数量。这种密封圈在安装时应预压紧，所以摩擦阻力较大。

唇形密封圈安装时，应使其唇边开口面对液压油，使两唇张开，分别贴紧在机件的表面上。

4. 组合式密封装置

随着技术的进步和设备性能的提高，液压系统对密封的要求越来越高，普通的密封圈单独使用已不能很好地满足需要。因此，研究和开发了由包括密封圈在内的两个以上元件组成的组合式密封装置。

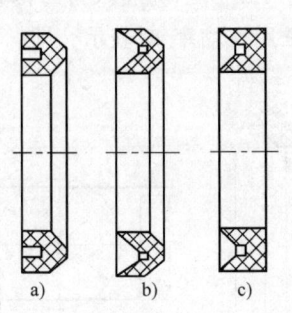

图 6-18 V 形密封圈
a) 支承环 b) 密封环 c) 压环

第六章 液压辅助元件 ▪ **143**

图 6-19a 所示为由 O 形密封圈与截面为矩形的聚四氟乙烯塑料滑环组成的组合密封装置。滑环 2 紧贴密封面，O 形密封圈 1 为滑环提供弹性预压力，在介质压力等于零时构成密封。由于密封间隙靠滑环，而不是 O 形密封圈，因此摩擦阻力小且稳定，可以用于 40MPa 的高压；往复运动密封时，速度可达 15m/s；往复摆动与螺旋运动密封时，速度可达 5m/s。矩形滑环组合密封的缺点是抗侧倾能力稍差，在高低压交变的场合下工作时易泄漏。

图 6-19b 所示为由滑环 2 和 O 形密封圈 1 组成的轴用组合密封装置。由于滑环 2 与被密封件 3 之间为线密封，故其工作原理类似于唇边密封。支承环采用一种经特别处理的合成材料，具有极佳的耐磨性、低摩擦和保形性，工作压力可达 80MPa。

组合式密封装置充分发挥了橡胶密封圈和滑环各自的长处，不但工作可靠，摩擦力小，稳定性好，而且使用寿命比普通橡胶密封提高近百倍，在工程上得到广泛的应用。

5. 回转轴的密封装置

回转轴的密封装置形式很多。图 6-20 所示的是用耐油橡胶制成的回转轴用密封圈，它的内部由直角形圆环铁骨架支承，密封圈的内边围着一条螺旋弹簧，把内边收紧在轴上进行密封。这种密封圈主要用作液压泵、液压马达和回转式液压缸的伸出轴的密封，以防止油液漏到壳体外部。它的工作压力一般不超过 0.1MPa，最大允许线速度为 4~8m/s，需在有润滑的情况下工作。

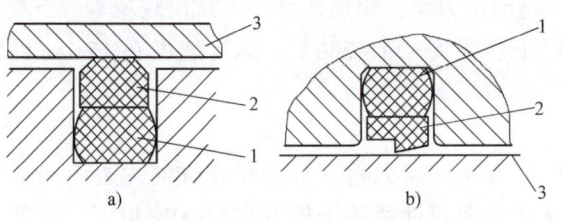 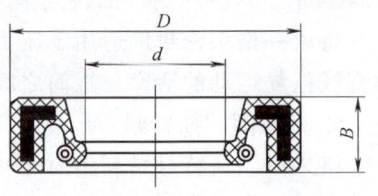

图 6-19 组合式密封装置

1—O 形密封圈 2—滑环 3—被密封件

图 6-20 回转轴的密封装置

三、新型密封元件

随着材料工业的发展以及密封理论的完善与发展，近年来国内外都研发了许多新型密封元件，这些密封元件不仅在物理、化学、密封性能上有了明显提高，而且在结构上也有了很大变化，其功能也从单一型向组合型发展，下面介绍八种新型密封元件。

1. 星形密封件

图 6-21 所示为星形密封件，又称 X 形密封件，适用于液压气动执行元件的双向密封。星形密封件通过预压缩力和油液挤压力的共同作用达到密封的效果。

星形密封件适用于压力不大于 40MPa、温度为 -60~200℃、运行速度不大于 0.5m/s 的直线、旋转动密封和静密封场合。

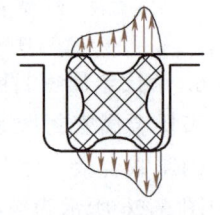

图 6-21 星形密封件及密封原理

2. 佐康—雷姆形密封件

佐康—雷姆形密封件为单向密封型密封件，所以必须成对使用才能实现双向密封。佐康—雷姆形密封件适用于压力小于 25MPa、温度为 -30~100℃、运行速度为 5m/s 的作直线往复运动的轴、孔动密封场合，如图 6-22 所示。

144 ▪ 液压与气压传动 第4版

3. 特康—泛塞形密封件

特康—泛塞形密封件借助自身弹簧预紧力和液压力的共同作用实现密封效果，其由U形特康圈和指形不锈钢施力弹簧组成，如图6-23所示。这种密封件的特点是摩擦力小，耐磨性好。

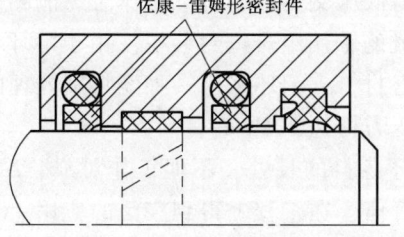

佐康—雷姆形密封件

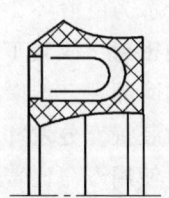

图6-22 佐康—雷姆形密封件 　　　　图6-23 特康—泛塞形密封件

特康—泛塞形密封件适用于压力不大于45MPa、温度为-70~260℃、运行速度在15m/s以下的做直线往复运动的轴、孔间动密封场合。

4. 特康—格来密封件

特康—格来密封件是利用O形密封圈的弹性力对密封件产生压力起密封作用的，如图6-24所示。这种密封件的特点是摩擦力小，起动阻力小，耐磨性好，无挤出现象等。

特康—格来密封件适用于压力80MPa以下、温度-54~200℃、运行速度在15m/s以下的直线往复运动的活塞与缸筒之间的密封。

5. 格来圈、斯特封

格来圈、斯特封是利用O形密封圈的弹性力和压缩力将其分别压在缸筒内表面和活塞杆外表面起密封作用的，如图6-25所示。这两种密封件适用于压力在50MPa以下、温度为-30~120℃、运行速度在1m/s以下的液压缸动密封。

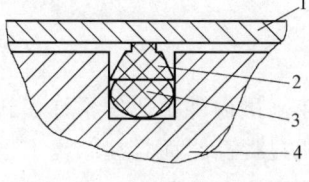

图6-24 特康—格来密封件

1—缸筒 2—特康—格来密封件

3—O形密封圈 4—活塞

图6-25 同轴密封件

a) 活塞用 b) 活塞杆用

1—格来圈 2—O形密封圈 3—斯特封

6. 韦氏金属密封圈

韦氏金属密封圈是由各种材料制成的实心的、空心充压的金属圆环，主要材料有钢、铜、因康镍合金、蒙乃尔合金等。外表面经常镀涂镉、银、金或聚四氟等。

图6-26所示为空心圆环韦氏金属密封圈，用于端面静密封，适用于压力在100MPa以下、温度为800℃的静密封。

7. 组合密封圈

组合密封圈又称组合垫，是由金属圈1和橡胶圈2整体硫化而成的，如图6-27所示。其特点是使用方便，密封可靠。组合密封圈适用于压力在100MPa以下、温度为-30~200℃

的两平整平面之间的静密封。

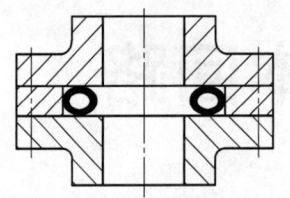

图 6-26 空心圆环韦氏金属密封圈

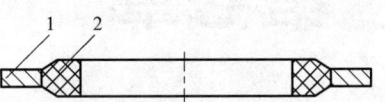

图 6-27 组合密封圈
1—金属圈 2—橡胶圈

8. 组合式孔用密封（德氏密封）

组合式孔用密封是由一个弹性密封环 3（丁腈橡胶）、两个挡环 2（聚酯弹性体）和两个导向环 1（聚甲醛）组成的五件套活塞密封件，如图 6-28 所示。在液压缸中，该密封既能作为活塞的双向密封，又能承受活塞的径向力。其安装尺寸紧凑，在低压下同样具有良好的密封效果。

组合式孔用密封适于压力在 40MPa 以下、温度为 −30~100℃、运行速度在 0.5m/s 以下的液压缸动密封。

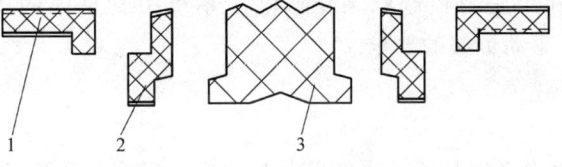

图 6-28 组合式孔用密封
1—导向环 2—挡环 3—弹性密封环

第七章 液压基本回路

一台机器设备的液压系统不管多么复杂，总是由一些简单的基本回路组成。所谓液压基本回路，是指由几个液压元件组成的用来完成特定功能的典型回路。按其功能的不同，基本回路可分为压力控制回路、速度控制回路、方向控制回路和多缸动作回路等。熟悉和掌握这些回路的组成、结构、工作原理和性能，对于正确分析和设计液压系统是十分重要的。

第一节 压力控制回路

压力控制回路是利用压力控制阀来控制液压系统中管路内的压力，以满足执行元件（液压缸或液压马达）驱动负载的要求。

一、调压回路

液压系统的工作压力必须与所承受的负载相适应。当液压系统采用定量泵供油时，液压泵的工作压力可以通过溢流阀来调节；当液压系统采用变量泵供油时，液压泵的工作压力主要取决于负载，用安全阀来限定系统的最高工作压力，以防止系统过载。当系统中需要两种以上压力时，则可采用多级调压回路来满足不同的压力要求。

1. 单级调压回路

图7-1所示为单级调压回路。系统由定量泵供油，采用节流阀调节进入液压缸的流量，使活塞获得所需要的运动速度。定量泵输出的流量要大于进入液压缸的流量，也就是说只有一部分油液进入液压缸，多余部分的油液则通过溢流阀流回油箱。这时，溢流阀处于常开状态，泵的出口压力始终等于溢流阀的调定压力。调节溢流阀便可调节泵的供油压力，溢流阀的调定压力必须大于液压缸最大工作压力和油路上各种压力损失的总和。

2. 远程调压和二级调压回路

图7-2所示为远程调压回路。将远程调压阀2接在先导式主溢流阀1的远程控制口上，泵的出口压力即可由远程调压阀进行远程调节。这里，远程调压阀2仅作调节系统压力用，相当于主溢流阀的先导阀，绝大部分油液仍从主溢流阀溢走。远程调压阀的结构和工作原理与溢流阀中的先导阀基本相同。回路中远程调压阀调节的最高压力应低于先导式主溢流阀1的调定压力，否则远程调压阀不起作用。在进行远程调压时，先导式主溢流阀1中的先导阀处于关闭状态。

利用先导式主溢流阀1的远程控制口和远程调压阀2也可实现多级调压。

许多液压系统，其液压缸活塞往返行程的工作压力差别很大，为了降低功率损耗，减少

第七章 液压基本回路 **147**

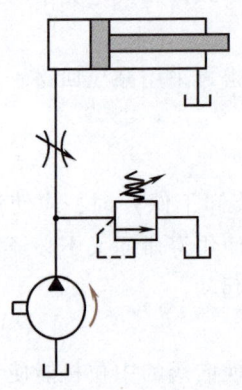

图 7-1 单级调压回路

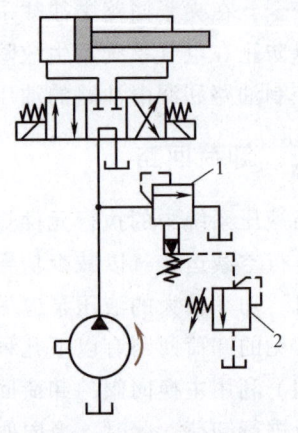

图 7-2 远程调压回路

1—先导式主溢流阀　2—远程调压阀

油液发热，可以采用图 7-3 所示的二级调压回路。当活塞右行时，负载大，压力由高压溢流阀 1 调定；当活塞左行时，负载小，压力由低压溢流阀 2 调定，当活塞左行到终点位置时，泵的流量全部经低压溢流阀流回油箱，这样就减少了回程的功率损耗。城市生活垃圾处理装备的液压系统就是这种基本回路的典型应用。

二、减压回路

在一个泵为多个执行元件供油的液压系统中，主油路的工作压力由溢流阀调定。当某一支路所需要的工作压力低于溢流阀调定的压力，或要求有较稳定的工作压力时，可采用减压回路。

图 7-4 所示是夹紧机构中常用的减压回路。在通向夹紧缸的油路中，串接一个减压阀，使夹紧缸能获得较低而又稳定的夹紧力。减压阀的出口压力可以根据需要从 0.5MPa 至溢流阀的调定压力范围内调节，当系统压力有波动或负载有变化时，减压阀的出口压力可以稳定不变。图 7-4 中单向阀的作用是当主油路压力下降到低于减压阀调定压力（如主油路中液压缸快速运动）时，可起短时间的保压作用，使夹紧缸的夹紧力在短时间内保持不变。为了

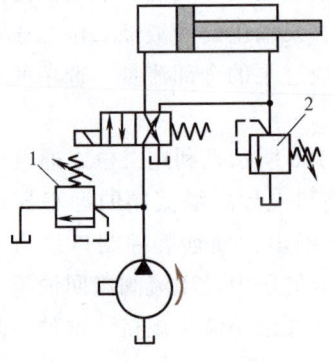

图 7-3 二级调压回路

1—高压溢流阀　2—低压溢流阀

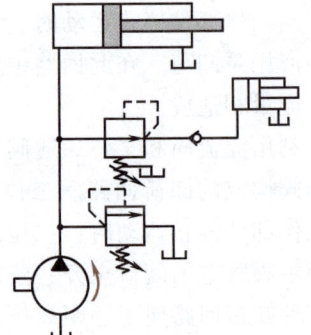

图 7-4 减压回路

148 ────── 液压与气压传动 第4版

确保安全，在夹紧回路中往往采用带定位的二位四通电磁换向阀，或采用失电夹紧的换向回路，以防止在电气系统发生故障时松开工件。

控制油路和润滑油路的油压一般也低于主油路的调定压力，也可采用减压回路。

三、卸荷回路

当液压系统中的执行元件短时间停止工作（如测量工件或装卸工件）时，应使液压泵卸荷进行空载运转，以减少功率损失，减少油液发热，延长泵的使用寿命而又不必经常起闭电动机。功率较大的液压泵应尽可能在卸荷状态下使电动机轻载起动。

常见的卸荷回路有以下几种方式：

（1）利用主换向阀的卸荷回路　主换向阀卸荷是指利用三位换向阀的中位机能使泵和油箱连通进行卸荷。此时，换向阀的中位机能必须采用 M 型、H 型或 K 型等。图 7-5 所示是采用 M 型中位机能的三位四通换向阀的卸荷回路，这种卸荷回路结构简单，但当压力较高、流量大时容易产生冲击，故一般适用于压力较低和小流量的场合。当流量较大时，可使用液动或电液换向阀进行卸荷，但应在回路上安装单向阀（图 7-6），使泵在卸荷时仍能保持 0.3~0.5MPa 的压力，以保证控制油路能获得必要的起动压力。

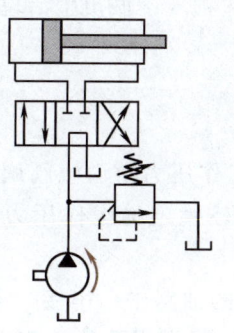

图 7-5　利用换向阀
的卸荷回路

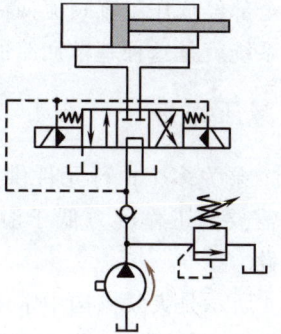

图 7-6　利用电液换向阀
的卸荷回路

（2）利用二位二通阀的卸荷回路　图 7-7 所示是利用二位二通电磁阀的卸荷回路。当系统工作时，二位二通电磁阀通电，切断液压泵出口与油箱之间的通道，泵输出的液压油进入系统。当工作部件停止运动时，二位二通电磁阀断电，泵输出的油液经二位二通阀直接流回油箱，液压泵卸荷。在此回路中，二位二通电磁阀应通过泵的全部流量，选用的规格应与泵的公称流量相适应。

（3）利用溢流阀和二位二通阀组成的卸荷回路　图 7-8 所示是利用二位二通电磁阀与先导式溢流阀构成的卸荷回路。二位二通电磁阀通过管路和先导式溢流阀的远程控制口相连接，当工作部件停止运动时，二位二通阀的电磁铁 3YA 断电，使远程控制口接通油箱，此时溢流阀主阀阀芯的阀口全开，液压泵输出的油液以很低的压力经溢流阀流回油箱，液压泵卸荷。这种卸荷回路便于远距离控制，同时二位二通阀可选用小流量规格。这种卸荷方式要比直接利用二位二通电磁阀的卸荷方式平稳一些。

（4）利用蓄能器的保压卸荷回路　在上述回路中，加接蓄能器和压力继电器后，即可实现保压和卸荷，如图 7-9 所示。在工作时，电磁铁 1YA 通电，泵向蓄能器和液压缸左腔供

第七章　液压基本回路 ▪ ⋯⋯⋯⋯ **149**

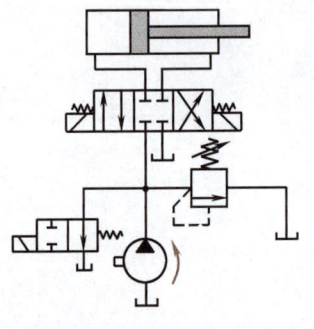

图7-7　利用二位二通电磁
阀的卸荷回路

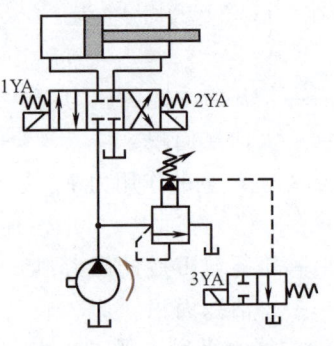

图7-8　利用先导式溢流阀和二
位二通电磁阀的卸荷回路

油，并推动活塞右移，接触工件后，系统压力升高，当压力升至压力继电器的调定值时，表示工件已经夹紧，压力继电器发出信号，3YA断电，油液通过先导式溢流阀使泵卸荷。此时，液压缸所需压力由蓄能器保持，单向阀关闭。在蓄能器向系统补油的过程中，若系统压力从压力继电器区间的最大值下降到最小值，压力继电器复位，3YA通电，使液压泵重新向系统及蓄能器供油。

四、增压回路

增压回路可用来提高系统中某一支路的压力。采用增压回路可以用较低压力的液压泵获得较高的工作压力，以节省能源的消耗。

1. 采用增压器的增压回路

如图7-10所示，增压器4由大缸a和小缸b两部分组成，大活塞和小活塞由一根活塞杆连接在一起。当液压油由液压泵1经换向阀3进入大缸a推动活塞向右运动时，从小缸中便能输出高压油，其原理如下：

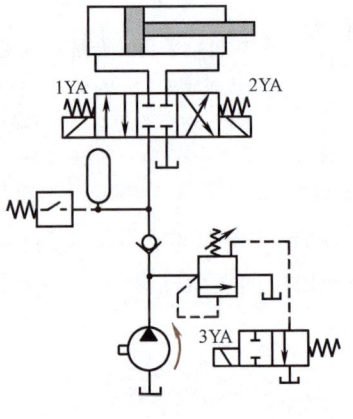

图7-9　利用先导式溢流阀
和蓄能器的保压卸荷回路

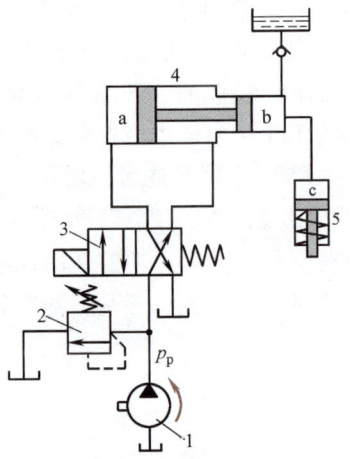

图7-10　采用增压缸的增压回路

1—液压泵　2—溢流阀　3—换向阀
4—增压器　5—工作缸

作用在大活塞上的力 F_a 为

$$F_a = p_1 A_a$$

式中　p_1——液压缸 a 腔的压力；

　　　A_a——大活塞面积。

在小活塞上产生的作用力 F_b 为

$$F_b = p_2 A_b$$

式中　p_2——液压缸 b 腔的压力；

　　　A_b——小活塞面积。

活塞两端受力平衡，则 $F_a = F_b$，即

$$p_1 A_a = p_2 A_b$$
$$p_2 = p_1 \frac{A_a}{A_b} = p_1 K \tag{7-1}$$

式中　K——增压比，$K = A_a / A_b$。

因为 $A_a > A_b$，所以 $K > 1$，即增压器 b 腔输出的油压 p_2 是输入液压缸 a 腔的油压 p_1 的 K 倍，这样就达到了增压的目的。

工作缸 c 是单作用缸，活塞靠弹簧复位。为补偿增压器小缸 b 和工作缸 c 的泄漏，增设了由单向阀和副油箱组成的补油装置。这种回路不能得到连续的高压，适用于行程较短的单作用液压缸。

2. 采用复合缸的增压回路

图 7-11 所示为用于压力机上的一种增压形式。它由一个增压器和一个工作缸组合而成。在增压活塞 1 的头部装有单向阀 2，活塞内的通道 3 使油腔Ⅰ和油腔Ⅲ相通。在增压器端盖上设有顶杆 4，其作用是当增压活塞退至最左端位置时，顶开单向阀 2。增压器的工作原理如下：当换向阀 7 切换到左位，液压油经增压器左腔Ⅰ、单向阀 2、通道 3 进入工作缸左腔Ⅲ，推动工作活塞 5 向右运动。这时，由于系统工作压力低于液控顺序阀 6 的调定压力，阀关闭，增压器油腔Ⅱ的油液被堵，增压活塞 1 停止不动。当工作活塞阻力增大，系统工作压力升高，超过液控顺序阀的调定压力时，阀 6 开启，油腔Ⅱ的油液排出，增压活塞向右移动，单向阀 2 自行关闭，阻止油腔Ⅲ中的高压油回流。于是，油腔Ⅲ中压力 p_2 升高，其增压后的压力

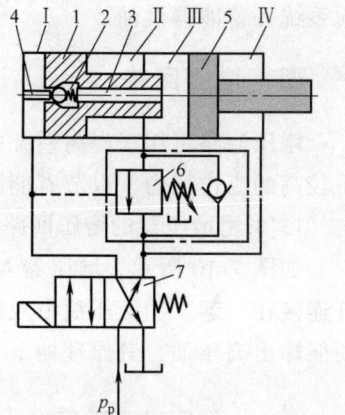

图 7-11　采用复合缸的增压回路

1—增压活塞　2—单向阀　3—通道
4—顶杆　5—工作活塞　6—液控顺序阀
7—换向阀　Ⅰ~Ⅳ—油腔

$$p_2 = p_1 \frac{A_1}{A_2}$$

A_1、A_2 为增压活塞大端和小端的面积，p_1 为系统压力，这时工作活塞的推力也随之增大。当换向阀切换到右位时，油腔Ⅱ和油腔Ⅳ进油，油腔Ⅰ排油，增压活塞快速退回，工作活塞移动较慢。当增压活塞 1 退至最后位置时，顶杆 4 将单向阀 2 顶开，工作活塞 5 快速退至最后位置。

第七章　液压基本回路　151

五、平衡回路

为了防止立式液压缸与垂直工作部件由于自重而自行下滑，或在下行运动中由于自重而造成超速运动，使运动不平稳，这时可采用平衡回路，即在立式液压缸下行的回油路上设置一顺序阀使之产生适当的阻力，以平衡自重。

1. 采用单向顺序阀（也称平衡阀）组成的平衡回路

图 7-12 所示是采用单向顺序阀组成的平衡回路。单向顺序阀的调定压力应稍大于由工作部件自重在液压缸下腔中形成的压力。这样当液压缸不工作时，单向顺序阀关闭，而工作部件不会自行下滑；液压缸上腔通液压油，当下腔背压大于顺序阀的调定压力时，顺序阀开启。由于自重得到平衡，故不会产生超速现象。当液压油经单向阀进入液压缸下腔时，活塞上行。这种回路停止时会由于顺序阀的泄漏而使运动部件缓慢下降，所以要求顺序阀的泄漏量要小。由于回油腔有背压，故功率损失较大。

2. 采用液控单向顺序阀的平衡回路

图 7-13 所示是采用液控单向顺序阀的平衡回路。它适用于所平衡的重量有变化的场合，如起重机的起重等。如图 7-13 所示，当换向阀切换至右位时，液压油通过单向阀进入液压缸的下腔，上腔回油直通油箱，使活塞上升吊起重物。当换向阀切换至左位时，液压油进入液压缸上腔，并进入液控顺序阀的控制口，打开顺序阀，使液压缸下腔回油，于是活塞下行放下重物。当由于重物作用而运动部件下降过快时，必然使液压缸上腔油压降低，于是液控顺序阀关小，阻力增大，阻止活塞迅速下降。如果要求工作部件停止运动时，只要将换向阀切换至中位，液压缸上腔卸压，使液控顺序阀迅速关闭，活塞即停止下降，并被锁紧。

这种回路适用于负载变化的场合，较安全可靠；但活塞下行时，由于重力作用会使液控顺序阀的开口量处于不稳定状态，系统平稳性较差。

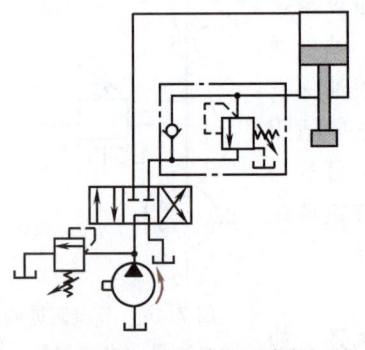

图 7-12　采用单向顺序阀
组成的平衡回路

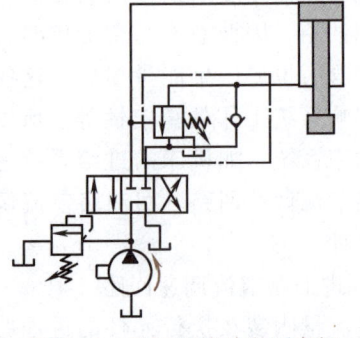

图 7-13　采用液控单向顺序阀
的平衡回路

第二节　速度控制回路

速度控制回路包括调整工作行程速度的调速回路、空行程的快速运动回路和实现快慢速切换的速度换接回路。

一、调速回路

调速回路是用来调节执行元件行程速度的回路。由液压系统执行元件速度的表达式可知：

液压缸的速度为
$$v = \frac{q}{A}$$

液压马达的转速为
$$n = \frac{q}{V_{\mathrm{m}}}$$

所以，改变输入液压缸和液压马达的流量 q，或者改变液压缸有效面积 A 和液压马达的排量 V_{m}，都可以达到调速的目的。对于液压缸来说，在工作中要改变缸的面积 A 来调速是困难的，一般都采用改变流量 q 的方法来调速。但对于液压马达，则既可通过改变输入马达的流量 q，又能通过改变马达的排量 V_{m} 来实现调速。而改变输入流量可以采用流量阀或采用变量泵来调节。

根据以上分析，液压系统的调速方法可以有以下三种：

（1）节流调速 即采用定量泵供油，由流量阀调节进入执行元件的流量来实现调节执行元件运动速度的方法。

（2）容积调速 即采用变量泵来改变流量或改变液压马达排量来实现调节执行元件运动速度的方法。

（3）容积节流调速 即采用变量泵和流量阀相配合的调速方法，又称联合调速。

（一）节流调速回路

节流调速回路的优点是结构简单可靠，成本低，使用维修方便，因此在机床液压系统中得到广泛应用。但这种调速方法的效率较低，因为定量泵的流量是一定的，而液压缸所需要的流量是随工作速度的快慢而变化的，多余的油液通常通过溢流阀流回油箱，因此总有一部分能量白白损失掉。此外，油液通过流量阀时也要产生能量损失，这些损失转变为热量使油液发热，影响系统工作的稳定性等。所以，节流调速回路一般适用于小功率系统，如机床的进给系统等。节流调速回路又可分为进油路节流调速回路、回油路节流调速回路和旁油路节流调速回路三种。

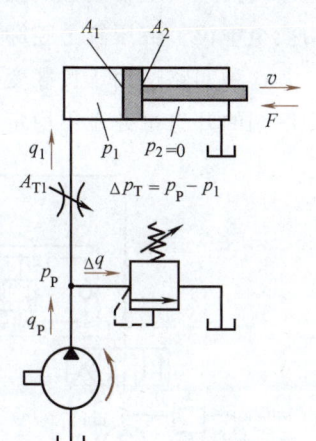

图 7-14 节流阀进油路
节流调速回路

1. 进油路节流调速回路

将流量阀装在执行元件的进油路上称为进油节流调速，如图 7-14 所示。用定量泵供油，节流阀串接在液压泵的出口处，并联一个溢流阀。在进油路节流调速回路中，泵的压力由溢流阀调定后基本保持恒定不变，调节节流阀阀口的大小，便能控制进入液压缸的流量，从而达到调速的目的，定量泵输出的多余油液经溢流阀排回油箱。

下面分析进油路节流调速回路的特性。当活塞克服外负载 F 做工作运动时，其受力平衡方程式为

$$p_1 A_1 = p_2 A_2 + F \tag{7-2}$$

式中　p_1——液压缸进油腔压力；

　　　p_2——液压缸回油腔压力；

　　　A_1——液压缸无杆腔的有效面积；

　　　A_2——液压缸有杆腔的有效面积。

若液压缸回油腔通油箱，则 $p_2 \approx 0$，所以

$$p_1 = \frac{F}{A_1} \tag{7-3}$$

设液压泵输出的油压为 p_p，流经换向阀及管路等的压力损失忽略不计，则节流阀前后的压差为

$$\Delta p_\mathrm{T} = p_\mathrm{p} - p_1 = p_\mathrm{p} - \frac{F}{A_1} \tag{7-4}$$

液压泵的供油压力 p_p 由溢流阀调定后基本不变，所以节流阀前后的压差将随负载 F 的变化而变化。

根据节流阀的流量特性公式，通过节流阀进入液压缸的流量为

$$q_1 = KA_\mathrm{T}\Delta p^m$$

将式（7-4）代入上式得

$$q_1 = KA_\mathrm{T}\left(p_\mathrm{p} - \frac{F}{A_1}\right)^m \tag{7-5}$$

则活塞的运动速度为

$$v = \frac{q_1}{A_1} = \frac{KA_\mathrm{T}}{A_1}\left(p_\mathrm{p} - \frac{F}{A_1}\right)^m = \frac{KA_\mathrm{T}}{A_1^{1+m}}(A_1 p_\mathrm{p} - F)^m \tag{7-6}$$

式（7-6）称为节流阀进油路节流调速回路的速度负载特性公式。它反映了速度随负载的变化关系。若以活塞运动速度 v 为纵坐标，负载 F 为横坐标，将式（7-6）按节流阀不同的通流面积 A_T 作图，可得一组曲线，称为进油路节流调速回路的速度负载特性曲线，如图7-15所示。

速度负载特性曲线表明了速度随负载变化的规律，曲线越陡，说明负载变化对速度的影响越大，即速度刚性差；反之，曲线越平缓，刚性越好。因此，从速度负载特性曲线可知：

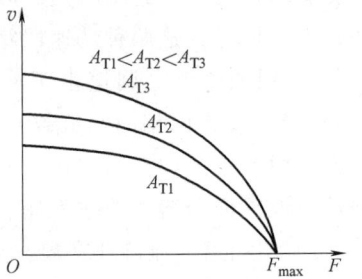

图 7-15　节流阀进油路节流调速回路的速度负载特性曲线

1）当节流阀的通流面积不变时，随着负载的增大，活塞的运动速度随之下降。因此，这种调速的速度负载特性较软。

2）节流阀通流面积不变时，重载区域的速度刚性比轻载区域的速度刚性差。

3）在相同负载下工作时，节流阀通流面积大的速度刚性要比通流面积小的速度刚性差，即速度越高，速度刚性越差。

4）回路的承载能力为 $F = p_\mathrm{p}A_1$。液压缸面积 A_1 不变，所以在泵的供油压力 p_p 已经调定的情况下，其承载能力不随节流阀通流面积 A 的改变而改变，故属恒推力或恒转矩调速。

由上述分析可知，进油路节流调速回路不宜用于负载较重、速度较高或负载变化较大的场合。

2. 回油路节流调速回路

将流量阀装在执行元件回油路上的调速回路称为回油路节流调速回路，如图 7-16 所示，节流阀串接在液压缸与油箱之间。回油路上的节流阀控制液压缸回油的流量，也可间接控制进入液压缸的流量，所以同样能达到调速的目的。

不计管路中的损失，回油路节流调速时活塞的受力平衡方程为

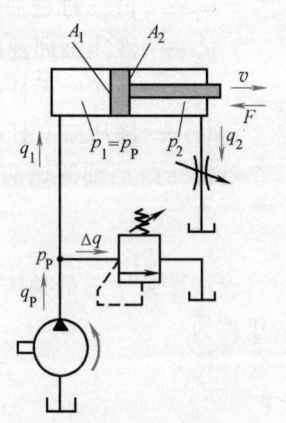

图 7-16　节流阀回油路节流调速回路

$$p_1 A_1 = p_2 A_2 + F$$

式中 $p_1 = p_\mathrm{p}$，所以

$$p_2 = \frac{A_1}{A_2} p_\mathrm{p} - \frac{F}{A_2}$$

节流阀两端的压差为

$$\Delta p_\mathrm{T} = p_2 - 0 = p_2$$

则

$$q_2 = K A_\mathrm{T} \left(\frac{A_1}{A_2} p_\mathrm{p} - \frac{F}{A_2} \right)^m$$

活塞的运动速度为

$$v = \frac{q_2}{A_2} = \frac{K A_\mathrm{T}}{A_2} \left(\frac{A_1}{A_2} p_\mathrm{p} - \frac{F}{A_2} \right)^m = \frac{K A_\mathrm{T}}{A_2^{1+m}} (A_1 p_\mathrm{p} - F)^m \tag{7-7}$$

将式(7-7)与式 (7-6) 进行比较，可见回油路节流调速回路与进油路节流调速回路的速度负载特性公式完全相同，因此回油路节流调速回路也具备前述进油路节流调速回路的一些特点。但是，这两种调速回路仍具有以下不同之处：

1）回油路节流调速由于液压缸回油腔存在背压，功率损失大，但具有承受负值负载（与活塞运动方向相同的负载）的能力；而进油路节流调速的工作部件在负值负载作用下，会失控而造成前冲。通常在进油路节流调速回路的回油路上增加一个背压阀，用以克服上述缺点，但这样会增加功率消耗。

2）回油路节流调速在停车后，液压缸回油腔中的油液会由于泄漏而形成空隙，在起动时，液压缸输出的流量会全部进入液压缸，从而使活塞造成前冲现象。在进油路节流调速回路中，进入液压缸的流量总是受到节流阀的限制，则可减小起动冲击。

3）进油路节流调速回路比较容易实现压力控制，因为当工作部件碰到固定挡铁后，液压缸的进油腔油压会上升到溢流阀的调定压力，利用这个压力变化值，可实现压力继电器发出信号。而在回油路节流调速时，进油腔压力变化很小，不易实现压力控制。虽然在活塞碰到固定挡铁后，液压缸回油腔中压力下降为零，这个压力变化值可以用于压力继电器失压发出信号，但电路比较复杂。

从上面分析可知，在承受负值负载变化较大的情况下，采用回油路节流调速较为有利。从停车后起动冲击和实现压力控制的方便性方面来看，采用进油路节流调速较为合适。如果是单杆液压缸，进油路节流调速回路可获得更低的速度。而在回油路节流调速中，回油腔中的背压在轻载时会比供油压力高出许多，从而加大泄漏，故在实际使用中较多采用进油路节

流调速，并在其回油路上加一背压阀以提高运动的平稳性。

3. 旁油路节流调速回路

将流量阀装在与执行元件并联的支路上的调速回路称为旁油路节流调速回路，如图 7-17 所示。这种回路用节流阀来调节流回油箱的流量，以控制进入液压缸的流量从而达到节流调速的目的。在这种回路中溢流阀作安全阀用，起过载保护作用。安全阀的调整压力比最大负载所需的压力稍高。

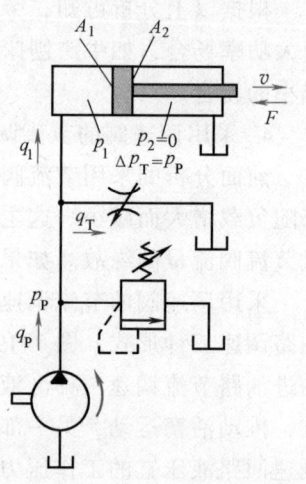

图 7-17　节流阀旁油路
节流调速回路

在旁油路节流调速回路中，活塞的受力平衡方程为

$$p_1 A_1 = p_2 A_2 + F$$

式中 $p_1 = p_p$、$p_2 = 0$，故

$$p_1 = \frac{F}{A_1}$$

所以节流阀两端的压差为

$$\Delta p_T = p_p = \frac{F}{A_1} \tag{7-8}$$

通过节流阀的流量为

$$q_T = K A_T \Delta p_T^m = K A \left(\frac{F}{A_1}\right)^m \tag{7-9}$$

进入液压缸的流量 q_1 为泵输出的流量 q_p 减去通过节流阀的流量 q_T，即

$$q_1 = q_p - q_T = q_p - K A_T \left(\frac{F}{A_1}\right)^m \tag{7-10}$$

活塞的运动速度为

$$v = \frac{q_1}{A_1} = \frac{q_p - K A_T \left(\dfrac{F}{A_1}\right)^m}{A_1} \tag{7-11}$$

按节流阀的不同通流面积画出旁油路节流调速的速度负载特性曲线如图 7-18 所示。

分析曲线可知，旁油路节流调速回路有如下特点：

1）开大节流阀开口，活塞运动速度减小；关小节流阀开口，活塞运动速度增大。

2）节流阀调定后（A_T 不变），负载增大时活塞运动速度减小，从它的速度负载特性曲线可以看出，其刚性比进油路、回油路调速回路更软。

3）当节流阀通流截面较大（工作机构运动速度较低）时，所能承受的最大载荷较小。同时，当载荷较大、节流开口较小时，速度受载荷的变化较小，所以旁油路节流调速回路适用于高速大载荷的情况。

4）液压泵输出油液的压力随负载的变化而变化，同时回路中只有节流功率损失，而无溢流损失，因此这种回路的效率较高，发热量小。

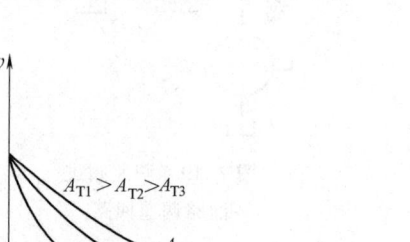

图 7-18　节流阀旁油路节流
调速的速度负载特性曲线

根据以上分析可知，旁油路节流调速回路适用于负载变化小、对运动平稳性要求低的高速大功率场合，如牛头刨床的主运动传动系统；有时也可用在随负载增大要求进给速度自动减小的场合。

4. 采用调速阀的节流调速回路

前面分析的采用节流阀调速的三种节流调速回路有一个共同的缺点，即执行元件的速度都随负载增大而减小。这主要是由于负载变化引起了节流阀前后压差的变化，从而改变了通过节流阀流量的缘故。如果用调速阀代替节流阀，就能提高回路的速度稳定性。

采用调速阀的节流调速回路，根据调速阀的安装位置不同，同样有进油路、回油路和旁油路调速三种形式。图7-19所示是把调速阀装在进油路上的调速回路，它的工况与节流阀的进油路节流调速一样。液压泵输出的恒定流量q_p，其中一部分流量q_1经调速阀进入液压缸，推动活塞运动，另一部分流量Δq从溢流阀流回油箱。因此，工作时溢流阀常开。这种调速回路液压缸的工作压力p_1也同样随负载F的变化而变化，但由于调速阀中定差减压阀能自动调节其开口的大小，使节流阀前后的压差基本保持不变。即在负载变化的情况下，流过调速阀进入液压缸的流量q_1能够保持不变，使速度稳定。图7-20所示是调速阀进油路调速回路的速度负载特性曲线，它的速度刚性优于相应的节流阀节流调速回路。

采用调速阀的调速回路虽然解决了速度的稳定性问题，但由于调速阀中包含了减压阀和节流阀的压力损失，而且同样存在着溢流阀的功率损失，故采用调速阀的调速回路的功率损失比节流阀调速回路还要大些。

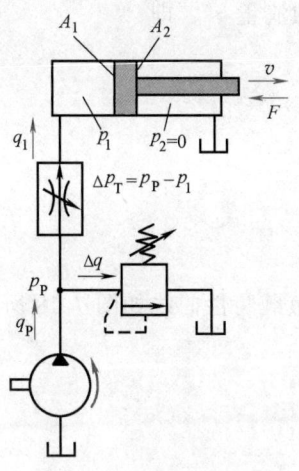

图7-19　调速阀进
油路调速回路

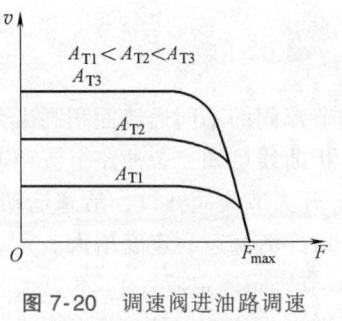

图7-20　调速阀进油路调速
回路的速度负载特性曲线

（二）容积调速回路

节流调速回路的主要缺点是效率低、发热大，故只用于对发热量限制不大的小功率系统中。采用变量泵或变量马达来调速的容积调速回路，能使泵的输油量全部进入执行机构。这种回路没有溢流损失和节流损失，因此效率高，发热小，适用于大功率的液压系统。

根据油路的循环方式不同，容积调速除了一般的开式回路外，还可设计成闭式回路。

在开式回路中，液压泵向液压缸供油，进入执行元件的油液在反向时将排回油箱。开式回路较简单，油液在油箱中可以得到很好的冷却和使杂质沉淀。但油箱体积大，空气也容易侵入系统，致使工作部件运动不平稳。

在闭式回路中，从执行元件排出的油液，直接流入泵的吸油口，这种形式结构紧凑，减少了空气侵入的可能性。为了补偿泄漏以及由于进油腔和回油腔的面积不等所引起的流量差，通常在闭式回路中要设置补油装置。

根据液压泵和液压马达（或液压缸）的组合不同，容积调速回路有三种形式：变量泵和定量液压马达（或液压缸）组成的容积调速回路、定量泵和变量液压马达组成的容积调速回路、变量泵和变量液压马达组成的容积调速回路。

下面分析三种容积调速回路的调速方法和特性：

1. 变量泵和定量液压马达（或液压缸）组成的容积调速回路

图 7-21 所示为变量泵和液压缸组成的开式容积调速回路，这种调速回路是采用改变变量泵的输出流量来调速的。工作时，溢流阀关闭，作安全阀用。图 7-22 所示为变量泵和定量液压马达组成的闭式容积调速回路及其工作特性曲线。在图 7-22 所示的闭式回路中，辅助泵 1 是补油用的辅助泵，它的流量为变量泵最大输出流量的 10% ~ 15%。辅助泵供油压力由溢流阀 2 调定，使变量泵的吸油口有一较低的压力，这样可以避免产生空穴，防止空气侵入，改善泵的吸油性能。溢流阀 3 关闭，作安全阀用，以防止系统过载。

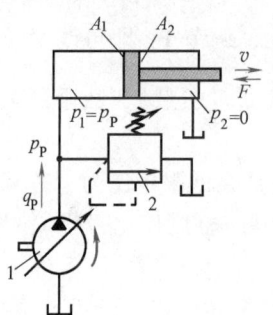

图 7-21　变量泵和液压缸
组成的开式容积调速回路
1—液压泵　2—溢流阀

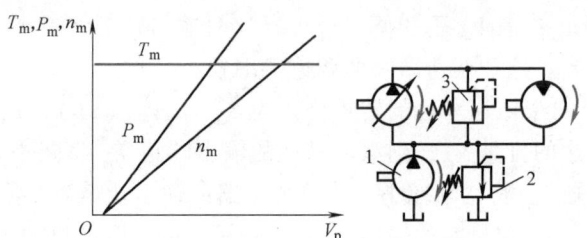

图 7-22　变量泵—定量马达式容
积调速回路及工作特性曲线
1—辅助泵　2、3—溢流阀

在上述回路中，泵的输出流量全部进入液压缸（或液压马达），当不考虑泄漏影响时：

液压缸活塞的运动速度

$$v = \frac{q_p}{A_1} = \frac{V_p n_p}{A_1} \tag{7-12}$$

液压马达的转速

$$n_m = \frac{q_p}{V_m} = \frac{V_p n_p}{V_m} \tag{7-13}$$

式中　q_p——变量泵的流量；

V_p、V_m——变量泵和液压马达的排量；

n_p、n_m——变量泵和液压马达的转速；

A_1——液压缸的有效工作面积。

这种回路有以下特性：

1) 调节变量泵的排量 V_p 便可控制液压缸（或液压马达）的速度。由于变量泵能将流量调得很小，故可以获得较低的工作速度，因此调速范围较大。

2) 若不计系统损失，从液压马达的转矩公式 $T = p_p V_m / (2\pi)$ 和液压缸的推力公式 $F = p_p A_1$ 来看，其中 p_p 为变量泵的压力，由安全阀限定；另外，液压马达排量 V_m 和液压缸面积 A_1 均固定不变。因此在用变量泵的调速系统中，液压马达（液压缸）能输出的转矩（推力）不变，故这种调速称为恒转矩（恒推力）调速。

3) 若不计系统损失，液压马达（液压缸）的输出功率 P_m 等于液压泵的输出功率 P_p，即 $P_m = P_p = p_p V_p n_p = p_p V_m n_m$。其中泵的压力 p_p、马达的排量 V_m 为常量，因此回路的输出功率随液压马达转速 n_m（V_p）的改变呈线性变化。

2. 定量泵和变量液压马达组成的容积调速回路

定量泵—变量马达调速回路及其工作特性曲线如图 7-23 所示。定量泵的输出流量不变，调节变量液压马达的排量 V_m，便可改变其转速。

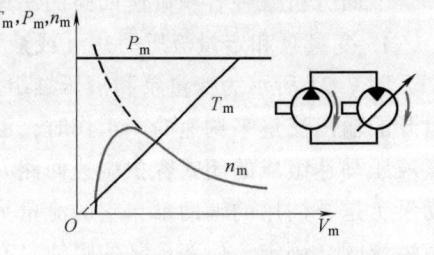

图 7-23 定量泵—变量马达式容积
调速回路及其工作特性曲线

这种回路具有以下特性：

1) 根据 $n_m = \dfrac{q_p}{V_m}$ 可知，马达输出转速 n_m 与排量 V_m 成反比，调节 V_m 即可改变马达的转速 n_m；但 V_m 不能调得过小（这时输出转矩将减小，甚至不能带动负载），故限制了转速的提高。这种调速回路的调速范围较小。

2) 液压马达的转矩公式为 $T_m = p_p V_m / (2\pi)$，式中 p_p 为定量泵的限定压力，若减小变量马达的排量 V_m，则液压马达的输出转矩 T_m 将减小。由于 V_m 与 n_m 成反比，当 n_m 增大时，转矩 T_m 将逐渐减小，故这种回路的输出转矩为变值。

3) 定量泵的输出流量 q_p 是不变的，泵的供油压力 p_p 由安全阀限定。若不计系统损失，则马达输出功率 $P_m = P_p = p_p q_p$，即液压马达输出的最大功率不变。故这种调速称为恒功率调速。

这种调速回路能适应机床主运动所要求的恒功率调速的特点，但调速范围小。同时，若用液压马达来换向，要经过排量很小的区域，这时转速很高，反向易出故障。因此，这种调速回路目前较少单独应用。

3. 变量泵和变量液压马达组成的容积调速回路

在采用变量泵和变量液压马达组成的调速回路中，液压马达的转速可以通过改变变量泵排量 V_p 或改变液压马达的排量 V_m 来进行调节。因此，扩大了回路的调速范围，也扩大了液压马达的转矩和功率输出特性的可选择性。

这种回路的调速特性曲线是恒转矩调速和恒功率调速的组合，如图 7-24 所示。由于许多设备在低速时要求有较大的转矩，在高速时又希望输出功率能基本不变。所以，当变量液压马达的输出转速 n_m

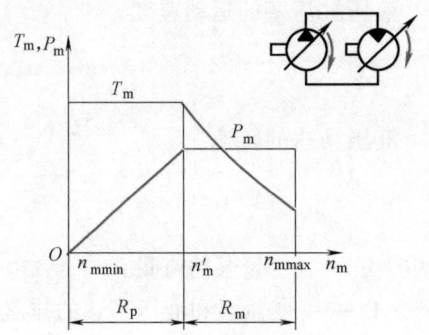

图 7-24 变量泵—变量马达容积
调速回路及其工作特性曲线

由低向高调节时可分为两个阶段：

第一阶段，应先将变量液压马达的排量 V_m 固定在最大值上，然后调节变量泵的排量 V_p 使其流量 q_p 逐渐增加，变量液压马达的转速便从最小值 n_{mmin} 逐渐升高到 n'_m，此阶段属于恒转矩调速，其调速范围 $R_p = n'_m/n_{mmin}$。

第二阶段，将变量泵的排量 V_p 固定在最大值上，然后调节变量液压马达，使它的排量 V_m 由最大逐渐减小，变量液压马达的转速自 n'_m 处逐渐升高，直至达到其允许最高转速 n_{mmax} 处为止。此阶段属于恒功率调速，它的调速范围为 $R_m = n_{mmax}/n'_m$。

因此，回路总的调速范围为 $R = R_p R_m = n_{mmax}/n_{mmin}$，其值可达 100 以上。这种回路的调速范围大，并且工作效率较高，适用于机床主运动等大功率液压系统中。

在容积调速回路中，泵的工作压力是随负载而变化的，而液压泵和执行元件的泄漏量随着工作压力的增加而增加，由于泄漏的影响，液压马达的转速随着负载的增加而有所下降。

（三）容积节流调速（联合调速）回路

虽然容积调速回路具有效率高、发热小的优点，但随着负载的增加，容积效率将下降，于是速度发生变化，尤其在低速时稳定性差。因此，有些机床的进给系统，为了减少发热，并满足速度稳定性的要求，常采用容积节流调速回路。

容积节流调速回路是用变量泵供油，用调速阀（或节流阀）改变进入液压缸的流量，以实现对工作速度的调节，这时泵的供油量与液压缸所需的流量相适应。这种回路的特点是效率高、发热小，速度刚性要比容积调速好。

1. 限压式变量泵和调速阀组成的调速回路

如图 7-25 所示，调速阀装在进油路上（也可装在回油路上），调节调速阀便可改变进入液压缸的流量，而限压式变量泵的输出流量 q_p 和液压缸所需流量 q_1 相适应。假如泵的输出流量 q_p 大于 q_1 时，多余的油液迫使泵的供油压力上升。根据限压式变量泵的工作原理可知：当压力升高时泵的输出流量 q_p 便自动减小，直到 q_p 与 q_1 相等为止。这种回路没有溢流损失，系统发热小，速度刚性也比较好。

图 7-26 所示是限压式变量泵和调速阀联合调速回路的特性曲线。由图可见，泵的输油量 q_p 与通过调速阀的流量 q_1 相等，泵的工作压力为 p_p，液压缸的工作压力 p_1 取决于负载。如果限压式变

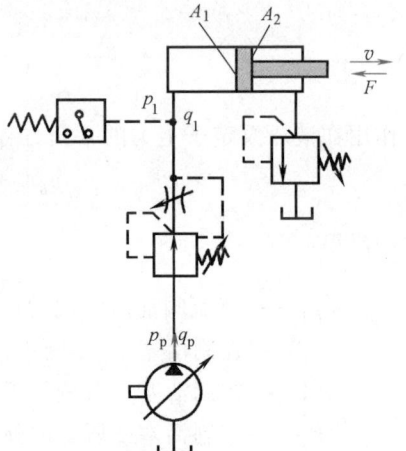

图 7-25 限压式变量泵—调速
阀联合调速回路

量泵限压螺钉调节得合理，在不计管路损失的情况下，使调速阀保持最小稳定压差值，一般 $\Delta p = p_p - p_1 = 0.5 \times 10^6 \mathrm{Pa}$。此时既可保证活塞的运动速度不会随负载变化，又可使经过调速阀的功率损失为最小。如果将限压式变量泵的工作压力 p_p 调得过小，会使 $\Delta p < 0.5 \times 10^6 \mathrm{Pa}$，这时调速阀中的减压阀将不能正常工作，输出流量随液压缸压力增高而下降，使活塞运动速度不稳定。若在调节限压螺钉时将 Δp 调得过大，则功率损失增大，油液容易发热。

2. 差压式变量泵和节流阀组成的联合调速回路

图 7-27 所示为差压式变量泵和节流阀组成的联合调速回路。差压式变量泵和限压式变

160 ——▪ 液压与气压传动　第 4 版

量泵不同，后者泵的流量由泵的出口压力来控制，而前者则用节流阀两端的压差来控制。这种回路在工作时，节流阀前后产生的压差反馈作用在叶片定子两侧的控制活塞 1、2 上，液压泵通过控制活塞的作用来保证节流阀 4 前后压差（$p_p - p_1$）基本不变，从而使通过节流阀的流量保持稳定。因此，系统保证了泵的输油量始终与节流阀的调节流量相适应。同时，当节流阀开口调大时，p_p 就会降低，偏心距 e 增大，泵的输油量也增大；当节流阀开口减小时，则泵的输油量就减小。

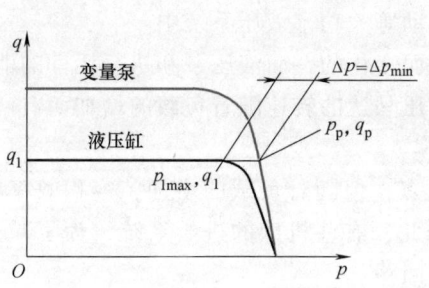

图 7-26　限压式变量泵—调速
阀联合调速回路的特性曲线

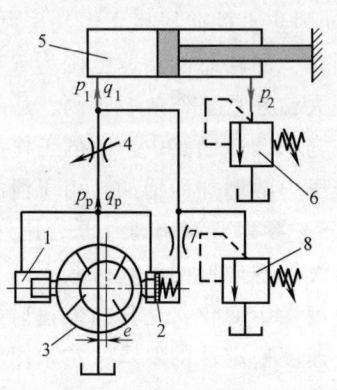

图 7-27　差压式变量泵—节
流阀联合调速回路

1、2—控制活塞　3—定子　4—节流阀
5—液压缸　6—背压阀　7—阻尼孔
8—安全阀

作用在液压泵定子上力的平衡方程式为

$$p_p A_1 + p_p (A - A_1) = p_1 A + F_s$$

经整理后得

$$p_p - p_1 = \frac{F_s}{A} \tag{7-14}$$

式中　p_p、p_1——节流阀前后两端的压力；

$\quad\quad A_1$——控制活塞 1、2 的小柱塞面积；

$\quad\quad A$——控制活塞 2 右侧的工作面积；

$\quad\quad F_s$——控制活塞 2 所受的弹簧力。

从式（7-14）可知：节流阀前后压差 $\Delta p = p_p - p_1$ 基本不变，根据公式 $q = KA_T \Delta p^m$ 可知通过节流阀的流量也基本不变。因此，回路中虽然采用了节流阀调速，但由于通过节流阀的流量受负载变化的影响很小，故活塞的运动速度是稳定的。

图 7-27 中阻尼孔 7 的作用是防止变量泵定子移动过快而发生振荡。6 是背压阀，8 是安全阀。图中节流阀安装在进油路上，同样也可将节流阀安装在回油路上。

▊ 二、快速运动回路

为了提高生产率，设备上的空行程一般都需做快速运动。根据 $v = q/A$ 可知，增加进入液压缸的流量和缩小液压缸的有效工作面积，都能提高活塞的运动速度。常见的快速运动回路有以下几种。

1. 差动连接的快速运动回路

图 7-28 所示是采用差动式液压缸实现差动连接的快速运动回路。图中采用二位三通电磁阀连接成差动回路，当电磁铁不通电时，阀连通液压缸的左右腔，并且同时接通液压油，由于活塞左端面上所受的油液作用力大于右端面上所受的作用力，因此活塞向右运动。此时液压缸右腔的油液也同时流入左腔，于是达到了快进的目的。工进时，电磁铁通电，二位三通电磁阀的左位工作，液压油进入液压缸左腔，右腔的回油通过二位三通电磁阀直接流回油箱。这种液压回路简单经济，应用较多；但液压缸的速度加快得不多，当 $A_1 = 2A_2$ 时，差动连接只比非差动连接的最大速度快一倍，有时不能满足主机快速运动的要求，因此常常要和其他方法联合使用。

2. 双泵供油的快速运动回路

图 7-29 所示是双泵供油的快速运动回路。液压泵 2 为高压小流量泵，泵的流量按最大工作进给速度需要来选取，工作压力由溢流阀 6 调定。液压泵 1 为低压大流量泵，它和液压泵 2 的流量加在一起应等于快速运动时所需的流量。液控顺序阀 7 的开启压力应比快速运动时所需的压力大 $0.8 \times 10^6 \mathrm{Pa}$。

快速运动时，由于负载小，系统压力小于液控顺序阀 7 的开启压力，则阀关闭。液压泵 1 的油液通过单向阀 3 与液压泵 2 的油液汇合在一起进入液压缸，以实现快速运动。工作进给时，负载加大，系统压力升高，液控顺序阀 7 打开，并关闭单向阀 3，使低压大流量液压泵 1 卸荷。此时，系统仅由高压小流量液压泵 2 供油，实现工作进给。

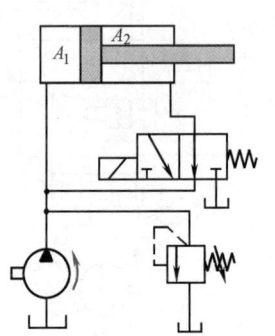

图 7-28　差动连接的快速
运动回路

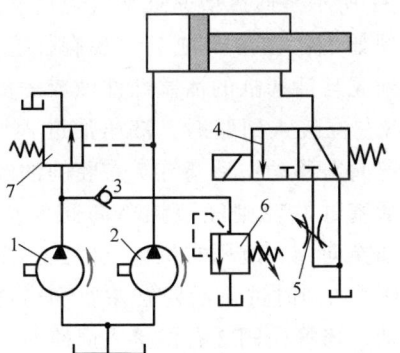

图 7-29　双泵供油的快速运动回路
1、2—液压泵　3—单向阀　4—电磁阀
5—节流阀　6—溢流阀　7—液控顺序阀

用双泵供油的快速运动回路在工作进给时，由于泵 1 卸荷，所以效率较高，功率利用合理，在组合机床液压系统中采用较多。其缺点是回路比较复杂，成本较高。

3. 采用蓄能器的快速运动回路

图 7-30 所示是采用蓄能器的快速运动回路。这种回路适用于系统短期需要大流量的场合。当系统停止工作时，换向阀处于中位，这时液压泵便经单向阀 2 向蓄能器 3 充油。蓄能器油压达到规定值时，液控顺序阀 1 被打开，液压泵卸荷。当换向阀处于左端或右端位置时，液压泵和蓄能器 3 共同向液压缸供油，实现快速运动。由于采用蓄能器和液压泵同时向系统供油，故可以用较小流量的液压泵来获得快速运动。医用牵引床的快速牵引和快速旋转

162 ▪ 液压与气压传动 第 4 版

动作就是这种回路的典型应用。

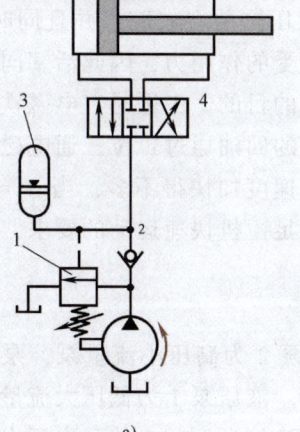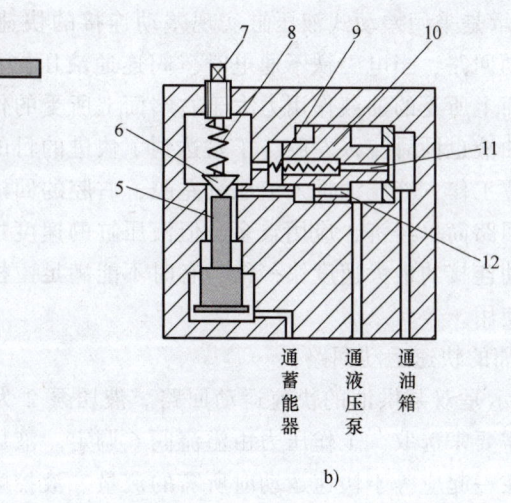

图 7-30　采用蓄能器的快速运动回路

a）回路图　b）卸荷阀结构图

1—液控顺序阀　2—单向阀　3—蓄能器　4—换向阀　5—柱塞　6—先导阀　7—调节螺钉
8—先导阀弹簧　9—主阀弹簧　10—主阀　11—中心孔　12—阻尼孔

4. 增速缸式快速运动回路

图 7-31 所示是通过增速缸来实现快速运动的回路，其工作原理如下：在活塞缸 7 中装有柱塞式增速缸 6，增速缸的外壳与活塞缸的活塞部件做成一体。当换向阀 2 和 3 都以左位接入回路时，液压油进入增速缸 6，推动活塞快速向右移动；活塞缸 7 右腔的油经换向阀 2 流向油箱，活塞缸左腔则经液控单向阀 5 从副油箱 4 吸油。这时如换向阀 3 改用右位接入回路，则液压单向阀 5 关闭，液压油同时进入活塞缸左腔和增速缸，活塞慢速向右移动。当换向阀 2 右位接入回路时，液压油进入活塞缸右腔，增速缸接通油箱，液控单向阀打开，活塞缸左腔的油除通过液控单向阀流入副油箱外，也可以经换向阀 3 的右位接通油箱，这时活塞快速向左返回。这种回路可以在不增加液压泵流量的情况下获得较快的速

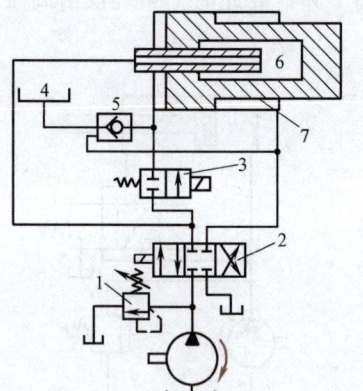

图 7-31　增速缸式快速运动回路

1—溢流阀　2、3—换向阀　4—副油箱
5—液控单向阀　6—增速缸　7—活塞缸

度（因为增速缸的柱塞有效面积比活塞缸活塞面积小得多），使功率利用比较合理；其缺点是结构比较复杂，液压缸需特制。它大多用在空行程速度要求较快的卧式液压机上。

三、速度换接回路

在设备的工作部件实现自动工作循环的过程中，需要进行速度切换，如从快速运动转换成慢速的工作进给、从一种进给速度变换为另一种进给速度等。并且在速度切换过程中，尽可能使切换平稳，不出现前冲现象。

第七章　液压基本回路 ■ **163**

1. 快速运动和工作进给的换接回路

图 7-32 所示是采用行程阀与节流阀并联的快慢速换接回路。这种回路能实现快进→工进→快退→停止的工作循环，当换向阀 1 的右位工作时，液压泵的流量通过阀 1 全部进入液压缸，回油则经行程阀 2 直接进入油箱，工作部件实现快速运动。当工作台移动一定距离后，触动行程阀 2，使其上位工作，行程阀关闭，回油只能经节流阀 3 流回油箱。这时，进入液压缸的流量便受到节流阀的控制，多余的油经溢流阀流回油箱，快速运动切换成工作进给运动。当工作进给结束时，换向阀 1 左位工作，液压油经换向阀 1、单向阀 4 进入液压缸右腔，工作部件快速退回。采用行程阀的快速切换回路，由于切换时阀的开口是逐渐关闭的，换接比较平稳，比采用电气元器件动作可靠。但是行程阀必须安装在运动部件附近，有时管路要接得很长，压力损失就较大。

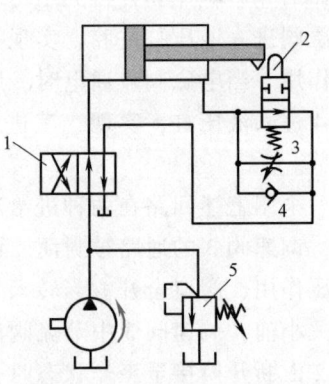

图 7-32　采用行程阀与节流阀
并联的快慢速换接回路
1—换向阀　2—行程阀　3—节流阀
4—单向阀　5—溢流阀

图 7-29 所示回路是用二位三通电磁阀 4 实现快、慢速切换的回路。电磁阀断电，快进；电磁阀通电，工进。这种快、慢速切换回路，调节行程比较灵活，阀的安装也比较方便，并且换接迅速，但平稳性较差。

2. 两种工进速度的换接回路

一些设备的进给部件有时需要有两种工进速度。一般第一种工进速度较大，大多用于粗加工；第二种工进速度较小，大多用于半精加工或精加工。两种工进速度是由两个调速阀（或节流阀）来分别调节的。回路有串联和并联两种方式。

图 7-33a 所示为两个调速阀并联的两工进回路，其速度可以进行单独调节，两个调速阀

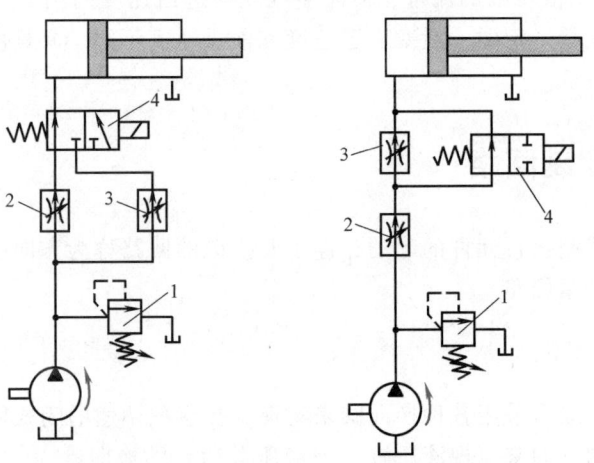

a)　　　　　　　　　　　　　　　b)

图 7-33　采用两个调速阀的速度换接回路
a) 调速阀并联回路　b) 调速阀串联回路
1—溢流阀　2、3—调速阀　4　电磁阀

工作的先后顺序和开口大小均不受限制。当电磁阀4断电时，液压油经调速阀2和二位三通电磁阀进入液压缸左腔，实现一工进。此时，调速阀3的通路被二位三通电磁阀4切断，不起作用。当电磁阀4通电时，则调速阀2的通路被切断，液压油经调速阀3和二位三通电磁阀4进入液压缸，实现二工进。这种回路的第二次进给速度和第一次进给速度可进行单独调节。

采用上述回路在两种进给速度的切换过程中，容易形成突然前冲。因为在调速阀2工作时，调速阀3的通路被封闭，调速阀3的进出口压力相等；此时，调速阀3中的减压阀不起减压作用，阀口全开。当转入二工进时，调速阀3的出口压力突然下降，在减压阀阀口还没有关小前，调速阀3中节流阀前后的压差很大，瞬时流量增加，造成前冲现象。同样，调速阀2由断开换接至工作状态时，也会出现上述情况。

为了避免并联调速阀换接回路的前冲现象，可将图7-33中二位三通阀换为二位五通阀。当一个调速阀在工作时，另一调速阀仍有油液通过（出口接油箱），这时调速阀前后保持一定压差，使减压阀开口较少，转入工进时，不会造成节流阀两端压差的瞬时增大，因此克服了前冲现象，换接比较平稳，但是回路中有一定的能量损失。

图7-33b所示是由调速阀2和调速阀3串联的两工进回路，调速阀2用于一工进，调速阀3用于二工进。当电磁阀4断电时，液压油经调速阀2和二位二通电磁阀进入液压缸左腔，此时调速阀3被短接，进给速度由调速阀2控制，实现一工进。当电磁阀4通电时，则液压油先经调速阀2，再经调速阀3进入液压缸左腔，速度由调速阀3控制，实现二工进。在串联调速阀的二工进回路中，调速阀3的开口必须小于调速阀2的开口。否则，在二工进时，调速阀3将不起作用。

3. 双向进给回路

双向进给回路是指工作部件在前进和后退时都能实现工作进给的回路。在一般情况下，只要在泵的出油口和换向阀之间或者在换向阀至油箱之间的管路上设置一个调速阀（或节流阀），控制进入或排出液压缸的流量，便能实现双向进给速度的调节。这种回路对单杆液压缸不适用，因为当流量一定时，活塞后退速度和前进速度不同。并且由于受到换向阀泄漏的影响，调速精度也较低。

第三节　方向控制回路

在液压系统中，控制执行元件的起动、停止及换向的回路称为方向控制回路。方向控制回路包括换向回路和锁紧回路。

一、换向回路

运动部件的换向一般可采用各种换向阀来实现。在容积调速的闭式回路中，也可以利用双向变量泵控制油流的方向来实现液压缸（或液压马达）的换向。

依靠重力或弹簧返回的单作用液压缸可以采用二位三通换向阀进行换向。双作用液压缸的换向一般都可采用二位四通（或五通）及三位四通（或五通）换向阀来进行换向。按不同用途可选用不同控制方式的换向回路。

电磁换向阀的换向回路应用最为广泛，尤其在自动化程度要求较高的组合机床液压系统

第七章　液压基本回路　■········ **165**

中被普遍采用。这种换向回路曾多次出现于前述内容介绍过的许多回路中，这里不再赘述。对于流量较大和换向平稳性要求较高的场合，电磁换向阀的换向回路已不能适应上述要求，往往采用手动换向阀或机动换向阀作为先导阀而以液动换向阀作为主阀的换向回路，或者采用电液动换向阀的换向回路。

往复直线运动换向回路的功用是使液压缸和与之相连的主机运动部件在其行程终端处迅速、平稳、准确地变换运动方向。简单的换向回路只需采用标准的普通换向阀，但是在换向要求高的主机（如各类磨床）上换向回路中的换向阀就需进行特殊设计。这类换向回路还可以按换向要求的不同而分成时间控制制动式和行程控制制动式两种。

图 7-34 所示是一种比较简单的时间控制制动式换向回路。这个回路中的主油路只受换向阀 3 控制。在换向过程中，当图中先导阀 2 在左端位置时，控制油路中的液压油经单向阀 I_2 通向换向阀 3 右端，换向阀左端的油经节流阀 J_1 流回油箱，换向阀阀芯向左移动，阀芯上的锥面逐渐关小回油通道，活塞速度逐渐减慢，并在换向阀 3 的阀芯移过 l 距离后将通道闭死，使活塞停止运动。当节流阀 J_1 和 J_2 的开口大小调定之后，换向阀阀芯移过距离 l 所需的时间（使活塞制动所经历的时间）就确定不变。因此，这种制动方式称为时间控制制动方式。时间控制制动式换向回路的主要优点是它的制动时间可以根据主机部件运动速度的快慢、惯性的大小通过节流阀 J_1 和 J_2 的开口量得到调节，以便控制换向冲击，提高工作效率；其主要缺点是换向过程中的冲出量受运动部件的速度和其他一些因素的影响，换向精度不高。所以，这种换向回路主要用于工作部件运动速度较高但换向精度要求不高的场合，如平面磨床的液压系统中。

图 7-35 所示是一种行程控制制动式换向回路，这种回路的结构和工况与时间控制制动式的主要差别在于这里的主油路除了受换向阀 3 控制外，还要受先导阀 2 控制。当图示位置的先导阀 2 在换向过程中向左移动时，先导阀阀芯的右制动锥将液压缸右腔的回油通道逐渐关小，使活塞速度逐渐减慢，对活塞进行预制动。当回油通道被关得很小、活塞速度变得很慢时，换向阀 3 的控制油路才开始切换，换向阀阀芯向左移动，切断主油路通道，使活塞停止运动，并随即使它在相反的方向起动。这里，不论运动部件原来的速度快慢如何，先导阀总是要移动一段固定的行程 l，将工作部件先进行预制动后，再由换向阀来使它换向。所以，

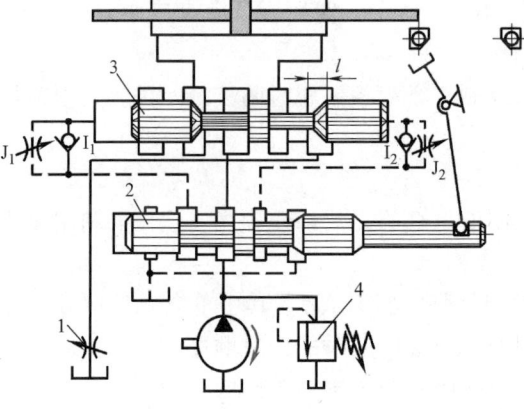

图 7-34　时间控制制动式换向回路

1—节流阀　2—先导阀　3—换向阀　4—溢流阀

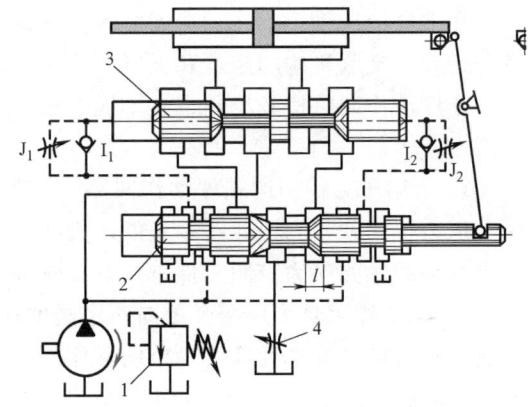

图 7-35　一种行程控制制动式换向回路

1—溢流阀　2—先导阀　3—换向阀　4—节流阀

166 ▪ 液压与气压传动 第 4 版

这种制动方式称为行程控制制动方式。行程控制制动式换向回路的换向精度较高，冲出量较小；但是由于先导阀的制动行程恒定不变，制动时间的长短和换向冲击的大小将受运动部件速度快慢的影响。所以，这种换向回路宜用在主机工作部件运动速度不大但换向精度要求较高的场合，例如内、外圆磨床的液压系统中。

二、锁紧回路

为了使工作部件能在任意位置上停留，以及在停止工作时，防止在受力的情况下发生移动，可以采用锁紧回路。

采用 O 型或 M 型机能的三位换向阀，当阀芯处于中位时，液压缸的进、出口都被封闭，可以将活塞锁紧。这种锁紧回路由于受到滑阀泄漏的影响，锁紧效果较差。

图 7-36 所示是采用液控单向阀的双向锁紧回路。在液压缸的进、回油路中都串接液控单向阀（又称液压锁），活塞可以在行程的任何位置锁紧。其锁紧精度只受液压缸内少量的内泄漏的影响，因此锁紧精度较高。在造纸机械中常采用这种典型回路。

采用液控单向阀的锁紧回路，其换向阀的中位机能应使液控单向阀的控制油液卸压（换向阀采用 H 型或 Y 型）。此时，液控单向阀便立即关闭，活塞停止运动。假如采用 O 型机能，在换向阀处于中位时，由于液控单向阀的控制腔液压油被闭死而不能使其立即关闭，直至由换向阀的内泄漏使控制腔泄压后，液控单向阀才能关闭，影响其锁紧精度。

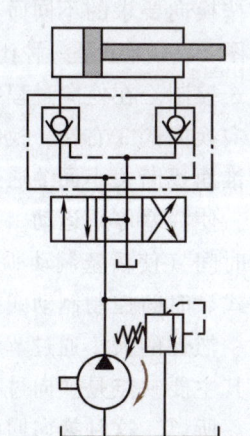

图 7-36 采用液控单向阀的双向锁紧回路

第四节 多缸动作回路

一、顺序动作回路

在多缸液压系统中，往往需要按照一定要求的顺序动作。例如，自动车床中刀架的纵、横向运动，夹紧机构的定位和夹紧等均为顺序动作。

顺序动作回路按其控制方式不同可分为压力控制、行程控制和时间控制三类，其中前两类用得较多。

1. 采用压力控制的顺序动作回路

压力控制就是利用油路本身的压力变化来控制液压缸的先后动作顺序，它主要利用压力继电器和顺序阀作为控制元件来控制动作顺序。

图 7-37 所示是采用两个单向顺序阀的压力控制顺序动作回路。其中单向顺序阀 6 控制两液压缸前进时的先后顺序，单向顺序阀 3 控制两液压缸后退时的先后顺序。当换向阀 2 左位工作时，液压油进入液压缸 4 的左腔，右腔经单向顺序阀 3 中的单向阀回油，此时由于压力较低，单向顺序阀 6 关闭，液压缸 4 的活塞先动。当液压缸 4 的活塞运动至终点时，油压升高，达到单向顺序阀 6 的调定压力时，单向顺序阀 6 开启，液压油进入液压缸 5 的左腔，

第七章　液压基本回路　　167

右腔直接回油，液压缸 5 的活塞向右移动。当液压缸 5 的活塞右移到达终点后，换向阀右位接通，此时液压油进入液压缸 5 的右腔，左腔经单向顺序阀 6 中的单向阀回油，使液压缸 5 的活塞向左返回，到达终点时，液压油升高打开单向顺序阀 3，再使液压缸 4 的活塞返回。

这种顺序动作回路的可靠性在很大程度上取决于顺序阀的性能及其压力调整值。顺序阀的调整压力应比先动作的液压缸的工作压力高 0.8~1MPa，以免在系统压力波动时发生误动作。

2. 采用行程控制的顺序动作回路

行程控制顺序动作回路是利用工作部件到达一定位置时，发出信号来控制液压缸的先后动作顺序的回路。它可以利用行程开关、行程阀等来实现。

图 7-38 所示是利用行程开关控制的顺序动作回路。其动作顺序是按起动按钮，电磁铁 1YA 通电，液压缸 2 的活塞右行；当挡铁触动行程开关 4 时，使 1YA 断电、3YA 通电，液压缸 5 的活塞右行；液压缸 5 的活塞右行至行程终点触动行程开关 7，使 3YA 断电、2YA 通电，液压缸 2 的活塞后退；退至左端，触动行程开关 3，使 2YA 断电、4YA 通电，液压缸 5 的活塞退回，触动行程开关 6，4YA 断电。至此完成了两缸的全部顺序动作的自动循环。

采用电气行程开关控制的顺序回路，其调整行程大小和改变动作顺序均很方便，且可利用电气互锁使动作顺序可靠。

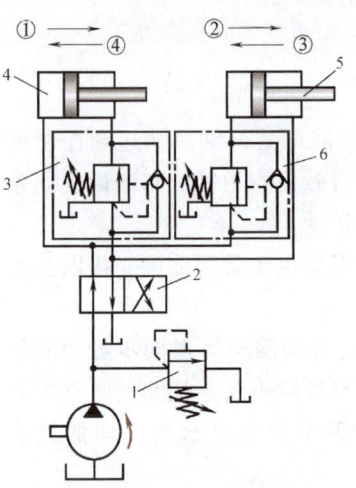

图 7-37　采用两个单向顺序
阀的压力控制顺序动作回路
1—溢流阀　2—换向阀　3、6—单
向顺序阀　4、5—液压缸

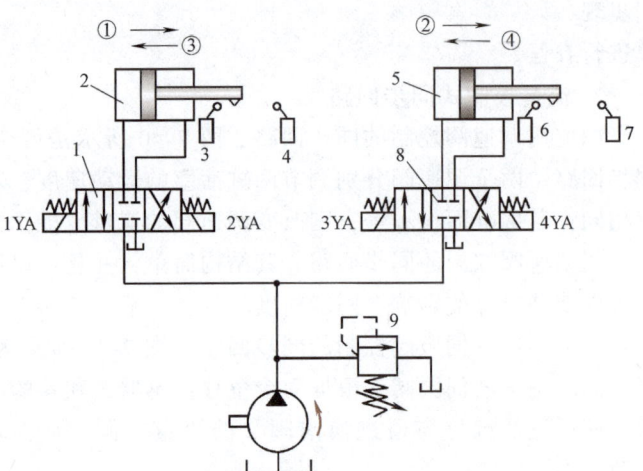

图 7-38　利用行程开关控制的顺序动作回路
1、8—换向阀　2、5—液压缸　3、4、6、7—行程开关
9—溢流阀

二、同步回路

使两个或两个以上的液压缸在运动中保持相同位移或相同速度的回路称为同步回路。

在一泵多缸的系统中，尽管液压缸的有效工作面积相等，但是由于运动中所受负载不均衡，摩擦阻力也不相等，泄漏量的不同以及制造上的误差等，均阻碍液压缸同步动作。同步回路的作用即克服这些影响，补偿它们在流量上造成的变化。

168 ▪ 液压与气压传动　第4版

1. 串联液压缸的同步回路

图7-39所示是串联液压缸的同步回路。图中第一个液压缸回油腔排出的油液被送入第二个液压缸的进油腔。如果串联油腔活塞的有效面积相等，便可实现同步运动。这种回路两缸能承受不同的负载，但泵的供油压力要大于两缸工作压力之和。

由于泄漏和制造误差影响了串联液压缸的同步精度，当活塞往复多次后，会产生严重的失调现象，为此要采取补偿措施。为了达到同步运动，液压缸5与液压缸7的有效面积相等。在活塞下行过程中，如果液压缸5的活塞先运动到底，触动行程开关4，使电磁铁1YA通电，此时液压油便经过换向阀3、液控单向阀6，向液压缸7的上腔补油，使液压缸7的活塞继续运动到底。如果液压缸7的活塞先运动到底，触动行程开关8，使电磁铁2YA通电，此时液压油便经过换向阀3进入液控单向阀的控制油口，液控单向阀6反向导通，使液压缸5能通过液控单向阀6和换向阀3回油，使液压缸5的活塞继续运动到底，对不同步现象进行补偿。

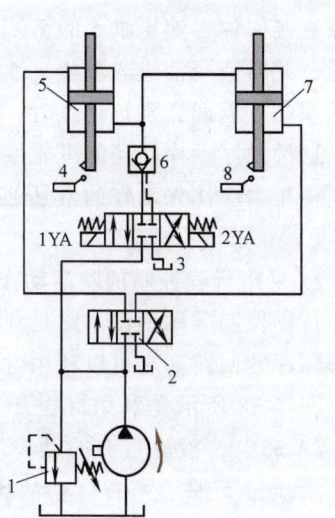

图 7-39　串联液压缸的同步回路
1—溢流阀　2、3—换向阀
4、8—行程开关　5、7—液压缸
6—液控单向阀

2. 流量控制式同步回路

（1）用调速阀控制的同步回路　图7-40所示是两个并联的液压缸分别用调速阀控制的同步回路。两个调速阀分别调节两缸活塞的运动速度，若两缸有效面积相等，则流量也调整得相同；若两缸面积不等，则改变调速阀的流量也能达到同步运动。

用调速阀控制的同步回路，其结构简单，并且可以调速，但是由于受到油温变化以及调速阀性能差异等的影响，同步精度较低，一般为5%~7%。

（2）用电液伺服阀控制的同步回路　图7-41所示为采用电液伺服阀实现同步运动的回路。回路中电液伺服阀6根据两个位移传感器3和4的反馈信号持续不断地控制其阀口的开度，使通过的流量与通过换向阀2的流量相同，从而保证了两个液压缸获得双向的同步运动。

采用电液伺服阀控制的同步回路的同步精度很高，能满足大多数工作部件所要求的同步精度。但由于伺服阀必须通过与换向阀相同的较大流量，规格尺寸要选得很大，因此价格昂贵，适用于两个液压缸相距较远而同步精度又要求很高的场合。

三、多缸快慢速互不干涉回路

在一泵多缸的液压系统中，往往由于其中一个液压缸快速运动时会造成系统的压力下降，影响其他液压缸工作进给的稳定性。因此，在工作进给要求比较稳定的多缸液压系统中，必须采用快慢速互不干涉回路。

在图7-42所示的回路中，各液压缸分别要完成快进、工作进给和快速退回的自动循环。回路采用双泵的供油系统，液压泵1为高压小流量泵，供给各缸工作进给所需的液压油；液

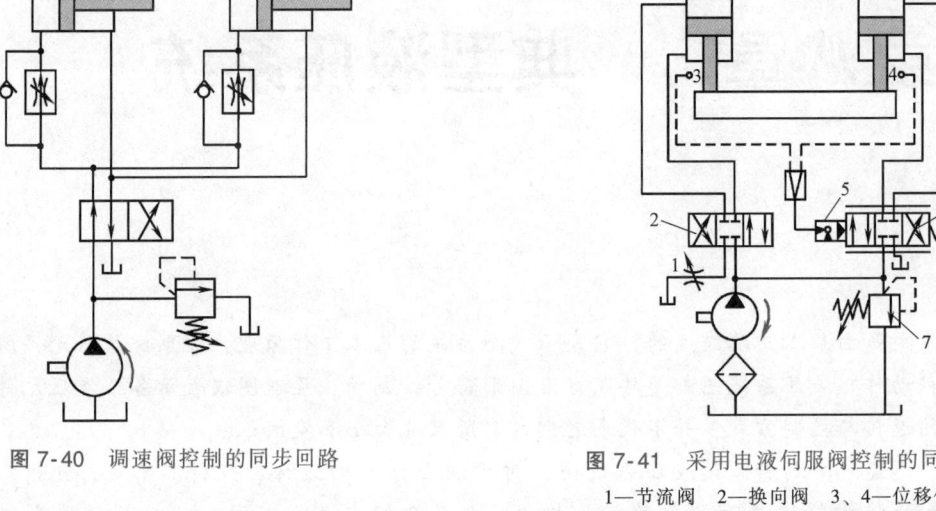

图 7-40 调速阀控制的同步回路

图 7-41 采用电液伺服阀控制的同步回路
1—节流阀 2—换向阀 3、4—位移传感器
5—伺服放大器 6—电液伺服阀 7—溢流阀

压泵 12 为低压大流量泵，为各缸快进或快退输送低压油，它们的压力分别由溢流阀 2 和 11 调定。

当开始工作时，电磁阀 1YA、2YA 断电，3YA、4YA 通电，液压泵 12 输出的液压油同时与两液压缸的左、右腔连通，两缸都做差动连接，使活塞快速向右运动，高压油路分别被换向阀 4、换向阀 9 关闭。这时若某一个液压缸（如液压缸 6）先完成了快速运动，实现了快慢速换接（电磁铁 1YA 通电、3YA 断电），换向阀 4 和换向阀 5 将低压油路关闭，所需液压油由液压泵 1 供给，由调速阀 3 调节流量获得工进速度。当两缸都转换为工进且都由液压泵 1 供油之后，如某个液压缸（如液压缸 6）先完成工进运动，实现反向换接（1YA、3YA 都通电），换向阀 5 将高压油关闭，大流量液压泵 12 输出的低压油经换向阀 5 进

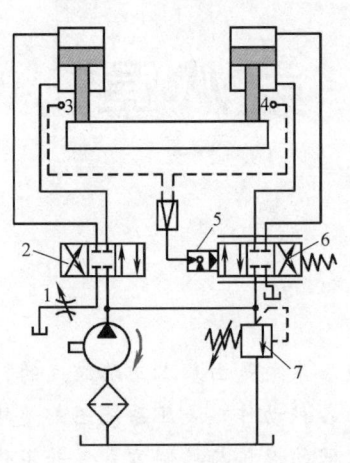

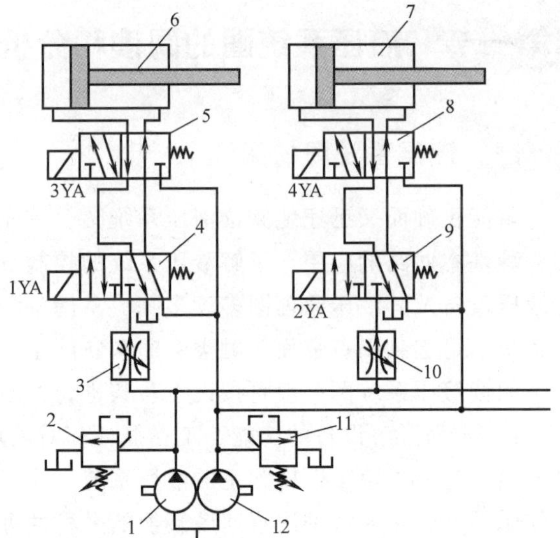

图 7-42 双泵供油多缸快慢速互不干涉回路
1、12—液压泵 2、11—溢流阀 3、10—调速阀
4、5、8、9—换向阀 6、7—液压缸

入液压缸 6 的右腔，左腔的回油经换向阀 5、换向阀 4 流回油箱，活塞快速退回。这时液压缸 7 仍由液压泵 1 供油继续进行工进，速度由调速阀 10 调节，不受液压缸 6 运动的影响。当所有电磁铁都断电时，两缸才都停止运动。这种回路可以用在具有多个工作部件各自分别运动的机床液压系统中。

第八章 典型液压系统

液压系统是由基本回路组成的，它表示一个系统的基本工作原理，即系统执行元件所能实现的各种动作。液压系统图都是按照标准图形符号绘制的，原理图仅表示各个液压元件及它们之间的连接与控制方式，并不代表它们的实际尺寸大小和空间位置。

正确、迅速地分析和阅读液压系统图，对于液压设备的设计、分析、研究、使用、维修、调整和故障排除均具有重要的指导作用。本章介绍在几个不同行业应用的典型液压系统。

第一节 液压系统图的阅读和分析方法

一、液压系统图的阅读

要能正确而又迅速地阅读液压系统图，首先必须掌握液压元件的结构、工作原理、特点和各种基本回路的应用，了解液压系统的控制方式、图形符号及其相关标准。其次，结合实际液压设备及其液压原理图多读多练，掌握各种典型液压系统的特点，对于今后阅读新的液压系统，可起到以点带面、触类旁通和熟能生巧的作用。

阅读液压系统图一般可按以下步骤进行：

1）全面了解设备的功能、工作循环和对液压系统提出的各种要求。例如组合机床液压系统图，它是以速度转换为主的液压系统，除了能实现液压滑台的快进→工进→快退的基本工作循环外，还要特别注意速度转换的平稳性等指标。同时，要了解控制信号的转换以及电磁铁动作表等，这有助于我们能够有针对性地进行阅读。

2）仔细研究液压系统中所有液压元件及它们之间的联系，弄清各个液压元件的类型、原理、性能和功用。对一些用半结构图表示的专用元件，要特别注意它们的工作原理，要读懂各种控制装置及变量机构。

3）仔细分析并写出各执行元件的动作循环和相应的油液所经过的路线。

为便于阅读，最好先将液压系统中的各条油路分别进行编码，然后按执行元件划分读图单元，每个读图单元先看动作循环，再看控制回路、主油路。要特别注意系统从一种工作状态转换到另一种工作状态时，是由哪些元件发出的信号，又是使哪些控制元件动作并实现的。

阅读液压系统图的具体方法有传动链法、电磁铁工作循环表法和等效油路图法等。

第八章 典型液压系统 **171**

二、液压系统图的分析

在读懂液压系统图的基础上，还必须进一步对该系统进行一些分析，这样才能评价液压系统的优缺点，使设计的液压系统性能不断完善。

液压系统图的分析可考虑以下几个方面：

1）液压基本回路的确定是否符合主机的动作要求。

2）各主油路之间、主油路与控制油路之间有无矛盾和干涉现象。

3）液压元件的代用、变换和合并是否合理、可行。

4）液压系统性能的改进方向。

第二节　YT4543 型液压动力滑台液压系统

一、概述

组合机床是一种高效率的专用机床，它由通用部件和部分专用部件组成，其工艺范围广，自动化程度高，在成批和大量生产中得到了广泛的应用。液压动力滑台是组合机床上的一种通用部件，根据加工要求，滑台台面上可设置动力箱、多轴箱或各种用途的切削头等工作部件，以完成钻削、扩削、铰削、镗削、刮端面、倒角、铣削及攻螺纹等工序。

为了缩短加工的辅助时间，满足各种工序的进给速度要求，动力滑台的液压系统必须具有良好的速度换接性能与调速特性。对组合机床动力滑台液压系统的要求如下：

1）在电气和机械装置的配合下，可以根据不同的加工要求，实现多种工作循环，如"快进→工进→快退→原位"或者"快进→一工进→二工进→快退→原位"等工作循环。

2）能实现快进和快退，YT4543 型动力滑台的快速运动速度为 6.5m/min。

3）有较大的工进调速范围，以适应不同工序的工艺要求。YT4543 型动力滑台的进给范围为 6.6~660mm/min。在变负载或断续负载下，能保证动力滑台进给速度的稳定。

4）进给行程终点的重复位置精度要求较高。根据不同的工艺要求，可选择相应的行程终点控制方法。

5）合理解决快进速度和工进速度相差悬殊的问题，提高系统效率，减少发热。

6）有足够的承载能力。YT4543 型动力滑台的最大进给力为 45kN。

二、YT4543 型动力滑台液压系统的工作原理

图 8-1 所示为 YT4543 型动力滑台液压系统图。下面以实现二次工作进给的自动循环为例，说明其工作原理。

1. 快进

按下起动按钮，电磁铁 1YA 通电，电液换向阀 7 的先导阀 A 左位工作，液动换向阀 B 在控制液压油作用下将左位接入系统。

进油路：油箱→过滤器 1→液压泵 2→单向阀 3→电液换向阀 7→行程阀 11→液压缸左腔。

回油路：液压缸右腔→电液换向阀 7，单向阀 6→行程阀 11→液压缸左腔。

172 ────■ 液压与气压传动 第 4 版

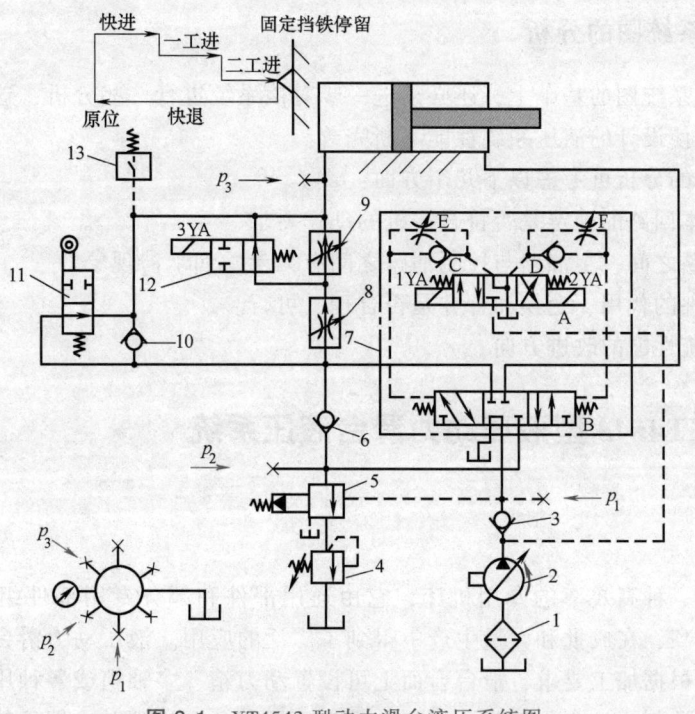

图 8-1 YT4543 型动力滑台液压系统图

1—过滤器 2—液压泵 3、6、10—单向阀 4—溢流阀 5—顺序阀 7—电液换向阀
8、9—调速阀 11—行程阀 12—电磁阀 13—压力继电器

液压缸两腔连通，实现差动快进。由于快进阻力小，系统压力低，变量泵输出最大流量。

2. 第一次工作进给

当滑台快进到预定位置时，挡块压下行程阀 11，切断快进通道，这时液压油经调速阀 8、电磁阀 12 进入液压缸左腔。由于液压泵供油压力高，顺序阀 5 已被打开。

进油路：油箱→过滤器 1→液压泵 2→单向阀 3→电液换向阀 7→调速阀 8→电磁阀 12→液压缸左腔。

回油路：液压缸右腔→电液换向阀 7→顺序阀 5→溢流阀 4→油箱。

工进时系统压力升高，变量泵自动减小其输出流量，且与调速阀 8 的开口相适应。

3. 第二次工作进给

一工进终了时，挡块压下行程开关使 3YA 通电，这时液压油经调速阀 8 和 9 进入液压缸的左腔。液压缸右腔的回油路线与一工进时相同。此时，变量泵输出的流量自动与调速阀 9 的开口相适应。

4. 固定挡铁停留

当滑台以二工进速度行进碰到固定挡铁时，滑台即停留在固定挡铁处，此时液压缸左腔压力升高，使压力继电器 13 动作，发出电信号给时间继电器。停留时间由时间继电器调定。

5. 快退

停留结束后，时间继电器发出信号，使电磁铁 1YA、3YA 断电，2YA 通电，这时电液

第八章　典型液压系统　173

换向阀 7 的电磁阀 A 右位工作，液动换向阀 B 在控制液压油作用下将右位接入系统。

进油路：液压泵 2→单向阀 3→电液换向阀 7→液压缸右腔。

回油路：液压缸左腔→单向阀 10→电液换向阀 7→油箱。

滑台返回时负载小，系统压力下降，变量泵流量自动恢复到最大，且液压缸右腔的有效作用面积较小，故滑台快速退回。

6. 原位停止

当滑台快退到原位时，挡块压下终点行程开关，使电磁铁 2YA 断电，电磁阀 A 和液动换向阀 B 都处于中位，液压缸两腔油路封闭，滑台停止运动。这时泵输出的油液经单向阀 3 和电液换向阀 7 排回油箱，液压泵在低压下卸荷。

滑台液压系统的上述工况也可用电磁铁工作循环表或等效油路图等来描述。

三、YT4543 型动力滑台液压系统的特点

1）采用容积节流调速回路，无溢流功率损失，系统效率较高，且能保证稳定的低速运动、较好的速度刚性和较大的调速范围。

在回油路上设置溢流阀，提高了滑台运动的平稳性。把调速阀设置在进油路上，具有起动冲击小、便于压力继电器发信控制、容易获得较低速度等优点。

2）限压式变量泵和差动连接的快速回路，既解决了快慢速度相差悬殊的难题，又使能量利用经济合理。

3）采用行程阀实现快慢速换接，其动作的可靠性、转换精度和平稳性都较高。一工进和二工进之间的转换，由于通过调速阀 8 的流量很小，采用电磁阀式换接已能保证所需的转换精度。

4）限压式变量泵本身就能按预先调定的压力限制其最大工作压力，故在采用限压式变量泵的系统中，一般不需要另外设置安全阀。

5）采用换向阀式低压卸荷回路，可以减少能量损耗，结构也比较简单。

6）采用三位五通电液换向阀，其换向性能好，滑台可在任意位置停止，快进时构成差动连接。

第三节　MLS$_3$—170 型采煤机及其液压牵引系统

现代综合机械化长臂采煤工作面大都采用滚筒式采煤机采煤，国产 MLS$_3$—170 型采煤机可以作为此类采煤机的代表，其外形结构如图 8-2 所示。

在割煤滚筒 1 的螺旋形叶片上装有截齿，当滚筒在煤壁内旋转时便可将煤切下，并装入工作面刮板运输机 2 的溜槽中运走。采煤机骑在运输机的槽帮上。沿工作面全长有一条张紧的牵引锚链，它与采煤机牵引部的牵引链轮 9 相啮合，链轮转动，就牵引着采煤机沿煤壁往复运动，连续采煤。

采煤机的工作条件恶劣，传动功率大而工作空间又极受限制，故要求其传动部件的单位功率的质量越小越好；由于它的移动速度低且负载大，故其牵引部必须具有很大的传动比（$i=250\sim300$）和牵引力（$120\sim400kN$），并能够进行无级调速。要求整个系统应具有完善可靠的安全保护功能和操作灵活方便。这种传动系统采用液压传动和控制是适宜的。

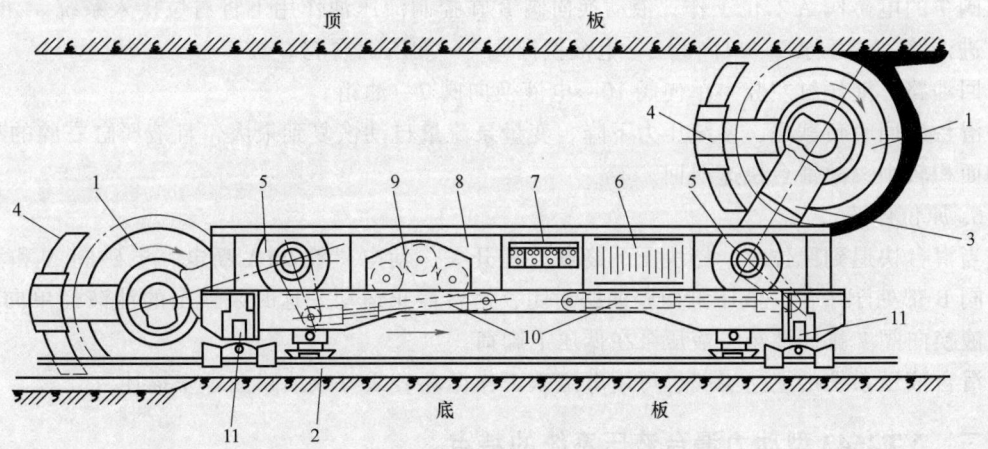

图 8-2 MLS$_3$—170 型采煤机外形结构示意图

1—割煤滚筒 2—刮板运输机 3—摇臂 4—挡煤板 5—减速箱 6—电动机
7—控制箱 8—液压牵引部 9—牵引链轮 10—调高液压缸 11—调料液压缸

此外，滚筒式采煤机的滚筒高度调节、机身倾斜度调整以及挡煤板翻转等，通常也都采用液压传动系统完成。它们多为与牵引部液压系统无关的简单开式系统。

MLS$_3$—170 型采煤机的液压牵引系统如图 8-3 所示。

主泵 1 为具有恒功率变量机构的斜轴式轴向柱塞泵，马达 2 为与主泵同规格的斜轴式定量柱塞马达。

主泵恒功率变量机构的结构包括泵位调节器、液压恒功率调节器和电动机恒功率调节器三个部分（图 8-3）。泵位调节器 15 实际上是一手动伺服变量机构，包括调速杆 15.1、大弹簧 15.2、弹簧套 15.3、V 形槽板 15.4、反馈杠杆 15.5、伺服滑阀 15.6 和变量活塞 15.7。在大弹簧尚未压缩的自由状态下，调节器各个零件所处的位置都对应于泵位的零位。摇动手柄 21 或转动齿轮 22，通过丝杠、螺母推动调速杆上、下移动，便可在任一方向上压缩大弹簧。假设其压缩量为 x_0，这时如果开关活塞 16 处于右位（解锁）松开 V 形槽板，则 V 形槽板将在大弹簧力的作用下也沿相同的方向（如图向上或向下）移动 x_0，位移 x_0 又通过反馈杠杆推动伺服滑阀，从而使变量活塞移动 x_p，于是主泵便以与此相应的方向和排量工作。因此，可以直接利用泵位调节器对马达进行手动调速及换向。但实际上只用它作为系统运行速度和运动方向的给定装置，而利用液压恒功率调节器和电动机恒功率调节器在给定的速度范围内进行自动调速。

液压恒功率调节器 17 由装在开关活塞 16 中的一个小柱塞 17.1 和平衡弹簧 17.2 构成。小柱塞一端与系统的高压侧相通，所受的液压力与弹簧力始终相平衡。故小柱塞的伸出距离 x_1 与系统的液压力成正比，它实际上就是系统的压力反馈测量装置。电动机恒功率调节器 18 包括一个行程可调的小活塞 18.1 和一个三位四通电磁阀 18.2。这两个调节器的柱塞轴线和活塞轴线在同一直线上，并与主泵的零位相对应。电磁阀 18.2 由电流反馈系统测得的电流信号控制，是一个具有死区的继电器型非线性控制环节。小活塞 18.1 的外伸距离为 x_2。此系统主要环节的方框图如图 8-4 所示。

系统工作时，开关活塞在低压控制油的作用下总是处于最右边的松开位置，泵位调节器

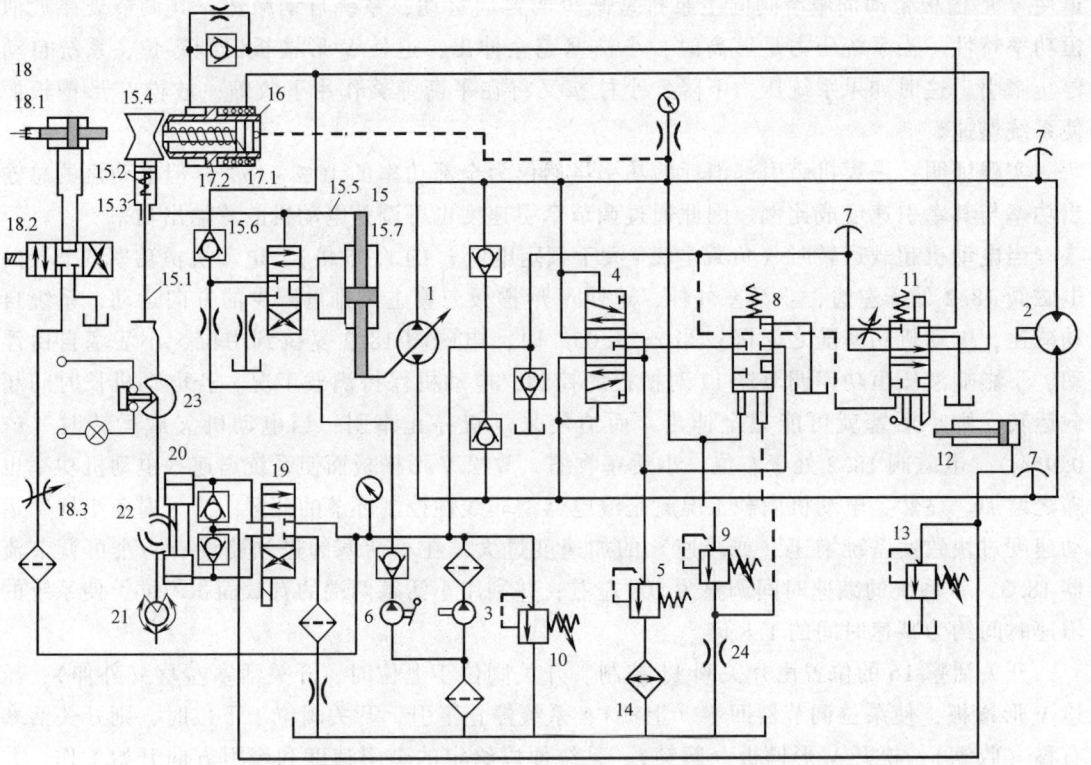

图 8-3 MLS₃—170 型采煤机的液压牵引系统

1—主泵 2—马达 3—辅助泵 4—液动换向阀 5—背压阀 6—手动充油泵 7—排气孔 8—超压关闭阀
9—高压安全阀 10、13—溢流阀 11—开关阀 12—液压缸 14—冷却器 15（15.1~15.7）—泵位调节器
16—开关活塞 17（17.1、17.2）—液压恒功率调节器 18（18.1~18.3）—电动机恒功率调节器
19—电磁阀 20—齿条活塞液压缸 21—手柄 22—齿轮 23—开关圆盘 24—节流孔

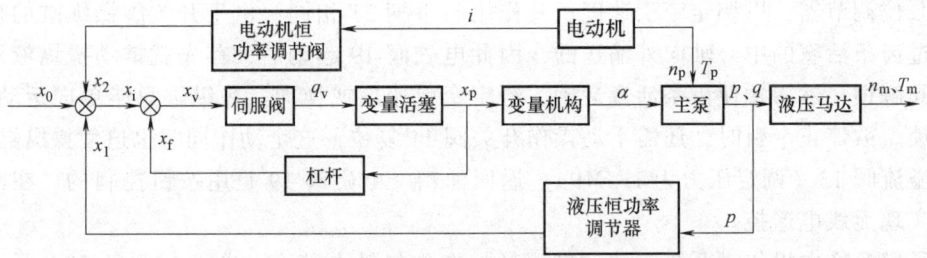

图 8-4 MLS₃—170 型采煤机牵引部液压控制系统框图

x_0—给定位移 x_1—液压恒功率调节器位移 x_2—电动机恒功率调节器位移

$x_i = x_0 - x_1 - x_2 x_f$—反馈杠杆位移 $x_v = x_i - x_f q_v$—伺服阀流量 x_p—变量

活塞位移 α—变量机构转角 n_p、T_p—泵输入的转速和转矩 p、q—泵输出的压力

和流量 n_m、T_m—液压马达输出的转速和转矩 i—电动机恒功率调节器的控制电流

的 V 形槽板便在大弹簧的作用下向着预先给定的方向（如图向上或向下）移动 x_0 距离（即 V 形槽板的位置偏离恒功率调节器的活塞轴线的距离为 x_0），使主泵以相应的排量工作。随着系统液压力上升，液压功率调节器的小柱塞 17.1 逐渐外伸，其端部压向 V 形槽的侧面，

迫使 V 形槽板带动伺服滑阀向主泵排量减少的方向运动,系统自动减速,其调节规律近似恒功率特性。当系统压力足够高时,小柱塞完全伸出,迫使 V 形槽板回到零位,系统自动停止牵引。这时如果系统压力下降,小柱塞又将在平衡弹簧作用下收缩,放松 V 形槽板而使系统增速。

实践证明,采煤机牵引部消耗的功率虽然仅为全部功率的 10% ~ 15%,但电动机的总输出功率与其牵引速度成比例。因此通过调节牵引速度也可调整电动机的总输出功率。

当电动机超载运转时(负载电流 i 大于额定电流 i_0 的 1.05 倍),电动机恒功率调节器的电磁阀 18.2 处于左边,小活塞外伸,迫使 V 形槽板向着主泵排量减少的方向运动,系统自动减速,电动机功率随之下降。当 $i \leqslant 1.05i_0$ 时,电磁阀 18.2 复位到中位,小活塞自由浮动,不影响液压恒功率调节器 17 对槽板的控制,电动机保持满载工况。若电动机长时间超载运转,则小活塞就可能完全伸出,而迫使采煤机停止牵引;当电动机欠载运转时($i < 0.95i_0$),电磁阀 18.2 处于右位,小活塞收缩,放松 V 形槽板而使系统增速,电动机功率也随之增加。显然,电动机满载工况就是继电器型非线性控制环节的死区。为了避免小柱塞运动速度过快致使系统增速(或减速)的加速度过大,在小活塞的进油路设一个可调节流器 18.3,将系统的减速时间调整为 20s 左右;并利用小活塞两端的有效面积不同,使系统的增速时间约为减速时间的 1.8 倍。

开关活塞 16 的位置由开关阀 11 控制。开关阀位于上位时,开关活塞左移(外伸),压迫 V 形槽板,使泵位调节器回零(上锁),系统停止牵引;开关阀位于下位时,则开关活塞右移(收缩),松开 V 形槽板(解锁),系统便以给定的牵引速度和牵引方向开始工作,并根据载荷的变化自动调速。开关阀具有两种操作方式,即手动直接操作和用液压缸 12 操作。阀端的低压控制油液既能对开关阀的工作位置起控制作用,又能对系统起低压保护作用。即当低压控制系统失压($p_i \leqslant 0.5$MPa)时,开关阀就在弹簧力的作用下复位,开关活塞上锁,系统停止牵引。

液压缸 12 由电磁阀 19 控制。电磁阀 19 同时还控制齿条活塞液压缸 20,通过齿轮、丝杠调节泵位调节器,以调定牵引速度,其作用与手柄 21 相同。由于开关阀操纵缸的控制油液是通过齿条活塞的中心轴向外输送的,因此电磁阀 19 起动后,首先就推动操纵液压缸打开开关阀解锁,然后才使齿条活塞运动,给定牵引速度或换向。操纵缸只能单向运动解锁,不能上锁。欲停止牵引时,还需手动操作开关阀 11 复位,这个动作同时也迫使操纵缸复位,油液经溢流阀 13(调定压力为 1.5MPa)返回油箱。电磁阀 19 是用按钮控制的,在此基础上可以实现无线电遥控。

为了避免换向操作时系统突然反向运转,在丝杠轴上装有一个开关圆盘 23,开关圆盘周边开有一个缺口,当插销落入此缺口时,信号灯亮,电磁阀 19 的电源切断,表示主泵已到达零位,系统原方向的牵引运动停止。然后继续反向摇手柄或起动反向按钮,才能实现系统换向和给定牵引速度。

超压关闭阀 8 和高压安全阀 9 用于系统超压时的快速保护。当系统压力达到其额定压力(15MPa)时,超压关闭阀 8 下位工作,来自液压泵 3 的油断路。开关阀上位工作,开关活塞 16 左腔通油箱,开关活塞 16 迅速上锁,系统停止牵引;同时,系统的高压油经超压关闭阀 8、背压阀 5 回油箱。高压油路压力降低,超压关闭阀 8 又自动复位,使系统又处于待起动状态。若超压关闭阀 8 由于故障而在调定压力下不能及时动作,则系统压力将继续升高而

第八章 典型液压系统 **177**

使高压安全阀 9 开启（其调定压力略大于 15MPa）溢流，保护系统；同时，由于节流孔 24 的作用，还有约 4MPa 的压力加于超压关闭阀 8 下端，加力使它动作。

辅助泵 3、单向阀组、液动换向阀 4、背压阀 5 与冷却器 14 构成了系统的热交换回路。背压阀 5 的调定压力为 1.5MPa，为系统提供低压控制油液，溢流阀 10 的调定压力为 2.5MPa。手动充油泵 6 在系统起动前对系统充油，同时经排气孔 7 排除系统中残留的气体。

采煤机上行采煤时，泵向马达供油，马达正转，绞车缠绕钢丝绳。正常工作时，绞车钢丝绳和采煤机牵引线速度相等，系统压力恒定。若有微小差异，系统压力有变化，恒压泵可自动调节绞盘转速使两者线速度相同。若采煤机突然下滑，则液压马达处于泵状态，系统压力升高，钢丝绳牵引力加大防止采煤机下滑。当下滑超速时，泵和采煤机停止运转，液压机械系统使绞车制动。采煤机下行采煤时泵保持恒压，马达也处于泵状态，此时采煤机的牵引速度和绞车放绳速度一致。

第四节　日立 EX400 型单斗全液压挖掘机的液压系统

单斗挖掘机是工程机械中重要的机械，它广泛应用于工程建筑、施工筑路、水利工程、国防工事等土石方施工机械以及矿山采掘作业中。按其传动形式可分为机械式和液压式两类。目前，中型单斗挖掘机几乎全部采用液压传动。液压挖掘机较之机械式挖掘机具有体积小、重量轻、操作灵活方便、挖掘力大、易于实现过载保护等特点。采用恒功率变量泵还可以充分有效地利用发动机功率。近几年发展起来的负荷传感控制技术在挖掘机液压系统中的应用，使机器在满足控制机各种功能的前提下，更加节省功率、提高效率，有更好的经济性、可靠性和先进性。

一、单斗全液压挖掘机的组成及作业程序

EX400 型单斗全液压挖掘机由一台四冲程六缸带涡轮增压器的功率为 206kW 的柴油发动机驱动，铲斗容量为 1.82m^3。图 8-5 所示为单斗全液压挖掘机示意图。由图可知，单斗全液压挖掘机主要由工作装置、回转机构和行走机构三部分组成。挖掘机的工作过程主要包括动臂升降、斗杆收放、铲斗翻转、平台回转、整机行走五个动作。为了提高作业效率，在一个循环作业中可以由几个动作同时进行组合形成复合操作。根据工作需要，可组成以下复合操作：

1）挖掘作业——铲斗和斗杆复合工作。

2）回转作业——动臂提升同时平台回转。

3）卸料作业——斗杆和铲斗工作同时大臂可调整位置高度。

4）铲斗返回——平台回转，动臂和斗杆配合回到挖掘开始位置，进入下一个挖掘循环，在挖掘过程中应

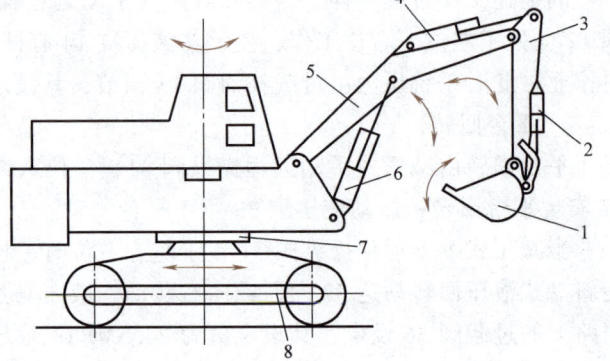

图 8-5　单斗全液压挖掘机示意图

1—铲斗　2—铲斗液压缸　3—斗杆　4—斗杆液压缸　5—动臂
6—动臂液压缸　7—平台回转机械　8—整机行走机构

178 ▪ 液压与气压传动 第4版

避免平台回转。

二、单斗全液压挖掘机的液压系统

图8-6（见书后插页）所示为EX400型单斗全液压挖掘机液压系统工作原理图。由图可知，该系统属多泵变量系统。泵组22中含三台液压泵：前、后泵为主泵，是恒功率斜轴式轴向柱塞泵，主要用于向各工作装置供油；中间是辅助齿轮泵，主要用于向各工作装置提供控制用油。下面分别介绍各工作装置的动作循环。

1. 动臂升降

动臂的升降动作由换向阀26、46联合供油，液动换向阀由减压式手动远程操纵阀30控制，其控制油液由辅助泵供给。当阀30向左操纵时，来自辅助泵的控制油液经单向阀32到达阀30及阀26的左端、阀46的右端，使阀26左位工作，阀46右位工作。由前泵供给的液压油经换向阀46到达A点，来自后泵的液压油经换向阀26到达B点，共同流入动臂液压缸16的无杆腔；有杆腔的油液经换向阀46流回油箱。此时，动臂举升。同理，当液压阀30向右操纵时动臂下降。

动臂举升的设定压力由过载补油阀17保证，设定压力为32MPa。动臂下降设定压力为30MPa。

2. 斗杆收放

当将减压式手动远程操纵阀19置于右位工作时，如同以上控制过程，斗杆换向阀44左位、阀43右位工作；两主液压泵液压油在E点汇合进入斗杆液压缸29无杆腔，有杆腔的油经换向阀44左位回油箱，斗杆收起。此时系统压力由过载补油阀24调节，其设定压力为32MPa。

当阀19左位工作时，斗杆换向阀44右位、阀43左位工作，两主液压泵液压油在D点汇合进入斗杆液压缸29有杆腔，无杆腔的油经换向阀44右位回油箱，斗杆放下。此时系统的最高压力由过载补油阀25限制，其设定压力为30MPa。

3. 铲斗翻转

铲斗翻转由减压式手动远程操纵阀15、三位八通液控换向阀12控制铲斗液压缸14动作。

同上述工作过程一样，当操纵减压式手动远程操纵阀15处于左、右不同位置时，换向阀12就处于左位、右位工作，使铲斗液压缸14有杆腔或无杆腔供油，实现铲斗的挖掘或卸料作业。此时系统压力由过载补油阀13调节，其设定压力为30MPa。

4. 平台回转

平台回转由减压式手动远程操纵阀31、三位八通液控换向阀45控制，斜盘式回转马达37实现平台回转，制动液压缸39用于平台制动。

当减压式手动远程操纵阀31置于左、右位时，换向阀45即处于左位或右位工作，从而使斜盘式液压回转马达37向左或向右转动。液压马达的过载压力由设在液压回转马达各自回路上的过载阀36设定，其设定值为24.5MPa；液压马达的真空补油由两个单向阀控制。

制动液压缸39的作用是控制平台的制动，当换向阀45处于中位时，来自辅助泵的控制液压油进入二位三通液动换向阀35、38的液控端，使该阀处于下位工作，此时控制油液又进入制动液压缸39的有杆腔，压缩制动缸无杆腔的弹簧，使活塞上升，从而带动制动机构

第八章　典型液压系统　**179**

抱紧液压马达的制动轮实现平台制动；当换向阀 45 处于左、右位时，由于二位三通阀无控制油压，阀 35、38 处于上位工作，制动液压缸 39 的有杆腔通过阀 35、38 分别经液压回转马达 37 的泄漏通道与油箱连接，在弹簧作用下使制动液压缸 39 处于松开状态。

5. 整机行走

整机的行走由斜轴式液压行走马达 40、转角控制液压缸 6 实现，用制动液压缸 5 实现制动，其回路的控制分别由换向阀 2、3、9、11，平衡阀组 1，过载阀 4，高、低压主安全阀 7、8，梭阀 48、49 及减压式手动远程操纵阀 28 实施。

整机行走时液压泵组 22 供油。当操纵减压式手动远程操纵阀 28 处于左、右不同的位置时，液控换向阀 9、11 也同时处于左、右不同工作位置，泵组 22 供给的液压油经换向阀到达液压行走马达 40，驱动履带向前或向后运动。

为了使液压行走马达 40 能实现限速、真空补油，设有液压平衡阀组 1（含单向阀及液控三位四通平衡阀）；为了能选择回路压力，设有二位三通电磁阀 3，通过梭阀 48、49 实现分别选择高压主安全阀 7 及低压主安全阀 8 的控制；为了实现制动液压马达及控制斜轴式液压马达的倾斜转角，回路中设置了调速阀 41、制动液压缸 5 及转角控制液压缸 6。

三、系统特点

EX400 型单斗全液压挖掘机属中型挖掘机，其主要特点为：

1）采用恒功率斜轴式轴向柱塞泵供油，系统效率高，功率损失小。

2）多路换向阀采用减压式手动控制阀操纵，使换向压力逐渐升高，换向平稳，操纵轻松且手感好，操纵位置可调节性高。

3）多路换向阀采用串并联方式，安全性好，且具有一定的复合操纵性。

4）系统具有多个载荷限定阀，使各工作过程设置不同的限定压力，合理利用功率，满足不同的工况。

5）油箱冷却器单设，使系统温升小，油箱体积小，工作稳定性高，适合长时间工作作业。

6）各阀采用集中阀板安装，结构紧凑，可靠性高。

7）系统可实现几种动作同时进行的复合操作，主要包括：动臂升降与斗杆收放合流复合操作、平盘回转与整机行走合流复合操作、动臂升降与整机行走合流复合操作、斗杆收放与整机行走合流复合操作、铲斗翻转与整机行走合流复合操作。

第五节　YB32—200 型压力机的液压系统

一、概述

压力机是工业部门广泛使用的压力加工设备，其中四柱式压力机最为典型，常用于可塑性材料的压制工艺，如冲压、弯曲、翻边、薄板拉深等，也可进行校正、压装及粉末制品的压制成形工艺。

对压力机液压系统的基本要求是：

1）为完成一般的压制工艺，要求主缸（上液压缸）驱动上滑块实现"快速下行→慢速加压→保压延时→快速返回→原位停止"的工作循环；要求顶出缸（下液压缸）驱动下滑块实现"向上顶出→向下退回→原位停止"的工作循环，如图8-7所示。

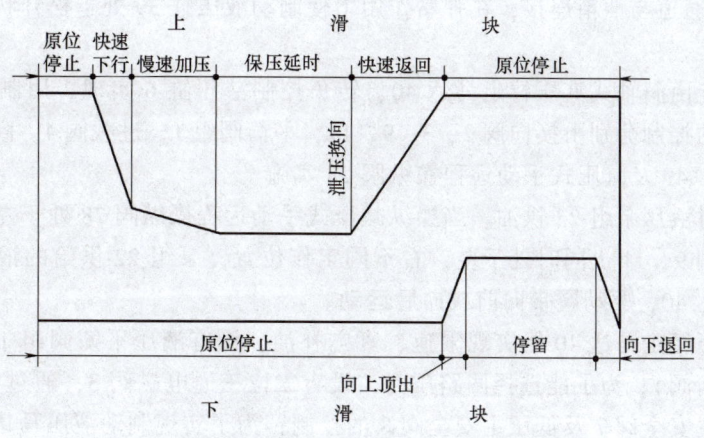

图 8-7　YB32—200 型压力机的工作循环图

2）液压系统中的压力要经常变换和调节，为了产生较大的压制力以满足工作要求，系统的压力较高，一般工作压力范围为 10~40MPa。

3）液压系统功率大，空行程和加压行程的速度差异大，因此要求功率利用合理。

4）液压机为高压大流量系统，对工作平稳性和安全性要求较高。

二、液压系统的工作原理

图 8-8 所示为 YB32—200 型压力机的液压系统。液压泵为恒功率式变量轴向柱塞泵，用来供给系统以高压油，其压力由远程调压阀调定。

1. 主缸活塞快速下行

按下起动按钮，电磁铁 1YA 通电，先导阀和主缸换向阀左位接入系统。其主油路为：

进油路：液压泵→顺序阀→主缸换向阀→单向阀 3→主缸上腔。

回油路：主缸下腔→液控单向阀 2→主缸换向阀→下缸换向阀→油箱。

这时，主缸活塞连同上滑块在自重作用下快速下行，尽管泵已输出最大流量，但主缸上腔仍因油液不足而形成负压，吸开充液阀 1，充液筒内的油便补入主缸上腔。

2. 主缸活塞慢速加压

上滑块快速下行接触工件后，主缸上腔压力升高，充液阀 1 关闭，变量泵通过压力反馈输出流量自动减小，此时上滑块转入慢速加压。

3. 主缸保压延时

当系统压力升高到压力继电器的调定值时，压力继电器发出信号使 1YA 断电，先导阀和主缸换向阀恢复到中位。此时，液压泵通过换向阀中位卸荷，主缸上腔的高压油被活塞密封环和单向阀所封闭，处于保压状态。接受电信号后的时间继电器开始延时，保压延时的时间可在 0~24min 内调整。

4. 主缸泄压后快速返回

由于主缸上腔油压高、直径大、行程长，缸内油液在加压过程中储存了很多能量。为此，主缸必须先泄压后再回程。

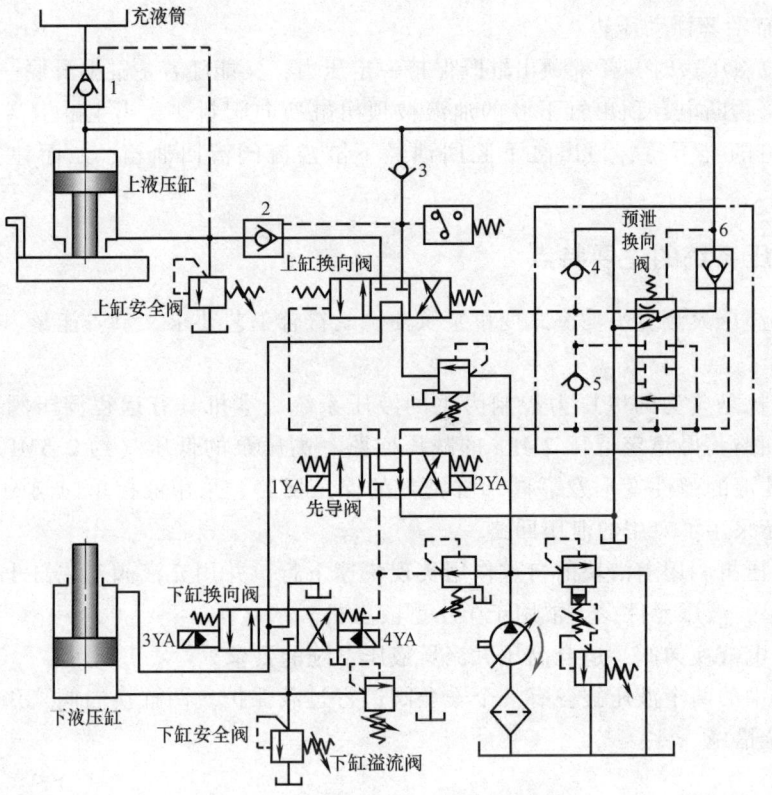

图 8-8　YB32—200 型压力机的液压系统

1—充液阀　2、6—液控单向阀　3~5—单向阀

保压结束后，时间继电器使电磁铁 2YA 通电，先导阀右位接入系统，控制油路中的液压油打开液控单向阀 6 内的卸荷小阀芯，使主缸上腔的油液开始泄压。压力降低后预泄换向阀阀芯向上移动，以其下位接入系统，控制油路即可使主缸换向阀处于右位工作，从而实现上滑块的快速返回。其主油路为：

进油路：液压泵→顺序阀→主缸换向阀→液控单向阀 2→主缸下腔。

回油路：主缸上腔→充液阀 1→充液筒。

充液筒内液面超过预定位置时，多余油液由溢流管流回油箱。单向阀 4 用于主缸换向阀由左位回到中位时补油。单向阀 5 用于主缸换向阀由右位回到中位时排油至油箱。

5. 主缸活塞原位停止

上滑块回程至挡块压下行程开关，电磁铁 2YA 断电，先导阀和主缸换向阀都处于中位，这时上滑块停止不动，液压泵在较低压力下卸荷。

6. 顶出缸活塞向上顶出

电磁铁 4YA 通电时，顶出缸换向阀右位接入系统。其油路为：

进油路：液压泵→顺序阀→主缸换向阀→顶出缸换向阀→顶出缸。

回油路：顶出缸上腔→顶出缸换向阀→油箱。

7. 顶出缸活塞向下退回和原位停止

4YA 断电、3YA 通电时油路换向，顶出缸活塞向下退回。当挡块压下原位开关时，电磁铁 3YA 断电，顶出缸换向阀处于中位，顶出缸活塞原位停止。

8. 顶出缸活塞浮动压边

做薄板拉深压边时，要求顶出缸既保持一定压力，又能随着主缸上滑块一起下降。这时 4YA 先通电、再断电，顶出缸下腔的油液被顶出缸换向阀封住。当主缸上滑块下压时，顶出缸活塞被迫随之下行，顶出缸下腔回油经下缸溢流阀流回油箱，从而建立起所需的压边力。

■ 三、液压系统的主要特点

1）采用高压大流量恒功率式变量泵供油，既符合工艺要求又节省能量，这是压力机液压系统的一个特点。

2）液压机是典型的以压力控制为主的液压系统。本机具有远程调压阀控制的调压回路、使控制油路获得稳定低压 2MPa 的减压回路、高压泵的低压（约 2.5MPa）卸荷回路、利用管道和油液的弹性变形及靠阀和缸密封的保压回路、采用液控单向阀的平衡回路；此外，系统中还采用了专用的泄压回路。

3）本液压机利用上滑块的自重作用实现快速下行，并用充液阀对主缸上腔充液。这一系统结构简单，液压元件少，常用于中小型液压机。

4）采用电液换向阀，适合高压大流量液压系统的要求。

5）系统中的两个液压缸各有一个安全阀进行过载保护。两缸换向阀采用串联接法，这也是一种安全措施。

第六节　XS—ZY—250A 型注塑机液压系统

■ 一、概述

塑料注射成型机简称注塑机。它是将颗粒状的塑料加热熔化至流动状态，以高速、高压注入模腔，并保压一定时间，经冷却后成型为塑料制品。

XS—ZY—250A 型注塑机属中小型注塑机，每次理论最大注射容量分别为 $201cm^3$、$254cm^3$、$314cm^3$（$\phi40mm$、$\phi45mm$、$\phi50mm$ 三种机筒螺杆的注射量，本机装 $\phi50mm$ 机筒螺杆，其他机筒螺杆由用户提出要求，另外选购），锁模力为 1600kN。该机要求液压系统完成的主要动作有：合模和开模、注射座前移和后退、注射、保压及顶出等。根据塑料注射成型工艺，注塑机的工作循环如图 8-9 所示。

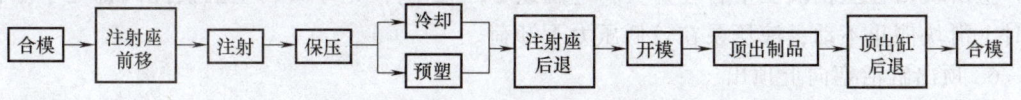

图 8-9　注塑机的工作循环图

■ 二、XS—ZY—250A 型注塑机液压系统

图 8-10 所示为 XS—ZY—250A 型注塑机液压系统原理图。该注塑机采用了液压—机械式

第八章 典型液压系统 ▪ **183**

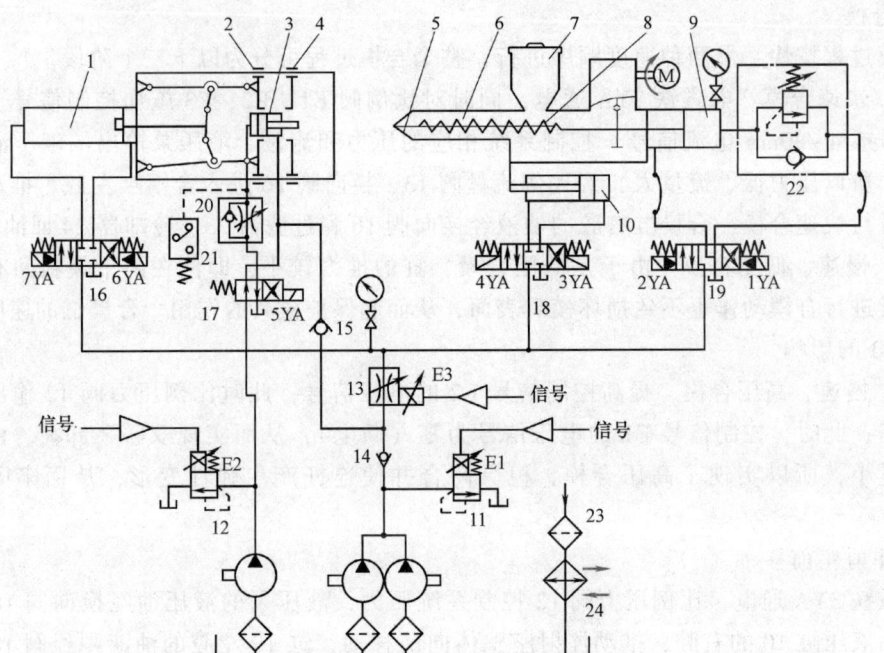

图 8-10　XS—ZY—250A 型注塑机液压系统原理图

1—合模缸　2、4—锁模装置　3—顶出缸　5—喷嘴　6—加热器　7—料仓　8—送料螺旋　9—注射缸

10—注射座移动缸　11、12—比例压力阀　13—比例流量阀　14、15—单向阀　16~19—换向阀

20—单向节流阀　21—压力继电器　22—单向顺序阀　23—磁芯过滤器　24—冷却器

合模机构。合模液压缸通过对称五连杆机构推动模板进行开模与合模。连杆机构具有增力和自锁作用，依靠连杆弹性变形所产生的预紧力来保证所需的合模力。液压系统采用了比例压力阀和比例流量阀实现对压力和流量的控制，相对于其他类型的注塑机液压系统，使用的液压元件少、回路简单，压力、速度变换时冲击小，便于实现远程控制和程序控制，为实现微机控制奠定了基础。表 8-1 是 XS—ZY—250A 型注塑机动作循环及电磁铁动作顺序表。现将液压系统的工作原理说明如下。

表 8-1　XS—ZY—250A 型注塑机动作循环及电磁铁动作顺序表

动作	电磁铁	1YA	2YA	3YA	4YA	5YA	6YA	7YA	E1	E2	E3
合模	快速						+	+	+	+	+
	慢速、低压						+	+	+	+	+
	慢速、高压							+		+	+
注射座前移				+/-						+	+
注射		+							+	+	+
保压		+								+	+
预塑、防流延				+						+	+
注射座后退					+/-					+	+
开模							+		+	+	+
顶出缸运动						+				+	
螺杆后退			+							+	+

注："+"表示电磁铁通电，"-"表示电磁铁断电。

1. 合模

合模过程按快、慢两种速度顺序进行，整个合模过程可分为以下三个阶段。

(1) 快速合模　电磁铁 7YA 通电，同时对比例阀 E1、E2、E3 施加控制信号（0~10V 电压信号或 4~20mA 电流信号）控制系统相应的压力和流量，液压泵输出的液压油（由于负载小，所以压力低、流量大）经比例流量阀 13、换向阀 16 进入合模缸左腔，推动活塞带动连杆进行快速合模，合模缸右腔的油液经换向阀 16 和过滤器 23、冷却器 24 回油箱。

(2) 慢速、低压合模　由于是低压合模，缸的推力较小，即使在两个模板间有硬质异物，继续进行合模动作也不致损坏模具表面，从而起保护模具的作用。合模缸的速度受比例流量阀 13 的影响。

(3) 慢速、高压合模　提高控制信号 E2 的电压信号，此时比例压力阀 12 输出的压力随之升高；此时，控制信号 E1 的电压信号为零（断电），从而实现双联泵卸荷。由于压力高而流量小，所以实现了高压合模，模具闭合并使连杆产生弹性变形，从而牢固地锁紧模具。

2. 注射座前移

电磁铁 3YA 通电，比例压力阀 12 控制系统压力，液压泵的液压油经换向阀 18 进入注射座移动液压缸 10 的右腔，推动注射座整体向前移动，缸 10 左腔的油液则经阀 18 和过滤器 23、冷却器 24 回油箱。

3. 注射

注射过程按慢、快、慢三种速度注射，同时对比例阀 E1、E2、E3 施加控制信号，注射速度大小由比例流量阀 13 的电压信号控制。此时，电磁铁 1YA 通电，液压泵输出的液压油经阀 19、阀 22 进入注射缸 9 的右腔，缸 9 左腔的油液经阀 19、过滤器 23 和冷却器 24 回油箱。

4. 保压

电磁铁 1YA 处于通电状态，此时控制信号 E1 的电压信号为零（断电），实现双联泵卸荷。由于保压时只需要极少的油液，所以系统工作在高压、小流量状态。

5. 预塑、冷却

液压马达使左旋螺杆旋转后退，料斗中的塑料颗粒进入料筒，并被转动着的螺杆带至前端，进行加热预塑。当螺杆后退到预定位置时，停止转动，准备下一次注射。在模腔内的制品冷却成型。

6. 防流延

电磁铁 3YA 通电，液压泵输出的液压油经阀 18 进入注射缸 10 的右腔，使喷嘴继续与模具保持接触，从而防止了喷嘴端部流延。

7. 注射座后退

电磁铁 4YA 通电，液压泵输出的液压油经阀 18 进入注射座液压缸 10 的左腔，右腔通油箱，使注射座后退。

8. 开模

各泵同时工作，同时对比例阀 E1、E2、E3 施加控制信号，电磁铁 6YA 通电，液压泵输出的液压油经比例流量阀 13、换向阀 16 进入合模缸右腔，推动活塞带动连杆进行开模，合模缸左腔的油液经换向阀 16 和过滤器 23、冷却器 24 回油箱。工艺要求开模过程为"慢速→快速→慢速"，其速度大小的调整通过比例流量阀 13 的控制信号来实现。

9. 顶出缸运动

（1）顶出缸前进　电磁铁 5YA 通电，对比例阀 E2 施加控制信号（此时 E1、E3 控制信号为零，比例流量阀 13 关闭），系统压力由比例阀 12 控制。液压泵输出的液压油经阀 17、20 直接进入顶出缸 3 左腔，顶出缸右腔则经阀 17 回油，于是推动顶出杆顶出制品。

（2）顶出缸后退　电磁铁 5YA 断电，液压泵输出的液压油经阀 17 进入顶出缸 3 的右腔，顶出缸左腔则经阀 20、17 回油，于是顶出缸后退。

10. 装模、调模

安装、调整模具时，采用的是低压、慢速开合动作。

（1）开模　电磁铁 6YA 通电，液压泵输出的液压油经比例流量阀 13、换向阀 16 进入合模缸 1 的右腔，使模具打开。

（2）合模　电磁铁 7YA 通电、6YA 断电，液压泵输出的液压油使合模缸合模。

（3）调模　采用液压马达（图 8-10 中未示出液压回路部分）来进行，液压泵输出的液压油驱动液压马达旋转，传动到中间一个大齿轮，再带动四根拉杆上的齿轮螺母同步转动，通过齿轮螺母移动调模板，从而实现调模动作。另外还有手动调模，只要扳动手动齿轮，便能实现调模板进退动作，但移动量很小（0.1mm），所以手动调模只作微调用。

11. 螺杆后退

电磁铁 2YA 通电，对比例阀 E2、E3 施加控制信号，液压油进入注射缸 9 的左腔，右腔回油，返回初始位置，为下一动作循环做准备。

由以上分析可以看出，注塑机液压系统中的执行元件数量多，是一种速度和压力均变化较多的系统。在完成自动循环时，主要依靠行程开关；而速度和压力的变化则主要靠比例阀控制信号的变化来实现。

三、XS—ZY—250A 型注塑机液压系统的特点

1）由于注塑机通常要将熔化的塑料以 40~150MPa 的高压注入模腔，模具合模力要大，否则注射时会因模具闭合不严而产生塑料制品的溢边现象。系统中采用液压—机械式合模机构，合模液压缸通过增力和自锁作用的五连杆机构进行合模和开模，这样可使合模缸压力相应减小，且合模平稳、可靠。最后，合模依靠合模液压缸的高压，使连杆机构产生弹性变形来保证所需的合模力，并把模具牢固地锁紧。

2）为了缩短空行程时间以提高生产率，又要考虑合模过程中的平稳性，以防损坏制品和模具，所以合模机构在合模、开模过程中需要有慢速→快速→慢速的顺序变化。系统中的快速是用液压泵通过低压、大流量供油来实现的。

3）考虑到塑料品种、制品的几何形状和模具浇注系统的不同，因而注射成型过程中的压力阀和速度是比例可调的。

4）为了使注射座喷嘴与模具浇口紧密接触，注射座移动液压缸右腔在注射、保压时，应一直与液压油相通，从而使注射座移动缸活塞具有足够的推力。

5）为了使塑料充满容腔而获得精确的形状，同时在塑料制品冷却收缩过程中，熔融塑料可不断补充，以防止充料不足而出现残次品，在注射动作完成后，注射缸仍通液压油来实现保压。

186 ──■ 液压与气压传动　第4版

6）为了满足用户对注射工艺的要求，有三种不同直径和长径比的螺杆及螺杆头供选用。

7）调模采用液压马达驱动，因而给装拆模具带来极大的方便。

8）采用了比例压力阀和比例流量阀，简化了液压元件及系统，提高了系统的可靠性。

第七节　盘式热分散机比例压力和流量复合控制液压系统

一、概述

盘式热分散机是处理废纸的专用设备，它能有效地对废纸浆料中的胶粘物、油脂、石蜡、塑料、橡胶或油墨粒子等杂质进行分散处理，以改进纸张的外观质量，提高纸张性能。工作过程中将浓缩至 30% 以上的废纸浆经动静磨盘之间的间隙分散并细化至粉末状，然后送至下一造纸工序。造纸工艺要求移动磨盘实现精确的定位控制，其定位精度要求在 ±0.02mm 以内，动静盘间隙调节范围在 0～15mm 内，同时具有维修时机体进退功能。盘式热分散机自动化程度高，其控制部分要求磨盘定位系统采用双闭环（即功率负荷闭环和间隙调整闭环）恒间隙控制，并保证在主电动机功率调节范围内准确地调整间隙。

二、工作原理

盘式热分散机的液压原理如图 8-11 所示。液压泵起动后，由于电磁阀的电磁铁均处于断电状态，因此动盘进给液压缸 12、机体维修液压缸 17 均停留在原始位置；此时，液压泵经比例溢流阀 8（此时比例溢流阀的控制电压为零）卸荷。当比例溢流阀 8 的控制电压在 2V（目的是避开比例阀的死区）以上并且 1YA 通电时，电磁换向阀 9 换向处于左位，动盘进给液压缸 12 的无杆腔经双液控单向阀 10、单向节流阀 11 进油，有杆腔经比例流量阀 13、冷却器 14 回油，活塞杆伸出；当 2YA 通电时，电磁换向阀 9 处

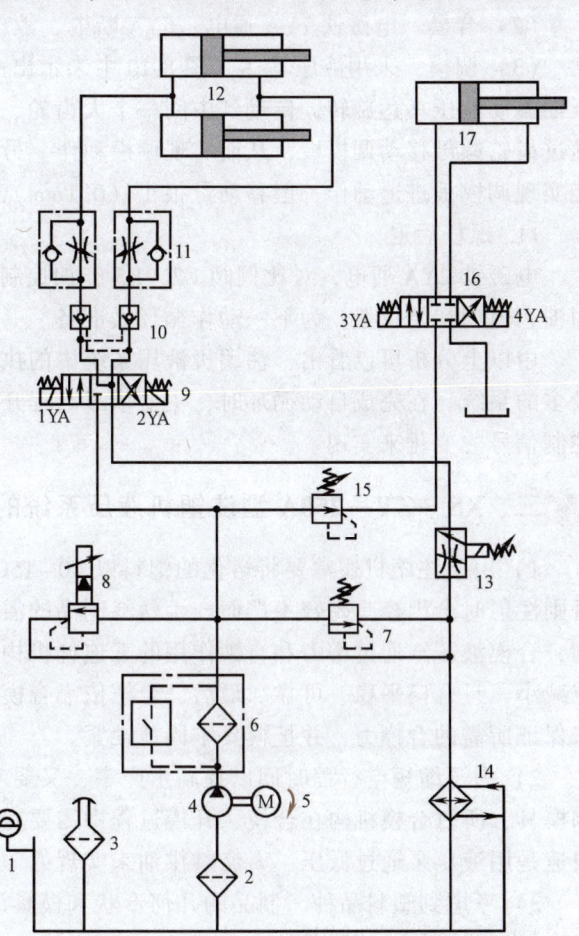

图 8-11　盘式热分散机的液压原理图

1—液位计　2—过滤器　3—空气过滤器　4—液压泵
5—电动机　6—精密过滤器　7—溢流阀　8—比例溢
流阀　9、16—电磁换向阀　10—双液控单向阀
11—单向节流阀　12—动盘进给液压缸　13—比例流
量阀　14—冷却器　15—减压阀　17—机体维修液压缸

于右位，动盘进给液压缸 12 的有杆腔进油，无杆腔回油，活塞杆缩回，完成动盘进给液压缸 12 的工作循环。应当说明的是：在实际工作过程中，两条动盘进给液压缸 12 经刚性连接将位移信号经位移传感器、A-D 转换器输送到 PLC，通过 PLC 的处理，再经 D-A 转换器转换，控制比例流量阀的开度大小，从而实现对液压缸 12 的实时控制恒间隙的目的；同理，根据主电动机电流的反馈信号，控制比例压力阀的压力大小，实现对主电动机的恒功率（恒电流）控制。

在该工作循环过程中，比例流量阀 13 控制热分散机的位移和间隙大小，比例溢流阀 8 根据负载大小控制主电动机工作在恒功率状态。当 3YA 通电时，电磁换向阀 16 换向处于左位，机体维修液压缸 17 的无杆腔进油，有杆腔回油，活塞杆伸出；当 4YA 通电时，电磁换向阀 16 换向处于右位，机体维修液压缸 17 有杆腔进油，无杆腔回油，活塞杆缩回，完成工作全过程。应当注意的是：系统压力只有在比例溢流阀 8 有控制电压的情况下才能随着控制电压的变化而变化，液压执行元件才能工作；溢流阀 7 起安全阀的作用，其目的是当比例溢流阀 8 本身或其控制器有故障时，整个液压系统的压力不至于突然大幅升高，以保护磨片和主电动机。

三、系统特点

1）盘式热分散机液压系统采用了比例压力和比例流量复合控制，大大简化了系统结构和元件数量，通过比例控制阀和 PLC 的结合，实现了磨盘定位系统双闭环（即功率负荷闭环和间隙调整闭环）恒间隙控制，并保证了主电动机功率在其调节范围内准确地调整间隙。

2）比例流量阀采用了反比例控制，即电压信号为零时，其开口量最大，电压信号为 10V 时，比例流量阀完全关闭，便于系统调试。

3）采用单向节流阀的目的是便于粗调执行元件的速度。采用液控单向阀的目的是保证液压系统的电磁换向阀处于断电状态时磨盘间隙保持不变。

4）整个液压系统采用了叠加式液压元件，应特别注意液控单向阀与单向节流阀的位置，以及与液控单向阀相叠加的电磁换向阀的中位机能（必须是 Y 型或 H 型）。

5）由于液压系统 24h 连续工作，所以液压泵的排量要在满足使用要求的前提下尽量小，同时配有冷却器，以确保系统温升在规定范围内。

第八节　XLB1800×10000 型平板硫化机的液压系统

一、概述

橡胶本身具有弹性、耐磨、气密性好等特点。因其具有弹性，使得橡胶加工困难。特别是要得到具有一定形状的成品，则更加困难。因此，必须采用炼胶设备炼胶，增加可塑度，降低弹性，然后进行半成品加工，最后再将具有可塑性的半成品恢复到原有的弹性，这种加工过程称为硫化。无论何种橡胶制品，最后一道工序一般都为硫化。由于硫化工艺的多样性和各种硫化制品的不同特点，硫化设备种类繁多，根据用途不同，可分为平板硫化机、鼓式硫化机、轮胎定型硫化机等。平板硫化机主要用于硫化平型胶带（如输送带、传动带，简称平带），它具有热板单位面积压力大、设备操作可靠和维修量少等优点。平板硫化机的主

188 ──■ 液压与气压传动 第4版

要功能是提供硫化所需的压力和温度。压力由液压系统通过液压缸产生，温度由加热介质（通常为蒸汽）提供。本节以 XLB1800×10000 型平板硫化机（其中 X 代表橡胶机械，L 代表硫化机，B 代表板型，1800×10000 代表平板的板幅，型号符合 GB/T 12783—2000 相关标准）主机液压系统为例，介绍平板硫化机液压系统的原理及特点。

二、平板硫化机液压系统的工作原理

图 8-12 所示为 XLB1800×10000 型平板硫化机主机液压系统原理图。

平板硫化机主机由柱塞液压缸 33 提供硫化过程中的压力，平板快速上升由低压大流量的叶片泵 10 供油，上升到位后叶片泵 10 停止工作，由变量柱塞泵 5 加压，当压力到达设定值后，变量柱塞泵 5 停止工作，系统进入保压状态，当压力值下降到一定值后，起动小排量的变量柱塞泵 14 进行补压，以完成对胶带的硫化。

其具体动作如下：第一次排气，2YA、3YA、4YA、5YA 通电，热板快速上升，上升到位后，柱塞液压缸 33 压力达到低压设定值，压力变送器 25 发出信号，变量柱塞泵 5 工作，1YA 通电，给柱塞液压缸 33 加压，压力达到高压设定值后保压一定时间，18YA 通电，迅速将柱塞液压缸 33 的压力卸掉，上下热板脱开一段距离；然后重复上述过程，进行第二次排气保压；完成两次排气后进入硫化工序，2YA、3YA、4YA、5YA 通电，热板快速上升，柱塞缸液压 33 的压力达到低压设定值时，压力变送器 25 发出信号，1YA 通电，变量柱塞泵 5 工作，柱塞液压缸 33 的压力达到高压设定值，所有液压泵停止工作，柱塞液压缸 33 进入保压状态，当柱塞液压缸 33 的压力降至补压设定值时，压力变送器 25 发出信号，起动补压液压泵 14，6YA 通电，将柱塞液压缸 33 的压力补压至高压设定值。完成硫化工序后即可开模，17YA 通电，打开液控单向阀 28，热板靠自重下降至初始位置，完成一次硫化过程。

大型平板硫化机工作台上升高度必须一致，否则会影响产品质量，还会使热板变形，影响设备的使用，所以热板的平衡装置尤为重要。平衡装置可采用机械装置完成，一般采用齿轮齿条形式。但是机械装置在安装齿轮和齿条时初始位置存在位置度公差，联轴器加工制造、安装也存在误差，这些积累误差必然导致热板上升和下降过程的不平衡。另外，由于热板的幅面较大，因此平衡轴较长，容易变形，而且加工难度较大，设备维修也较复杂。所以经过改进，平板的平衡装置采用平衡液压缸 34，一个液压缸的上腔与另一个液压缸的下腔通过管路连接，在平板运动时，充油阀 11YA、12YA、13YA、14YA、15YA 通电，将平衡液压缸 34 充满油液。每个平衡液压缸的上下腔均有压力表显示充油压力，当上下腔的充油压力一致时，由于液压缸上下腔的油液变化基本一致，而油液的总体积不变，因此只要平衡液压缸不漏油，便能使热板处于平衡状态。当压力表 37 的读数出现变化时，打开充油阀向平衡液压缸内补油即可。在热板的两端分别设置一组平衡液压缸，能很好地解决热板动作时的平衡问题。

顶铁装置的厚度比胶带的毛坯薄 25% 左右，可以限制胶带在硫化过程中的压缩量，还能在硫化时顶住带坯的两侧，与上热板和下热板构成一个活动模腔，使带坯在硫化过程中不致从边缘流出，从而达到对带坯加压硫化的目的。自动顶铁液压缸共有四个，分为两组，动作时 7YA、9YA 通电，液压缸伸出；液压缸缩回时 8YA、10YA 通电。

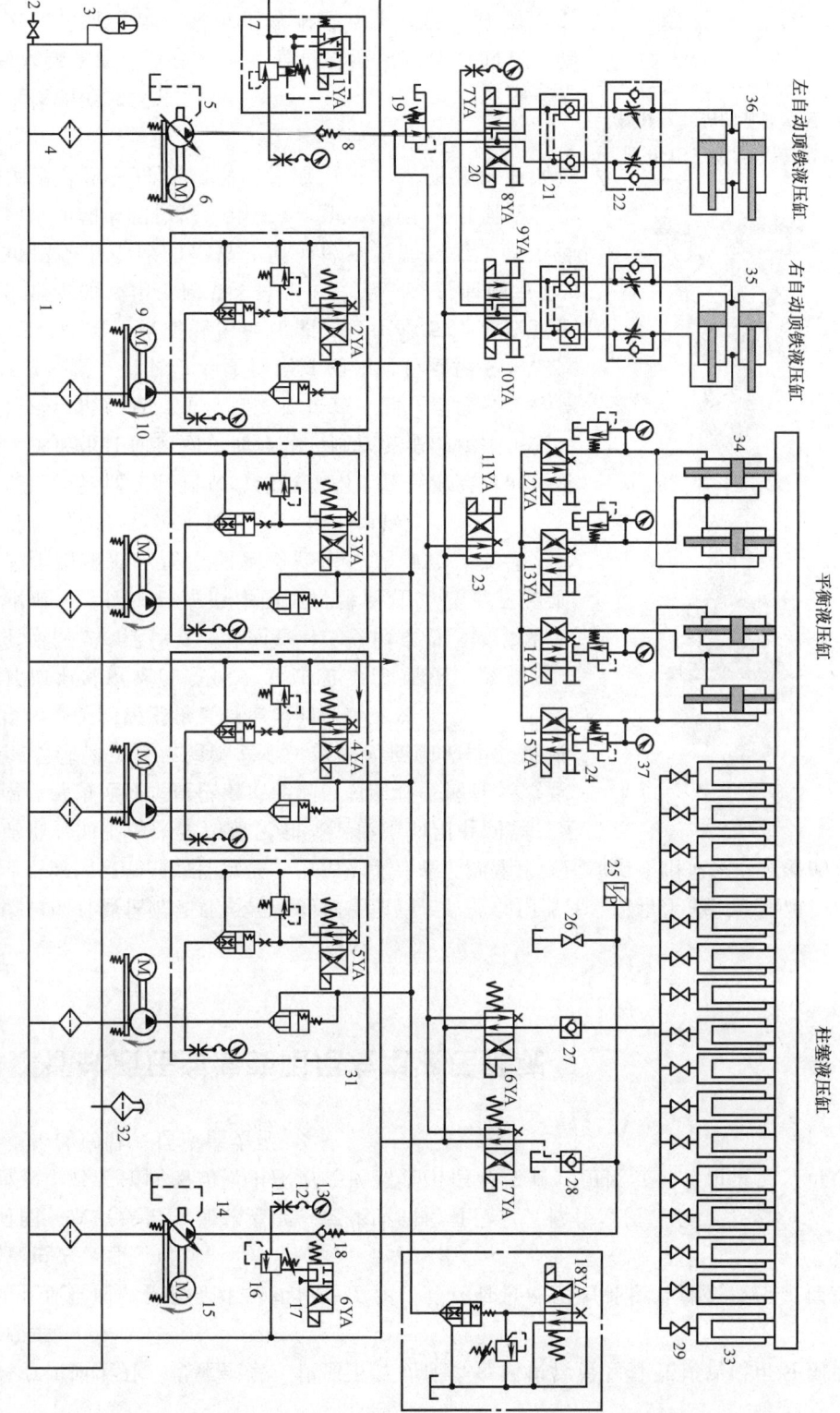

图 8-12 XLB1800×10000 型平板硫化机主机液压系统原理图

1—油箱 2—球阀 3—液位计 4—过滤器 5, 14—变量柱塞泵 6, 9, 15—电动机 7—电磁溢流阀 8, 18, 27—单向阀 10—叶片泵 11—测压接头 12—测压软管 13—耐振压力表 16, 24—溢流阀 17, 20, 23—电磁换向阀 19—减压阀 21—液控单向阀 22—双单向节流阀 25—压力变送器 26, 29—高压球阀 28—液控单向阀 30—放气阀组 31—液压泵调压阀组 32—空气过滤器 33—柱塞液压缸 34—平衡液压缸 35—右自动顶铁液压缸 36—左自动顶铁液压缸 37—压力表

190 ┈┈▪ 液压与气压传动 第4版

三、平板硫化机液压系统的特点

1）平板具有快速上升、慢速锁紧、快速下降功能。合模快转慢与排气快转慢可分别调整，能提高生产率。

2）产品硫化成形时，液压泵电动机停止工作，并具有自动压力补偿功能及液压泵停机延时，油路配置更为合理、可靠。

3）放气时间、放气次数、加热温度、硫化时间均可设定，操作方便。

4）硫化过程中各工序间的切换由压力变送器发出信号控制，切换点可自由设置，可以适合各种不同规格的产品，适应能力强。

第九节　漂浮式液压海浪变阻尼发电液压系统

一、概述

随着石化燃料的日益枯竭和环境污染的日趋加剧，有效利用清洁、可再生的海洋能源，已成为世界各主要沿海国家的战略性选择。山东大学开展了漂浮式液压海浪变阻尼发电装备的中试研究，研究成果有助于解决海岛居民和海上设施的用电问题，还可以为西沙、南沙等边远驻军提供清洁能源，具有显著的社会效益，对改善我国的能源结构，保障能源安全，缓解所面临的能源紧缺、温室效应和环境污染等问题都将具有重大的现实意义。

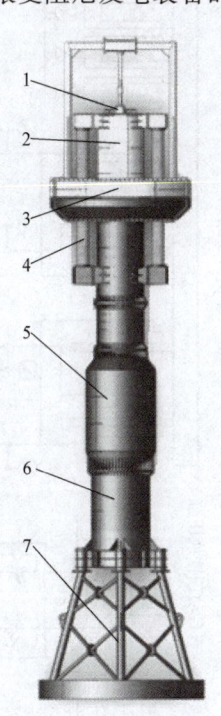

图 8-13　漂浮式液压海浪发电站的总体方案

1—顶盖　2—主浮筒
3—浮体　4—导向柱
5—发电室　6—调节舱
7—底架

漂浮式液压海浪发电站的总体方案如图 8-13 所示。该系统主要由顶盖 1、主浮筒 2、浮体 3、导向柱 4、发电室 5、调节舱 6、底架 7 等部分组成。浮体 3 在海浪作用下沿导向柱 4 做上下运动，并带动液压缸产生高压油，高压油驱动液压马达旋转，带动发电机发电。能量转换过程是：波浪能→液压能→电能。

底架 7 主要对主浮筒 2 起到水力约束作用，在波浪经过时，保持主浮筒 2 基本不产生任何运动。而浮体 3 则在波浪的作用下沿导向柱 4 做往复运动。液压缸与主浮筒 2 连接在一起，活塞杆与浮体 3 的龙门架连接在一起，浮体 3 与主浮筒 2 的相对运动转变为活塞杆与液压缸的相对运动，从而输出液压能，发电室 5 用于放置液压和发电系统。调节舱 6 用于调节主体平衡位置，通过向调节舱 6 中注水、沙，可以降低主体的位置，增加被淹没的高度，最终使浮体 3 处于导向柱 4 的中间位置。由于系统的浮力大于其所受的重力，整体处于漂浮状态，潮涨潮落时，海浪发电站能够随液面高度的变化而变化。

各模块的具体功能如下：

1）顶盖与主浮筒连接。顶盖上开有可供液压缸伸出的孔、维修人员进出的人孔和通气孔。为防止海水进入主浮筒，顶盖上的通气孔设置了倒 U 形弯管，并在头部锥形上开有多个小孔。

2）主浮筒上端与顶盖相连、下端与发电室相连。主浮筒在提供浮力的同时，固定了液压缸和导向装置。在装置正常工作时，主浮筒上端有部分露出水面。

3）浮体与液压缸的活塞杆连接，液压缸与主浮筒连接。浮体在波浪的作用下沿着导向柱做往复移动，从而将所采集到的波浪能转换为液压能。

4）导向柱连接在主浮筒上。导向柱保证了浮体的运动轨迹，减少了浮体对主浮筒的磨损和冲击。导向柱采用可以水润滑的减摩材料，减少了浮体运动的阻力，提高了吸收波浪能的效率。

5）发电室上端与主浮筒连接，下端与调节舱连接。发电室用于放置液压系统和发电系统，同时也为装置提供了较大的浮力。

6）调节舱上端与发电室相连，下端与底架相连。调节舱主要用于在实际投放时，调节主浮筒的平衡位置。在初始状态时调节舱里是常压空气。在实际投放时，若平衡位置高于预定的位置。则可以通过向调节舱中注水来降低主浮筒露出海面的高度。

7）底架上端与调节舱连接，下端与锚链连接。底架上的平板能够起到水力约束的作用，在波浪经过时，能够减少主浮筒的运动幅度。桁架的作用是降低平板的高度，使得平板所处水域的运动更加平缓。

二、漂浮式液压海浪变阻尼发电液压系统工作原理

漂浮式液压海浪变阻尼发电液压系统主要由液压缸（波浪能俘获装置）、自适应蓄能稳压器、比例调速阀、变量液压马达和发电机等设备组成。如图 8-14 所示。其工作原理是：

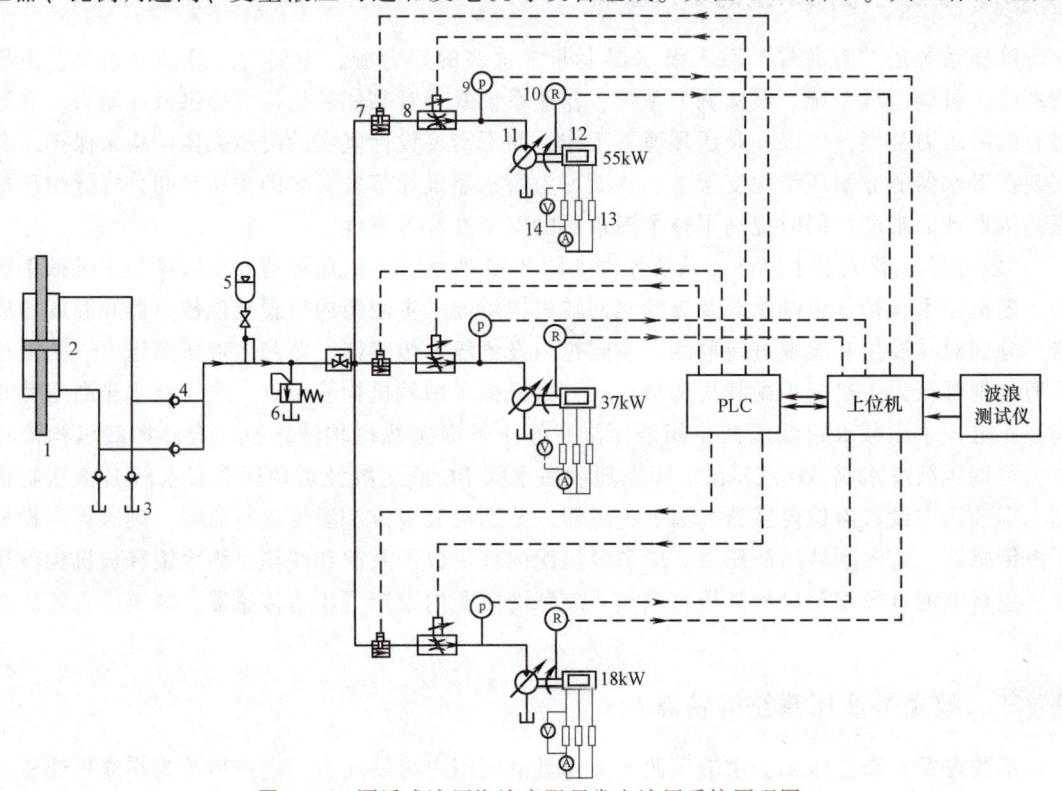

图 8-14 漂浮式液压海浪变阻尼发电液压系统原理图

1—捕能液压缸活塞杆　2—液压缸　3—油箱　4—单向阀　5—自适应蓄能稳压器　6—溢流阀　7—电磁开关阀
8—比例调速阀　9—压力变送器　10—转速传感器　11—变量液压马达　12—发电机　13—负载电阻　14—电压表

液压泵在波浪能驱动下输入不稳定的波浪能；自适应蓄能稳压器在节流阀和变量马达的配合下，实时地把不稳定的能量输入转换为稳定的液压能；液压能驱动液压马达带动发电机发电。

在发电液压系统内部，自适应蓄能稳压器发挥着重要作用，当系统压力比较高时，它能有效地存储瞬时不能利用的能量；当海浪模拟液压系统中伺服阀换向或者升降台上升、发电液压系统内部压力较低时，自适应蓄能稳压器又能有效地释放能量对发电系统进行补给。这样不但有效地减少了能量浪费，而且有利于系统减振，稳定系统压力，使发电电压保持稳定，提高发电品质。

第十节　蛟龙号液压系统

一、概述

"蛟龙号"是目前世界上同类产品中工作深度最大的深海载人潜水器，由我国自行设计、集成创新，具有自主知识产权。2012年6月，"蛟龙号"在太平洋马里亚纳海沟共完成了3次7000m下潜，最大下潜深度7062m，创造了我国载人深潜的新纪录，实现了我国深海技术发展的新突破和重大跨越，标志着我国深海载人技术达到国际领先水平，使我国具备了在全球99.8%以上的海洋深处开展科学研究、资源勘探的能力。

二、蛟龙号液压系统的工作原理

液压系统是"蛟龙号"载人潜水器上非常重要的动力源，主要为应急抛弃系统、主压载系统、可调压载系统、纵倾调节系统、作业系统及导管桨回转机构等提供液压动力。它通过有效的压力补偿，可以在高压环境下工作，而不需要设计坚实的耐压壳体结构来保护。其安装在潜水器的非耐压结构支架上，从而可为潜水器设计节省更多的耐压空间，降低耐压球壳结构设计的难度，同时提高了整个潜水器的安全性和可靠性。

"蛟龙号"载人潜水器液压系统原理如图8-15所示，主液压源通过主阀箱为主机械手阀箱、副机械手阀箱、纵倾泵源及导管桨回转机构供油。主油箱内设置液位传感器和温度传感器，分别对其液位和温度进行监测。主阀箱内设置压力传感器，监测主液压源压力。副液压源通过副阀箱为主机械手抛载机构液压缸、副机械手抛载机构液压缸、主压载水箱高压截止阀液压缸、主压载水箱低压截止阀液压缸、停止下潜抛载机构液压缸、上浮抛载机构液压缸、可调压载海水阀AD液压缸、可调压载海水阀BC液压缸及可调压载海水阀E液压缸供油。副油箱内设置液位传感器和温度传感器，分别对其液位和温度进行监测。副阀箱内设置压力传感器，监测副液压源压力。应急液压源内部集成了泵源和阀箱，为水银释放机构液压缸、主蓄电池电缆切割机构液压缸供油。应急液压源内设置了压力传感器，监测应急液压源压力。

三、蛟龙号液压系统的特点

系统设置三套液压源，主液压源为大流量液压用户提供动力，副液压源为小流量液压用户提供动力，应急液压源为水银释放、主蓄电池电缆切割等应急液压用户提供动力。应急液压源采用应急DC24V电源供电，在潜水器主蓄电池箱（DC110V）需要应急抛载或水银应急

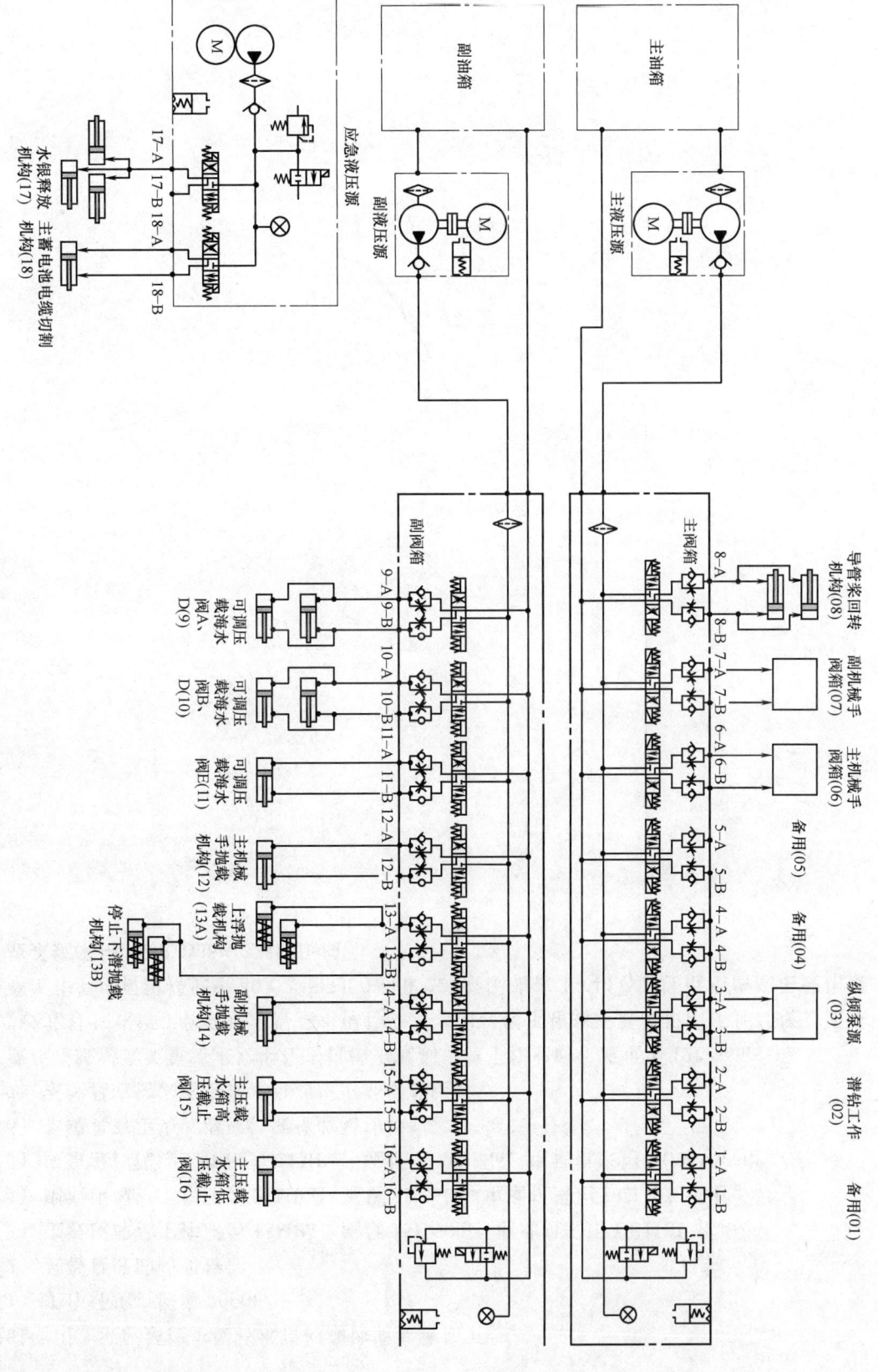

图 8-15 "蛟龙号"载人潜水器液压系统原理图

抛载时使用。液压系统主要技术指标和性能参数如下：

1）工作环境：深海 7000m。

2）具备良好的防腐特性。

3）主液压源：工作压力 18MPa，流量 15L/min，电动机采用 DC110V 供电。

4）副液压源：工作压力 21MPa，流量 8L/min，电动机采用 DC110V 供电。

5）应急液压源：工作压力 21MPa，流量 1.2L/min，电动机采用 DC24V 供电。

6）系统具有压力、温度、液位监测功能。

7）系统具有输入输出管系自动压力补偿功能。

液压系统最大流量需求发生在主机械手或副机械手作业时，流量为 12L/min。

"蛟龙号"深海工作环境水温基本保持在 1~2℃，属于超高压低温极限工作环境，而系统最高工作温度可维持低于 40℃。Shell Tellus 22#液压油在 1~40℃温度范围内满足使用要求，故系统采用 Shell Tellus 22#液压油。

第九章　液压系统的设计与计算

第一节　液压系统的设计步骤和方法

液压系统设计是整机设计的重要组成部分，其设计与计算方法因人而异。本章介绍液压系统常见的设计计算方法及实例。液压系统设计的主要步骤如下：

1）明确液压系统的设计要求。

2）选定执行元件，进行工况分析，明确系统的主参数。

3）拟定液压系统原理图。

4）计算和选择液压元件。

5）验算液压系统性能和绘制工作图、编制技术文件。

上述设计步骤是一般程序，在实际工作中，这些步骤并不是一成不变的，而应视具体情况灵活掌握。

一、液压系统设计要求

在设计液压系统前需明确以下几方面的内容：

1）明确主机的哪些动作需要由液压系统来完成。

2）确定对液压系统的动作和运动要求。根据主机的设计要求，确定液压执行元件的数量、运动形式、工作循环、行程范围及各执行元件动作的顺序、同步、联锁等要求。

3）确定液压执行元件承受的负载和运动速度的大小及其变化范围。

4）确定对液压系统的性能要求，如调速性能、运动平稳性、转换位置精度、效率、温升、自动化程度、可靠性程度、使用与维修的方便性。

5）确定液压系统的工作条件，如温度、湿度、振动干扰、外形尺寸和经济性等要求。

二、液压系统的工况分析和系统的确定

对执行元件负载分析与运动分析称为液压系统的工况分析。工况分析就是分析每个液压执行元件在各自工作过程中负载与速度的变化规律，一般执行元件在一个工作循环内负载、速度随时间或位移的变化用负载循环图和速度循环图表示。

1. 负载分析

液压缸与液压马达运动方式不同，但它们的负载都是由工作负载、惯性负载、摩擦负载、背压负载等组成的。

工作负载 F_w 包括切削力、夹紧力、挤压力、重力等，其方向与液压缸运动方向相反时为正，相同时为负。

惯性负载 F_a 为运动部件在起动和制动时的惯性力，加速时为正，减速时为负。

摩擦负载包括导轨摩擦阻力 F_f 和密封装置处的摩擦力 F_s，前者在确定摩擦因数后即可计算，后者与密封装置类型、液压缸制造质量和液压油压力有关，一般通过取机械效率 $\eta_m = 0.90 \sim 0.97$ 来考虑。

背压负载 F_b 是液压缸回油路上背压 p_b 所产生的阻力，初算时可暂不考虑，需要估算时背压 p_b 可按表 9-1 选取。

表 9-1　液压系统背压

系统结构情况	背压 p_b/MPa	
采用节流阀的回路节流调速系统	$0.3 \sim 0.5$	对中高压液压系统背压数值应放大 50% ~ 100%
采用调速阀的回路节流调速系统	$0.5 \sim 0.8$	
回油路上有背压阀的系统	$0.5 \sim 1.5$	
采用辅助泵补油的闭式回路	$0.8 \sim 1.5$	

液压缸在各工作阶段的负载按表 9-2 中的表达式来计算，再以液压缸所经历的时间 t 或行程 s 为横坐标做出 $F\text{-}t$ 或 $F\text{-}s$ 负载循环图。对于简单液压系统，可只计算快速运动阶段和工作阶段的情况。在负载难以计算时可通过实验来确定，也可以根据配套主机的规格确定液压系统的承载能力。

表 9-2　液压缸各工作阶段的负载计算

工 作 阶 段	负 载 F	
起动加速阶段	$F = (F_f + F_a \pm F_G)/\eta_m$	F_G 为运动部件自重在液压缸运动方向的分量，液压缸上行时取正，下行时取负
快进、快退阶段	$F = (F_f \pm F_G)/\eta_m$	
工进阶段	$F = (F_f \pm F_w + F_G)/\eta_m$	
减速制动阶段	$F = (F_f - F_a \pm F_G)/\eta_m$	

2. 运动分析

按各执行元件在工作中的速度 v、位移 s 或经历的时间 t 绘制 $v\text{-}s$ 或 $v\text{-}t$ 速度循环图。图 9-1 所示为某一组合机床液压滑台的负载和速度循环图。

三、确定液压系统的主要参数

液压系统的主要参数为工作压力和流量，它们是选择液压元件的主要依据。而系统的工作压力和流量分别取决于液压执行元件的工作压力、回路上的压力损失和液压执行元件所需的流量、回路泄漏。所以，确定液压系统的主要参数实质上是确定液压执行元件的主要参数。

1. 初选液压系统的主要参数

执行元件工作压力是确定其结构参数的重要依据。工作压力选得低一些，有利于提高液压系统的工作平稳性、可靠性和降低噪声，但液压系统和元件的体积、质量就相应增大；工作压力选得过高，虽然液压元件结构紧凑，但对液压元件材质、制造精度和密封要求都相应

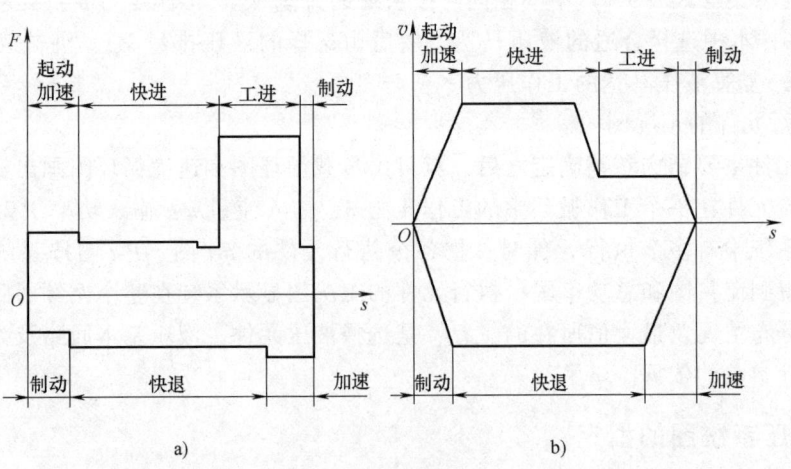

a)   b)

图 9-1 组合机床液压滑台的负载和速度循环图

提高，制造成本也相应提高。执行元件的工作压力一般可根据负载进行选择，其值见表 9-3。有时也可参照或类比相同的主机选定执行元件的压力，详见表 4-7。

表 9-3 按负载选择执行元件的工作压力

负载 F/kN	<5	5~10	10~20	20~30	30~50	>50
工作压力 p/MPa	<0.8~1	1.5~2	2.5~3	3~4	4~5	>5

2. 确定执行元件的主要结构参数

（1）确定液压缸主要结构参数 根据负载分析得到的最大负载 F_{max} 和初选的液压缸工作压力 p，再设定液压缸回油腔背压 p_b 以及杆径比 d/D，即可由第四章中液压缸的力平衡公式求出液压缸的内径 D、活塞杆直径 d 和液压缸的有效工作面积 A，其中 D、d 值应圆整为标准值（参见表 4-4、表 4-6）。

对于工作速度较低的液压缸，要校验其有效面积 A，即要满足

$$A \geqslant \frac{q_{min}}{v_{min}} \tag{9-1}$$

式中 q_{min}——回路中所用流量阀的最小稳定流量，或容积调速回路中变量泵的最小稳定流量；

v_{min}——液压缸应达到的最低运动速度。

若不满足式（9-1），则必须加大液压缸的有效工作面积 A，然后复算液压缸的 D、d 及工作压力 p。

（2）确定液压马达的排量 V_m 由马达的最大负载转矩 T_{max}、初选的工作压力 p 和预估的机械效率 η_{mm}，即可计算液压马达的排量 V_m，即

$$V_m = \frac{2\pi T_{max}}{p\eta_{mm}} \tag{9-2}$$

为使液压马达能达到稳定的最低转速 n_{min}，其排量 V_m 应满足

$$V_m \geqslant \frac{q_{min}}{n_{min}} \tag{9-3}$$

式中，q_{min} 的意义与式（9-1）中的相同。按求得的排量 V_m、工作压力 p 及要求的最高转速 n_{max}，从产品样本中选择合适的液压马达，然后由选择的液压排量 V_m、机械效率 η_{mm} 和回路中的背压 p_b 复算液压马达的工作压力。

3. 画执行元件的工况图

在执行元件主要结构参数确定之后，就可由负载循环图和速度循环图画出执行元件的工况图，即执行元件在一个工作循环中的工作压力 p、输入流量 q、输入功率 P 对时间的变化曲线图。当系统中有多个执行元件时，把各个执行元件的 q-t 图、P-t 图按系统总的工作循环综合，可得到流量图和总功率图。执行元件的工况图显示系统在整个循环回路中压力、流量、功率的分布情况及最大值所在的位置，是选择液压元件、液压基本回路及为均衡功率分布而调整设计参数的依据。

四、液压系统图的拟定

拟定液压系统图是整个液压系统设计中最重要的一步，它是从油路原理上来具体体现设计任务中提出的各项性能要求的。拟定液压系统图包括两项内容：①分析、对比，选出合适的液压回路；②把选出的回路组成液压系统，常采用经验法，也可用逻辑法。

1. 液压回路的选择

选择液压回路的依据是设计要求和工况图，这一步往往会出现多种方案，因为满足同一种设计要求的液压回路往往不止一种，为此选择必须与分析、对比紧密结合起来。在这里，收集、整理和参考同种类型液压系统先进回路的成熟经验是十分必要的。

在机床液压系统中，调速回路是核心，它一旦确定，其他回路也就相应确定下来。因为液压回路的选择工作必须从调速回路开始。选择各种回路一般要考虑如下事项：

（1）调速回路　根据工况图上压力、流量和功率的大小以及系统对温升、工作平稳性等方面的要求选择调速回路。

例如，在压力较小、功率较小（≤2~3kW）、工作稳定性要求不高的场合，宜采用节流阀式调速回路；在负载变化较大、速度稳定性要求较高的场合，宜采用调速阀式调速回路；在功率中等（3~5kW）的场合，可采用节流阀式调速回路或容积式调速回路，也可采用容积节流调速回路；在功率较大（>5kW）、要求温升小而稳定性要求不太高的场合，宜采用容积调速回路。

调速方式确定后，油路循环形式基本上也就确定了。例如节流调速、容积节流调速回路，选用开式回路；容积调速回路选用闭式回路。

当工作循环中需要多个执行元件且其总工况图上流量变化较大时，可用蓄能器，或选用小规格的液压泵。

（2）快速运动回路和速度换接回路　快速运动回路与调速回路密切相关，它在调速回路考虑油源形式和系统效率、温升等因素时已考虑进去了，调速回路一经确定，快速运动回路就基本确定了。

速度换接回路的结构形式基本上由系统中调速回路和快速运动回路的形式所确定，选择时考虑得较多的是应采用机械控制式换接还是电气控制式换接。前者换接精度高、换接平稳、工作可靠，后者结构简单、调整方便、控制灵活。

采用电气控制式换接时，系统中有时要安装压力继电器（或电接点压力表），压力继电器（或电接点压力表）应放在动作变化时压力变化显著的位置。

（3）压力控制回路 压力控制回路的种类很多，有的已包含在调速回路中，有的则需根据系统要求专门进行选择（如卸压、保压回路）。

选择压力控制回路时，应仔细推敲这种回路在选用时所应考虑的问题以及各种方案的特点和适用场合。以卸荷回路为例，选择时应考虑卸荷所造成的功率损失、温升、流量和压力的瞬间变化等，如在系统压力不高、流量不大，或油箱容量较大、系统间隙工作（因而有可能使液压缸停止运转）的场合只设置溢流回路即可，在其他场合则应采用二位二通换向阀式卸荷回路或先导型溢流阀式卸荷回路等。

（4）多缸回路 多缸回路与单缸回路相比，应多考虑多缸之间的相互关系问题，这项关系可能是同时动作时的同步问题、互不干扰问题，或是先后动作时的顺序问题和不动作时的卸荷问题。

2. 液压系统的合成

液压系统要求的各个液压回路选好之后，再配上一些测压、润滑之类的辅助油路，即可进行液压系统的合成。进行此项工作时应注意以下几点：

1）尽可能多地归并掉作用相同或相近的元件，力求系统结构简单。

2）归并出来的系统应保证其循环中的每一个动作都安全可靠，相互之间没有干扰。

3）尽可能使归并出来的系统保持效率高，发热少。

4）系统中各种元件的安放位置应正确，以便充分发挥其工作性能。

5）归并出来的系统应经济合理，不可盲目地追求先进性，脱离实际。

五、液压元件的计算和选择

液压元件的计算主要是计算元件工作压力和通过的流量，此外，还有电动机效率和油箱容量。元件应尽量选用标准元件，只有在特殊情况下才设计专用元件。

1. 确定液压泵的工作压力及流量

（1）计算液压泵的工作压力 液压泵的工作压力是根据执行元件的工作性质来确定的。若执行元件在工作行程终点运动停止时才需要最大压力，这时液压泵的工作压力就等于执行元件的最大压力。

若执行元件是在工作行程过程中需要最大压力，则液压泵的工作压力应满足

$$p_p \geqslant p_1 + \sum \Delta p_1 \tag{9-4}$$

式中 p_1——执行元件的最大工作压力；

$\sum \Delta p_1$——进油路上的压力损失（系统管路未曾画出以前按经验选取：一般节流调速和简单的系统，$\sum \Delta p_1 = 0.2 \sim 0.5 \mathrm{MPa}$；进油路有调速阀及管路复杂的系统，$\sum \Delta p_1 = 0.5 \sim 1.5 \mathrm{MPa}$）。

（2）计算液压泵的流量 液压泵的流量 q_p 按执行元件工况图上最大工作流量和回路的泄漏量确定。

1）当单液压泵供给多个同时工作的执行元件时，有

$$q_p \geqslant K(\sum q_i)_{max} \tag{9-5a}$$

式中 K——回油泄漏折算系数，$K = 1.1 \sim 1.3$；

$(\sum q_i)_{max}$——同时工作的执行元件流量之和的最大值。

2）采用差动连接的液压缸时，有

$$q_p \geq K(A_1 - A_2)v_{max} \tag{9-5b}$$

式中 A_1、A_2——液压缸无杆腔、有杆腔的有效工作面积；

v_{max}——液压缸或活塞的最大移动速度。

3）采用蓄能器储存液压油时，按系统在一个工作周期中的平均工作流量来选择，有

$$q_p \geq K \sum_{i=1}^{n} \frac{V_i}{T} \tag{9-5c}$$

式中 T——机器工作周期；

V_i——每个执行元件在工作周期中的总耗油量；

n——执行元件个数。

2. 选择液压泵的规格

前面计算的 p_p 仅是系统的静态压力。系统在工作过程中常因过渡过程内的压力超调或周期性的压力脉动而存在着动态压力，其值远远超过静态压力。所以，液压泵的额定压力应比系统最高压力高 25% ~ 60%。液压泵的流量应与系统所需的最大流量相适应。

3. 驱动电动机的功率

1）若工况图上的 $p\text{-}t$ 与 $q\text{-}t$ 曲线变化比较平缓，则电动机所需功率为

$$P_p = \frac{p_p q_p}{\eta_p} \tag{9-6a}$$

2）若工况图上的 $p\text{-}t$ 与 $q\text{-}t$ 曲线起伏较大，则需按式（9-6a）分别算出电动机在各个循环阶段内所需的功率（液压泵在各个阶段内的功率是不同的），然后用式（9-6b）求出电动机的平均功率，即

$$P_p = \sqrt{\frac{\sum\limits_{i=1}^{n} P_{pi}^2 t_i}{\sum\limits_{i=1}^{n} t_i}} \tag{9-6b}$$

式中 $P_{pi} = P_{p1}$，P_{p2}，P_{p3}，$\cdots$，P_{pn}——整个循环中每一动作阶段内所需的功率；

$t_i = t_1$，t_2，t_3，$\cdots$，t_n——整个循环中每一动作阶段所占用的时间。

求出了平均功率之后，还要返回去检查每一阶段内电动机的超载量是否在允许值范围内（电动机一般允许短期超载 25%）。

4. 确定其他元件的规格

（1）选择控制阀　控制阀的规格是根据系统最高压力和通过该阀的实际流量，在标准元件的产品样本中选取的。进行这项工作时应注意，液压系统有串联油路和并联油路之分。油路串联时系统的流量即为油路中各处通过的流量；油路并联且各油路同时工作时，系统的流量等于各条油路通过的流量总和，油路并联且油路顺序工作时的情况与油路串联时相同。元件选定的额定压力和流量应尽可能与其计算所需的值接近，必要时，应允许通过元件的最大实际流量超过其额定流量的 20%。

（2）确定油管尺寸　油管尺寸取决于通过的最大流量和管内允许的液体流速，其值可按式（6-5）进行计算。油管的壁厚取决于所承受的工作压力，其值可按式（6-6）进行计算。在实际设计中，油管尺寸常常是由已选定的液压元件连接口处的尺寸决定的。

（3）确定油箱容量　液压系统的散热主要依靠油箱。油箱体积大，散热快，但占地面积大；油箱体积小，则油温较高。一般中低压系统中油箱的容积可按式（6-4）进行计算。

六、液压系统性能的估算

液压系统设计完成之后，需要对它的技术性能进行验算，以便判断其设计质量或从几个方案中选出最好的设计方案。然而液压系统的性能验算是一个复杂的问题，目前详细验算尚有困难，只能采用一些经过简化的公式，选用近似的粗略的数据进行估算，并以此来定性地说明系统性能方面的一些主要问题。设计过程中如有经过生产实践考验的同类型系统可供参考，或有较可靠的实验结果可供使用，则系统的性能估算就可省略。

1. 系统压力损失验算

在系统管路布置确定后，即可计算管路的沿程压力损失 Δp_λ、局部压力损失 Δp_ζ 和液流流过阀类元件的局部压力损失 Δp_v，它们的计算公式详见第二章。管路中总的压力损失为

$$\sum \Delta p = \Delta p_\lambda + \Delta p_\zeta + \Delta p_v \tag{9-7}$$

进油路和回油路上的压力损失应分别计算，并且回油路上的压力损失要折算到进油路上去。当计算出的压力损失值比确定系统工作压力时选定的压力损失值大得多时，就应重新调整有关阀类元件规格和管道尺寸，以降低系统的压力损失。

2. 系统发热温升的验算

液压系统中所有的能量损失将转变为热量，使油温升高，系统泄漏增大，影响系统正常工作。若系统的输入功率为 P_i，输出功率为 P_o，则单位时间的发热量 H_i 为

$$H_i = P_i - P_o = P_i(1 - \eta) \tag{9-8}$$

式中　η——系统效率。

工作循环中有 n 个工作阶段，要根据各阶段的发热量求出系统的平均发热量。若第 j 个工作阶段时间为 t_j，则

$$H_i = \frac{\sum\limits_{j=1}^{n}(P_{ij} - P_{oj})t_j}{\sum\limits_{j=1}^{n} t_j} \tag{9-9}$$

系统中产生的热量由各个散热面散发至空气中去，但绝大部分热量是经油箱散发的。油箱在单位时间内的散热量的计算公式为

$$H_o = KA\Delta t \tag{9-10}$$

式中　A——油箱的散热面积；

　　Δt——油液的温升；

　　K——表面传热系数 [W/(m²·℃)]，通风条件很差时，$K = 8 \sim 10$ W/(m²·℃)，通风条件良好时，$K = 14 \sim 20$ W/(m²·℃)，风扇冷却时，$K = 20 \sim 25$ W/(m²·℃)，用循环水冷却时，$K = 110 \sim 175$ W/(m²·℃)。

当系统达到热平衡时，$H_i = H_o$，则系统温升 Δt 为

$$\Delta t = \frac{H_i}{KA} \tag{9-11}$$

202 ▪ 液压与气压传动 第4版

一般机械允许的油液温升为 25~30℃，数控机床油液温升应小于 25℃，工程机械等允许的油液温升为 35~40℃。若按式（9-11）计算出油液的温升超过允许值，则系统必须采取适当的冷却措施。

第二节 液压系统设计计算实例

设计一台卧式单面钻镗两用组合机床，其工作循环是"快进—工进—快退—原位停止"；工作时最大轴向力为 30kN，运动部件的自重为 19.6kN；快进、快退速度为 6m/min，工进速度为 0.02~0.12m/min；最大行程为 400mm，其中工进行程为 200mm；起动换向时间 $\Delta t=0.2s$；采用平导轨，其摩擦因数 $f=0.1$。

一、负载分析与速度分析

1. 负载分析

已知工作负载 $F_w=30kN$，重力负载 $F_G=0$。按起动换向时间和运动部件自重计算得到惯性负载 $F_a=1000N$，摩擦阻力 $F_f=1960N$。

取液压缸机械效率 $\eta_m=0.9$，则液压缸在各工作阶段的负载值见表 9-4。

表 9-4 液压缸在各工作阶段的负载值 (单位：N)

工 作 循 环	计 算 公 式	负 载
起动加速	$F=(F_f+F_a)/\eta_m$	3289
快 进	$F=F_f/\eta_m$	2178
工 进	$F=(F_f+F_w)/\eta_m$	35511
快 退	$F=F_f/\eta_m$	2178

2. 速度分析

已知快进、快退速度为 6m/min，工进速度范围为 20~120mm/min，按上述分析可绘制出负载循环图和速度循环图（略）。

二、确定液压缸的主要参数

1. 初选液压缸的工作压力

由最大负载值查表 9-3，取液压缸工作压力为 4MPa。

2. 计算液压缸的结构参数

为使液压缸快进与快退速度相等，选用单出杆活塞缸差动连接的方式实现快进。设液压缸两有效面积为 A_1 和 A_2，且 $A_1=2A_2$，即 $d=0.707D$。为防止钻通时发生前冲现象，液压缸回油腔背压 p_2 取 0.6MPa，而液压缸快退时背压取 0.5MPa。

由工进工况下液压缸的力平衡方程 $p_1A_1=p_2A_2+F$，可得

$$A_1=F/(p_1-0.5p_2)=35511/(4\times10^6-0.5\times0.6\times10^6)\,m^2=9598\times10^{-6}\,m^2\approx96cm^2$$

液压缸内径 D 为

$$D=\sqrt{\frac{4A_1}{\pi}}=\sqrt{\frac{4\times96}{\pi}}\,cm=11.06cm$$

第九章　液压系统的设计与计算 ▪ **203**

对 D 圆整，取 $D=110\text{mm}$。由 $d=0.707D$，经圆整得 $d=80\text{mm}$。液压缸的有效工作面积 $A_1=95\text{cm}^2$，$A_2=44.77\text{cm}^2$。

工进时采用调速阀调速，其最小稳定流量 $q_{\min}=0.05\text{L/min}$，设计要求最低工进速度 $v_{\min}=20\text{mm/min}$，经验算可知满足式（9-1）的要求。

3. 计算液压缸在工作循环各阶段的压力、流量和功率

差动时液压缸有杆腔压力大于无杆腔压力，取两腔间回路及阀上的压力损失为 0.5MPa，则 $p_2=p_1+0.5\text{MPa}$，计算结果见表 9-5。由表 9-5 即可画出液压缸的工况图（略）。

表 9-5　液压缸工作循环各阶段压力、流量和功率

工 作 循 环		计 算 公 式	负载 F/kN	回油背压 p_2/MPa	进油压力 p_1/MPa	输入流量 $q_1/10^{-3}\text{m}^3\cdot\text{s}^{-1}$	输入功率 P/kW
快 进	起动加速	$p_1=\dfrac{F+A_2(p_2-p_1)}{A_1-A_2}$ $q_1=(A_1-A_2)v_1$ $P=p_1q_1$	3289	$p_2=p_1+0.5$	1.10	—	—
	恒　速		2178		0.88	0.50	0.44
工　进		$p_1=\dfrac{F+A_2p_2}{A_1}$ $q_1=A_1v_1,\ P=p_1q_1$	35511	0.6	4.02	0.0031~0.019	0.012~0.076
快 退	起动加速	$p_1=\dfrac{F+A_1p_2}{A_2}$ $q_1=A_2v_1,\ P=p_1q_1$	3289	0.5	1.79	—	—
	恒　速		2178	0.5	1.55	0.448	0.69

三、拟定液压系统图

1. 选择基本回路

（1）调速回路　因为液压系统功率较小，且只有正值负载，所以选用进油节流调速回路。为有较好的低速平稳性和速度负载特性，可选用调速阀调速，并在液压缸回路上设置背压。

（2）泵供油回路　由于系统最大流量与最小流量比为 161，且在整个工作循环过程中的绝大部分时间里，泵在高压、小流量状态下工作，为此应采用双联泵（或限压式变量泵），以节省能源，提高效率。

（3）速度换接回路和快速回路　由于快进速度与工进速度相差很大，为了换接平稳，选用行程阀控制的换接回路。快速运动通过差动回路来实现。

（4）换向回路　为了换向平稳，选用电液换向阀。为便于实现液压缸中位停止和差动连接，采用三位五通阀。

（5）压力控制回路　系统在工作状态时，高压小流量泵的工作压力由溢流阀调整，同时用外控顺序阀实现低压、大流量泵卸荷。

2. 回路合成

对选定的基本回路在合成时，有必要进行整理、修改和归并。其具体方法为：

1）防止工作进给时液压缸进油路、回油路相通，需接入单向阀 7。

204 ────▪ 液压与气压传动 第4版

2）要实现差动快进，必须在回油路上设置液控顺序阀9，以阻止油液流回油箱。此阀通过位置调整后与低压、大流量泵的卸荷阀合二为一。

3）为防止机床停止工作时系统中的油液流回油箱，应增设单向阀。

4）设置压力表开关及压力表。

合并后完整的液压系统如图9-2所示。

四、液压元件的选择

1. 液压泵及驱动电动机功率的确定

（1）液压泵的工作压力　已知液压缸最大工作压力为4.02MPa，取进油路上压力损失为1MPa，则小流量泵最高工作压力为5.02MPa，选择泵的额定压力应为 $p_n = (5.02 + 5.02 \times 25\%)$ MPa = 6.27MPa。大流量泵在液压缸快退时工作压力较高，取液压缸快退时进油路上的压力损失为0.4MPa，则大流量泵的最高工作压力为（1.79 + 0.4）MPa = 2.19MPa。卸荷阀的调整压力应高于此值。

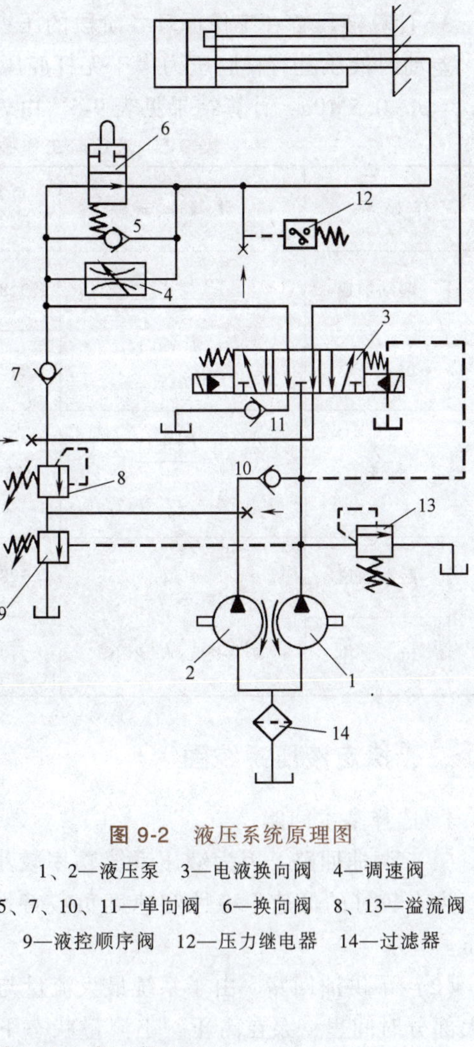

（2）液压泵流量计算　取系统的泄漏系数 $K = 1.2$，则泵的最小供油量 q_p 为

$$q_p = Kq_{1max} = 1.2 \times 0.5 \times 10^{-3} \, \text{m}^3/\text{s}$$
$$= 0.6 \times 10^{-3} \, \text{m}^3/\text{s} = 36\text{L}/\text{min}$$

由于工进时所需要的最大流量为 $1.9 \times 10^{-5} \, \text{m}^3/\text{s}$，溢流阀最小稳定流量为 $0.05 \times 10^{-3} \, \text{m}^3/\text{s}$，小流量泵最小流量为

$$q_{p1} = Kq_1 + 0.05 \times 10^{-3}$$
$$= 7.28 \times 10^{-5} \, \text{m}^3/\text{s} = 4.4\text{L}/\text{min}$$

大流量泵最小流量为

图9-2　液压系统原理图
1、2—液压泵　3—电液换向阀　4—调速阀
5、7、10、11—单向阀　6—换向阀　8、13—溢流阀
9—液控顺序阀　12—压力继电器　14—过滤器

$$q_{p2} = q_p - q_{p1} = (36 - 4.4)\text{L}/\text{min} = 31.6\text{L}/\text{min}$$

（3）确定液压泵规格　对照产品样本可选用 YB_1—40/6.3 型双联叶片泵，额定转速为960r/min，容积效率 η_V 为0.9，大、小泵的额定流量分别为34.56L/min和5.44L/min，满足以上要求。

（4）确定液压泵驱动功率　液压泵在快退阶段功率最大，取液压缸进油路上的压力损失为0.5MPa，则液压泵输出压力为2.05MPa。液压泵的总效率 $\eta_p = 0.8$，液压泵流量为40L/min[（34.56 + 5.44）L/min]，则液压泵驱动快退所需的功率 P 为

$$P = p_p q_p / \eta_p = 2.05 \times 10^6 \times 40 \times 10^{-3} / (60 \times 0.8) \text{W} = 1708\text{W}$$

据此选用 Y112M—6-B5 型立式电动机，其额定功率为2.2kW，转速为940r/min，液压泵输出流量为33.84L/min、5.33L/min，仍能满足系统要求。

第九章 液压系统的设计与计算 **205**

2. 元件、辅件的选择

根据实际工作压力及流量大小即可选择液压元件和辅件（略）。油箱容积取液压泵流量的 6 倍，管道由元件连接尺寸确定。在系统管路布置确定以前，回路上压力损失无法计算，以下仅对系统油液温升进行验算。

五、系统油液温升验算

系统在工作中绝大部分时间是处在工作阶段的，所以可按工作状态来计算温升。

设小流量泵工作状态压力为 5.02MPa，流量为 5.33L/min，经计算，其输入功率为 557W。大流量泵经外控顺序阀卸荷，其工作压力等于阀上的局部压力损失数值 Δp_v。阀额定流量为 63L/min，额定压力损失为 0.3MPa，大流量泵流量为 33.84L/min，则 Δp_v 为

$$\Delta p_v = 0.3 \times 10^6 \times \left(\frac{33.84 + 44.77 \times 5.33/95}{63} \right)^2 Pa = 0.1 \times 10^6 Pa$$

大流量泵的输入功率经计算为 70.5W。

液压缸的最小有效功率为

$$P_o = Fv = (30000 + 1960) \times 0.02/60 W = 10.7 W$$

系统单位时间内的发热量为

$$H_i = P_i - P_o = (557 + 70.5 - 10.7) W = 616.8 W$$

当油箱的高、宽、长比例在 1：1：1 ~ 1：2：3 范围内，且油面高度为油箱高度的 80% 时，油箱散热面积近似为

$$A = 6.66 \sqrt[3]{V^2}$$

式中 V——油箱有效容积（m^3）；

A——散热面积（m^2）。

取油箱有效容积 $V = 0.25 m^3$，表面传热系数 $K = 15 W/(m^2 \cdot ℃)$，由式（9-11）得

$$\Delta t = \frac{H_i}{KA} = \frac{616.8}{15 \times 6.66 \sqrt[3]{0.25^2}} ℃ = 15.6 ℃$$

即在温升许可范围内。

第十章　液压伺服系统

伺服系统又称随动系统或跟踪系统，是一种自动控制系统。在这种系统中，执行元件能以一定的精度，自动地按照输入信号的变化规律而动作。由液压伺服元件组成的系统称为液压伺服系统。

第一节　概述

一、液压伺服系统的工作原理

下面以车床液压仿形刀架为例来说明液压伺服系统的工作原理和特点。如图 10-1 所示，

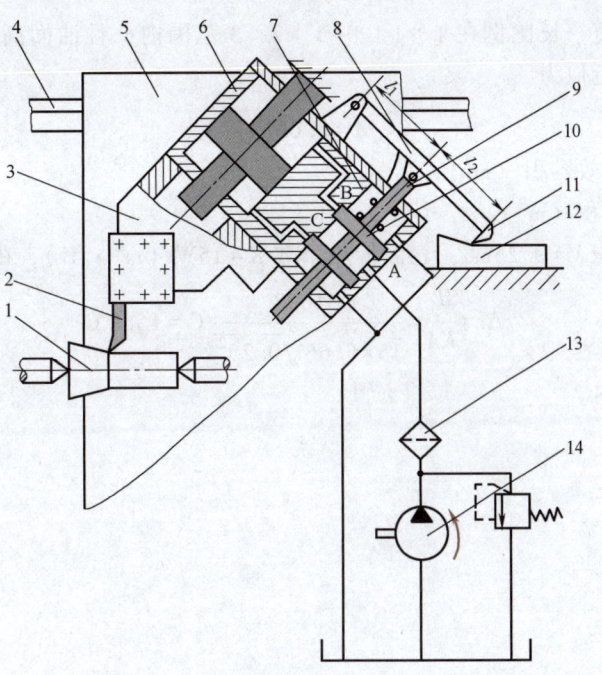

图 10-1　车床液压仿形刀架的工作原理

1—工件　2—车刀　3—刀架　4—床身导轨　5—溜板　6—缸体
7—伺服阀阀体　8—杠杆　9—阀杆　10—伺服阀阀芯　11—触销
12—样件　13—过滤器　14—液压泵

仿形刀架装在车床床鞍后部，随床鞍一起做纵向移动，并按照样件的轮廓形状车削工件；样件安装在床身支架上，是固定不动的。液压泵站则放在车床附近的地面上，与仿形刀架以软管相连。

仿形刀架的活塞杆固定在刀架底座上，液压缸的缸体 6、杠杆 8、伺服阀体 7 是和刀架 3 连在一起的，可在刀架底座的导轨上沿液压缸轴向移动。伺服阀阀芯 10 在弹簧的作用下通过阀杆 9 将杠杆 8 上的触销 11 压在样件 12 上。来自液压泵 14 的油经过滤器 13 通入伺服阀的 A 口，并根据阀芯所在位置经 B 或 C 通入液压缸的上腔或下腔，使刀架 3 和车刀 2 退离或切入工件 1。

工作时，当杠杆上的触销还没有碰到样件时，伺服阀阀芯在弹簧作用下处于最下端的位置，液压泵 14 输入的油液通过伺服阀上的 C 口进入液压缸的下腔，液压缸上腔的油液则经伺服阀上的 B 口流回油箱，仿形刀架快速向左下方移动，接近工件。当杠杆的触销与样件接触时，触销不再移动，刀架继续向前运动，使杠杆绕触销尖摆动，阀杆和阀芯便在阀体中相对地后退，直到 A 和 C 间的通路被切断，液压缸下腔不再进液压油，刀架不再前进时为止。这样就完成了刀架的快速趋近运动。

车削圆柱面时，溜板 5 沿床身导轨 4 纵向移动。杠杆触销在样件上方水平段内滑动，滑阀阀口不打开，刀架 3 只能跟随溜板 5 一起纵向移动，车刀 2 在工件 1 上车削出圆柱面。

车削圆锥面时，触销沿样件斜线滑动，使杠杆向上方偏摆，从而带动阀芯上移，打开阀口，液压油进入液压缸上腔，推动缸体连同阀体和刀架沿轴向后退。阀体后退又逐渐使阀口关小，直至关闭为止。在溜板不断做纵向运动的同时，触销在样件上不断抬起，刀架也就不断地后退运动，此二运动的合成就使刀具在工件上车削出圆锥面。

其他曲面形状或凸肩也都是这样合成切削的结果，如图 10-2 所示。图中，v_1、v_2 和 v 分别表示溜板带动刀架的纵向运动速度、刀具沿液压缸轴向的运动速度和刀具的实际合成速度。

从仿形刀架的工作过程可以看出，刀架液压缸（执行元件）是以一定的仿形精度按照触销输入位移信号的变化规律而动作的，所以仿形刀架液压系统是液压伺服系统。

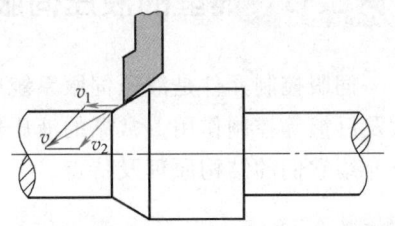

图 10-2　进给运动合成示意图

通过分析仿形刀架的工况，可以归纳出液压伺服系统有如下特点：

（1）跟踪　刀架（液压缸）的位置（输出）完全跟踪触销的位置（输入）而运动。

（2）放大　推动触销所需的力很小，只需几牛顿到几十牛顿，但仿形刀架液压缸所输出的力很大，可达数千到数万牛顿。输出的能量是由液压泵供给的。

（3）反馈　把输出量的一部分或全部按一定方式送回输入端，和输入信号进行比较，这就是反馈。仿形刀架中的反馈信号是以负值送回输入端，不断抵消输入信号，故称负反馈。没有负反馈，液压伺服系统是不能正常工作的。仿形刀架中的负反馈是通过阀体和缸体的刚性连接来实现的，所以它是一种刚性位置负反馈。

（4）偏差　要使液压缸输出一定的速度和力，伺服阀应有一定的开口量，因而使输出和输入之间产生位置偏差。液压缸运动的结果又试图消除这个偏差，但在伺服系统工作的任何时刻总不能完全消除这个偏差。也就是说，伺服系统是依靠偏差信号进行工作的。

208 ————■ 液压与气压传动 第 4 版

液压伺服系统的工作原理可以用框图来
说明，如图 10-3 所示。因为系统有反馈，框
图自行封闭，可见液压伺服系统是一种闭环
控制系统。

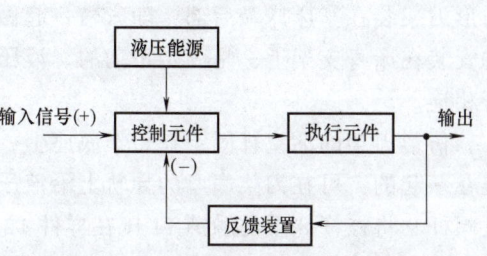

图 10-3　液压伺服系统工作原理框图

二、液压伺服系统分类

液压伺服系统可从不同的角度加以分类：
按输出的物理量分类，有位置伺服系统、速
度伺服系统、力（或压力）伺服系统等；按控制信号分类，有机液伺服系统、电液伺服系
统、气液伺服系统；按控制元件分类，有阀控系统和泵控系统两大类。在机械设备中以阀控
系统应用较多，故本章重点介绍阀控系统。

三、液压伺服系统的优缺点

液压伺服系统除具有液压传动所固有的一系列优点外，还具有承载能力大、控制精度
高、响应速度快、自动化程度高、体积小、重量轻等优点。

但是，液压伺服系统元件的加工精度高，因此价格较贵；对油液污染比较敏感，因此可
靠性受到影响；在小功率系统中，伺服控制不如微电子控制灵活。随着科学技术的发展，液
压伺服系统的缺点将不断得到克服。在自动化技术领域中，液压伺服控制有着广阔的应用
前景。

第二节　典型的液压伺服控制元件

伺服控制元件是液压伺服系统中最重要、最基本的组成部分，它起着信号转换、功率放
大及反馈等控制作用。常见的液压伺服控制元件有滑阀、射流管阀和喷嘴挡板阀等，下面简
要介绍它们的结构原理及特点。

一、滑阀

这种控制元件的典型结构已在前述仿形刀架中做过介绍。根据滑阀控制边数（起控制
作用的阀口数）的不同，有单边控制式、双边控制
式和四边控制式三种类型。

图 10-4 所示为单边滑阀的工作原理。滑阀控制
边的开口量 x_s 控制着液压缸右腔的压力和流量，从
而控制液压缸运动的速度和方向。来自泵的液压油
进入单杆液压缸的有杆腔，通过活塞上小孔 a 进入
无杆腔，压力由 p_s 降为 p_1，再通过滑阀唯一的节流
边流回油箱。在液压缸不受外负载作用的条件下，
$p_1 A_1 = p_s A_2$。当阀芯根据输入信号向左移动时，开口
量 x_s 增大，无杆腔压力 p_1 减小，于是 $p_1 A_1 < p_s A_2$，
缸体向左移动。因为缸体和阀体刚性连接成一个整

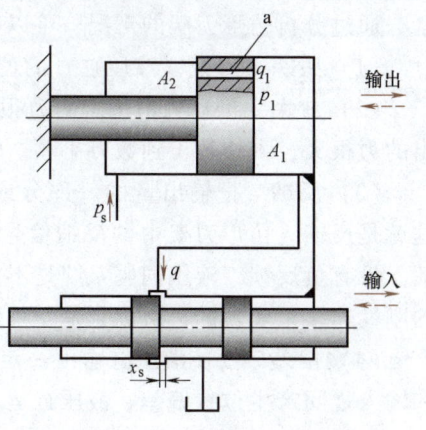

图 10-4　单边滑阀的工作原理

体，故阀体左移又使 x_s 减小（负反馈），直至平衡。

图 10-5 所示为双边滑阀的工作原理。部分压力油直接进入液压缸有杆腔，另一部分压力油经滑阀左控制边的开口 x_{s1} 和液压缸无杆腔相通，并经滑阀右控制边 x_{s2} 流回油箱。当滑阀向左移动时，x_{s1} 减小，x_{s2} 增大，液压缸无杆腔压力 p_1 减小，两腔受力不平衡，缸体向左移动。反之缸体向右移动。双边滑阀比单边滑阀的调节灵敏度高，工作精度高。

图 10-6 所示为四边滑阀的工作原理。滑阀有四个控制边，开口 x_{s1}、x_{s2} 分别控制进入液压缸两腔的液压油，开口 x_{s3}、x_{s4} 分别控制液压缸两腔的回油。当滑阀向左移动时，液压缸左腔的进油口 x_{s1} 减小，回油口 x_{s3} 增大，p_2 迅速减小；与此同时，液压缸右腔的进油口 x_{s2} 增大，回油口 x_{s4} 减小，p_1 迅速增大，这样就使活塞迅速左移。与双边滑阀相比，四边滑阀同时控制液压缸两腔的压力和流量，故调节灵敏度更高，工作精度也更高。

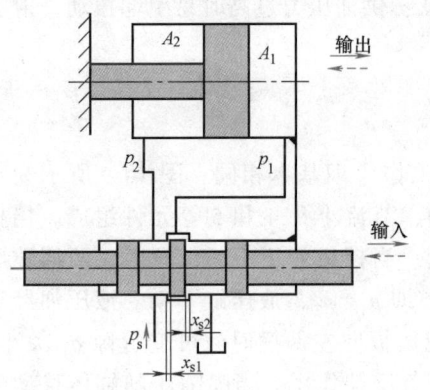

图 10-5 双边滑阀的工作原理

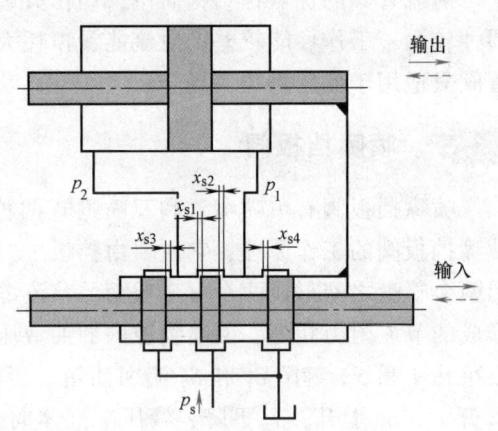

图 10-6 四边滑阀的工作原理

由此可知，单边、双边和四边滑阀的控制作用是相同的，均起到换向和节流作用。控制边数越多，控制质量越好，但其结构工艺性也越差。通常情况下，四边滑阀多用于精度要求较高的系统，单边、双边滑阀用于一般精度系统。

滑阀在初始平衡的状态下，阀的开口有负开口（$x_s<0$）、零开口（$x_s=0$）和正开口（$x_s>0$）三种形式，如图 10-7 所示。具有零开口的滑阀，其工作精度最高；负开口有较大的不灵敏区，较少采用；具有正开口的滑阀，其工作精度比负开口高，但功率损耗大，稳定性也较差。

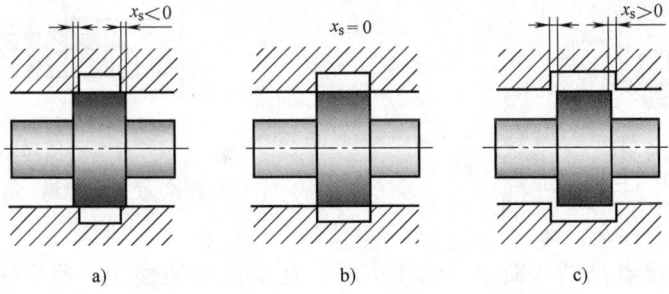

图 10-7 滑阀的三种开口形式

a）负开口形式 b）零开口形式 c）正开口形式

二、射流管阀

图 10-8 所示为射流管阀的工作原理。射流管阀由射流管 1 和接收板 2 组成。射流管可绕 O 轴左右摆动一个不大的角度,接收板上有两个并列的接收孔 a、b,分别与液压缸两腔相通。液压油从管道进入射流管后从锥形喷嘴射出,经接收孔进入液压缸两腔。当喷嘴处于两接收孔的中间位置时,两接收孔内油液的压力相等,液压缸不动。当输入信号使射流管绕 O 轴向左摆动一个小角度时,进入孔 b 的油液压力大于进入孔 a 的油液压力,液压缸向左移动。由于接收板和缸体连接在一起,接收板也向左移动,形成负反馈,喷嘴恢复到中间位置,液压缸停止运动。同理,当输入信号进入孔 a 的压力大于孔 b 的压力时,液压缸先向右移动,在反馈信号的作用下,最终停止。

射流管阀的优点是结构简单,动作灵敏,工作可靠。射流管阀的缺点是射流管运动部件惯性较大,工作性能较差;射流能量损耗大,效率较低;供油压力过高时易引起振动。射流管阀只适用于低压小功率场合。

三、喷嘴挡板阀

喷嘴挡板阀有单喷嘴式和双喷嘴式两种,两者的工作原理基本相同。图 10-9 所示为双喷嘴挡板阀的工作原理,它主要由挡板 1、喷嘴 2 和 3、节流小孔 4 和 5 等元件组成。挡板和两个喷嘴之间形成两个可变截面的节流缝隙 δ_1 和 δ_2。当挡板处于中间位置时,两缝隙所形成的节流阻力相等,两喷嘴腔内的油液压力则相等,即 $p_1=p_2$,液压缸不动。液压油经节流小孔 4 和 5、缝隙 δ_1 和 δ_2 流回油箱。当输入信号使挡板向左偏摆时,可变缝隙 δ_1 关小,δ_2 开大,p_1 上升,p_2 下降,液压缸缸体向左移动。因负反馈作用,当喷嘴跟随缸体移动到挡板两边对称位置时,液压缸停止运动。

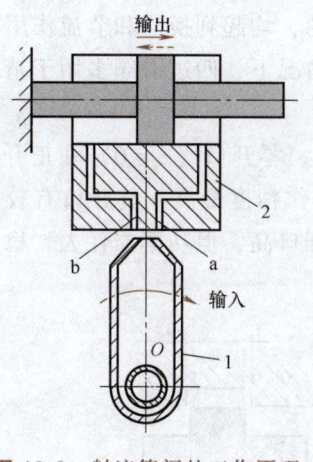

图 10-8 射流管阀的工作原理

1—射流管 2—接收板

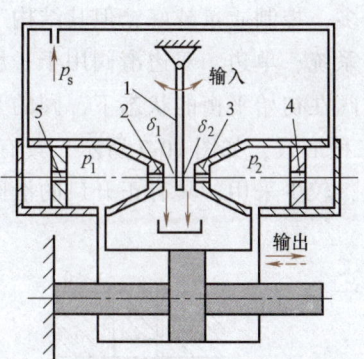

图 10-9 双喷嘴挡板阀的工作原理

1—挡板 2、3—喷嘴 4、5—节流小孔

喷嘴挡板阀的优点是结构简单,加工方便,运动部件惯性小,反应快,精度和灵敏度高;缺点是无功损耗大,抗污染能力较差。喷嘴挡板阀常用作多级放大伺服控制元件中的前置级。

第十章 液压伺服系统 ■ **211**

第三节 电液伺服阀

电液伺服阀是电液联合控制的多级伺服元件，它能将微弱的电气输入信号放大成大功率的液压能量输出。电液伺服阀具有控制精度高和放大倍数大等优点，在液压控制系统中得到广泛的应用。

图10-10所示是一种典型的电液伺服阀结构原理图。它由电磁和液压两部分组成，电磁部分是一个力矩马达，液压部分是一个两级液压放大器。液压放大器的第一级是双喷嘴挡板阀，称前置放大级；第二级是四边滑阀，称功率放大级。电液伺服阀的结构原理如下。

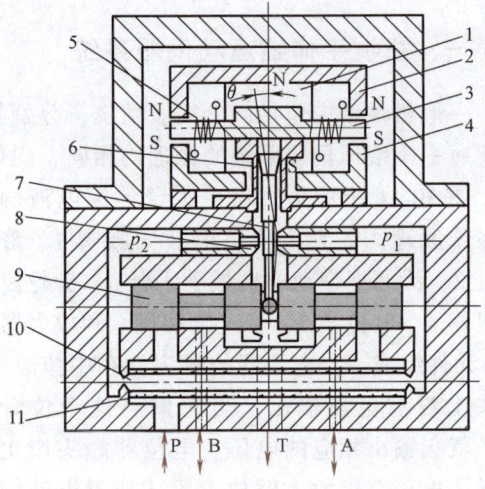

1. 力矩马达

力矩马达主要由一对永久磁铁1、导磁体2和4、衔铁3、线圈5和内部悬置挡板7的弹簧管6等组成（图10-10）。永久磁铁把上下两块导磁体磁化成N极和S极，形成一个固定磁场。衔铁和挡板连在一起，由固定在阀座上的弹簧管支承，使之位于上下导磁体中间。挡板下端为一球头，嵌放在滑阀的中间凹槽内。

当线圈无电流通过时，力矩马达无力矩输出，挡板处于两喷嘴中间位置。当输入信号电流通过线圈时，衔铁3被磁化，若通入

图10-10 电液伺服阀的结构原理图
1—永久磁铁 2、4—导磁体 3—衔铁 5—线圈
6—弹簧管 7—挡板 8—喷嘴 9—滑阀
10—固定节流孔 11—过滤器

的电流使衔铁左端为N极、右端为S极，则根据同性相斥、异性相吸的原理，衔铁沿逆时针方向偏转。于是弹簧管弯曲变形，产生相应的反力矩，致使衔铁转过 θ 角便停止下来。电流越大，θ 角就越大，两者成正比关系。这样，力矩马达就把输入的电信号转换为力矩输出。

2. 液压放大器

力矩马达产生的力矩很小，无法操纵滑阀的启闭以产生足够的液压功率。所以要在液压放大器中进行两级放大，即前置放大和功率放大。

前置放大级是一个双喷嘴挡板阀，它主要由挡板7、喷嘴8、固定节流孔10和过滤器11组成。液压油经过滤器和两个固定节流孔流到滑阀左、右两端油腔及两个喷嘴腔，由喷嘴喷出，经滑阀9的中部油腔流回油箱。力矩马达无输出信号时，挡板不动，左右两腔压力相等，滑阀9也不动。若力矩马达有信号输出，即挡板偏转，使两喷嘴与挡板之间的间隙不等，造成滑阀两端的压力不等，便推动阀芯移动。

功率放大级主要由滑阀9和挡板下部的反馈弹簧片组成。当前置放大级有压差信号输出时，滑阀阀芯移动，传递动力的液压主油路即被接通（如图10-10中下方油口的通油情况）。因为滑阀位移后的开度是正比于力矩马达输入电流的，所以阀的输出流量也和输入电流成正

212 ....■ 液压与气压传动 第4版

比。输入电流反向时，输出流量也反向。

滑阀移动的同时，挡板下端的小球也随同移动，使挡板弹簧片产生弹性反力，阻止滑阀
继续移动；另一方面，挡板变形又使它在两喷嘴间的位移量减小，从而实现了反馈。当滑阀
上的液压作用力和挡板弹性反力平衡时，滑阀便保持在这一开度上不再移动。因为这一最终
位置是由挡板弹性反力的反馈作用而达到平衡的，所以这种反馈是力反馈。

第四节 液压伺服系统实例

一、机械手伸缩运动伺服系统

一般机械手应包括四个伺服系统，分别控制机械手的伸缩、回转、升降和手腕的动作。
由于每一个液压伺服系统的原理均相同，现仅以伸缩伺服系统为例介绍它的工作原理。

图 10-11 所示是机械手手臂伸缩电液伺
服系统原理图。它主要由电液伺服阀 1、液
压缸 2、活塞杆带动的机械手手臂 3、齿轮齿
条机构 4、电位器 5、步进电动机 6 和放大器
7 等元件组成。当电位器的触头处在中位时，
触头上没有电压输出。当它偏离这个位置
时，就会输出相应的电压。电位器触头产生
的微弱电压需经放大器放大后才能对电液伺
服阀进行控制。电位器触头由步进电动机带
动旋转。步进电动机的角位移和角速度由数
控装置发出的脉冲数和脉冲频率控制。齿条

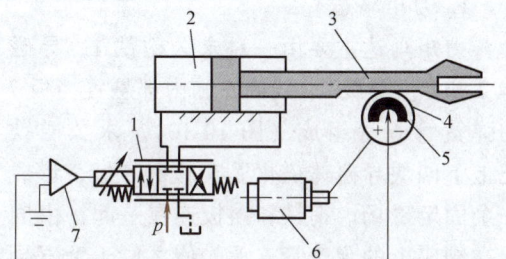

图 10-11 机械手手臂伸缩电液伺服系统原理图
1—电液伺服阀 2—液压缸 3—机械手手臂 4—齿轮
齿条机构 5—电位器 6—步进电动机 7—放大器

固定在机械手手臂上，电位器固定在齿轮上，所以当手臂带动齿轮转动时，电位器同齿轮一
起转动，形成负反馈。机械手伸缩系统的工作原理如图 10-12 所示。

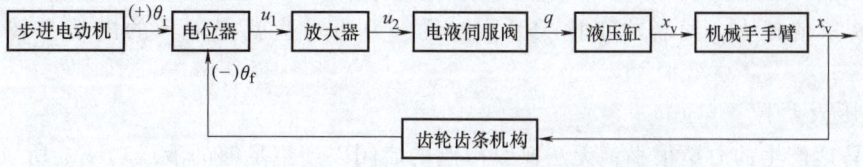

图 10-12 机械手手臂伸缩运动电液伺服系统框图

由数控装置发出的一定数量的脉冲，使步进电动机带动电位器 5 的动触头转过一定的角
度 θ_i（假定为沿顺时针方向转动），动触头偏离电位器中位，产生微弱电压 u_1，经放大器 7
放大成 u_2 后输入电液伺服阀 1 的控制线圈，使电液伺服阀产生一定的开口量。这时液压油
以流量 q 流经阀的开口进入液压缸的左腔，推动活塞连同机械手手臂一起向右移动，行程为
x_v；液压缸右腔的回油经伺服阀流回油箱。由于电位器的齿轮和机械手手臂上齿条相啮合，
手臂向右移动时，电位器一同做沿顺时针方向的转动。当电位器的中位和触头重合时，动触
头输出电压为零，电液伺服阀失去信号，阀口关闭，手臂停止移动。手臂移动的行程取决于

第十章 液压伺服系统 ■ 213

脉冲数量，速度取决于脉冲频率。当数控装置发出反向脉冲时，步进电动机沿逆时针方向转动，手臂缩回。

二、带钢张力控制系统

在带钢生产过程中，常要求控制带材的张力，为此常用伺服系统来实现恒张力控制。在图 10-13 中，2 为牵引辊，8 为加载装置，它们使带钢具有一定的张力。但由于种种原因，张力可能有波动，为此在转向辊 4 的轴承上设置一个力传感器 5，以检测带材的张力，并用伺服液压缸 1 带动浮动辊 6 来调节张力。当实测张力与要求张力有偏差时，偏差电压经放大器 9 放大后，使得电液伺服阀 7 有输出，活塞带动浮动辊 6 调节带钢的张紧程度以减少其偏差，所以这是一个力控制系统。

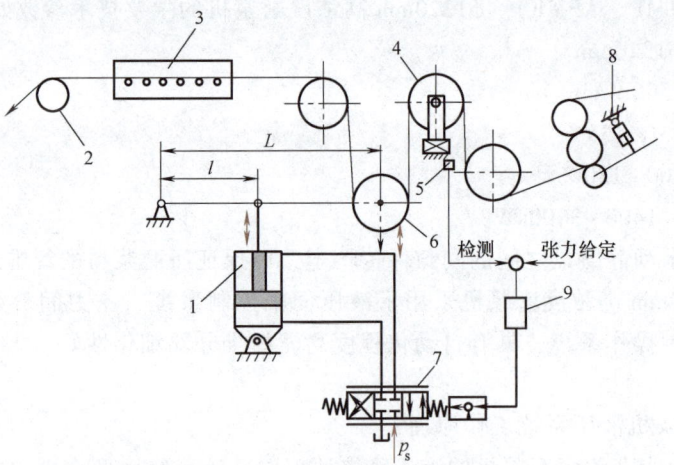

图 10-13　带钢张力控制系统原理图

1—伺服液压缸　2—牵引辊　3—加载装置　4—转向辊　5—力传感器
6—浮动辊　7—电液伺服阀　8—加载装置　9—放大器

三、液压助力器

液压助力器属于机液伺服系统。系统的反馈、给定和比较环节均由机械构件实现，拖动装置可以是节流式，也可以是容积式。

图 10-14 所示为机液位置控制伺服系统。它由差动杆 1、操纵杆 2、随动滑阀 3、液压缸 4 等组成。该系统与一般液压传动系统的主要差别在于：随动滑阀与液压缸间有一差动杆把两者联系起来，从而使它具有不同于一般液压传动系统的工作特性。

若给差动杆上端以一个向右的输入运动，使 a 点移至 a' 点位置，这时液压缸中的活塞因负载阻力较大而暂时不移动，因而差动杆上的 b 点就以 c 点为支点右移至 b' 点，同时使随动

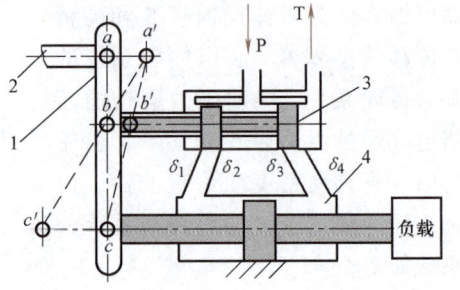

图 10-14　机液位置控制伺服系统

1—差动杆　2—操纵杆　3—随动滑阀　4—液压缸

滑阀的阀芯右移，阀口 δ_1 和 δ_3 增大，而 δ_2 和 δ_4 则减小，从而导致液压缸的右腔压力增大而左腔压力减小，活塞向左移动；活塞的运动通过差动杆又反馈回来，使滑阀阀芯向左移动，这个过程一直进行到 b' 点又回到 b 点，使阀口 δ_1 和 δ_3 与 δ_2 和 δ_4 分别减小与增大到原来的值为止。这时差动杆上的 c 点运动到 c' 点。系统在新的位置上平衡。若差动杆上端的位置连续不断地变化，则活塞的位置也连续不断地跟随差动杆上端的位置变化而移动。

四、ϕ1320mm 高浓度磨浆机液压伺服控制系统

1. 概述

ϕ1320mm 高浓度磨浆机可用于木浆、苇浆、蔗浆、竹浆和草浆的高浓度磨浆，也可在不同的工艺流程中用于木片、竹片等制得半化学机械浆、化学预热机械浆、碱性过氧化氢机械浆（SCMP、CTMP、APMP）。ϕ1320mm 高浓度磨浆机的主要技术参数如下：

盘磨直径：ϕ1320mm

盘磨转速：1500r/min

进浆浓度：25%~35%

生产能力：100~180t/天

电动机功率：1400~3000kW

磨浆工艺要求动静磨盘之间的间隙保持恒定，以保证所磨浆料的纤维尺寸符合造纸工艺技术要求。ϕ1320mm 高浓度磨浆机采用了液压伺服控制系统、压力润滑系统、检测保护系统、PLC 自动控制操作系统，具有自动化程度高、纤维分丝细化性好、工作可靠和生产率高等特点。

2. 高浓度磨浆机液压系统工作原理

图 10-15 所示为高浓度磨浆机的液压系统原理图。该系统由两个独立的系统组成：一是控制动静磨盘之间的间隙保持恒定的液压伺服系统；二是用于主轴动压轴承的强制冷却润滑系统。

高浓度磨浆机液压伺服控制系统是位置闭环控制系统，其核心元件是伺服控制阀 4 和伺服液压缸 6，用于控制动磨盘 7 与静磨盘的间隙保持恒定，系统的检测反馈元件为机械反馈杆 8 和高精度磁栅位移传感器 9。液压伺服系统的动力源为齿轮泵 1，供油压力通过溢流阀 2 调定并通过压力表 5 来显示，齿轮泵 1 的出口设有高精度压力过滤器，以确保液压油的清洁度。伺服控制系统的工作原理如下：

伺服控制阀 4 接收来自 PLC 的控制指令，实现对伺服液压缸 6 的控制，并最终实现对高浓度磨浆机动、静磨盘间

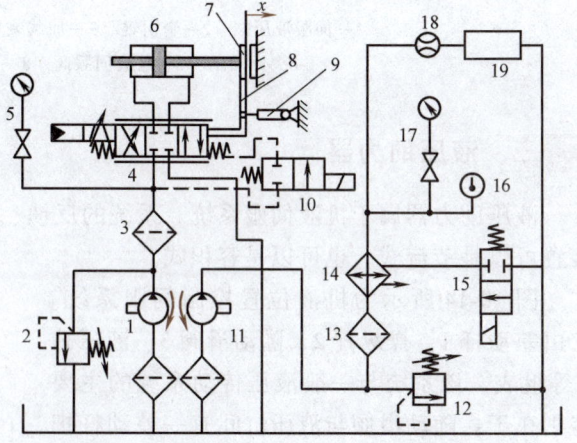

图 10-15 高浓度磨浆机液压系统原理图

1—齿轮泵 2—溢流阀 3、13—压力过滤器 4—伺服控制阀 5、17—压力表 6—伺服液压缸 7—动磨盘 8—机械反馈杆 9—高精度磁栅位移传感器 10—二位二通电磁换向阀 11—低压大流量叶片泵 12—先导式溢流阀 14—板式冷却器 15—电磁水阀 16—温度计 18—油流指示器 19—主轴动压轴承与转子

隙的控制。当所需浆料的供给工况发生变化时，伺服液压缸 6 的外载荷随之改变，即磨浆机动、静磨盘之间的间隙发生变化，此时通过机械反馈杆 8 将位移变化信息反馈给伺服控制阀 4，控制伺服液压缸 6 的位移相应发生负反馈变化，从而保持磨浆机动、静磨盘之间的间隙保持不变。如遇到紧急情况，PLC 发出指令，使二位二通电磁换向阀 10 通电，接通伺服控制阀 4 的先导级，使伺服液压缸 6 快速退回，以确保系统安全。工作过程中，动、静磨盘之间的间隙测量、显示通过高精度磁栅位移传感器 9 来实现。

主轴动压轴承的强制冷却润滑系统的动力源是低压大流量叶片泵 11（实际系统是用一备一，原理图中未画出），供油压力由先导式溢流阀 12 调定，系统中设置了板式冷却器 14，润滑油经过强制冷却后进入滑动轴承，确保了滑动轴承的油温在规定的范围内。需特别指出的是：经过滑动轴承的润滑油在无压状态下靠液体自重返回油箱，所以回油管路的直径及布局方式要充分考虑。

3. 系统特点

1）高浓度磨浆机液压位置伺服控制系统和主轴动压轴承冷却润滑系统相互独立，便于实现各系统的功能并避免相互干扰和影响。同时，主轴动压轴承的强制冷却润滑系统采用了液压泵"用一备一"方案，确保了系统的可靠性。

2）高浓度磨浆机液压位置伺服控制系统采用了伺服阀和高精度磁栅位移传感器组成的闭环控制，工艺参数调整方便，控制精度高，响应速度快。

3）高浓度磨浆机液压位置伺服控制系统和主轴动压轴承冷却润滑系统采用了双级过滤，以确保系统工作的可靠性。

第十一章　气压传动

气压传动是指以压缩空气为工作介质来传递动力和实现控制的一门技术，它包含传动技术和控制技术两方面的内容。本章主要介绍传动技术。由于气压传动具有防火、防爆、节能、高效、无污染等优点，因此在国内外工业生产中得到了广泛应用。

第一节　气压传动基本知识

一、气压传动系统的组成

类似于液压系统，气压传动系统由以下五部分组成：

（1）能源装置　它是指将原动机提供的机械能转变为气体压力能，为系统提供压缩空气的装置，作为气压传动系统的动力源。

（2）执行元件　它是指将压缩空气的压力能转变为机械能的能量转换元件，并对外做功。根据做功的方式不同，主要有直线运动和回转运动两种执行元件，如做直线运动的气缸、做回转运动的摆动气马达等。

（3）气动控制元件　它是指在气动系统中用以调节和控制压缩空气的压力、流量、方向的阀类，如各种气动压力阀、流量阀、方向阀、逻辑元件等。

（4）辅助元件　它是指对压缩空气进行净化、润滑、消声以及用于元件之间连接等所需的辅件，如各种过滤器、油雾器、消声器、管件等。

（5）工作介质　它是指经除水、除油、过滤后的洁净压缩空气。

二、气动传动系统的分类

按选用的控制元件类型，气动系统可分为气阀控制系统、逻辑元件控制系统、射流元件控制或混合控制系统。本书重点介绍气阀控制系统。

三、气压传动的优缺点

气压传动之所以能够得到迅速发展并广泛被应用，是因为它具有如下优点：

1）工作介质是空气，它来源方便，取之不尽，用之不竭，使用后直接排入大气而无污染，不需要设置专门的回收装置。

2）空气的黏度很小，所以流动时压力损失较小，节能高效，适用于集中供气和远距离输送。

3）动作迅速，反应快，调节方便，维护简单，系统有故障时容易排除，无神秘感。

4）工作环境适应性好。特别适合在易燃、易爆、潮湿、多尘、强磁、振动、辐射等恶劣条件下工作，排气不污染环境，在食品、轻工、纺织、印刷、精密检测等场合中应用更具优势。

5）成本低，具有过载保护功能。

气压传动与其他传动相比，具有以下缺点：

1）空气具有可压缩性，不易实现准确的速度控制和很高的定位精度，负载变化时对系统的稳定性影响较大。

2）压缩空气的压力较低，因此一般用于输出力较小的场合。当负载小于 10000N 时，采用气压传动较为适宜。

3）排气噪声较大，高速排气时应加消声器，以降低排气噪声。

第二节　气源装置及辅助元件

向气动系统提供压缩空气的装置称为气源装置。其主体是空气压缩机，由空气压缩机产生的压缩空气，因含有过量的杂质、水分及油分，不能直接使用，必须经过降温、除尘、除油、除水、过滤等一系列处理后才能用于气动系统。

一、空气压缩机

空气压缩机是将机械能转换成空气压力能的装置，是产生压缩空气的设备。

1. 空气压缩机的分类

空气压缩机的种类很多，按工作原理可分为容积式和速度式两大类。在气压传动中，一般采用容积式空气压缩机。

按输出压力分为低压压缩机（$0.2\text{MPa}<p\leqslant1\text{MPa}$）、中压压缩机（$1\text{MPa}<p\leqslant10\text{MPa}$）、高压压缩机（$10\text{MPa}<p\leqslant100\text{MPa}$）、超高压压缩机（$p>100\text{MPa}$）。

按输出流量分为微型压缩机（$q<1\text{m}^3/\text{min}$）、小型压缩机（$1\text{m}^3/\text{min}\leqslant q<10\text{m}^3/\text{min}$）、中型压缩机（$10\text{m}^3/\text{min}\leqslant q<100\text{m}^3/\text{min}$）和大型压缩机（$q\geqslant100\text{m}^3/\text{min}$）。

按润滑方式分为有油润滑空气压缩机（采用润滑油润滑，结构中有专门的供油系统）和无油润滑空气压缩机（不专门采用润滑油润滑，某些零件采用自润滑材料制成）。

2. 空气压缩机的工作原理

在容积式空气压缩机中，最常用的是活塞式空气压缩机，其工作原理如图 11-1 所示。曲柄 6 做回转运动，带动气缸活塞 2 做直线往复运动。当活塞 2 向右运动时，气缸 1 内因容积增大形成局部真空，在大气压的作用下，吸气阀 7 打开，大气进入气缸 1，此过程为吸气过程；当活塞向左运动时，气缸 1 内因容积缩小而气体被压缩，压力升高，吸气阀 7 关闭，排气阀 8 打开，压缩空气排出，此过程为排气过程。其余类推，单级单缸的空

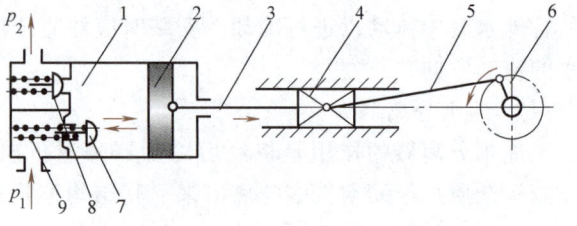

图 11-1　单缸活塞式空气压缩机工作原理

1—气缸　2—活塞　3—活塞杆　4—十字头与滑道

5—连杆　6—曲柄　7—吸气阀　8—排气阀　9—弹簧

气压缩机就这样循环往复地运动，即不断地产生压缩空气。在实际应用中，大多数空气压缩机是由多缸多活塞组合而成的。

3. 空气压缩机的选用

选用空气压缩机的依据是气动系统所需的工作压力和流量。目前，气动系统常用的工作压力为 0.1~0.8MPa，可直接选用额定压力为 1MPa 的低压空气压缩机，特殊需要也可选用中高压或超高压的空气压缩机。

在确定空气压缩机的排气量时，应该满足各气动设备所需的最大耗气量之和，并有一定的裕量。

二、气源净化装置

一般选用的空压机都为有油润滑式，当使用这种空压机压缩空气时，温度可升高到 140~170℃，这时部分润滑油变成气态，加上吸入空气中的水分和灰尘，形成了水汽、油汽、灰尘等混合杂质。如含有这些杂质的压缩空气供气动设备使用，将会产生如下不良后果：

1）混在压缩空气中的油汽聚集在气罐中形成易燃物，甚至有爆炸的危险；同时，油分在高温气化后形成有机酸，使金属设备腐蚀，影响元件的使用寿命。

2）混合杂质沉积在管道和气动元件中，使通流面积减小，流动阻力增大，致使整个系统工作不稳定。

3）压缩空气中的水汽在一定压力和温度下会析出水滴，在寒冷季节沉积在管道和附件中会因冻结而使其破裂或使气路不畅通。

4）压缩空气中的灰尘对气动元件的运动部件产生研磨作用，会加速气动元件相对运动零件的磨损，影响它们的使用寿命。

由此可见，在气动系统中设置除水、除油、除尘和干燥等气源净化装置是十分必要的。下面具体介绍几种常用的气源净化装置。

1. 后冷却器

后冷却器一般安装在空气压缩机（简称空压机）的出口管路上，其作用是把空压机排出的压缩空气的温度由 140~170℃ 降至 40~50℃ 或更低，使得其中大部分的水汽、油汽转化成液态，以便于排出。

后冷却器一般采用水冷却法，其结构形式有蛇管式、列管式、散热片式、套管式等。图 11-2 所示为蛇管式后冷却器的结构示意图。热的压缩空气由管内流过，冷却水从管外水套中流动以进行冷却。安装时应注意压缩空气和水的流动方向。

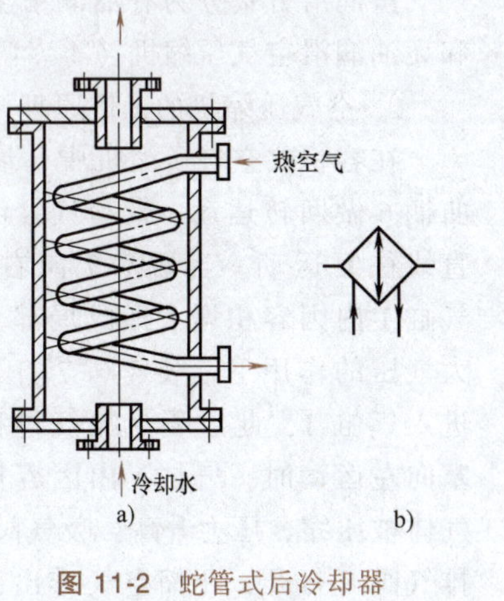

2. 油水分离器

油水分离器的作用是将经后冷却器降温析出的水滴、油滴等杂质从压缩空气中分离出来。其结构形式有环形回转式、撞击挡板式、离心旋转式、水浴式等。

图 11-3 所示为撞击挡板式油水分离器，压缩空气自入口进入分离器壳体，气流受隔板的阻挡撞击折向下方，

图 11-2 蛇管式后冷却器

a）结构图　b）图形符号

第十一章　气压传动　　219

然后产生环形回转而上升，油滴、水滴等杂质由于惯性力和离心力的作用析出并将沉于壳体的底部，由放油水阀定期排出。为达到较好的效果，气流回转后上升速度应缓慢。

3. 气罐

气罐的作用是消除压力波动，保证供气的连续性、稳定性；储存一定数量的压缩空气以备应急时使用；进一步分离压缩空气中的油分、水分等。

图 11-4 所示为立式气罐的结构示意图。

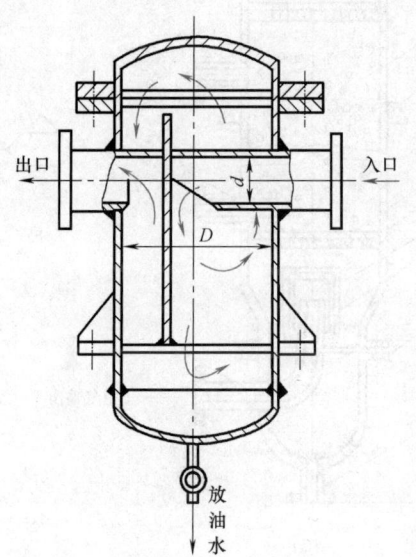

图 11-3　撞击挡板式油水分离器

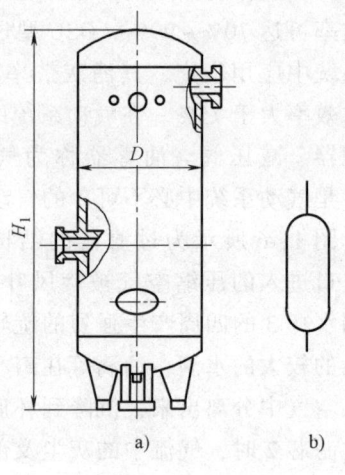

图 11-4　立式气罐

a）结构图　b）图形符号

4. 干燥器

经过以上净化处理的压缩空气已基本能满足一般气动系统的要求，但对于精密的气动装置和气动仪表用气，还需经过进一步的净化处理后才能使用。干燥器的作用是进一步除去压缩空气中的水、油和灰尘，其方法主要有吸附法和冷冻法。吸附法是利用具有吸附性能的吸附剂（如硅胶、铝胶或分子筛等）吸附压缩空气中的水分而使其达到干燥的目的。冷冻法是将多余水分降至露点以下，并把它分离出来，从而达到所需要的干燥度。

图 11-5 所示为吸附式干燥器的结构原理图。它的外壳为一金属圆筒，里面设有栅板、吸附剂、滤网等。其工作原理为：压缩空气由管道 18 进入干燥器内，通过上吸附层、铜丝过滤网 16、上栅板 15、下吸附层 14 之后，湿空气中的水分被吸附剂吸收，再经过铜丝过滤网 12、下栅板 11、毛毡层 10、铜丝过滤网 9 过滤气流中的灰尘和其他固体杂质，最后干燥、洁净的压缩空气从干燥空气输出管 6 输出。

当吸附剂在使用一定时间之后，吸附剂中的水分达到饱和状态时，吸附剂失去继续吸湿的能力，因此需要设法将吸附剂中的水分排除，使吸附剂恢复到干燥状态，即重新恢复吸附剂吸附水分的能力，这就是吸附剂的再生。图 11-5 中的管 3、4、5 即供吸附剂再生时使用。工作时，先将压缩空气的进气管 18 和出气管 6 关闭，然后从再生空气进气管 5 向干燥器内输入干燥热空气（温度一般高于 180℃），热空气通过吸附层，使吸附剂中的水分蒸发成水蒸气，随热空气一起经再生空气排气管3、4排入大气中。经过一段时间的再生之后，吸附剂即可恢复吸湿的性能。在气压系统中，为保证供气的连续性，一般设置两套干燥器，一套使用，另一套进行吸附剂再生，交替工作。

5. 过滤器

其主要作用是分离水分，过滤杂质。滤灰效率可达70%～99%。QSL型过滤器在气动系统中应用很广，其滤灰效率大于95%，分水效率大于75%。在气动系统中，一般把过滤器、减压阀、油雾器称为气源处理装置，是气动系统中必不可少的气动元件。

图11-6所示为过滤器的结构简图。从输入口进入的压缩空气被旋风叶子1导向，沿储水杯3的四周产生强烈的旋转，空气中夹杂的较大的水滴、油滴等在离心力的作用下从空气中分离出来，沉降到杯底；当气流通过滤芯2时，气流中的灰尘及部分雾状水分被滤芯滤去，较为洁净干燥的气体从出口输出。为防止气流的漩涡卷起储水杯中的积水，在滤芯的下方设置了挡水板4。为保证过滤器的正常工作，应及时打开手动放水阀5，放掉储水杯中的积水。

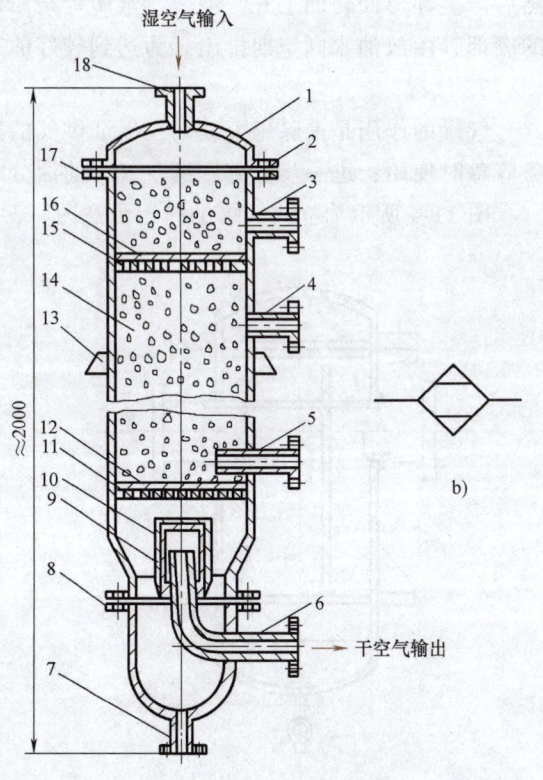

图 11-5 吸附式干燥器

a) 结构图　b) 图形符号

1—顶盖　2—法兰　3、4—再生空气排气管　5—再生空气进气管　6—干燥空气输出管　7—排水管　8、17—密封垫　9、12、16—铜丝过滤网　10—毛毡层　11—下栅板　13—支撑板　14—下吸附层　15—上栅板　18—湿空气进气管

三、辅助元件

1. 油雾器

气动系统中的各种气阀、气缸、气动马达等，其可动部分均需要润滑，但以压缩空气为动力的气动元件都是密封气室，不能采用注油的方法，只能以某种方法将油混入气流中，随气流带到需要润滑的地方。油雾器就是这样一种特殊的注油装置。它使润滑油雾化后随气流进入需要润滑的运动部件。采用这种方法加油，具有润滑均匀、稳定和耗油量少等特点。

图11-7所示为油雾器的结构原理图。压缩空气从气流入口进入，大部分气体从主气道流出，一小部分气体由小孔A通过特殊单向阀进入注油杯的上腔C，使杯中油面受压，迫使储油杯中的油液经吸油管6、单向阀7和可调节流阀8滴入透明的视油器9内，然后再滴入喷嘴小孔，从气源通道内立杆1背向气流流动方向的通道口B被主气流引射出来，雾化后随气流由出口输出，送入气动系统。透明的视油器可供观察油滴情况，上部的节流阀可用来调节滴油量，滴油量在0～200滴/min范围内。

这种油雾器可以在停气或不停气的情况下加油，但不停气加油压力不得低于0.1MPa。油雾器一般应安装在过滤器、减压阀之后，尽量靠近换向阀；应避免把油雾器安装在换向阀与气缸之间，以避免遗漏对换向阀的润滑。

2. 消声器

气动回路与液压回路不同，它没有回收气体的必要，压缩空气使用后直接排入大气，因排气速度较高，会产生尖锐的排气噪声。为降低噪声，一般在换向阀的排气口上安装消声器。常用的消声器有以下几种：

（1）吸收型消声器　吸收型消声器主要依靠吸声材料消声。QXS型消声器即为吸收型消声器，如图11-8所示。消声套是多孔的吸声材料，用聚苯乙烯颗粒或铜粒烧结而成。当有压气体通过消声套排出时，气体受到阻力流速降低，从而降低了噪声。

吸收型消声器结构简单，吸声材料的孔眼不易堵塞，可以较好地消除中高频噪声，消声效果可降低噪声达20dB左右。气动系

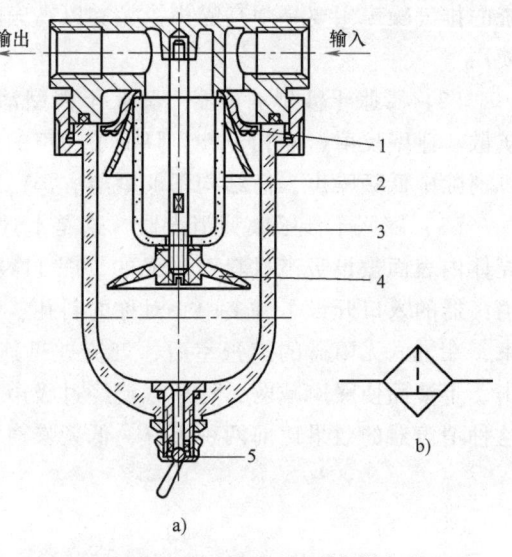

图 11-6　QSL 型过滤器结构

a）结构图　b）图形符号

1—旋风叶子　2—滤芯　3—储水杯

4—挡水板　5—手动放水阀

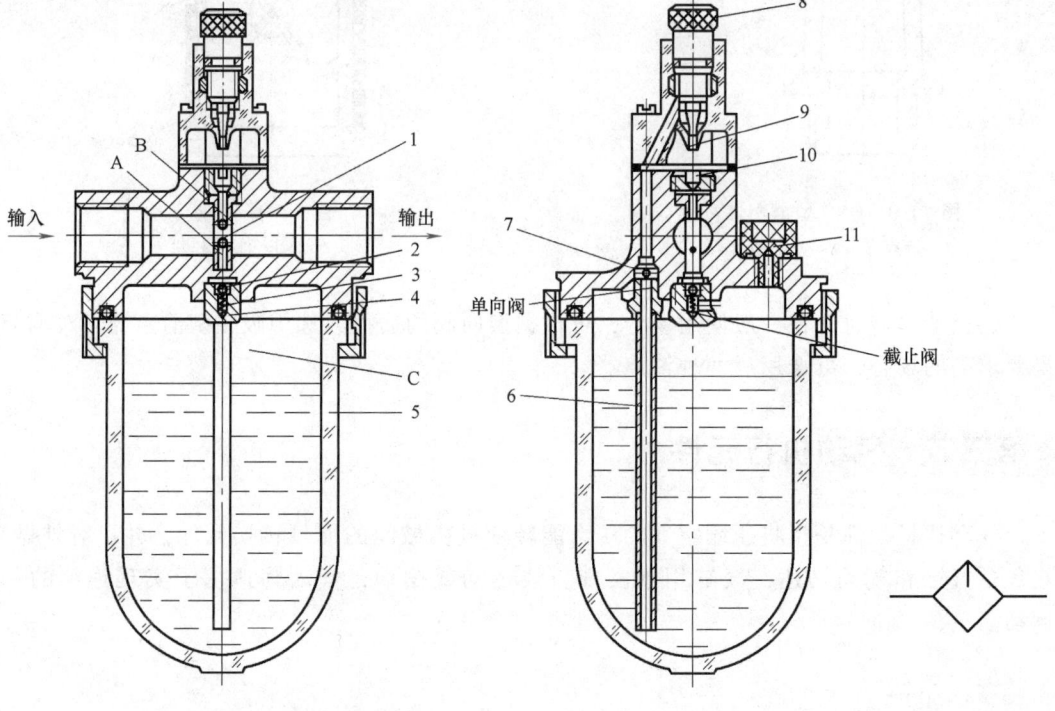

图 11-7　QIU 型油雾器

a）结构图　b）图形符号

1—立杆　2—钢球　3—弹簧　4—阀座　5—储油杯　6—吸油管　7—单向阀

8—可调节流阀　9—视油器　10—垫圈　11—油塞

统的排气噪声主要是中高噪声，尤其以高频噪声居多，所以这种消声器适合于一般气动系统使用。

（2）膨胀干涉型消声器　膨胀干涉型消声器的直径比排气孔直径大得多，气流在里面扩散、碰壁反射，互相干涉，降低了噪声的强度。膨胀干涉型消声器的特点是排气阻力小，可消除中低频噪声，但结构不够紧凑。

（3）膨胀干涉吸收型消声器　这是上述两种消声器的结合，即在膨胀干涉型消声器的壳体内表面敷设吸声材料而制成的。图 11-9 所示为膨胀干涉吸收型消声器的结构图。这种消声器的入口开设了许多中心对称的斜孔，它使得高速进入消声器的气流被分成许多小的流束，在进入无障碍的扩张室后，气流被迅速减速，碰壁后反射到腔室中，气流束的相互撞击、干涉而使噪声减弱，然后气流经过吸声材料的多孔侧壁排入大气，噪声又一次被降低。这种消声器的效果比前两种更好，低频噪声可降低 20dB 左右，高频噪声可降低 40dB 左右。

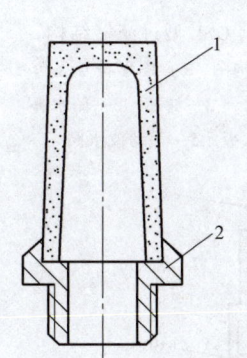

图 11-8　QXS 型消声器

1—消声套　2—连杆螺栓

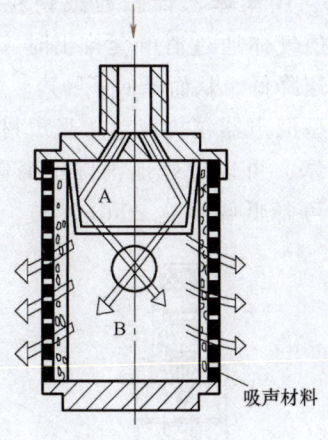

图 11-9　膨胀干涉
吸收型消声器

选择消声器时，在一般使用场合，可根据换向阀的通径，选用吸收型消声器；对消声效果要求高的场合，可选用后两种消声器。

第三节　气动执行元件

气动执行元件是指将压缩空气的压力能转变成机械能的能量转换元件，并可对外做功。它包括气缸和气动马达，气缸用于实现直线运动或摆动，气动马达用于实现连续的回转运动。

一、气缸

（一）气缸的分类

按活塞两侧端面受压状态，气缸可分为单作用气缸和双作用气缸。

按结构特征，气缸可分为活塞式气缸、柱塞式气缸、薄膜式气缸、叶片式摆动气缸、齿轮齿条式摆动气缸等。

按功能，气缸可分为普通气缸和特殊气缸。普通气缸是指一般活塞式气缸，用于无特殊要求的场合。特殊气缸用于有特殊要求的场合，如气液阻尼缸、薄膜式气缸、冲击气缸、回转气缸等。

（二）常见气缸的工作原理及用途

普通气缸的工作原理及用途类似于液压缸，此处不再赘述，下面仅介绍几种特殊气缸。

1. 气液阻尼缸

因空气具有可压缩性，一般气缸在工作载荷变化较大时，有时会出现"爬行"或"自走"现象，运动平稳性较差。如果对运动平稳性要求较高时，可采用气液阻尼缸。气液阻尼缸由气缸和液压缸组合而成，以压缩空气为动力，以液压油为阻力，用于控制调节气缸的运动速度，即利用液体不可压缩的特性来获得运动速度。

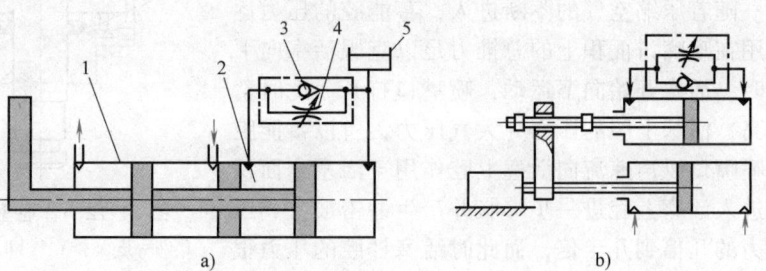

图 11-10　气液阻尼缸
a）串联式气液阻尼缸　b）并联式气液阻尼缸
1—气缸　2—油阻尼缸　3—单向阀　4—节流阀

图 11-10 所示为气液阻尼缸的工作原理图，气缸活塞的左行速度可由节流阀来调节，油杯起补油作用。一般将双活塞杆腔作为液压缸，这样可使液压缸两腔的排油量相等，以减小补油杯的容积。

串联式气液阻尼缸在加工、装配时，同轴度要求较高。并联式气液阻尼缸存在附加力矩。

2. 薄膜式气缸

薄膜式气缸是指以薄膜取代活塞带动活塞杆运动的气缸。图 11-11 所示为单作用薄膜式气缸，此气缸只有一个气口。当气口输入压缩空气时，推动膜片、膜盘、活塞杆向右运动，而活塞杆的左行需依靠弹簧力的作用。

薄膜式气缸结构简单、紧凑，制造容易，维修方便，寿命长；但因膜片的变形量有限，气缸的行程较小，且输出的推力随行程的增大而减小。薄膜式气缸的膜片一般由夹织物橡胶等

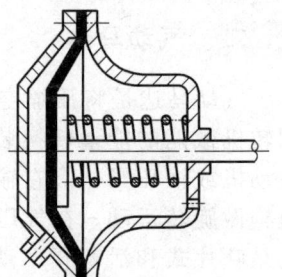

图 11-11　单作用薄膜式气缸

制成，可分为平膜片、蝶形膜片和滚动膜片。根据活塞杆的行程可选择不同的膜片结构，平膜片气缸的行程仅为膜片直径的 0.1 倍，蝶形膜片行程可达 0.25 倍，而滚动膜片气缸的行程可以很长。

3. 冲击气缸

冲击气缸是将压缩空气的能量转化为活塞高速运动能量的一种气缸，活塞的最大速度可达每秒十几米，能完成下料、冲孔、打印、弯曲成形、铆接、破碎、模锻等多种作业。具有结构简单、体积小、加工容易、成本低、使用可靠、冲裁质量好等优点。

冲击气缸有普通型、快排型、压紧活塞型三种。图11-12所示为普通型冲击气缸的结构简图。冲击气缸由缸体、中盖、活塞、活塞杆等零件组成，中盖与缸体固结在一起，其上开有喷嘴口和泄气口，喷嘴口直径约为缸径的1/3。中盖和活塞把缸体分成三个腔室：蓄能腔、活塞腔和活塞杆腔。活塞上安装橡胶密封垫，当活塞退回到顶端时，密封垫便封住喷嘴口，将蓄能腔和活塞腔隔开。

当压缩空气刚进入蓄能腔时，其压力只能通过喷嘴口的小面积作用在活塞上，还不能克服活塞杆腔的排气压力所产生的向上作用力以及活塞和缸体之间的摩擦阻力，喷嘴口仍处于关闭状态。随着压缩空气的不断进入，蓄能腔的压力逐渐升高，当作用在喷嘴口面积上的总推力足以克服活塞向下所受到的阻力时，活塞开始向下运动，喷嘴口打开。此时蓄能腔的压力很高，活塞上腔的压力为大气压力，所以蓄能腔内的气体通过喷嘴口以声速流向活塞上腔作用于活塞全面积上。高速气流进入活塞上腔进一步膨胀并产生冲击波，其压力可达气源压力的几倍到几十倍，而此时活塞杆腔的压力很低，所以活塞在很大压差的作用下迅速加速，活塞在很短的时间（0.25~1.25s）内，以极高的速度（平均速度可达8m/s）冲下，从而可获得很大的动能。

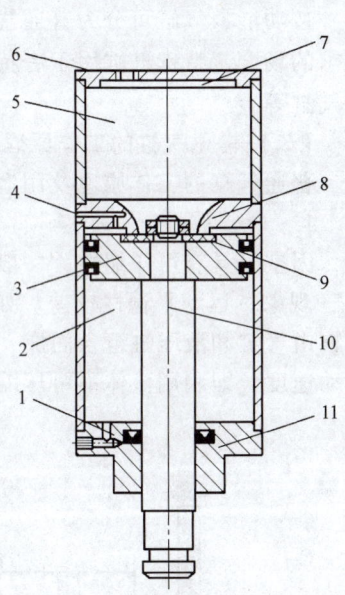

图 11-12　普通型冲击气缸

1、6—进（排）气口　2—活塞杆腔　3—活塞　4—低压排气口　5—蓄能腔　7—后盖　8—中盖　9—密封垫　10—活塞杆　11—前盖

4. 回转气缸

图11-13所示为回转气缸的工作原理图。它由导气头、缸体、活塞杆和活塞等组成。这种气缸的缸体连同缸盖及导气头阀芯可被携带回转，活塞及活塞杆只能做往复直线运动，导气头外接管路而固定不动。

二、气动马达

气动马达是将压缩空气的压力能转换成回转机械能的能量转换装置，其作用相当于电动机或液压马达。它输出转矩，驱动执行机构做旋转运动。在气压传动中使用最广泛的是叶片式和活塞式气动马达。其工作原理与叶片式液压泵类似。

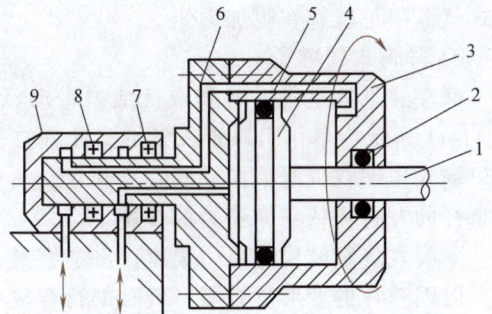

图 11-13　回转气缸

1—活塞杆　2、5—密封装置　3—缸体　4—活塞　6—缸盖及导气头阀芯　7、8—轴承　9—导气头

1. 叶片式气动马达的工作原理

图11-14所示是叶片式气动马达的工作原理图。压缩空气由孔A输入后分为两部分，小部分压缩空气经定子两端密封盖的槽进入叶片底部，将叶片推出，使叶片贴紧在定子内壁上；大部分压缩空气进入相应的密封空间而作用在两个叶片上，由于两叶片伸出长度不等，即产生了转矩差。使叶片带动转子沿逆时针方向旋转；做功后的气体由定子上的孔C和孔B排出。若改变压缩空气的输入方向（即压缩空气由孔B进入，由孔A和孔C排出），则可改变转子的转向。

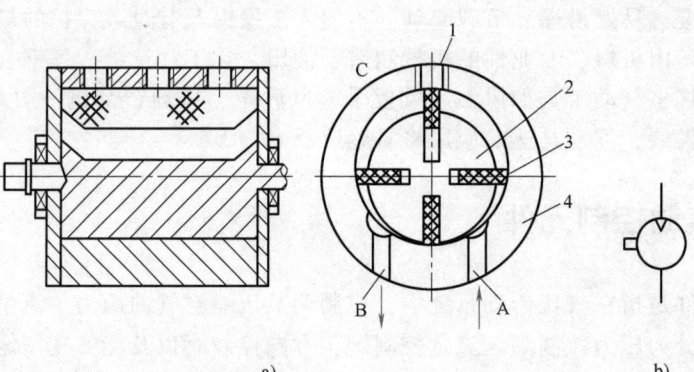

图 11-14 叶片式气动马达

a) 结构图 b) 图形符号

1—定子排气孔 2—转子 3—叶片 4—定子

2. 径向活塞式气动马达的工作原理

图 11-15 所示是径向活塞式气动马达的工作原理图。压缩空气经进气孔进入分配阀（又称配气阀）后进入气缸缸体 3，推动活塞 4 及连杆 5 组成的组件运动，再使曲轴 6 旋转。在曲轴旋转的同时，带动固定在曲轴上的分配阀同步运动，使压缩空气随着分配阀角度位置的改变而进入不同的缸内，依次推动各个活塞运动，并由各活塞及连杆带动曲轴连续运转，与此同时，与进气缸相对应的气缸则处于排气状态。

3. 气动马达的特点及应用

（1）气动马达的特点

1）工作安全，具有防爆性能，多用于恶劣的环境，在易燃、易爆、高温、振动、潮湿、粉尘等条件下均能正常工作。

2）有过载保护作用。过载时气动马达降低转速或停止，当过载解除后，可立即重新正常运转，并不产生故障。

3）可以无级调速。只要控制进气压力和流量，就能调节气动马达的输出功率和转速。

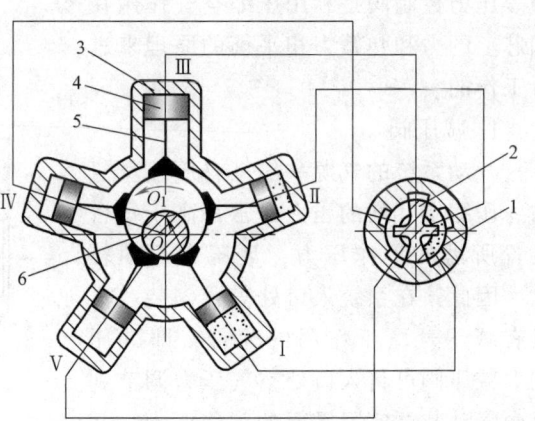

图 11-15 径向活塞式气动马达

1—分配阀套 2—分配阀阀芯 3—气缸缸体
4—活塞 5—连杆 6—曲轴

4）比同功率的电动机轻 1/10～1/3 倍，输出同功率时的惯性比较小。

5）可长期满载工作，而温升较小。

6）功率范围及转速范围均较宽，输出功率小至几百瓦，大至几万瓦；转速可从每分钟几转到几万转。

7）具有较高的起动转矩，可以直接带负载起动，起动、停止迅速。

8）结构简单，操纵方便，可正反转，维修容易，成本低。

9）速度稳定性差。输出功率小，效率低，耗气量大，噪声大，容易产生振动。

（2）气动马达的应用 气动马达的工作适应性较强，可用于无级调速、起动频繁、经

226 ■ 液压与气压传动 第4版

常换向、高温潮湿、易燃易爆、负载起动、不便人工操纵及有过载保护的场合。目前，气动马达主要应用于矿山机械、专业性的机械制造、油田、化工、造纸、炼钢、船舶、航空、工程机械等行业，许多气动工具如风钻、风扳手、风砂轮、风动铲刮机一般均装有气动马达。随着气压技术的发展，气动马达的应用将日趋广泛。

第四节　气动控制元件

气动控制元件是指在气压传动系统中，控制调节压缩空气的压力、流量和方向等的控制阀，按其功能可分为压力控制阀、流量控制阀、方向控制阀以及能实现一定逻辑功能的气动逻辑元件等。

一、压力控制阀

在气压传动系统中，控制压缩空气的压力以控制执行元件的输出力或控制执行元件实现顺序动作的阀统称为压力控制阀，它包括减压阀、顺序阀和安全阀。压力控制阀是利用压缩空气作用在阀芯上的力和弹簧力相平衡的原理来进行工作的。

1. 减压阀

气动系统的气源一般来自压缩空气站。压缩空气站的压力通常都高于每台装置所需的工作压力，且压力波动较大。因此，在系统入口处需要安装一个具有减压、稳压作用的元件，即减压阀。减压阀可将入口处空气压力调节到每台气动装置实际需要的工作压力，并保证该压力值的稳定。

减压阀按照压力调节的方式可分为直动式和先导式。图 11-16 所示为 QTY 型直动式减压阀的结构图。其工作原理是：当阀处于工作状态时，将手柄沿顺时针方向旋转，由压缩弹簧推动膜片和

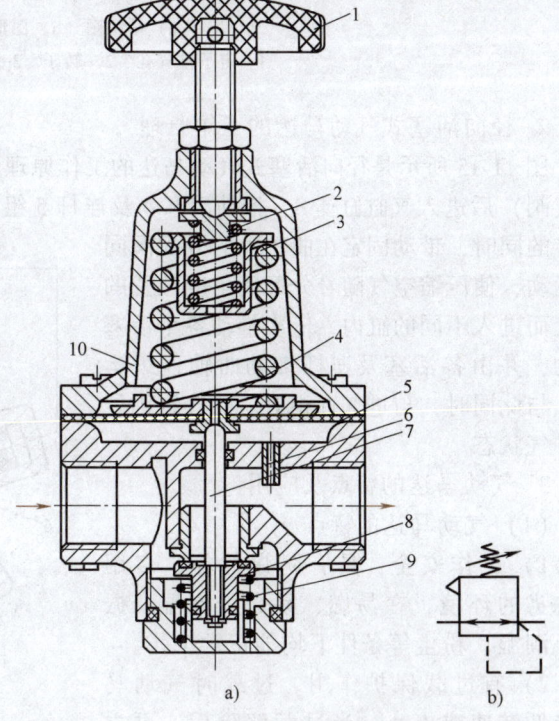

图 11-16　QTY 型直动式减压阀（溢流式）

a）结构图　b）图形符号

1—手柄　2、3—调压弹簧　4—溢流阀座　5—膜片
6—反馈导管　7—阀杆　8—进气阀芯
9—复位弹簧　10—排气孔

阀芯下移，进气阀口被打开，压缩空气从左端输入。压缩空气经阀口节流减压后从右端输出，一部分气流经阻尼管进入膜片气室，在膜片的下面产生一个向上的推力，这个推力总是企图把阀口开度关小，使其输出压力下降。当作用在膜片上的推力与弹簧力互相平衡时，减压阀的输出压力便保持稳定。

减压阀可自动调整阀口的开度以保证输出压力的稳定。当输入压力发生波动，如输入压力瞬时升高时，此时输出压力也随之升高，作用在膜片上的气体推力也相应增大，破坏了原来的

力平衡，使膜片向上移动，有少量气体经溢流孔、排气孔排出。在膜片上移的同时，因复位弹簧的作用，使阀芯也向上移动，进气阀口开度减小，节流作用增大，使输出压力下降，直到新的平衡为止。重新平衡后的输出压力又基本上恢复至原值。输入压力瞬时降低时的情况相似。这种减压阀在使用过程中，常常从溢流孔排出少量气体，因此称为溢流式减压阀。

在使用时，手柄的方位可自由选择，以便于操作为准。接管时要使气流的方向和阀体上的箭头方向一致，按照过滤器→减压阀→油雾器的次序进行安装，注意不要装反。调压时应由低向高调，直至得到需要的调压值为止。不使用时应把手柄放松，以免膜片经常受压变形。

2. 顺序阀

顺序阀是指依靠气路中压力的大小来控制气动回路中各执行元件动作的先后顺序的压力控制阀，其作用和工作原理与液压顺序阀基本相同，顺序阀常与单向阀组合成单向顺序阀。图 11-17 所示为单向顺序阀的工作原理图。当压缩空气由 P 口输入时，单向阀在压力及弹簧力的作用下处于关闭状态，当作用在活塞上输入侧的空气压力超过弹簧的预紧力时，活塞被顶起，顺序阀打开，压缩空气由 A 口输出；当压缩空气反向流动时，输入侧变成排气口，输出侧变成进气口，其进气压力将顶开单向阀，由 P 口排气。调节手柄即可改变单向顺序阀的开启压力。

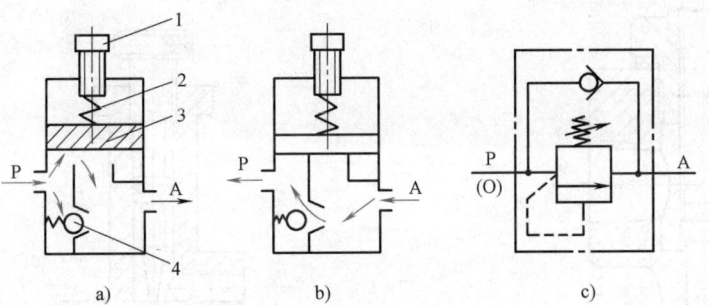

图 11-17　单向顺序阀的工作原理

a）开启状态　b）关闭状态　c）图形符号

1—调节手柄　2—弹簧　3—活塞　4—单向阀

3. 安全阀

在气压系统中，为防止管路、气罐等被破坏，应限制回路中的最高压力，此时应采用安全阀。安全阀的工作原理是：当回路中的压力达到某调定值时，使部分压缩气体从排气口溢出，以保证回路压力的稳定。

图 11-18 所示为安全阀的工作原理图。当系统中的压力低于调定值时，阀处于关闭状态。当系统压力升高到安全阀的开启压力时，压缩空气推动活塞上移，阀门开启进行排气，直到系统压力降至低于调定值时，阀

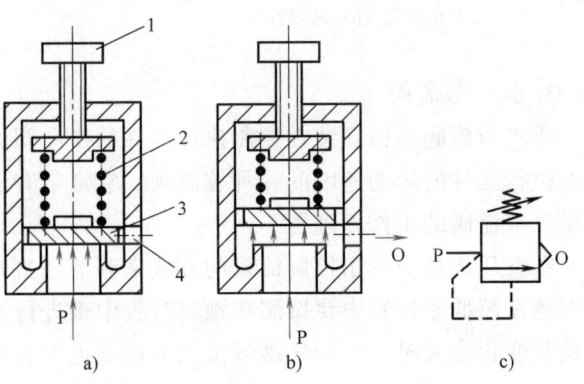

图 11-18　安全阀的工作原理

a）、b）结构图　c）图形符号

1　调节手柄　2—调压弹簧　3—阀芯　4—排气口

228 ▪ 液压与气压传动 第4版

口又重新关闭。安全阀的开启压力可通过调整弹簧的预压缩量来进行调节。

二、流量控制阀

流量控制阀是指通过改变阀的通流面积来调节压缩空气的流量，从而控制气缸运动速度等的气动控制元件。流量控制阀包括节流阀、单向节流阀、排气节流阀等。

1. 节流阀

图 11-19 所示为圆柱斜切型节流阀的结构图。压缩空气由 P 口进入，经过节流后，由 A 口流出，旋转阀芯螺杆可改变节流口的开度。由于这种节流阀的结构简单、体积小，故应用范围较广。

2. 单向节流阀

单向节流阀是指由单向阀和节流阀并联而成的组合式流量控制阀，常用来控制气缸的运动速度，又称为速度控制阀。图 11-20 所示为单向节流阀工作原理图，当气流由 P 向 A 流动时，单向阀关闭，节流阀节流；反向流动时，单向阀打开，节流阀不节流。

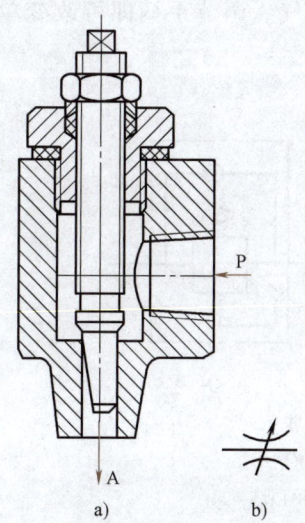

图 11-19　节流阀

a) 结构图　b) 图形符号

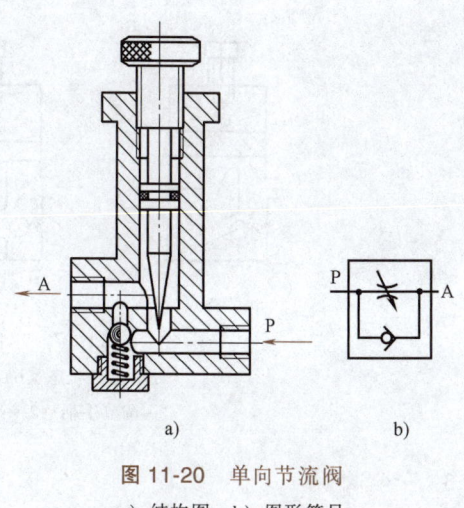

图 11-20　单向节流阀

a) 结构图　b) 图形符号

3. 排气节流阀

排气节流阀是指安装在控制执行元件的换向阀的排气口上，用于调节排入大气的流量以改变执行元件的运动速度的一种控制阀。它常带有消声器件以降低排气噪声。图 11-21 所示是排气节流阀的工作原理图。

在气压传动中，用控制流量的方式来调节气缸从而得到稳定的运动速度是比较困难的，特别是在超低速控制中要按照在预定行程中来进行速度控制，仅用气动很难实现，尤其在外部负载变化很大时，仅用气动流量阀来控制也不会得到满意的效果。但若注意以下几点，仍可使气动控制速度达到比较满意的效果：①彻底防止管道中的泄漏；②特别注意气缸内表面加工精度和表面粗糙度；③保持气缸内的正常润滑状态；④加在气缸活塞杆上的载荷必须稳定且避免受偏载荷作用；⑤流量控制阀尽量安装在气缸附近。

第十一章　气压传动　■------- **229**

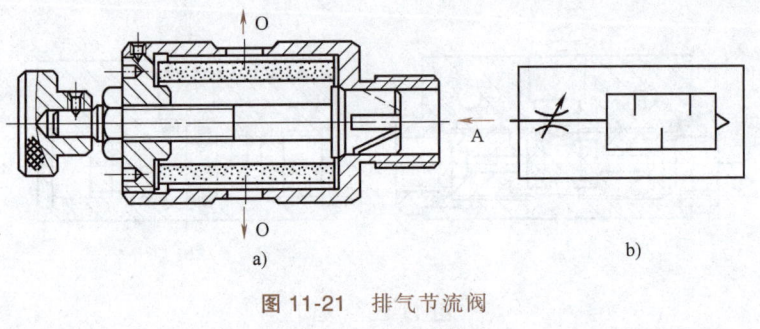

图 11-21　排气节流阀

a）结构图　b）图形符号

三、方向控制阀

方向控制阀是指控制压缩空气的流动方向和气路通断的阀类，它是气动系统中应用最多的一种控制元件。

按气流在阀内的流动方向，方向阀可分为单向型控制阀和换向型控制阀；按控制方式，换向型控制阀可分为手动控制、气动控制、电动控制、机动控制、电气动控制等；按切换的通路数目，换向阀可分为二通阀、三通阀、四通阀和五通阀等；按阀芯工作位置的数目，方向阀可分为二位阀和三位阀等。

（一）单向型控制阀

1. 单向阀

单向阀是指气体只能沿一个方向流动，反方向不能流动的阀。其结构原理与液压阀中的单向阀相似，其结构如图 11-22 所示。

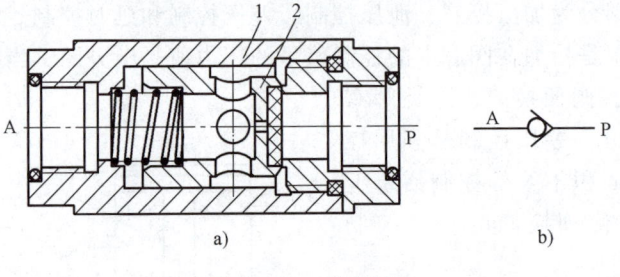

图 11-22　单向阀

a）结构图　b）图形符号

1—阀体　2—阀芯

2. 梭阀

梭阀相当于两个单向阀的组合，其作用相当于逻辑元件中的"或门"，即 A 或 B 有压缩空气输入时，C 口就有压缩空气输出，但 A 口与 B 口不相通。其结构如图 11-23 所示。当 A 口进气时，推动阀芯右移，使 B 口堵死，压缩空气从 C 口输出；当 B 口进气时，推动阀芯左移，使 A 口堵死，C 口仍有压缩空气输出；当 A、B 口都有压缩空气输入时，按压力加入的先后顺序和压力的大小而定，若压力不同，则高压口的通路打开，低压口的通路关闭，C 口输出高压。

230 ─■ 液压与气压传动 第 4 版

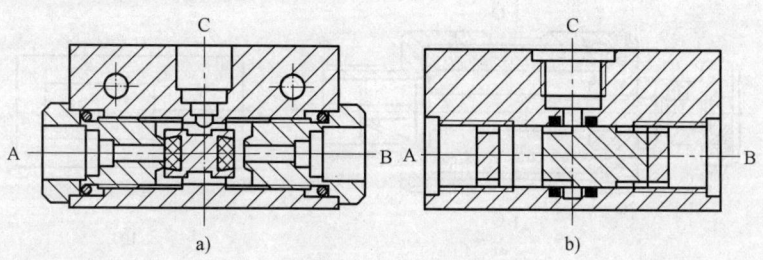

图 11-23 梭阀

3. 快速排气阀

快速排气阀简称快排阀,是为使气缸快速排气,加快气缸运动速度而设置的,一般安装在换向阀和气缸之间。图 11-24 所示为膜片式快速排气阀,当 P 口进气时,推动膜片向下变形,打开 P 与 A 的通路,关闭 O 口;当 P 口无进气时,A 口的气体推动膜片复位,关闭 P 口,A 口气体经 O 口快速排出。

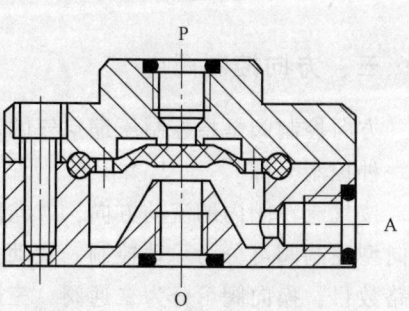

图 11-24 膜片式快速排气阀

(二) 换向型控制阀

1. 气压控制换向阀

气压控制换向阀是指利用压缩空气的压力推动阀芯运动,使得换向阀换向,从而改变气体流动的换向阀。在易燃、易爆、潮湿、粉尘大的工作条件下,使用气压控制换向阀安全可靠。

气压控制换向阀分为加压控制、泄压控制、差压控制和延时控制。常用的是加压控制和差压控制。加压控制是指加在阀芯上的控制信号的压力值是渐升的,当控制信号的气压增加到阀的切换压力时,阀便换向,这类阀有单气控和双气控之分。差压控制是利用控制气压在阀芯两端面积不等的控制活塞上产生推力差,从而使阀换向的一种控制方式。

(1) 单气控换向阀 图 11-25 所示为二位三通单气控加压式换向阀的工作原理图。当 K 口无压缩空气时,阀芯在弹簧力和 P 腔气体压力的作用下,阀芯位于上端,A 口与 O 口通,P 口不通。当 K 口有压缩空气输入时,阀芯下移,P 口与 A 口通,O 口不通。

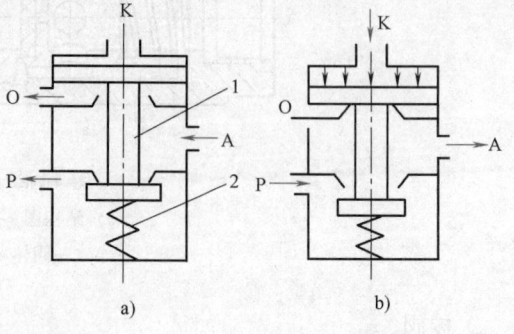

图 11-25 二位三通单气控加压式换向阀的工作原理

a) 无气压控制信号时 b) 有气压控制信号时
1—阀芯 2—弹簧

(2) 双气控换向阀 双气控换向阀的两侧有两个控制口,但每次只能输入一个信号。双气控换向阀具有记忆功能,即控制信号消失后,阀仍能保持在信号消失前的工作状态,如图 11-26 所示。当阀芯左端输入压缩空气时，阀处于右位，这时 $P \rightarrow B$ 接通，$A \rightarrow$ O_1 排气（图11-26b）；信号消失后，因阀的记忆功能，阀芯仍处于右位，阀的输出状态不变。直到右端有压缩空气输入时，阀才改变其输出状态，即 $P \rightarrow A$ 接通，$B \rightarrow O_2$ 排气（图11-26a）。

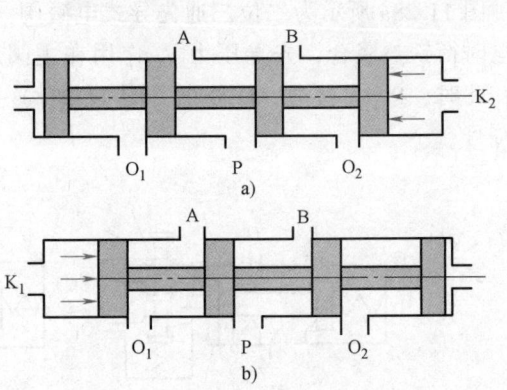

图 11-26　双气控换向阀的工作原理

（3）气压延时式换向阀　图11-27所示为气压延时式换向阀。它是一种带有时间控制信号功能的换向阀，由气容和一个单向节流阀组成的时间控制信号元件，它可用来控制主阀换向。当 K 口通入气压信号时，此信号通过节流阀1的节流口进入气容，经过一定时间压力达到一定值后，使主阀阀芯向右移动而换向。调节节流口的大小可控制主阀延时换向的时间，一般延时时间为几分之一秒至几分钟。当去掉气压信号时，气容内的压缩空气经单向阀快速排放，主阀阀芯在右端弹簧作用下返回左端。

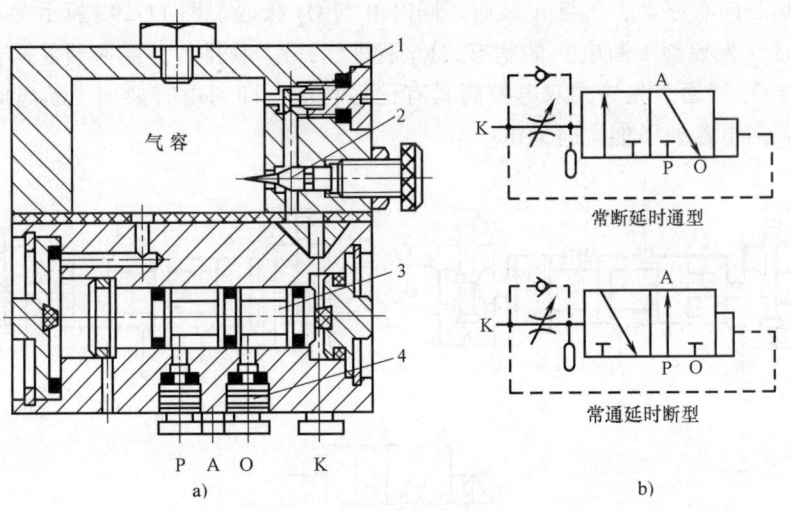

图 11-27　气压延时式换向阀

a）结构图　b）图形符号

1—节流阀　2—节流调节杆　3—阀芯　4—快换接头

2. 电磁控制换向阀

电磁控制换向阀是指利用电磁力的作用推动阀芯换向，从而改变气流方向的换向阀。按照电磁控制部分对换向阀的推动方式，可分为直动式和先导式两大类。

（1）直动式电磁换向阀　电磁铁的动铁芯在电磁力的作用下，直接推动阀芯换向的气阀，称为直动式电磁换向阀。这种换向阀又分为单电控和双电控两种，工作原理与液压传动中的电磁换向阀相似。

（2）先导式电磁换向阀　先导式电磁换向阀由电磁先导阀和主阀组成，它利用先导阀输出的先导气信号去控制主阀阀芯换向。按其控制方式可分为外控式和内控式两种。

图 11-28a 所示为二位三通先导式电磁阀（内控式），图示位置 P 截止，A→O 排气。当通电时衔铁被吸合，先导压力 p_1 作用在主阀芯 A_1 的右端面上，推动阀芯左移，使主阀换向；此时，P→A 接通，O 截止（图 11-28b）。图 11-28c 所示为二位三通先导式电磁阀的图形符号。

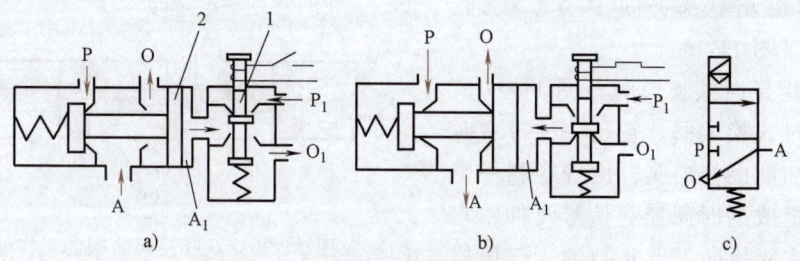

图 11-28　单电控先导式电磁阀工作原理
1—电磁先导阀　2—主阀

图 11-29 所示为二位五通先导式双电控电磁阀的工作原理图和图形符号。图 11-29a 所示为左电磁先导阀的线圈通电时（先导阀 2 断电）的状态，此时主阀 3 的 K_1 腔进气，K_2 腔排气，使主阀阀芯向右移动，P 与 A 接通，同时 B 与 O_2 接通。图 11-29b 所示为右电磁先导阀的线圈通电时（先导阀 1 断电）的状态，K_2 腔进气，K_1 腔排气，主阀阀芯向左移动，P 与 B 接通，A 与 O_1 接通。先导式双电控阀具有记忆功能，即通电时换向，断电时并不返回原位。应注意：两电磁铁不能同时通电。

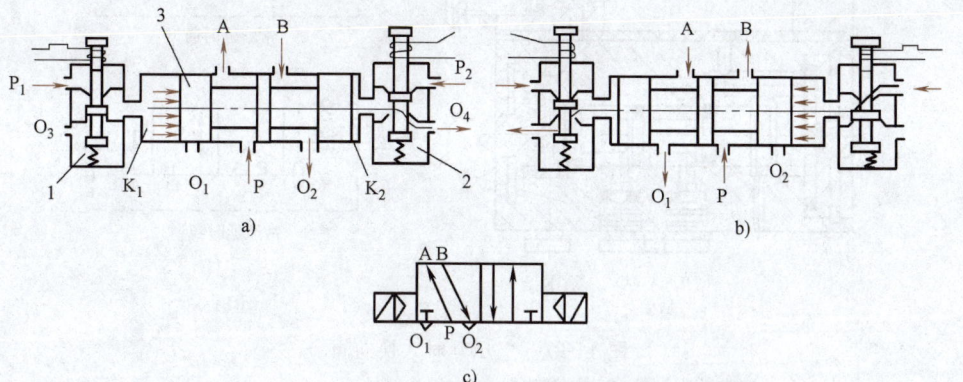

图 11-29　二位五通先导式双电控电磁阀的工作原理
1、3—先导阀　2—主阀

手控换向阀和机控换向阀是利用人力（手动或脚踏）和机动通过凸轮、滚轮、挡块等来控制换向阀换向的。其工作原理与液压阀相类似，在此不再重复。

四、气动逻辑元件

气动逻辑元件是指在控制回路中能够实现一定逻辑功能的器件，它属于开关元件。它与微压气动逻辑元件相比，具有通径较大（一般为 2～2.5mm），抗污染能力强，对气源净化要求低等特点。通常元件在完成动作后，具有关断能力，因此耗气量小。

第十一章　气压传动　■·········**233**

本章主要介绍可动件的气动逻辑元件。气动逻辑元件的种类较多，其分类情况见表 11-1。

表 11-1　气动逻辑元件的分类

	按工作压力分	高压元件（工作压力为 0.2~0.8MPa）
		低压元件（工作压力为 0.02~0.2MPa）
		微压元件（工作压力为 0.02MPa 以下）
气动逻辑元件	按逻辑功能分	或门元件
		与门元件
		非门元件
		是门元件
		禁门元件
		双稳元件
	按结构形式分	截止式元件
		滑阀式元件
		膜片式元件

　　气动逻辑元件的结构形式很多，主要由两部分组成：一是开关部分，其功能是改变气体流动的通断；二是控制部分，其功能是当控制信号状态改变时，使开关部分完成一定的动作。在实际应用中，为便于检查线路和迅速排除故障，气动逻辑元件上还设有显示、定位和复位机构等。

（一）是门元件

1. 元件的结构和工作原理

　　图 11-30a 所示为是门元件的结构图，图 11-30b 所示为其工作原理图。P 为气源输入口，a 为控制信号入口，s 为输出口。元件按通气源后，当无输入信号 a 时，截止膜片 7 在气源的作用下，紧压在下阀体上，同时把阀杆顶起，使输出口 s 与排气口 O 相通，此时元件处于无输出状态。当有输入信号 a 时，膜片 2 在控制信号 a 的作用下变形，使阀杆紧压在上阀体上，切断输出口 s 与排气口 O 之间的通道，使输出口 s 与气源口 P 相通。此时，元件处于有输出状态。输入信号 a 消失后，截止膜片在气源压力作用下紧压在下阀体上，切断气源与输

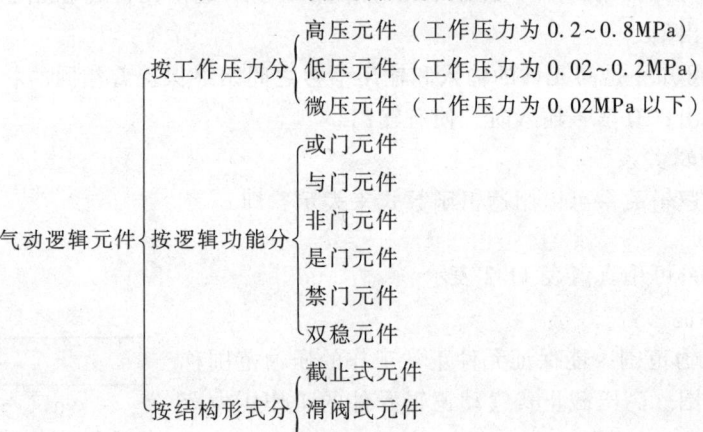
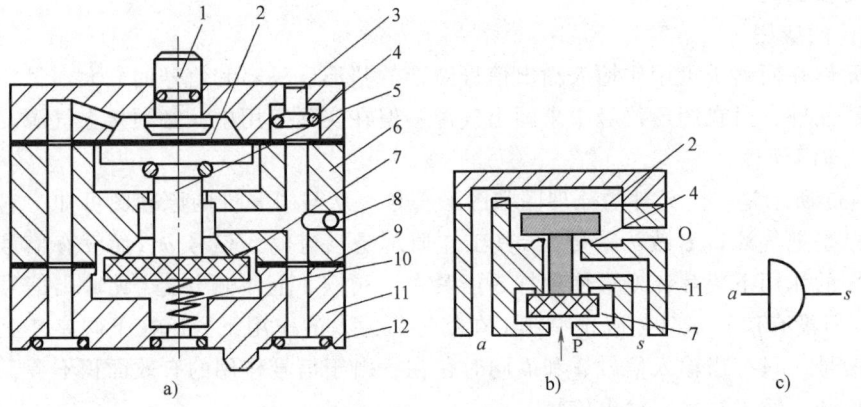

图 11-30　是门元件

a）是门元件结构图　b）是门元件原理图　c）图形符号

1—手动按钮　2—膜片　3—显示活塞　4—上阀体　5—阀杆　6—中阀体
7—截止膜片　8—钢球　9—密封膜片　10　弹簧　11—下阀体　12—O 形密封圈

出口之间的通道，此时输出口无输出信号。输出通道中的余气经上阀体从排气口排空。在图 11-30a 所示的是门元件结构中 3 是显示活塞，用以显示是门元件的输出状态。1 是手动按钮，用于手动发出信号。

由图 11-30 可知，是门元件的输入和输出信号之间始终保持着相同的状态。即没有输入信号时，没有输出；有信号输入时，便有输出。

2. 元件的逻辑关系

是门元件的逻辑关系可以用逻辑函数式来表示，即

$$s = a \tag{11-1}$$

其输入、输出关系可用真值表 11-2 表示。

3. 元件的性能参数

（1）工作压力范围　能保证元件正常工作的压力范围称为元件的工作范围。高压截止式气动逻辑元件的工作压力范围是 0.2~0.6MPa，一般取 0.4MPa。

（2）切换压力和返回压力　是门元件的切换压力是指

表 11-2　是门真值表

a	s
0	0
1	1

元件从关断状态转变为全开状态，在输入端所加的最低控制压力值。返回压力是指元件的输出从全开状态刚返回到关断状态在输入端所加的最高控制压力值。对元件的压力测试表明，其切换压力为输出压力的 1/2。返回压力为切换压力的 1/3~1/2。也就是说，若气源压力是 0.4MPa，其输出压力也是 0.4MPa，则切换压力是 0.2MPa 左右，返回压力是 0.07~0.1MPa。

4. 压力特性曲线

是门元件的压力特性曲线如图 11-31 所示。它反映了输出压力 p_0 与切换压力 p_c 之间的关系。当控制压力从 0 开始加压，当压力上升至切换压力 p_c' 时，元件输出由 0 变为 1 状态。继续升压，其输出状态保持不变。然后慢慢降低控制压力，当压力降至返回压力 p_c'' 时，元件输出又从 1 变为 0 状态。从元件的特性曲线可知，其切换过程为 1—2—3—4 封闭环，此封闭环称为是门元件的滞环。它反映了该元件的切换特性，滞环面积小，元件灵敏度高；反之，元件比较稳定。

5. 元件的应用

是门元件在回路中可用作输入输出信号波形的整形、隔容和信号的放大。另外，是门元件属于有源元件，虽在图形符号中未画出气源，但在实际应用中，必须接上气源。

（二）与门元件

图 11-32 所示是与门元件的原理图和图形符号。从与门元件的原理图可知，它与是门元件相同，只是把气源口 P 改为信号 b。其工作原理是当有输入信号 a，而没有信号 b 时，在信号压力 a 的作用下膜片 4 变形使顶杆 5 压紧在上阀座 3 上，输出端 s 无输出信号；当有输入信号 b，但没有信号 a 时，截止膜片 1 在信号压力 b 的作用下紧压在下阀座 2 上，输出端也无输出信号。只有当输入信号 a 和 b 同时存在，由于信号作用的有效面积不等，顶杆将截止膜片 1 顶开，输出端才有输出信号。

与门元件的逻辑关系可用函数式表达，即

$$s = a \cdot b \tag{11-2}$$

其输入输出关系见表 11-3。

第十一章 气压传动 ■········· **235**

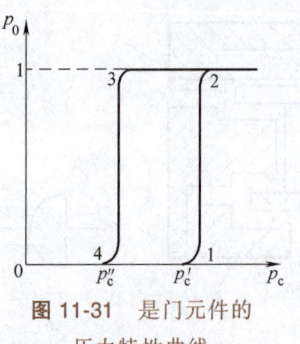

图 11-31 是门元件的
压力特性曲线

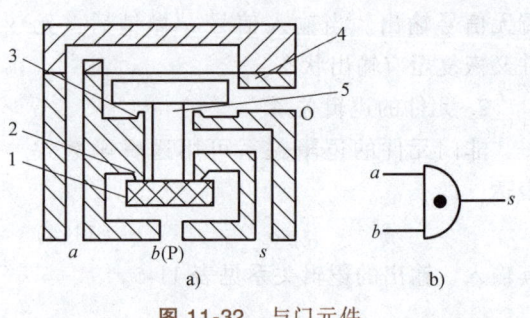

图 11-32 与门元件

a) 原理图 b) 图形符号

1—截止膜片 2—下阀座 3—上阀座 4—膜片 5—顶杆

表 11-3 与门元件的真值表

a	b	s	a	b	s
0	0	0	1	0	0
0	1	0	1	1	1

与门元件属于无源元件，这种元件工作时，不
需加气源。

与门元件常用于两个或多个信号之间的互锁。

（三）或门元件

图 11-33 所示为或门元件的原理图和图形符
号。图中 a、b 为输入信号，s 为输出信号。当有输
入信号 a 时，截止膜片 2 封住下阀座 1，信号 a 经
上阀座 3 从输出端输出。截止膜片封住上阀座，b
信号经下阀座从输出端输出。当 a、b 信号同时输

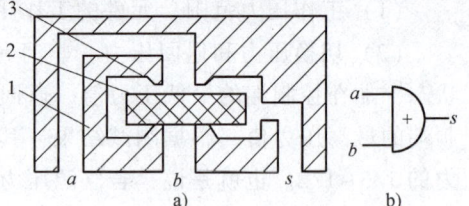

图 11-33 或门元件

a) 原理图 b) 图形符号

1—下阀座 2—截止膜片 3—上阀座

入时，则不管封住上阀座还是封住下阀座，或两者都没封住，输出端都有输出。因此，在输
出信号 a 或 b 中，只要有一个信号存在，输出端就有输出信号。

或门元件的逻辑关系可用函数式表达，即

$$s = a + b$$

$$(11-3)$$

其输入输出关系见表 11-4。

表 11-4 或门元件的真值表

a	b	s	a	b	s
0	0	0	1	1	1
0	1	1	1	0	1

或门元件属于无源元件，常用于两个或多个信号相加。例如，要求在控制某个执行元件
的换向阀换向时，既可加入手动信号，又可加入自动信号。

（四）非门元件

1. 非门元件的工作原理

图 11-34 所示是非门元件的原理图和图形符号。在原理图中，P 是气源口，a 是信号输
入口，s 是信号输出口。当无输入信号 a 时，截止膜片 2 在气源压力作用下紧压在上阀座 3
上，输出端有信号 s 输出。当有输入信号 a 时，截止膜片被顶杆 4 紧压在下阀座 6 上，输出

端无信号输出。当输入信号 a 撤销后，元件又恢复至有输出状态。

2. 元件的逻辑关系

非门元件的逻辑关系可用逻辑函数式表达，即

$$s = \bar{a} \qquad (11\text{-}4)$$

其输入、输出的逻辑关系见表 11-5。

表 11-5　非门元件的真值表

a	s
0	1
1	0

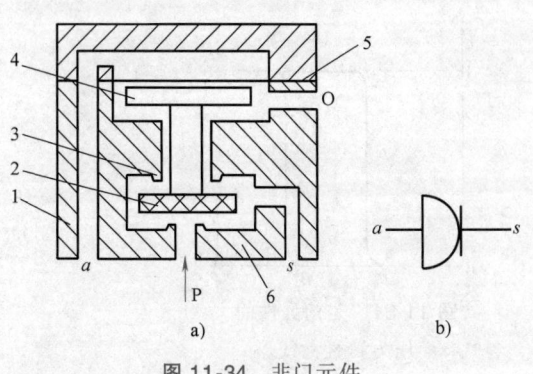

图 11-34　非门元件
a) 原理图　b) 图形符号
1—阀体　2—截止膜片　3—上阀座　4—顶杆
5—膜片　6—下阀座

3. 元件的性能参数

非门元件的性能参数与是门元件基本相似。

（1）工作压力范围　元件的工作压力范围是 $0.2 \sim 0.6\text{MPa}$，一般取 0.4MPa。

（2）切换压力和返回压力　非门元件的切换压力是指元件从有输出状态变化到无输出状态，加在控制端的最低压力值。返回压力是指元件从无输出状态变化到有输出状态加在控制端的最高压力值。根据测试结果，其切换压力是输出压力的 1/2 左右。返回压力是切换压力的 $1/3 \sim 1/2$。也就是说，若气源压力取 0.4MPa，其输出压力也是 0.4MPa，则切换压力在 0.2MPa 左右，返回压力是 $0.07 \sim 0.1\text{MPa}$。

4. 压力特性曲线

非门元件的压力特性曲线是反映输入和输出压力关系的。如图 11-35 所示，当控制压力小于切换压力值 p_c' 时，元件输出由 1 转换为 0 状态。当该压力降至返回压力 p_c'' 值时，其输出状态又从 0 转为 1 状态。特性曲线中的滞环同样反映了元件的性能，即滞环面积小，元件灵敏度高，滞环面积大，元件比较稳定。

5. 元件的应用

非门元件的应用较广，主要有以下三方面的用途：

（1）用作反相元件　在控制回路中，如果需要某一信号的反相信号时，可直接采用非门元件。

（2）用作禁门元件　图 11-36 所示是禁门元件的原理图和图形符号。由原理图可知，若把非门元件的气源口 P 改成信号 b，即成为禁门元件。其中 a 是 b 的禁止信号。当无禁止信号 a 时，信号 b 可通过，此时输出端有信号输出。当有禁止信号 a 时，在顶杆推动下截止膜片紧压在下阀座上，下阀座被堵住，信号 b 被禁止通过，输出端便无信号输出。禁门的逻辑关系可用逻辑函数式表达，即

$$s = \bar{a}b \qquad (11\text{-}5)$$

其输入、输出的关系见表 11-6。

禁门元件在回路中很有用，在某些条件不允许某个信号通过时，经常使用禁门元件禁止此信号通过，这样可以提高回路的可靠性。

表 11-6　禁门元件的真值表

a	b	s	a	b	s
0	0	0	1	1	0
0	1	1	1	0	0

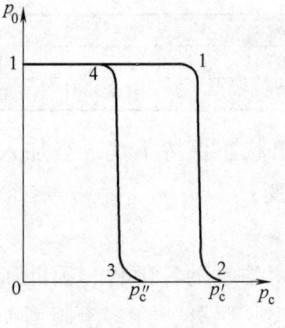

图 11-35　非门元件的
压力特性曲线图

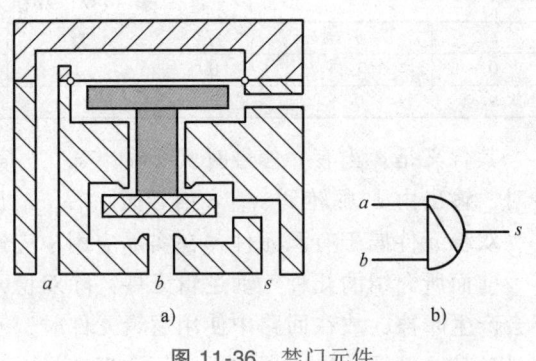

图 11-36　禁门元件
a) 原理图　b) 图形符号

（3）用作发信元件　如图 11-37 所示，当气缸无杆腔进气、有杆腔排气时，活塞杆伸出。在活塞运动过程中，排气腔压力较高，因此，非门元件输入端有信号，故没有信号输出；当活塞运动接近终端时，排气压力逐渐下降至非门元件的返回压力，非门元件动作，此时便有信号输出。这种采用非门元件的发信方式称为非门发信，主要用于不便于安装机控阀的场合。

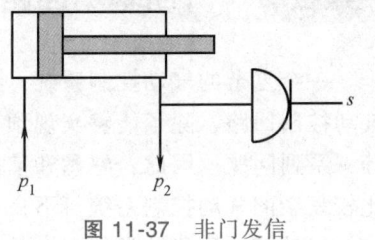

图 11-37　非门发信

非门元件属于有源元件，在实际应用中必须连接气源。

（五）双稳元件

双稳元件的结构和图形符号如图 11-38 所示。它是在气压信号的控制下，阀芯带动滑块移动，实现对输出端的控制功能。具体说来，当接通气源压力 P 后，如果加入控制信号 a，阀芯 4 被推至右端，此时气源口 P 与输出口 s_1 相通，输出端有输出信号 s_1；而另一个输出口 s_2 与排气口 O 相通，即处于无输出状态。若撤除控制信号 a，则元件保持原输出状态不变。只有加入控制信号 b，推动阀芯 4 左移至终端。此时，气源口 P 与输出口 s_2 相通，s_2 处

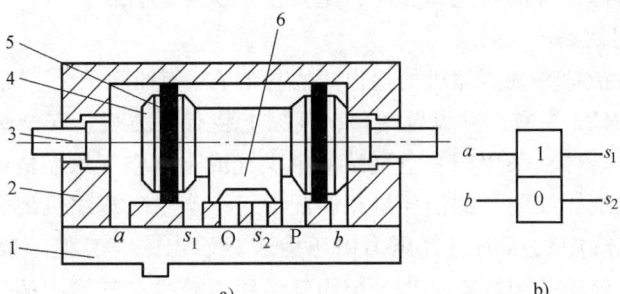

图 11-38　双稳元件
a) 结构图　b) 图形符号
1—连接板　2—阀体　3—手动杆　4—阀芯　5—密封圈　6—滑块

于有输出状态；另一输出口 s_1 与排气口 O 相通，s_1 处于无输出状态。若撤除控制信号 b，则输出状态也不变。双稳元件的这一功能称为记忆功能，故又称双稳元件为记忆元件。

双稳元件的输入、输出关系见表 11-7。

表 11-7　双稳元件的真值表

a	b	s_1	s_2	a	b	s_1	s_2
0	1	0	1	1	0	1	0
0	0	0	1	0	0	1	0

其含义是：当有 b 信号时，有输出 s_2，b 信号撤除后，输出状态保持不变。当加入 a 信号时，输出由 s_2 翻转到 s_1。a 信号撤除后，输出状态仍保持不变。

双稳元件属于有源元件，在实际应用中应连接气源。

前面所介绍的几种气动逻辑元件，除双稳元件外，没有相对滑动的零部件，因此工作时不会产生摩擦，故在回路中使用逻辑元件时，不必加油雾器润滑。另外，许多滑阀型换向阀也具备某些逻辑功能，在应用中可合理选择。

第五节　气动基本回路

一个复杂的气动控制系统，往往是由若干个气动基本回路组合而成的。设计一个完整的气动控制回路，除了能够实现预先要求的程序动作以外，还要考虑调压、调速、手动和自动等一系列问题。因此，熟悉和掌握气动基本回路的工作原理和特点，可为设计、分析和使用比较复杂的气动控制系统打下良好的基础。

气动基本回路种类很多，其应用的范围很广。本节主要介绍压力控制、方向控制和速度控制基本回路的工作原理及选用。

一、压力控制回路

在一个气动控制系统中，进行压力控制主要有两个目的。其一是为了提高系统的安全性，在此主要指控制一次压力。如果系统中压力过高，除了会增加压缩空气输送过程中的压力损失和泄漏外，还会使配管或元件破裂而发生危险。因此，压力应始终控制在系统的额定值以下，一旦超过了所规定的允许值，应能够迅速溢流降压。其二是给元件提供稳定的工作压力，使其能充分发挥元件的功能和性能，主要指二次压力控制。

1. 一次压力控制回路

一次压力控制是指把空气压缩机的输出压力控制在一定值以下。一般情况下，空气压缩机的出口压力为 0.8MPa 左右，并设置气罐，气罐上装有压力表、安全阀等。气源的选取可根据使用单位的具体条件，采用压缩空气站集中供气或小型空气压缩机单独供气，只要他们的容量能够与用气系统压缩空气的消耗量相匹配即可。当空气压缩机的容量选定以后，在正常向系统供气时，气罐中的压缩空气压力由压力表显示出来，其值一般低于安全阀的调定值，因此安全阀通常处于关闭状态。当系统用气量明显减少，气罐中的压缩空气过量而使压力升高到超过安全阀的调定值时，安全阀自动开启溢流，使气罐中压力迅速下降；当罐中压力降至安全阀的调定值以下时，安全阀自动关闭，使气罐中压力保持在规定范围内。可见，安全阀的调定值要适当，若调得过高，则系统不够安全，压力损失和泄漏也要增加；若调得过低，则会使安全阀频繁开启溢流而消耗能量。安全阀压力的调定值一般可根据气动系统工作压力范围，调整在 0.7MPa 左右。

2. 二次压力控制回路

二次压力控制是指把空气压缩机输送出来的压缩空气，经一次压力控制后作为减压阀的

输入压力 p_1，再经减压阀减压稳压后所得到的输出压力 p_2（称为二次压力），作为气动控制系统的工作气压使用。可见，气源的供气压力 p_1 应高于二次压力 p_2 所必需的调定值。在选用图 11-39 所示的回路时，可以用三个分离元件（即过滤器、减压阀和油雾器）组合而成，也可以采用气源处理装置的组合件。在组合时，三个元件的相对位置不能改变，由于过滤器的过滤精度较高，因此在其前面还要加一级粗过滤装置。若控制系

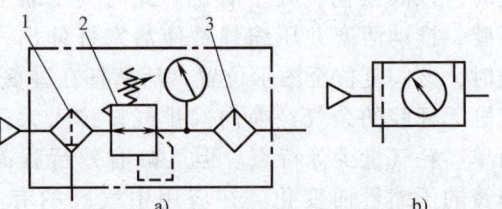

图 11-39　二次压力控制回路
a）详图　b）简图
1—过滤器　2—减压阀　3—油雾器

统不需要加油雾器，则可省去油雾器或在油雾器之前用三通接头引出支路即可。

3. 高低压选择回路

在实际应用中，某些气动控制系统需要有高低压力的选择。例如，在加工塑料门窗的三点焊机的气动控制系统中，用于控制工作台移动的回路其工作压力为 0.25～0.3MPa，而用于控制其他执行元件回路的工作压力为 0.5～0.6MPa。对于这种情况若采用调节减压阀的方法则十分麻烦，因此可采用图 11-40 所示的高低压选择回路。该回路只要分别调节两个减压阀，就能得到所需要的高压和低压输出。在实际应用中，需要在同一管路上有时输出高压，有时输出低压，此时可选用图 11-41 所示的回路。当换向阀有控制信号 K 时，换向阀换向处于上位，输出高压；当无控制信号 K 时，换向阀处于图示位置，输出低压。

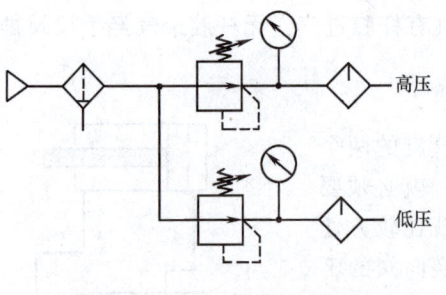

图 11-40　高低压选择回路

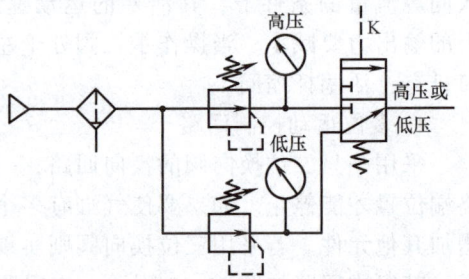

图 11-41　用换向阀选择高低压回路

在上述几种压力控制回路中，所提及的压力都是指常用的工作压力值（一般为 0.4～0.5MPa），如果系统压力要求很低，如气动测量系统其工作压力在 0.05MPa 以下，此时使用普通减压阀因其调节的线性度较差就不合适了，应选用精密减压阀或气动定值器。

二、方向控制回路

方向控制回路又称换向回路，它通过换向阀的换向来实现改变执行元件的运动方向。因

为控制换向阀的方式较多，所以方向控制回路的方式也较多，下面介绍几种较为典型的方向控制回路。

1. 单作用气缸的换向回路

单作用气缸的换向回路如图 11-42 所示。当电磁换向阀通电时，该阀换向，处于右位。此时，压缩空气进入气缸的无杆腔，推动活塞并压缩弹簧使活塞杆伸出。当电磁换向阀断电时，该阀复位至图示位置。活塞杆在弹簧力的作用下回缩，气缸无杆腔的余气经换向阀排气口排入大气。这种回路具有简单、耗气量少等特点。但气缸有效行程减少，承载能力随弹簧的压缩量而变化。在应用中气缸的有杆腔要设呼吸孔，否则不能保证回路正常工作。

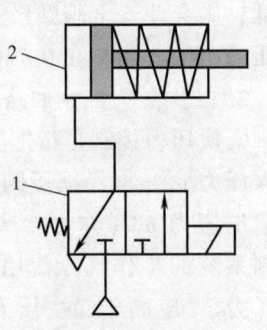

图 11-42　单作用
气缸的换向回路
1—电磁换向阀　2—气缸

2. 双作用气缸的换向回路

图 11-43 所示是一种采用二位五通双气控换向阀的换向回路。当有 K_1 信号时，换向阀换向处于左位，气缸无杆腔进气，有杆腔排气，活塞杆伸出；当 K_1 信号撤除，加入 K_2 信号时，换向阀处于右位，气缸进气、排气方向互换，活塞杆回缩。由于双气控换向阀具有记忆功能，故气控信号 K_1、K_2 使用长、短信号均可，但不允许 K_1、K_2 两个信号同时存在。

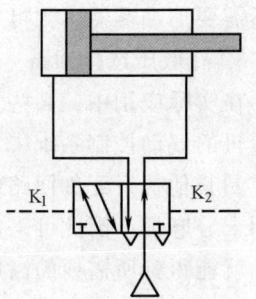

3. 差动控制回路

差动控制是指气缸的无杆腔进气、活塞杆伸出时，有杆腔的排气又回到进气端的无杆腔。如图 11-44 所示，该回路采用一只二位三通手拉阀控制差动缸。当操作手拉阀使该阀处于右位时，气缸的无杆腔进气，有杆腔的排气经手拉阀也回到无杆腔成差动控制回路。该回路与非差动连接回路相比较，在输入同等流量的条件下，其活塞的运动速度可提高，但活塞杆上的输出力要减小。当操作手拉阀处于左位时，气缸有杆腔进气，无杆腔余气经手拉阀排气口排空，活塞杆缩回。

图 11-43　双作用气缸
的换向回路

4. 多位运动控制回路

采用一只二位换向阀的换向回路，一般只能在气缸的两个终端位置才能停止。如果要使气缸有多个停止位置，就必须要增加其他元件。若采用三位换向阀则实现多位控制就比较方便了。其组成回路如图 11-45 所示。该回路利用三位换向阀的不同中位机能得到不同的控制方案。其中图 11-45a 所示是中封式控制回路，当三位换向阀两侧均无控制信号时，阀处于中位，此时气缸停留在某一位置上。当阀的左端加入控制信号时，使阀处于左位，气缸右端进气、左端排气，活塞向左运动。在活塞运动过程中若撤去控制信号，则阀在对中弹簧的作用下又回到中位，此时气缸两腔里的压缩空气均被封住，活塞停止在某一位置上。要使活塞继续向左运动，必须在换向阀左侧再加入控制信号。另外，如果阀处于中位上，要使活塞向右

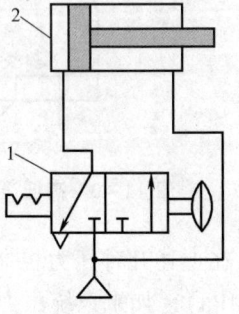

图 11-44　差动
控制回路
1—手拉阀　2—差动缸

运动，只要在换向阀右侧加入控制信号使阀处于右位即可。图 11-45b 和图 11-45c 所示控制回路的工作原理与图 11-45a 的回路基本相同，所不同的是三位阀的中位机能不一样。当阀处于中位时，图 11-45b 的气缸两端均与气源相通，即气缸两腔均保持气源的压力，由于气缸两腔的气源压力和有效作用面积都相等，所以活塞处于平衡状态而停留在某一位置上；图 11-45c 所示回路的气缸两腔均与排气口相通，即两腔均无压力作用，活塞处于浮动状态。

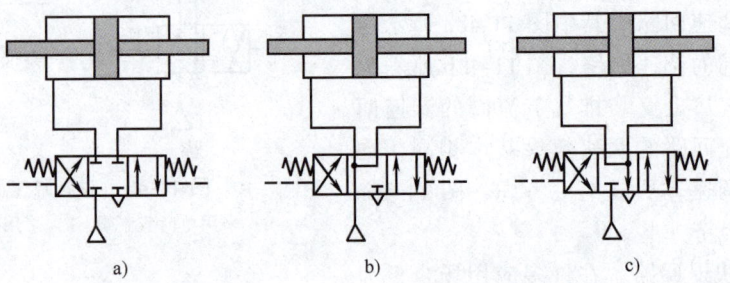

图 11-45　多位运动控制回路

三、速度控制回路

速度控制主要是指通过对流量阀的调节达到对执行元件运动速度的控制。对于气动系统来说，其承受的负载较小，如果对执行元件的运动速度平稳性要求不高，那么选择一定的速度控制回路，以满足一定的调速要求是可能的。对于气动系统的调速来讲，较易实现气缸运动的快速性是其独特的优点，但是由于空气的可压缩性，要想得到平稳的低速难度就大了。对此，可采取一些措施，如通过气液阻尼或气液转换等方法就能得到较好的平稳低速。

速度控制回路的实现都是改变回路中流量阀的流通面积以达到对执行元件调速的目的，其具体方法主要有以下几种。

（一）单作用气缸的速度控制回路

（1）双向调速回路　图 11-46 所示回路采用了两只单向节流阀串联连接，分别实现进气节流和排气节流来控制气缸活塞杆伸出和缩回的运动速度。

（2）慢进快退调速回路　如图 11-47 所示，当有控制信号 K 时，换向阀换向，其输出经节流阀、快速排气阀进入单作用气缸的无杆腔，使活塞杆慢速伸出，伸出速度的大小取决于节流阀的开口量；当无控制信号 K 时，换向阀复位，无杆腔的余气经快速排气阀排入大气，活塞杆在弹簧的作用下缩回。快速排气阀至换向阀连接管内的余气经节流阀、换向阀的

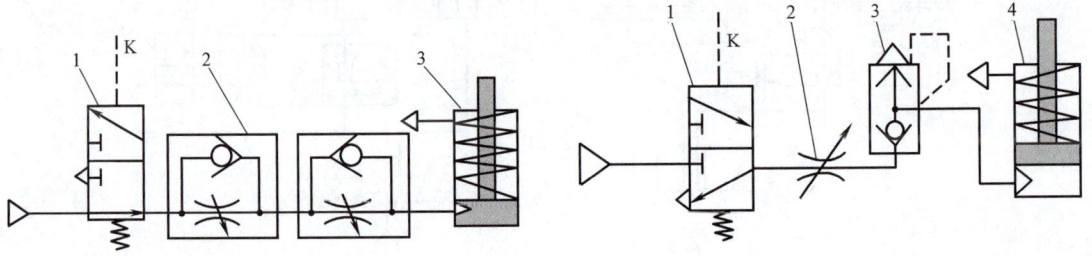

图 11-46　双向调速回路

1—换向阀　2—单向节流阀　3—单作用缸

图 11-47　慢进快退调速回路

1—换向阀　2—节流阀

3—快速排气阀　4—单作用气缸

排气口排空。这种回路适用于要求执行元件慢速进给、快速返回的场合，尤其适用于执行元件的结构尺寸较大、连接管路细而长的场合。

（二）双作用气缸的速度控制回路

（1）双向调速回路 图 11-48 所示是双作用气缸的双向调速回路。其中图 11-48a 所示为采用单向节流阀的调速回路，图 11-48b 所示为在换向阀的排气口上安装排气节流阀的调速回路。这两种调速回路的调速效果基本相同，均属于排气节流调速。从成本上考虑，图 11-48b 所示的回路更经济一些。

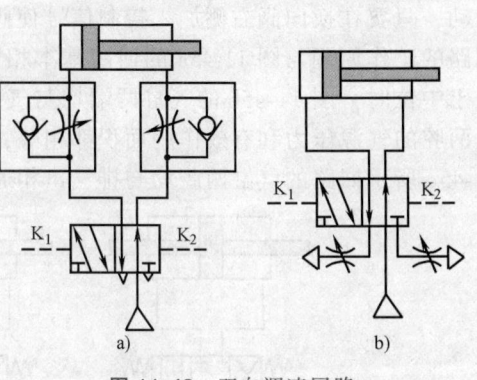

图 11-48 双向调速回路
a）采用单向节流阀 b）采用排气节流阀

（2）慢进快退回路 在许多应用场合，为了提高工作效率，希望气缸在空行程快速退回；此时，可选用图 11-49 所示的慢进快退调速回路。当控制活塞杆伸出时，采用排气节流控制，活塞杆慢速伸出；当活塞杆缩回时，无杆腔余气经快速排气阀排空，使活塞杆快速退回。

（3）缓冲回路 对于气缸行程较长、速度较快的应用场合，除考虑气缸的终端缓冲外，还可以通过回路来实现缓冲。图 11-50a 所示为快速排气阀和溢流阀配合使用的控制回路。当活塞杆缩回时，由于回路中节流阀 4 的开口量调得较小，其气阻较大，使气缸无杆腔的排气受阻而产生一定的背压，余气只能经快速排气阀 3、溢流阀 2 和节流阀 1（开口量比节流阀 4 大）排空。当气缸活塞左移接近终端，无杆腔压力下降至打不开溢流阀时，剩余气体只能经节流阀 4、换向阀的排气口排出，从而获得缓冲效果。图 11-50b 所示回路是单向节流阀与二位二通机控行程阀配合使用的缓冲回路。当换向阀处于左位时，气缸无杆腔进气，活塞杆快速伸出；此时，有杆腔余气经二位二通行程阀、换向阀排气口排空。当活塞杆伸出至活塞杆上的挡块压下二位二通行程阀时，二位二通行程阀的快速排气通

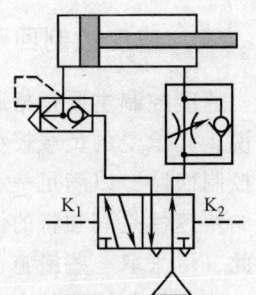

图 11-49 慢进快退
调速回路

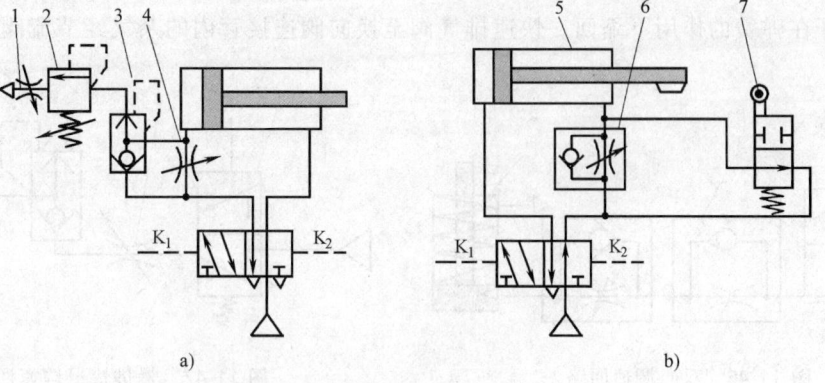

a) b)

图 11-50 缓冲回路
1、4—节流阀 2—溢流阀 3—快速排气阀 5—气缸 6—单向节流阀 7—行程阀

道被切断。此时，有杆腔余气只能经节流阀和换向阀的排气口排空，使活塞的运动速度由快速转为慢速，从而达到缓冲的目的。

（三）气液联动的速度控制回路

采用气液联动是得到平稳运动速度的常用方式。气液联动的速度控制回路有两种：一种是应用气液阻尼缸的速度控制回路；另一种是应用气液转换器的速度控制回路。这两种调速回路都不需要设置液压动力源，却可以获得如液压传动那样平稳的运动速度。

1. 气液阻尼缸调速回路

（1）慢进快退调速回路　许多应用场合，如组合机床的动力滑台，一般都希望以平稳的运动速度实现进给运动，在返程时则尽可能快速，以充分提高工效。慢进快退调速回路如图 11-51 所示。由图可知，气液阻尼缸是由气缸和阻尼缸串联连接而成的，气缸是动力缸，液压缸是阻尼缸。当换向阀处于左位时，气缸无杆腔进气，有杆腔排气，活塞杆伸出，此时液压缸右腔的油液经节流阀流到左腔，其活塞的运动速度取决于节流阀开口量的大小。当换向阀处于右位时，气缸活塞杆缩回，此时液压缸左腔的油液经单向阀流回右腔，因液阻很小，故可实现快退动作。

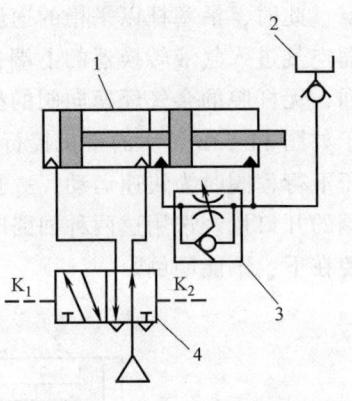

图 11-51　慢进快退调速回路
1—气液阻尼缸　2—油杯
3—单向节流阀　4—换向阀

图 11-51 中所设油杯用于补油，其作用是防止油液泄漏以后渗入空气而使平稳性变差，它应放置在高于液压缸的地方。

（2）变速回路　图 11-52 所示是采用气液阻尼缸的调速回路。其中图 11-52a 所示回路的换向阀处于左位时，活塞杆伸出，在伸出过程中，ab 段为快速进给行程（图 11-52c），b 为速度换接点；bc 段为慢速进给行程，进给速度取决于节流阀的开口量。换向阀处于右位时，活塞杆快速缩回，液压缸左腔油液经单向阀快速流回右腔。图中 ab 段可通过外接管路连通，也可以在液压缸内壁加工一条较窄的长槽连通。图 11-52b 所示回路是借助于二位二通行程阀实现速度换接的，当活塞杆伸出时，在其上的挡块未压下行程阀时，实现快速进给；一旦挡块压下行程阀时，就变快进为慢进运动。活塞杆缩回时同样为快速运动。由此可见，这两种回路基本相同，其不同之处是：前者速度换接的行程不可变，外接管路简单；后

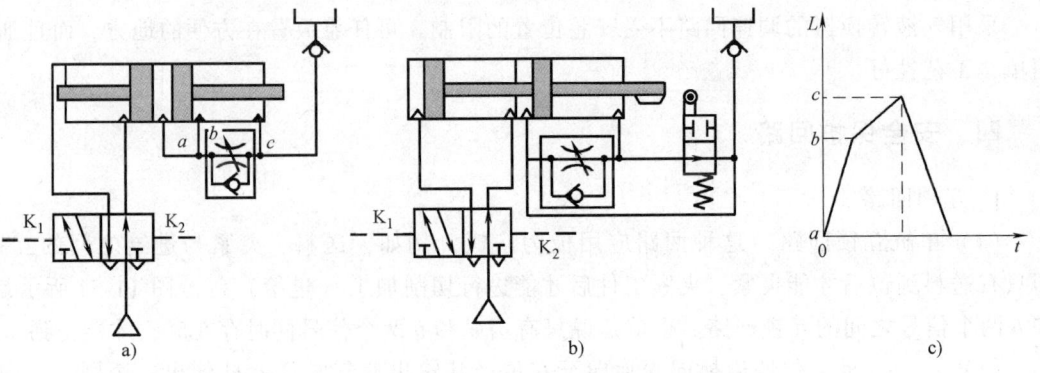

a)　　　　　　　　　　b)　　　　　　　　　　c)

图 11-52　变速回路

244 ·········■ 液压与气压传动 第4版

者安装行程阀需要占据空间位置，但只要改变行程阀的安装位置，就可改变速度换接的行程。

2. 气液转换器的调速回路

采用气液转换器的调速回路与采用气液阻尼缸的调速回路一样，也能得到平稳的运动速度。在图11-53a所示回路中，当换向阀处于左位时，压缩空气进入气液缸的无杆腔，推动活塞右移，有杆腔油液经节流阀进入气液转换器的下端，上端的压缩空气经换向阀排气口排空。此时，活塞杆以平稳的速度伸出，伸出的速度由节流阀调节。当换向阀处于右位时，压缩空气进入气液转换器的上端，油液受压后从下端经单向阀进入气液缸的有杆腔，活塞杆缩回，无杆腔的余气经换向阀的排气口排空。气液缸的活塞杆伸出时，如需速度换接，可借助于如图11-53b所示的带机控行程阀的回路。在此回路活塞杆的伸出过程中，当其上挡块未压下行程阀时为快速运动，一旦压下行程阀时，就立刻转为慢速运动，进给速度取决于节流阀的开口量。选用这两种回路时要注意气液转换器的安装位置，正确的方法是气腔在上，液腔在下，不能颠倒。

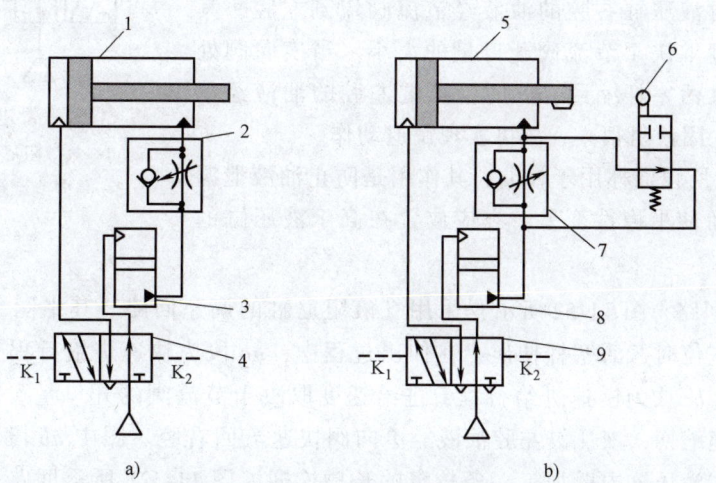

图 11-53 气液转换器的速度控制回路
1、5—气液缸 2、7—单向节流阀 3、8—气液转换器
4、9—换向阀 6—行程阀

采用气液转换器的调速回路不受安装位置的限制，可任意放置在方便的地方，而且加工简单，工艺性好。

四、安全保护回路

1. 互锁回路

（1）单缸互锁回路 这种回路应用极为广泛，例如，送料、夹紧与进给之间的互锁，即只有送料到位后才能夹紧，夹紧工件后才能进行切削加工（进给）等。图11-54所示是 a 和 b 两个信号之间的互锁回路。也就是说只有当 a 和 b 两个信号同时存在时，才能得到 a、b 的与信号 $a \cdot b$，使二位四通换向阀换向至右位，其输出使气缸活塞杆伸出；否则，换向阀不换向，气缸活塞杆处于缩回状态。

（2）多缸互锁回路　图 11-55 所示是 A、B 和 C 三
缸互锁回路。在操作二位三通气控换向阀 1、5 和 9 时，
只允许与所操作的二位三通气控换向阀相应的气缸动作，
其余两个气缸都被锁于原来位置。例如，操作二位三通
阀 1，使它换向处于左位，其输出使二位五通双气控换
向阀 2 也处于左位，该阀的输出进入 A 缸的无杆腔，使
A 缸的活塞杆伸出。此时，A 缸的进气管路与梭阀 4 和
12 的输出端相连，梭阀 4、12 有输出信号。由图可知，
梭阀 4 的输出与二位五通双气控换向阀 10 的右侧相连，
即梭阀的输出使该阀处于右位，双气控换向阀 10 的输出
把 C 缸锁于退回状态；而梭阀 12 的输出与二位五通双气
控换向阀 6 的右侧相连，同样把 B 缸锁于退回状态。同

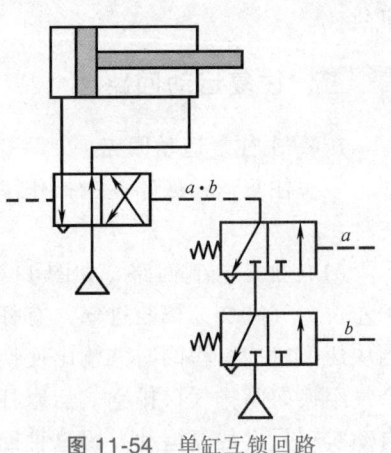

图 11-54　单缸互锁回路

理，操作二位三通单气控换向阀 5，B 缸活塞杆伸出，A 缸和 C 缸被锁于退回状态；操作二
位三通单气控换向阀 9，C 缸活塞杆伸出，A 缸和 B 缸被锁于退回状态。

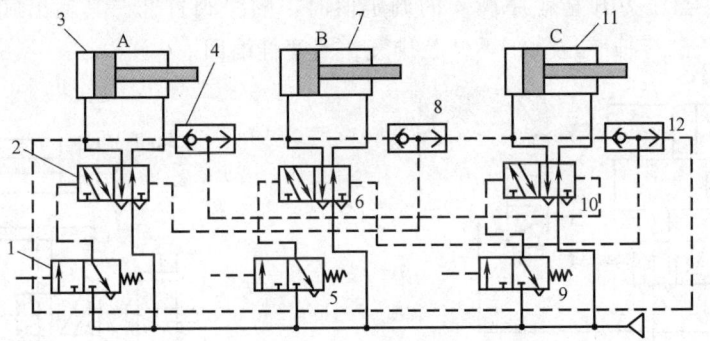

图 11-55　多缸互锁回路

1、5、9—单气控换向阀　2、6、10—双气控换向阀　3、7、11—气缸　4、8、12—梭阀

2. 过载保护回路

图 11-56 所示为一种过载保护回路。操作手动按钮阀 2 发出手动信号，使换向阀 3 换向
处于左位，通过该阀向气缸 4 的无杆腔供气，
有杆腔余气经换向阀排气口排空。当气缸的推
力克服正常负载时，活塞杆伸出，直至杆上挡
块压下机控行程阀 7 时，行程阀发出行程信
号，此信号经梭阀 6 使换向阀 3 换向处于右
位，换向阀 3 的输出使活塞杆缩回。再次操作
手动按钮阀，即重复上述动作。当气缸活塞杆
伸出过程中需克服超常负载时，气缸左腔压力
随负载的增加而升高，当压力升高到顺序阀 5
的调定值时，该阀被打开，其输出经梭阀 6，
使换向阀 3 换向并处于右位，其输出使活塞杆
立刻缩回，防止了系统因过载而可能造成的

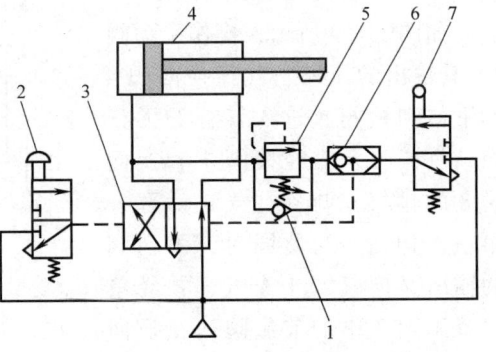

图 11-56　过载保护回路

1—单向阀　2—手动按钮阀　3—换向阀　4—气缸
5—顺序阀　6—梭阀　7—行程阀

246 ▪ 液压与气压传动 第4版

事故。

五、往复运动回路

1. 一次往复运动回路

一次往复运动回路是指操作一次，实现前进后退各一次的往复运动回路。常见的形式有三种：

（1）加压控制回路　如图11-57所示，操作手动按钮阀1，其输出使换向阀4换向且处于左位，气缸2无杆腔进气，有杆腔余气经换向阀排气口排空，活塞杆伸出。当活塞杆上的挡块压下机控行程阀时其输出使换向阀换向（图示位置），此时气缸的有杆腔进气，无杆腔余气经换向阀排气口排空，活塞杆缩回，完成了一次往复运动，再操作一次手动按钮阀，又自动实现一次往复运动。因这种回路使换向阀换向是靠加入压力信号而实现的，故称为加压控制回路。

（2）采用单向顺序阀控制的回路　如图11-58所示，操作手动按钮阀1，使换向阀2换向并处于左位，其输出气流进入气缸3的无杆腔，活塞杆伸出。当活塞运动到终端时，系统内的压力升高，当压力升至顺序阀4的调定值时，顺序阀打开，其输出气压使换向阀换向（图示位置），气缸有杆腔进气，无杆腔排气，活塞杆缩回。

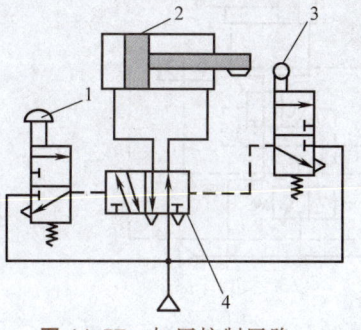

图 11-57　加压控制回路

1—手动按钮阀　2—气缸
3—行程阀　4—换向阀

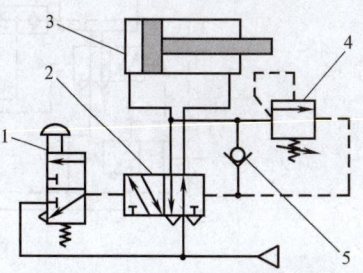

图 11-58　单向顺序阀控制回路

1—手动按钮阀　2—换向阀　3—气缸
4—顺序阀　5—单向阀

2. 二次自动往复运动回路

如图11-59所示，操作手动阀2，其输出的压缩空气经换向阀4的下位和梭阀5进入气缸的无杆腔，有杆腔余气经梭阀7和换向阀8的排气口排空，气缸活塞杆第一次伸出。与此同时，手动阀的输出又向气罐1充气，并经单向节流阀3中的节流阀加在换向阀4的控制端，当此信号压力上升至换向阀4的切换压力时，该阀换向处于上位。其输出又分为

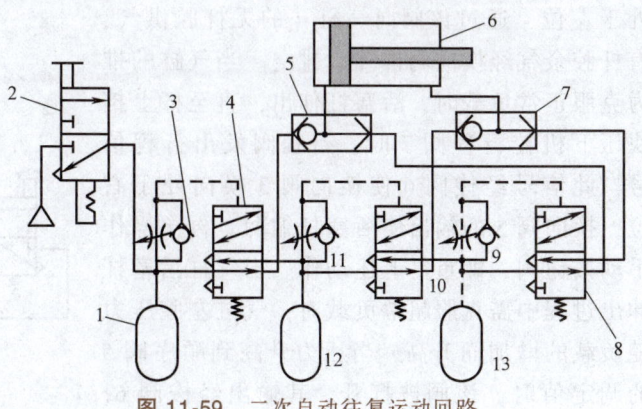

图 11-59　二次自动往复运动回路

1、12、13—气罐　2—手动阀　3、9、11—单向节流阀
4、8、10—换向阀　5、7—梭阀　6—气缸

两路，一路经换向阀 10 输出，并经梭阀 7 进入气缸的有杆腔，无杆腔的排气经梭阀 5、换向阀 4 的排气口排空，气缸活塞杆第一次缩回。另一路给气罐 12 充气，并经单向节流阀 11 给换向阀 10 一控制信号，当此信号上升至使换向阀 10 切换时，其输出又分为两路，一路经换向阀 8 和梭阀 5 进入气缸的无杆腔，有杆腔余气经梭阀 7、换向阀 8 的排气口排空，气缸活塞杆第二次伸出。另一路向气罐 13 充气，并经单向节流阀 9 给换向阀 8 施加一控制信号，当此信号压力上升至使换向阀 8 切换时，其输出经梭阀 7 进入气缸的有杆腔，无杆腔余气经梭阀 5、换向阀 8 的排气口排空，气缸活塞杆第二次缩回。可见，操作一次手动阀，气缸可实现两次连续往复运动。

3. 连续往复运动回路

如图 11-60 所示，操作手动阀 5，其输出经处于压下状态的行程阀 6 给换向阀 2 一控制信号，使换向阀 2 换向并处于左位。该阀的输出进入气缸的无杆腔，有杆腔余气经换向阀和排气节流阀 7 排入大气，气缸活塞杆伸出。当活塞杆伸出时，行程阀 6 复位，将来自手动阀的气路断开。当气缸活塞杆伸出至其挡块压下行程阀 4，换向阀控制端的余压经行程阀 4 排空，使换向阀复位，活塞杆缩回。此时行程阀 6 又处于压下状态，再一次给换向阀施加控制信号，使它换向，又使气缸重复以上动作。只要手动阀不关闭，上

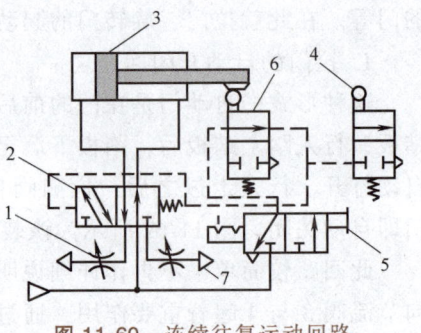

图 11-60　连续往复运动回路
1、7—排气节流阀　2—换向阀　3—气缸
4、6—行程阀　5—手动阀

述动作就会一直进行下去，实现了连续往复运动。关闭手动阀后，气缸在循环结束后回到图示位置。图中排气节流阀 1 和 7 用于调节气缸活塞的运动速度。

六、供气点选择回路

图 11-61 所示回路可通过对四个手动阀的选择，分别给四个点供气。当操作手动阀 1 时，其输出分为两路，一路经梭阀 5 给换向阀 6 左侧一控制信号，使该阀换向，处于左位，这时主气源来的压缩空气经换向阀 6 输出；另一路给换向阀 8 左控制端一控制信号，使该阀换向处于左位，此时向供气点①供气。当操作手动阀 2 时，其输出也分为两路，一路经梭阀 5 使换向阀 6 切换处于左位；另一路给换向阀 8 右侧一控制信号，换向阀 8 切换处于右位，此时向供气点②供气。同理，当分别操作手动阀 3 或 4 时，可分别向供气点③或④供气。

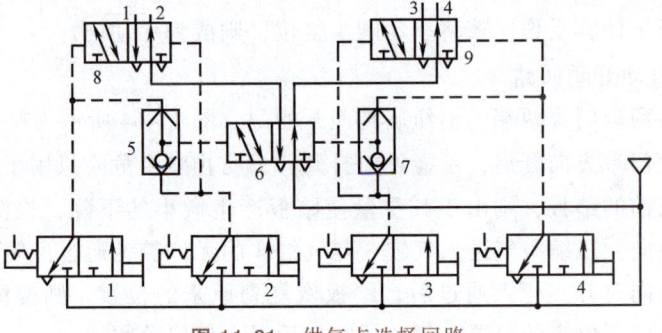

图 11-61　供气点选择回路

248 ┈┈┈┈ 液压与气压传动 第4版

气动常用回路中的增力回路、增压回路、同步回路等与液压回路基本相同，限于篇幅，这里不再介绍。

第六节 气动系统实例

一、门户开闭装置

门的形式多种多样，有推门、拉门、屏风式的折叠门、左右门扇的旋转门以及上下关闭的门等。在此就拉门、旋转门的起动回路加以说明。

1. 拉门的自动开闭回路之一

这种形式的自动门是在门的前后装有略微浮起的踏板，行人踏上踏板后，踏板下沉至检测用阀，门即自动打开。行人走过之后，检测阀自动地复位换向，门即自动关闭。图11-62所示为该装置的回路图。

此回路较简单，不再作详细说明。只是回路中单向节流阀3与4起着重要作用，通过它们的调节可实现门开、关速度的调节。另外，在X处装有手动闸阀，作为故障时的应急办法，当检测阀1发生故障而打不开门时，打开手动阀把空气放掉，用手可把门打开。

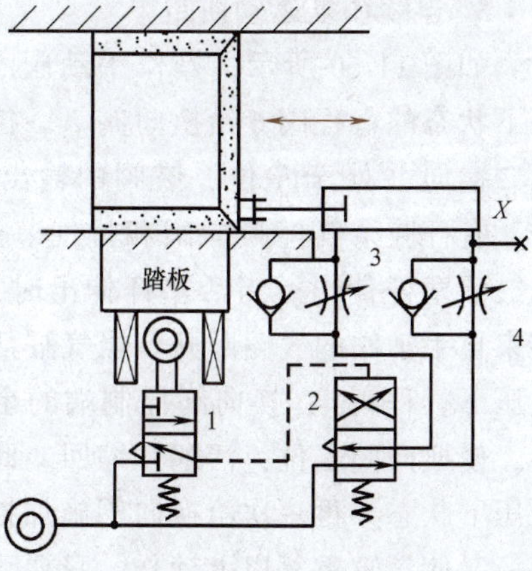

图11-62 拉门的自动开闭回路之一
1—检测阀 2—换向阀 3、4—单向节流阀

2. 拉门的自动回路之二

图11-63所示为拉门的另一种自动开闭回路。该装置是通过连杆机构将气缸活塞杆的直线运动转换成门的开闭运动。利用超低压气动阀来检测行人的踏板动作。在踏板6、11的下方装有一段完全密封的橡胶管，而管的一端与超低压气动阀7和12的控制口相连接。因此，当人站在踏板上时，超低压气动阀即开始工作。

首先用手动阀1使压缩空气通过气动阀2让气缸4的活塞杆伸出来（关闭门）。若有人站在踏板6或11上，则超低压气动阀7或12动作使气动阀2换向，气缸4的活塞杆缩回（门打开）。若是行人已走过踏板6和11的时候，则气动阀2控制腔的压缩空气经由气罐10和阀9、8组成的延时回路而排气，气动阀2复位，气缸4的活塞杆伸出使门关闭。由此可见，行人从门的两侧出入都可以。另外，通过调节减压阀13的压力，使由于某种原因把行人夹住时，也不至于使其受伤。若将手动阀1复位，则成为手动门。

3. 旋转门的自动开闭回路

旋转门是左右两扇门绕两端的枢纽旋转而开的门。图11-64所示为旋转门的自动开闭回路。此回路只能使门单方向开启，不能反向打开，为防止发生危险只用于单向通行的地方。

若行人踏上门前的踏板，则由于其重量使踏板产生微小的下降，检测用阀LX被压下，主阀1与主阀2换向，压缩空气进入气缸3与气缸4的无杆腔，通过齿轮齿条机构，两边的门扇同时向相同方向打开。行人通过后，踏板恢复到原来的位置，则检测阀LX自动复位。主阀1与主阀2换向到原来的位置，气缸活塞杆后退，使门关闭。

第十一章　气压传动　249

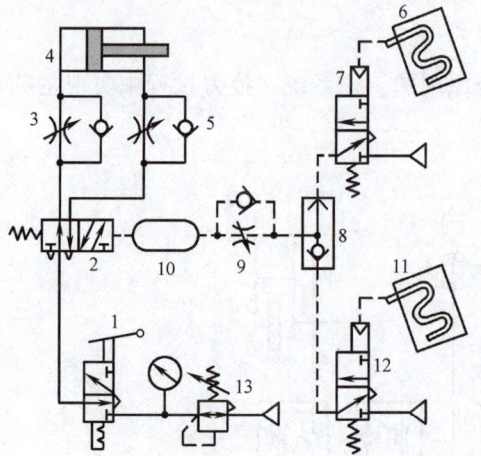

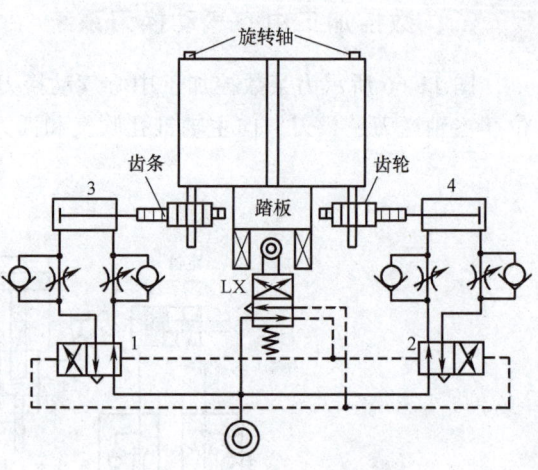

图 11-63　拉门的自动开闭回路之二

1—手动阀　2—气动阀　3、5、9—单向节流阀
4—气缸　6、11—踏板　7、12—超低压气动阀
8—梭阀　10—气罐　13—减压阀

图 11-64　旋转门的自动开闭回路

1、2—主阀　3、4—气缸

二、气动夹紧系统

图 11-65 所示为机床夹具的气动夹紧系统，其动作循环是：垂直缸活塞杆首先下降将工件压紧，两侧的气缸活塞杆再同时前进，对工件进行两侧夹紧，加工完后各夹紧缸退回，将工件松开。

其具体工作原理如下：踩下脚踏阀 1，压缩空气进入缸 A 的上腔，使夹紧头下降夹紧工件，当压下机动行程阀 2 时，压缩空气经单向节流阀 6 进入二位三通气控换向阀 4（调节节流阀开口可以控制气控换向阀 4 的延时接通时间）。因此，压缩空气通过主阀 3 进入工件两侧气缸 B 和 C 的无杆腔，使活塞杆前进而夹紧工件。然后钻头开始钻孔，同时流过主阀 3 的一部分压缩空气经过单向节流阀 5 进入主阀 3 的右控制端，经过一段时间（由节流阀控制）后主阀 3 右侧形成信号使其换向，两侧气缸后退到原来位置。同时一部分压缩空气作为信号进入脚踏阀 1 的右端，使阀 1 右位接通，压缩空气进入缸 A 的下腔，使夹紧头退回原位。

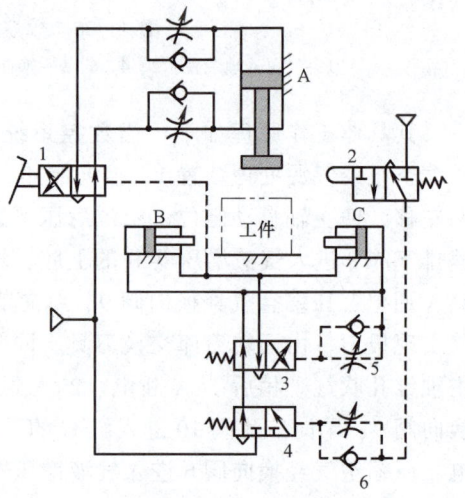

图 11-65　气动夹紧系统

1—脚踏阀　2—机动行程阀　3—主阀
4—气控换向阀　5、6—单向节流阀

夹紧头上升的同时使机动行程阀 2 复位，气控换向阀 4 也复位（此时主阀 3 右位接通），由于气缸 B、C 的无杆腔通过阀 3、阀 4 排气，主阀 3 自动复位到左位，完成一个工作循环。该回路只有在踏下脚踏阀 1 时才能开始下一个工作循环。

250 ▪ 液压与气压传动 第4版

三、数控加工中心气动换刀系统

图11-66所示为某数控加工中心气动换刀系统原理图，该系统在换刀过程中实现主轴定位、主轴送刀、拔刀、向主轴锥孔吹气和插刀动作。

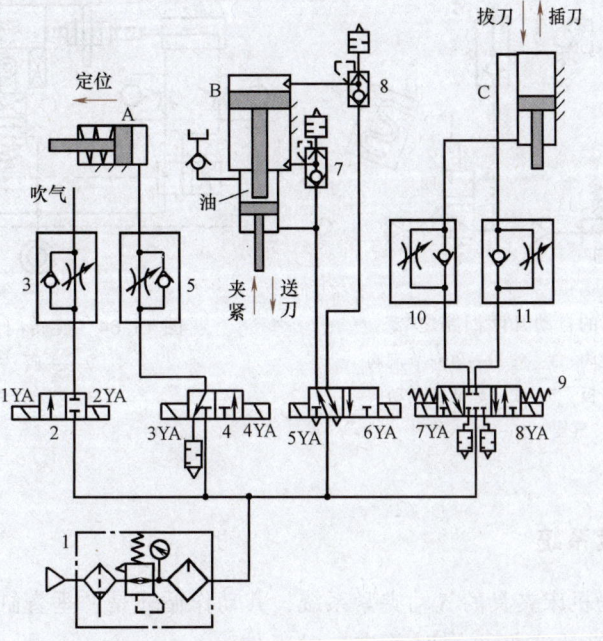

图 11-66　数控加工中心气动换刀系统原理图

1—气源处理装置　2、4、6、9—换向阀　3、5、10、11—单向节流阀　7、8—快速排气阀

其具体工作原理如下：当数控系统发出换刀指令时，主轴停止旋转，同时4YA通电，压缩空气经气源处理装置1、换向阀4、单向节流阀5进入主轴定位缸A的右腔，缸A的活塞左移，使主轴自动定位。定位后压下无触点开关，使6YA通电，压缩空气经换向阀6、快速排气阀8进入气液增压器B的上腔，增压腔的高压油使活塞伸出，实现主轴送刀；同时使8YA通电，压缩空气经换向阀9、单向节流阀11进入缸C的上腔，缸C下腔排气，活塞下移实现拔刀。由回转刀库交换刀具，同时1YA通电，压缩空气经换向阀2、单向节流阀3向主轴锥孔吹气。稍后1YA断电、2YA通电，停止吹气；8YA断电、7YA通电，压缩空气经换向阀9、单向节流阀10进入缸C的下腔，活塞上移，实现插刀动作。6YA断电、5YA通电，压缩空气经换向阀6进入气液增压器B的下腔，使活塞退回，主轴的机械机构使刀具夹紧。4YA断电、3YA通电，缸A的活塞在弹簧力作用下复位，恢复到开始状态，换刀结束。

第七节　气动系统的设计

前面几节已讲述了气动元件、气动基本回路等知识，在此基础上将进行气动系统设计的学习。气动系统设计中的重要内容是气动回路的设计。在回路设计中，将重点介绍行程程序回路的设计方法。

第十一章　气压传动　**251**

一、概述

1. 程序控制的分类

程序控制是自动化领域中被广泛采用的控制方式之一。随着程序动作的增加，回路的复杂程度也相应增加。因此，单凭经验已不能满足回路设计的需要。程序设计的内容极为丰富，方法也很多。在此，本章仅介绍一种普遍采用的图解法，即信号-动作状态图法，也称 *X-D* 线法。

程序控制一般可分为行程程序控制、时间程序控制和行程、时间混合控制三种。

（1）行程程序控制　行程程序控制框图如图 11-67 所示。

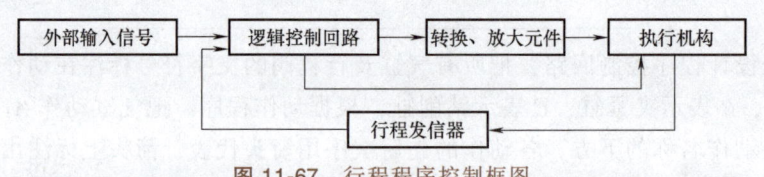

图 11-67　行程程序控制框图

由图 11-67 可知，当执行机构的某一步动作完成以后，由行程发信器发出一个信号，此信号输入逻辑控制回路，经逻辑运算后，发出控制信号（有些场合需经转换或放大），指挥执行元件动作。执行元件的动作完成以后，又发出一个信号给逻辑控制回路，使整个程序循环地进行下去，实现程序所规定的一系列动作。这种程序控制的特点是下一动作的开始是在上一动作完成之后进行的，因此它属于闭环控制系统。

（2）时间程序控制　时间程序控制框图如图 11-68 所示，由图可知，时间发信装置发出时间信号，通过脉冲分配回路，按一定的时间间隔，把回路输出的脉冲信号分配给相应的执行机构。其动作与前后的动作完成与否无关，因此时间程序控制属于开环控制系统。

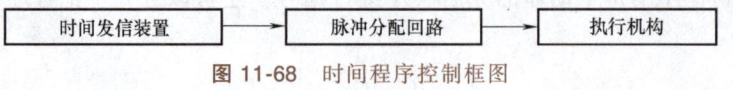

图 11-68　时间程序控制框图

（3）行程、时间混合控制　行程、时间混合控制方式是上述两种程序控制的组合，由具体生产工艺要求确定，一般规律是在工作可靠性要求高的场合选用行程程序控制，一般要求的场合选用时间程序控制。

2. 行程程序的符号规定及表示方法

（1）符号规定（图 11-69）

1）用大写字母 A、B、C 等表示气缸。用下角标 1 表示气缸活塞杆处于伸出状态，下角标 0 表示活塞杆处于缩回状态。例如 A_1 表示 A 气缸的活塞杆处于伸出状态，A_0 表示 A 气缸的活塞杆处于缩回状态。

2）用带下角标的小写字母 a_1、a_0、b_1、b_0 等分别表示与动作 A_1、A_0、B_1、B_0 等相对应的行程阀及其输出信号。如 a_1 表示 A 缸活塞杆伸出压

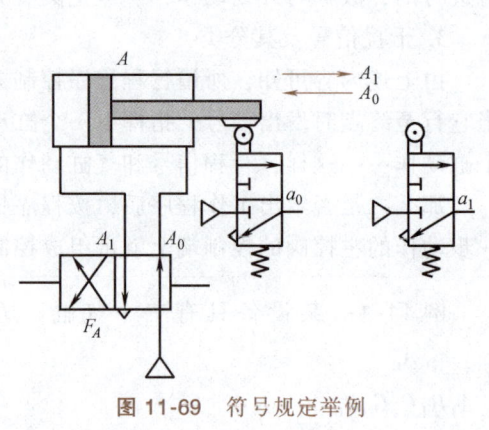

图 11-69　符号规定举例

下行程阀 a_1 时发出的信号，a_0 表示 A 缸活塞杆缩回压下行程阀 a_0 时发出的信号。其余类推。

3）操作气缸的阀用大写字母 F 表示，并与所控制的气缸相对应。如控制 A 缸的阀用 F_A 表示，控制 B 缸的阀用 F_B 表示等。主控阀的输出与它所控阀的气缸动作相一致。例如，控制气缸 A 活塞杆伸出动作的主控阀输出端用符号 A_1 表示。

（2）行程程序的表示方法 行程程序是根据控制对象的动作要求提出来的，因此可用执行元件及其所要完成的动作次序来表示。

例如：

$$\text{送料} \rightarrow \text{夹紧} \overset{\text{送料退}}{\rightarrow} \text{钻进} \rightarrow \text{钻退} \rightarrow \text{夹紧退} \rightarrow$$

为了便于设计程序控制回路，把所有气缸及行程阀的文字符号标注在动作程序上。如用 A 表示送料缸，B 表示夹紧缸，C 表示钻削缸，根据动作程序，把气缸动作 A_1、A_0、B_1、B_0 等标注在相应动作名称的下方，各动作的先后次序用箭头代表，箭头上标注出上一动作结束时发出的行程信号，如动作 A_1 结束时发出的信号 a_1 等。即

$$\begin{array}{ccccccc} & & & \text{送料退} & & & \\ \text{送料} \xrightarrow{a_1} & \text{夹紧} \xrightarrow{b_1} & \text{钻进} \xrightarrow{c_1} & \text{钻退} \xrightarrow{c_0} & \text{夹紧退} \xrightarrow{b_0} & \\ A_1 & B_1 & C_1 & C_0 & B_0 & \end{array}$$

为设计和书写方便，常将文字省略，这样即可将程序简化为

$$A_1 \xrightarrow{a_1} B_1 \overset{A_0}{\xrightarrow{b_1}} C_1 \xrightarrow{c_1} C_0 \xrightarrow{c_0} B_0 \xrightarrow{b_0}$$

如果对控制程序中每个动作的先后次序进行编号，还可以进一步把程序简化为

$$\begin{array}{ccccc} & & A_0 & & \\ A_1 & B_1 & C_1 & C_0 & B_0 \\ ① & ② & ③ & ④ & ⑤ \end{array}$$

在控制程序中，每一个动作代表一个节拍。上述程序中共有 5 个节拍，其中 $\begin{pmatrix} A_0 \\ C_1 \end{pmatrix}$ 是同时进行的，故称为并列动作，一般把具有并列动作的程序称为并列程序。

3. 干扰信号及其分类

由上述内容可知，所谓行程程序控制方法是指：启动外部信号后，第一个缸开始动作，当它行至终点时发出信号，指挥下一个缸动作，第二个缸行至终点时又发出信号，指挥下一个缸动作……这样，行程信号和气缸动作的交替变化，使程序按预定的步骤进行工作。

那么，是否给出工作程序后，按程序把各行程阀的输出信号直接连到其所控制的进行下一步动作的主控阀的控制端上就可组成控制线路了呢？下面通过两个实例进行说明。

例 11-1 某设备具有三个气缸：送料缸 A、夹紧缸 B 和钻削缸 C，其工作程序为 $A_1 B_1 C_1 \overset{A_0}{C_0} B_0$。

第十一章 气压传动 **253**

现根据上述动作程序直接把控制回路如图 11-70 连接起来进行分析：程序要求在接通气源后，A、B、C 三个气缸的活塞杆均处于缩回状态。由于行程阀 b_0 处于压阀状态，因此有 b_0 信号输出。在 b_0 信号的控制下，阀 F_A 换向处于左位，A 缸活塞杆伸出，当伸出过程中压下形成阀 a_1 时，发出 a_1 信号。此信号加在阀 F_B 左端，但此时因 C 缸活塞杆处于缩回状态，行程阀 c_0 处于压阀状态，即在换向阀 F_B 的右侧存在控制信号 c_0。因此，当输入 a_1 信号欲使 F_B 换向时，在换向阀 F_B 的两侧都存在控制信号，使该阀处于不稳定状态。其中 c_0 影响程序的正常运行，故属于干扰信号。为便于区别信号的真伪，可在干扰信号上加一三角形符号。现继续分析，假设 B 缸活塞杆能够伸出，当压下行程阀 b_1 时，发出 b_1 信号使阀 F_A 换向处于右位，F_C 处于左位，其输出使 C 缸的活塞伸出压下行程阀 c_1 时发出 c_1 信号。此信号加于阀 F_C 右端，但此时因 B 缸活塞杆仍处于伸出状态，故存在着 b_1 信号，该信号对 C 缸活塞杆的缩回产生干扰，因此 b_1 也是干扰信号。同样，在 b_1 信号上加一三角形符号。由此可见，按上述方法连接起来的控制系统是行不通的。这种由于主控阀在同一时间内存在着两个控制信号而使主阀无法换向的现象称为干扰信号（或障碍信号）。在多缸单往复程序系统中，经常出现干扰信号。

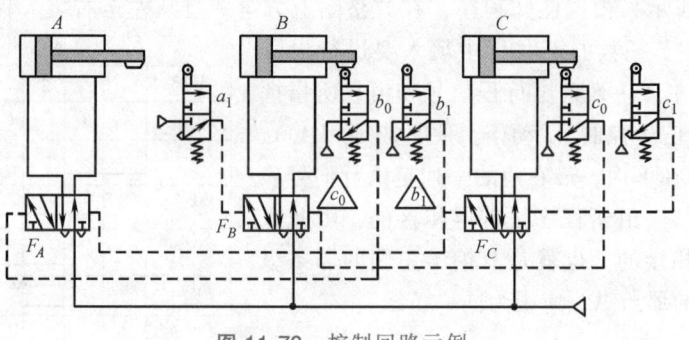

图 11-70　控制回路示例

例 11-2　某设备具有两个缸 A 和 B，其程序式为 $A_1 B_1 B_0 B_1 B_0 A_0$。

首先画出其程序图为

$$\longrightarrow A_1 \xrightarrow{a_1} B_1 \xrightarrow{b_1} B_0 \xrightarrow{b_0} B_1 \xrightarrow{b_1} B_0 \xrightarrow{b_0} A_0 \xrightarrow{a_0} \longrightarrow$$

由程序图可见，在一个工作循环中，B 缸要往复动作两次。故此系统属于多缸多往复控制系统。这种系统与多缸单往复系统相比，具有如下两个特点：

1）在多往复系统中，同一个缸的同一动作可能受不同信号的控制（如第 2 节拍 B_1 受 a_1 控制，而在第 4 节拍中 B_1 却受 b_0 控制）。

2）在多往复系统中，同一行程信号在不同的行程里可能控制不同的动作（如 b_0 信号在第 4 和第 6 行程中，分别控制 B_1 和 A_0）。

上述两种情况也会导致主控阀的动作受干扰或产生误动作，使系统无法按预定程序进行工作。

可见，多缸多往复系统存在上述两种干扰。如本例中控制第 2 行程 B_1 的信号 a_1 是一个长信号，它存在于第 2、3、4、5 行程中，因而干扰了第 3 行程中 b_1 控制 B_0 的动作，B 无法换向。

凡是干扰信号，在程序设计时都必须加以排除，否则系统无法按预定程序正常工作。

由此可见，程序控制系统设计的任务就是要检查出系统的干扰信号并加以排除，最终设计出实现预定程序的最佳方案。

二、多缸单往复行程程序回路设计

多缸单往复行程程序控制回路是指在一个循环程序中，所有的气缸都只作一次往复运动的回路。常用的行程回路设计方法有信号-动作状态图法（X-D）和扩大卡诺图法，本章仅介绍 X-D 线法。这种方法是根据已知的行程程序，把各个行程信号的状态和执行元件的动作状态，即全部主控阀的输出状态用图线表示出来；然后从图中判别出各种障碍信号，并予以消除，使程序能正常工作。现以本节例 11-1 的行程程序 $A_1B_1C_1C_0B_0^{A_0}$ 为例简要说明其设计的具体方法和步骤。

1. 画方格图

如图 11-71 所示，根据已知程序，在方格图上方第一行从左至右填入程序的节拍数（有时也可省去）；在节拍数的下一行中填入要进行设计的程序本身。最左边一列列出行程信号和由它所指挥的动作。例如 b_0 信号控制 A_1 动作，便写成 b_0 (A_1)，并把该动作 A_1 写在下面。最右边的一列是执行信号表达式，或称消障栏。由于程序是首尾相接的，因此方格图也应是首尾相接的。也就是节拍 1 左侧的那条纵线与节拍 5 右侧的那条纵线应视为同一条线。

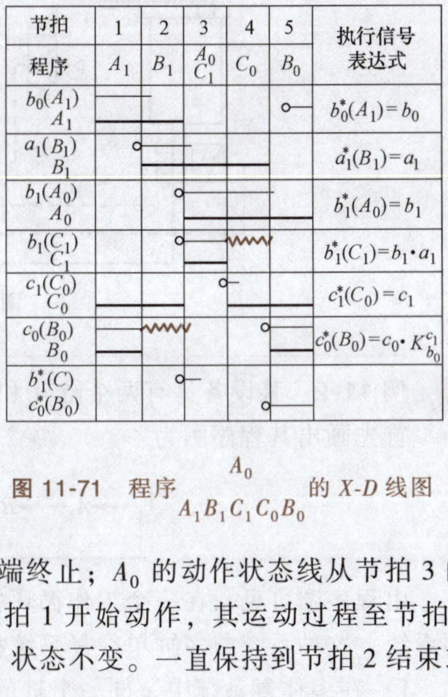

2. 画动作状态线

在已画好的方格图上，先画出各执行元件动作的状态线，并用粗实线表示。动作状态线以纵、横坐标大写字母相同，且字母下角标（指 1 或 0）也相同的方格的左端为起点；以纵、横坐标大写字母相同，而下角标相异的方格的左端为终点画粗实线。

节拍	1	2	3	4	5	执行信号表达式
程序	A_1	B_1	A_0 C_1	C_0	B_0	
$b_0(A_1)$ A_1						$b_0^*(A_1)=b_0$
$a_1(B_1)$ B_1						$a_1^*(B_1)=a_1$
$b_1(A_0)$ A_0						$b_1^*(A_0)=b_1$
$b_1(C_1)$ C_1						$b_1^*(C_1)=b_1 \cdot a_1$
$c_1(C_0)$ C_0						$c_1^*(C_0)=c_1$
$c_0(B_0)$ B_0						$c_0^*(B_0)=c_0 \cdot K_{c_1}^{c_1}$
$b_1^*(C)$ $c_0^*(B_0)$						

图 11-71 程序 $A_1B_1C_1C_0B_0^{A_0}$ 的 X-D 线图

如 A_1 的动作状态线从节拍 1 的左端开始到节拍 3 的左端终止；A_0 的动作状态线从节拍 3 的左端开始，到节拍 1 的左端前终止。对 A_1 而言，从节拍 1 开始动作，其运动过程至节拍 1 结束就终止了。但 A_1 动作停止后，仍保持其原有的 A_1 状态不变。一直保持到节拍 2 结束或节拍 3 开始时，才出现 A_0 动作。

3. 画信号状态线

信号线是指气缸运动到位后，发出的相应行程信号的持续时间，用细实线表示。如信号 a_1 是在 A 缸活塞杆伸出到终端，压下行程阀 a_1 发出的行程信号，此信号一直到 A 缸活塞杆开始缩回时才消失。因此，信号状态线的画法是：从纵、横坐标符号相同（此符号不论大小写）的方格末端开始，到纵、横坐标符号相异的方格前端终止。例如 b_0 (A_1) 的信号从纵坐标为 b_0、横坐标为 B_0 的方格的末端开始，到纵坐标为 b_0、横坐标为 B_1 的方格前端终止。其余依次类推。因为信号总是比所指挥的动作早一瞬时出现，所以信号线也比要指挥的动作线出一点头，在图中用小圆圈表示。此小圆圈部分也是切换主控阀的有效部分，一旦主控阀切换，由于主控阀的记忆作用（双气控换向阀），信号的延长部分就变成可有可无了。图中的信号线后部有一个"尾巴"，这是因为异号动作开始之后，信号才会消失。例如 b_0 信号只有在 B_1 动作产生以后才会消失。

4. 判断障碍

利用 X-D 图，可直接判别出存在的干扰信号。此干扰信号又称为障碍信号。其具体的方法是：

1）信号线比动作线短，则由此信号控制的动作不存在障碍。也就是说，可以用它直接控制执行元件的动作。为便于区分，在执行信号的右上角加一" * "号，如本例中信号 b_0^*、a_1^*、b_1^*、c_1^*、c_0^* 都符合上述条件。

2）信号线比动作线长，则此信号属于有障信号，与动作线等长的部分为信号执行段，长出的部分为信号障碍段。在图中信号障碍段用锯齿形线表示。图 11-71 中的 b_1、c_0 信号属于有障信号。对于有障信号，只有设法消除其障碍段以后，才能作为执行信号使用。

3）若信号线与动作线基本等长，信号线仅比动作线长出一个"尾巴"。则这"尾巴"部分也是信号障碍段。由于这个信号障碍段在一般情况下仅存在短暂时间，随即自行消失，故称之为"滞消障碍"。根据回路的特点，滞消障碍有时要消去，有时可以不消去，但为了确保回路工作的可靠性，遇到滞消障碍时，可按一般消除障碍信号的方法把它消除掉。

5. 信号障碍段的消除

最常用的消障方法是缩短障碍信号的延续时间，反映在状态图上就是缩短信号状态线的长度。在一般情况下，缩短信号延续时间的方法可通过逻辑与运算，或把长信号转化成脉冲信号等。

（1）用逻辑与运算消除障碍　具体方法是：对于一个有障信号，设法找到一个制约条件（制约信号），然后两者进行逻辑与运算。经与运算后的信号缩短了延续时间，从而达到消除信号障碍的目的。

例如，任选一个有障信号 m，为了消除其信号障碍段，另外找一个制约条件 x，并对它们进行与运算，即

$$m^* = m \cdot x \tag{11-6}$$

由图 11-72 可见，有障信号 m 与制约条件 x 进行与运算以后，所得结果即执行信号 m^*，它缩短了原信号 m 延续的时间，故消除了信号障碍段，可以作为执行信号使用。

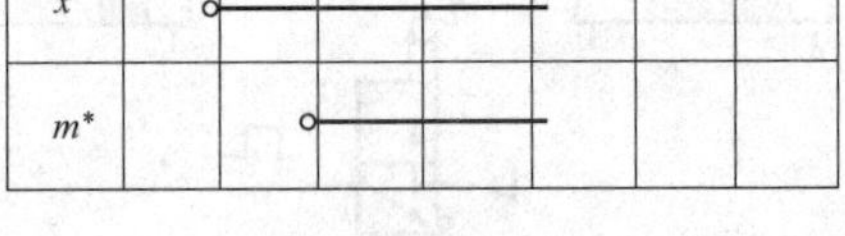

至此，问题又变为怎样寻找、选定制约条件。在一般情况下，下列几种信号可以作为制约条件：

1）原始信号。如图 11-71 中的 b_0、a_1、b_1 等都是原始信号，只要符合制约条件，都可以作为制约
信号。本例中的有障信号 b_1 与原始信号 a_1 进行与运算后所得的信号可作为执行信号。即 $b_1^*(C_1) = b_1 \cdot a_1$，式中 b_1^* 便是指挥 C_1 动作的执行信号。在气动回路中，有时逻辑与运算是把发出行程信号的行程阀和发出制约信号的行程阀串联来实现的（图 11-73）。此时，一般将有障信号作为无源元件，而把制约信号作为有源元件。因为制约信号在其他动作的控制中，还要作执行信号用。

2）主控阀的输出信号。A_1、A_0、B_1 等采用主控阀输出信号作为制约条件消障与用原始信号消障相同。

图 11-72　执行信号 m^* 的确定

3）插入记忆元件。在某些情况下，如果原始信号、主控阀的输出信号都不能满足制约条件，此时可插入记忆元件，借助于记忆元件的输出来消除信号障碍段。本例中，有障信号 C_0（B_0）障碍段的消除就找不出原始信号作为制约条件，现插入记忆元件 K，利用记忆元件的输出信号 $K_{\text{关}}^{\text{开}}$ 作为制约条件。这里的"开"是指记忆元件的打开信号，"关"是指记忆元件的关断信号。由于记忆元件具有记忆功能，因此问题又转化为如

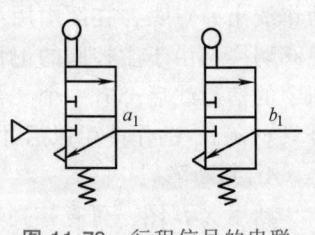

图 11-73　行程信号的串联

何选择记忆元件 K 的开信号和关信号。在具体选择时有如下三条原则：

① 开信号的起点应在有障信号的"非"区间选取。

② 关信号的起点应在有障信号的执行段选取。

③ 开信号和关信号之间不允许重叠。

根据上述三条原则，对 $c_0(B_0)$ 这一有障信号进行消除，具体方法是引入记忆元件开信号的起点应在 $\overline{c_0}$ 区间（有障信号的非区间）选取。因此，在 $\overline{c_0}$ 区间选 c_1 作为开信号；而关信号的起点应在 c_0 信号的执行段选取，符合这一条件的有 b_0 和 a_1，现任选一个，用 b_0 作为关信号；然后检查开信号 c_1 和关信号 b_0 在信号延续的时间上不重叠。因此，作为制约条件的记忆元件的输出状态应是 $K_{b_0}^{c_1}$，执行信号表达式为

$$c_0^*(B_0) = c_0 \cdot K_{b_0}^{c_1}$$

上述三种信号是通过逻辑运算派生出来的信号，只要符合条件也可作为制约条件。

（2）把长信号变成脉冲信号　由于脉冲信号延续的时间很短暂，所以它不会产生障碍段。具体方法有两种：一种是采用活络挡块发出脉冲信号；另一种是采用可通过式行程阀发出脉冲信号。图 11-74 所示是采用活络挡块碰行程阀发出脉冲信号的装置。当活塞杆伸出时，活络挡块压下并通过行程阀发出一个脉冲信号；当活塞杆缩回时，活络挡块绕销轴沿逆时针方向转动，虽通过行程阀但不发出信号。图 11-75 所示是采用可通过式行程阀发出脉冲信号的装置。当活塞杆伸出时，挡块压下行程阀发出脉冲信号；当活塞杆缩回时，滚轮折回，挡块通过行程阀但不发出信号。

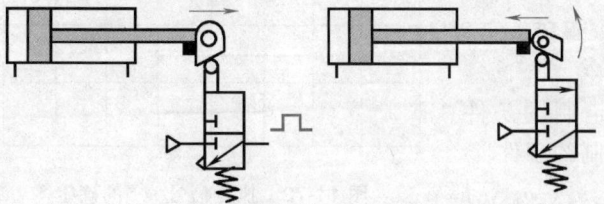

图 11-74　采用活络挡块
发出脉冲信号

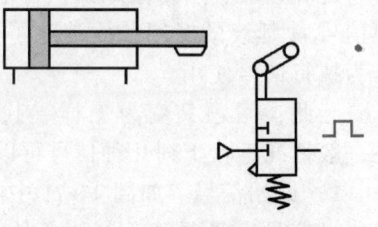

图 11-75　采用可通过式行程
阀发出脉冲信号

6. 画逻辑原理图

用气动逻辑符号表示的逻辑原理图由以下几部分组成：

（1）行程发信器　主要是行程阀，也包括外部输入信号，如起动阀等。

（2）逻辑控制原理图　用与、或、非和记忆等逻辑元件符号表示。这些逻辑符号应理解为逻辑运算符号，它不一定总代表一个确定的元件，因为由逻辑原理图变成气动回路图时

第十一章　气压传动　　257

存在着多种不同的方案。

（3）执行机构的控制元件　因具有记忆能力，可以用逻辑记忆符号表示。

根据上述规定的符号和图 11-71 中的执行信号，可以画出逻辑原理图，如图 11-76 所示。逻辑原理图可作为从信号-动作状态图画出控制回路图的中间桥梁。由它可以绘出由气动逻辑元件、方向控制阀、执行元件等组成的气动控制回路。

7. 画气动控制原理图

气动控制逻辑原理图是整个气动控制回路的逻辑控制部分。它是控制回路的核心部分。根据逻辑原理图绘出的气动控制原理图如图 11-77a 所示。它们在逻辑关系上与逻辑原理图是完全一致的。该图与图 11-71 比较后可以看出，在原来分析时找出的干扰信号通过设计后不但被全部找出来，而且已进行了消障，所得控制原理图已经能够按给定程序进行动作。

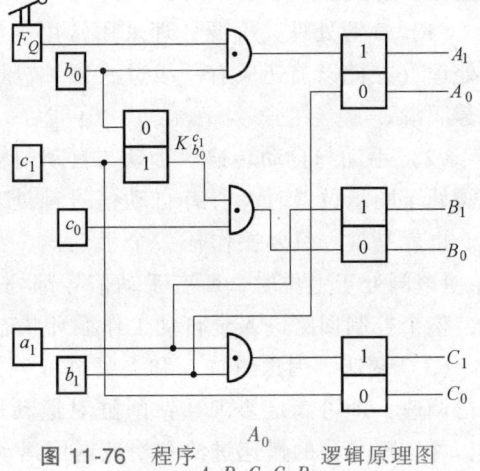

图 11-76　程序 $\dfrac{A_0}{A_1 B_1 C_1 C_0 B_0}$ 逻辑原理图

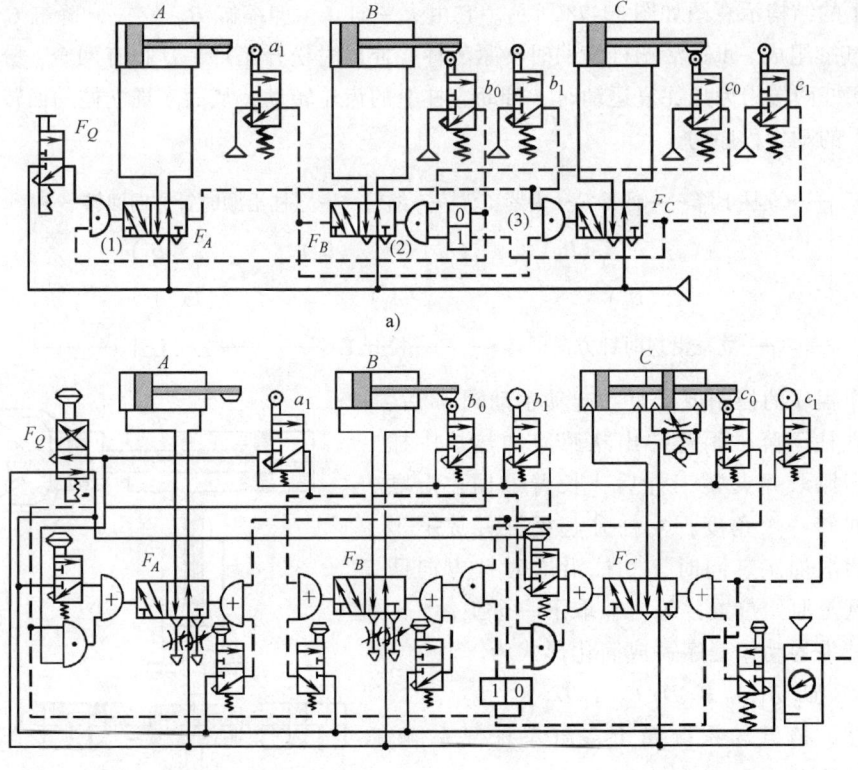

a)

b)

图 11-77　程序 $\dfrac{A_0}{A_1 B_1 C_1 C_0 B_0}$ 气控图

a）气动控制原理图　b）气动控制回路图

258 ——■ 液压与气压传动 第4版

8. 气动控制回路图

作为一个实际应用的控制回路，还需要在控制原理的基础上进行补充设计。如需要解决气源处理问题，手动与自动的转换以及调压、调速等一系列问题。如图 11-77b 所示，此回路进一步解决了如下几个问题：

(1) 气源处理　气源处理采用常用气源处理装置，其主要作用是对气源进行进一步过滤处理（在此以前还应有一级过滤）、减压、稳压和加油雾，对气动元件如气缸、阀类进行油雾润滑。

(2) 手动与自动转换　手动与自动的转换采用一只二位四通带定位型的手拉阀 F_Q。当该阀处于图示位置时，所有自动信号都处于排空状态；而手控阀的气源口全部与总气源相通。也就是说，只要操作任一个手动阀，都能发出相应的手动信号实现手动操作。当操作 F_Q 使该阀处于上位时，所有手动信号都处于排空状态，而全部自动信号都与气源相通。此时，整个控制回路进入全自动工作循环状态。可见，手动与自动转换与控制具有互锁性。

(3) 调速　因送料缸 A 和夹紧缸 B 对调速阀要求不高，故采用排气节流阀分别对气缸进行调速，即可满足要求。钻削缸对运动速度的平稳性要求高，故采用气液阻尼缸进行调速，可实现平稳的慢速进给和快速退回运动。

例 11-3　设计热、压、锻造机械手气控回路。

机械手的结构示意图如图 11-78 所示。它由夹紧缸 A、伸缩缸 B、立柱升降缸 C 和立柱回转缸 D 等气缸组成。A 缸活塞杆缩回时夹紧工件，伸出时松开工件。D 缸有两个，分别装在带齿条的活塞杆两端，齿条往复运动时，带动立柱上的齿轮转动，从而实现立柱的回转运动。

机械手的动作程序为

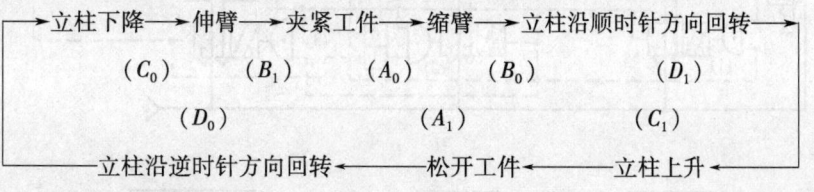

该动作程序的控制要求是：起动手动阀 m 后，机械手的立柱下降，手臂伸出从感应加热炉中抓取工件。当抓取并夹紧工件后，长臂缩回，沿顺时针方向回转一个角度，立柱升起松开并放下工件，进行热锻加工。同时，立柱沿逆时针方向回转同一角度至原始位置，等待抓取下一个工件。

将机械手的动作程序写成简化形式为

$$C_0 \ B_1 \ A_0 \ B_0 \ D_1 \ C_1 \ A_1 \ D_0$$

很显然，该气动系统属于多缸单往复系统。其设计步骤如下：

1. 画 X-D 线图

根据机械手的程序动作，画出信号-动作状态图，如图 11-79 所示。从图中可见原始信号 c_0 和

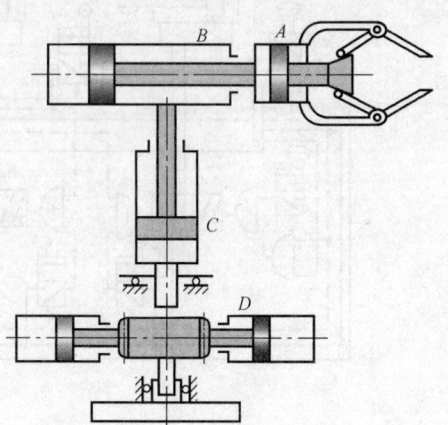

图 11-78　气动机械手示意图

b_0 均为障碍信号，必须消除。为减少整个气动元件的数量，这两个障碍信号都采用逻辑与来排除，其消障后的执行信号分别为 $c_0^*(B_1)=c_0 \cdot a_1$ 和 $b_0^*(D_1)=b_0 \cdot a_0$。

2. 绘制逻辑原理图

图 11-80 所示为例 11-3 的逻辑原理图，图中列出了四个缸八个状态以及与它们相对应的主控阀，图中左侧列出的是由行程阀、起动阀等发出的原始信号。

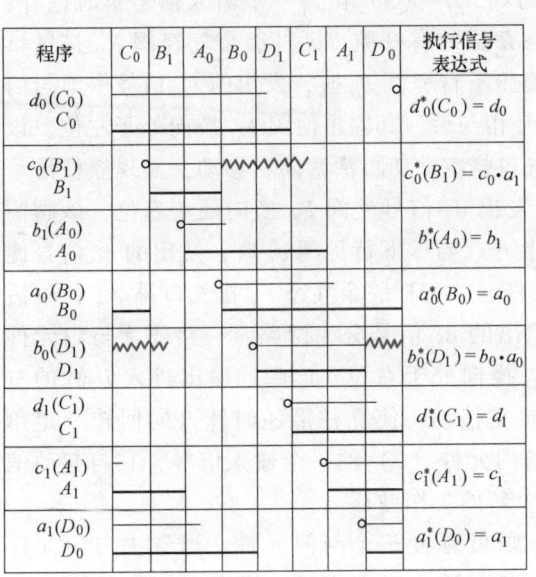

程序	C_0	B_1	A_0	B_0	D_1	C_1	A_1	D_0	执行信号表达式
$d_0(C_0)$ C_0									$d_0^*(C_0)=d_0$
$c_0(B_1)$ B_1									$c_0^*(B_1)=c_0 \cdot a_1$
$b_1(A_0)$ A_0									$b_1^*(A_0)=b_1$
$a_0(B_0)$ B_0									$a_0^*(B_0)=a_0$
$b_0(D_1)$ D_1									$b_0^*(D_1)=b_0 \cdot a_0$
$d_1(C_1)$ C_1									$d_1^*(C_1)=d_1$
$c_1(A_1)$ A_1									$c_1^*(A_1)=c_1$
$a_1(D_0)$ D_0									$a_1^*(D_0)=a_1$

图 11-79 程序 $C_0B_1A_0B_0D_1C_1A_1D_0$ 的 X-D 线图

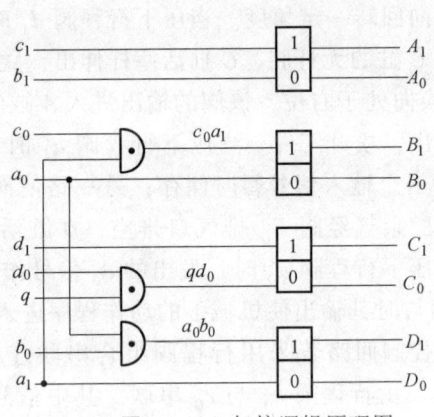

图 11-80 气控逻辑原理图

3. 绘制气控原理图

按图 11-80 所示的气控逻辑原理图绘制该机械手的气控回路，如图 11-81 所示。

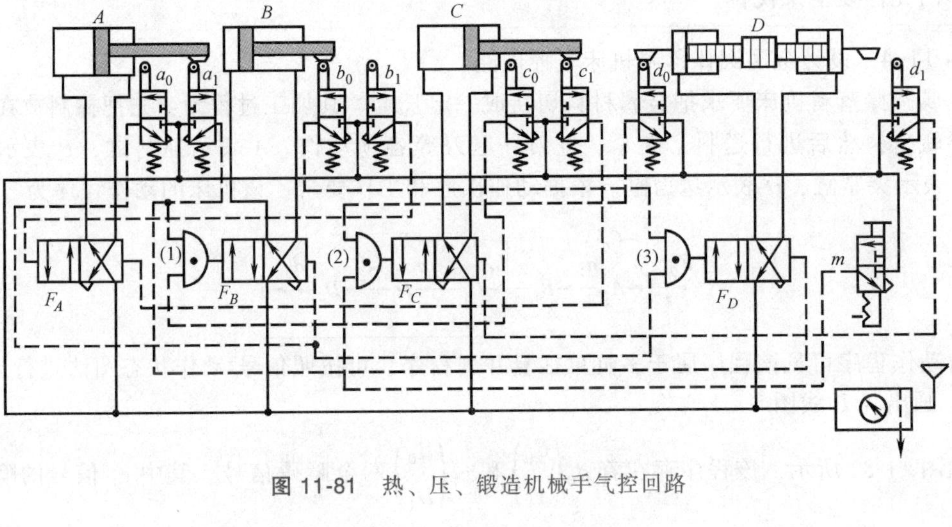

图 11-81 热、压、锻造机械手气控回路

该控制回路的动作原理说明如下：

当操作起动阀 m 时，发出起动信号作为与门元件（2）的一个输入信号，此信号与 d_0 信号相与后，其输出信号使阀 F_C 换向处于左位，该阀的输出进入 C 缸的有杆腔，C 缸无杆

腔余气经阀 F_C 排气口排空，C 缸活塞杆缩回，此时机械手立柱下降。当压下行程阀 c_0 时，发出的 c_0 信号作为与门元件（1）的一个输入信号，此信号与 a_1 信号相与后使阀 F_B 换向处于左位，该阀的输出进入 B 缸的无杆腔，有杆腔余气经阀 F_B 排气口排空，B 缸活塞杆伸出，实现长臂伸出动作。当压下行程阀 b_1 时，发出 b_1 信号使阀 F_A 换向处于左位，该阀输出进入 A 缸的有杆腔，无杆腔余气经阀 F_A 排气口排空，A 缸活塞杆缩回，夹紧工件。当压下行程阀 a_0 时，发出的 a_0 信号分为两路：一路至与门元件（3）作为一个输入信号暂时储存；另一路使阀 F_B 换向处于右位，该阀的输出进入 B 缸的有杆腔，无杆腔余气经阀 F_B 排气口排空，B 缸活塞杆缩回，实现长臂缩回动作。当压下行程阀 b_0 时，发出的 b_0 信号作为与门元件（3）的另一个输入信号。b_0 信号与 a_0 信号相与后，其输出使阀 F_D 换向处于左位，该阀的输出进入 D 缸左腔，右腔余气经阀 F_D 排气口排空，D 缸活塞向右移动，实现立柱沿顺时针方向回转一定角度。当压下行程阀 d_1 时，发出 d_1 信号使阀 F_C 换向处于右位，该阀输出进入 C 缸的无杆腔，C 缸活塞杆伸出，立柱上升。当压下行程阀 c_1 时，发出的 c_1 信号使阀 F_A 换向处于右位，该阀的输出进入 A 缸的无杆腔，有杆腔余气经阀 F_A 排气口排空，A 缸活塞杆伸出，松开工件。当压下行程阀 a_1 时，发出的 a_1 信号分为两路：一路作为与门元件（1）的一个输入信号暂时储存；另一路使阀 F_D 换向处于右位，该阀的输出进入 D 缸的右腔，左腔余气经阀 F_D 排气口排空，D 缸活塞向左移动，使立柱沿逆时针方向回转一定角度。当压下行程阀 d_0 时，发出的 d_0 信号作为与门元件（2）的一个输入信号，它与起动信号 m 相与时其输出使机械手的动作程序进入一个新的工作循环。

该控制回路若采用行程阀组合串联连接，则可省去三个与门元件。当省去与门元件（1）时，由行程阀 a_1 与 c_0 串联，其中信号 c_0 取无源，a_1 取有源；当省去与门元件（2）时，由行程阀 d_0 与起动信号 m 串联，d_0 取无源，m 取有源；当省去与门元件（3）时，由行程阀 b_0 与 a_0 串联，b_0 取无源，a_0 取有源。

另外，夹紧缸 C 和转位缸 D 在安装行程阀时，在空间位置上有一定困难。因此，也可采用非门元件发信来代替。

例 11-4 设计金属圆棒落料机床气控回路。

金属圆棒落料机床要求把金属材料切断成一定长度。其加工过程为：先把棒料放在有滚轮的导轨上，然后进行送料、夹紧、进刀、退刀等各项动作。A 表示抓料缸，B 表示送料缸，C 表示夹紧缸，D 表示送刀缸。根据动作次序和工作要求，该机床的动作程序为

由动作程序可见该程序属于多缸单往复并列程序，可按照信号-动作状态图法进行设计。

1. 画出 X-D 线图

如图 11-82 所示，该程序存在着 $d_0\begin{pmatrix}C_0\\A_1\end{pmatrix}$ 和 $c_1\begin{pmatrix}B_0\\D_1\end{pmatrix}$ 两个障碍信号。其中 c_1 信号的障碍段可直接取原始信号 b_1 作为制约条件消障，消障后的执行信号为 $c_1^*\begin{pmatrix}B_0\\D_1\end{pmatrix}=c_1\cdot b_1$。而障碍信号 d_0 找不到原始信号作为制约条件，若插入记忆元件，用记忆元件的输出作为制约条件，则

其消障后执行元件表达式可写成 $d_0^*\begin{pmatrix} C_0 \\ A_1 \end{pmatrix} = d_0 \cdot K_{a_1}^{d_1}$。

可见，消除障碍需增加一个与门和一个双稳元件。为简化回路，现采用可通过式行程阀发出脉冲信号，作为 d_0 信号。这样把有障信号 d_0 转化为一个脉冲信号，使回路省去了两个逻辑元件。

2. 绘制逻辑原理图及气控回路图

根据 $X\text{-}D$ 线图设计的逻辑原理图如图 11-83 所示。在此基础上，根据工作要求，如抓料缸动作简单，选用单作用气缸；送料缸和夹紧缸选普通型双作用气缸；因落料时要求进刀平稳，故送刀缸采用气液阻尼缸。F_B、F_C 和 F_D 三个主控阀选用二位五通双气控换向阀，行程阀选用普通型二位三通行程阀和可通过式行程阀。手动阀选用二位二通和二位三通等，其组成的回路如图 11-84 所示。该回路的动作原理是：各缸原处于后退状态，当操作手动阀 1 使该阀处于上位时，气源经阀 F_C 和手动阀 1 进入气缸 A 的无杆腔，A 缸活塞杆伸出（C 缸活塞杆同时缩回），当 A 缸活塞杆上的挡块压下行程阀 a_1 时，a_1 使阀 F_B 换向处于左位，B 缸活塞杆伸出。当 B 缸活塞杆上的挡块压下行程阀 b_1 时，发出的信号分成两路：一路给与门元件 3 的一个输入端储存，另一路经或门元件 2 使阀 F_C 换向处于左位，其输出使 C 缸活塞杆伸出。此时，A 缸无杆腔和 C 缸有杆腔的余气经阀 1、阀 F_C 的排气口排空，A 缸活塞杆缩回，C 缸活塞杆伸出。当 C 缸活塞杆上挡块压下行程阀 c_1 时，发出的 c_1 信号作为与门元件 3 的一个输入信号，并与 b_1 信号相与，其输出分为两路：一路使阀 F_D 换向处于左位，D 缸活塞杆伸出，其伸出速度由单向节流阀调节；另一路使阀 F_B 换向处于右位，B 缸活塞杆缩回。当 D 缸活塞杆上的挡块压下行程阀 d_1 时，发出 d_1 信号，经或门元件 4 使阀 F_D 换向处于右位，D 缸活塞杆缩回。在活塞杆缩回过程中压下可通过式行程阀 d_0，发出 d_0 脉冲信号，使阀 F_C 换向处于右位，A 缸活塞杆伸出。由于手动阀 1 仍处在工作位置，A 缸活塞杆伸出，C 缸活塞杆缩回，故可使程序转入下一新的工作循环。需要停止工作时，只要操作手动阀 1 至图示位置即可。图中手动阀 5 用于手动调试夹紧力；手动阀 6 在特殊情况下使用，如突然抗刀时，用手动操作使 D 缸迅速退回。另外，图中的与门元件 3 也可采用行程阀 b_1

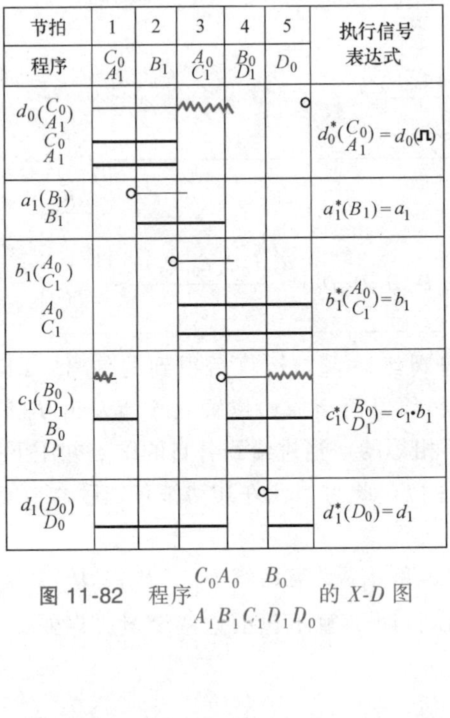

节拍	1	2	3	4	5	执行信号表达式
程序	$\begin{matrix} C_0 \\ A_1 \end{matrix}$	B_1	$\begin{matrix} A_0 \\ C_1 \end{matrix}$	$\begin{matrix} B_0 \\ D_1 \end{matrix}$	D_0	
$d_0\begin{pmatrix} C_0 \\ A_1 \end{pmatrix}$ $\begin{matrix} C_0 \\ A_1 \end{matrix}$						$d_0^*\begin{pmatrix} C_0 \\ A_1 \end{pmatrix} = d_0(\boldsymbol{\sqcap})$
$a_1(B_1)$ B_1						$a_1^*(B_1) = a_1$
$b_1\begin{pmatrix} A_0 \\ C_1 \end{pmatrix}$ $\begin{matrix} A_0 \\ C_1 \end{matrix}$						$b_1^*\begin{pmatrix} A_0 \\ C_1 \end{pmatrix} = b_1$
$c_1\begin{pmatrix} B_0 \\ D_1 \end{pmatrix}$ $\begin{matrix} B_0 \\ D_1 \end{matrix}$						$c_1^*\begin{pmatrix} B_0 \\ D_1 \end{pmatrix} = c_1 \cdot b_1$
$d_1(D_0)$ D_0						$d_1^*(D_0) = d_1$

图 11-82　程序 $\dfrac{C_0 A_0 \quad B_0}{A_1 B_1 C_1 D_1 D_0}$ 的 $X\text{-}D$ 图

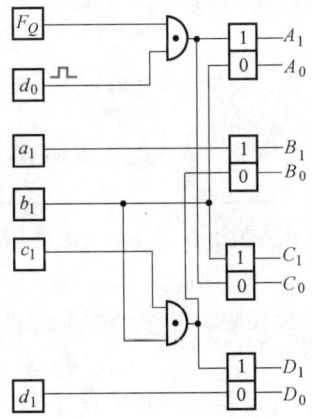

图 11-83　逻辑原理图

262 ·········· ■ 液压与气压传动 第 4 版

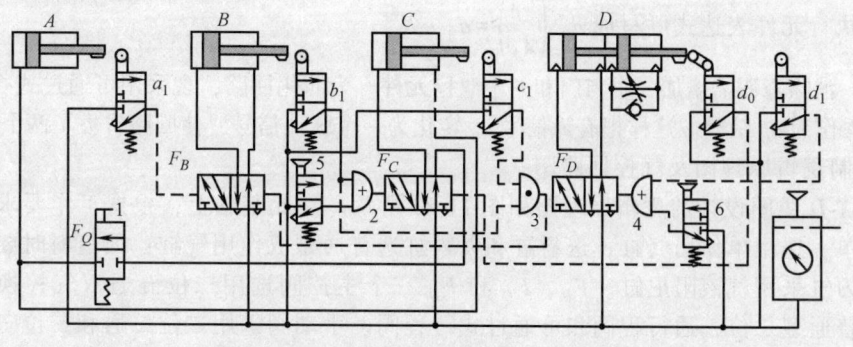

图 11-84　金属圆棒落料机床气控回路图

1、5、6—手动阀　2、4—或门元件　3—与门元件

和 c_1 串联来代替。此时，b_1 信号取有源，c_1 信号取无源。

> **例 11-5**　设计六工位组合机床气动控制回路。

1. 动作程序和控制要求

全气动控制的六工位组合机床的工作要求是：除了工件的装卸由人工操作外，其余动作要求实现全自动循环。该机床设有一个六工位转盘，转盘每转动一个工位的转角是 60°，其中有一个工位用于人工装卸工件，其余五个工位上各安装一台动力头（动力滑台），每一个动力头完成一道加工工序。工件转过五个工位后加工完毕，到第六个工位时，卸下已加工完的工件，并装上未加工工件。各加工工位上的动力头的驱动气缸分别为 D_1、D_2、D_3、D_4 和 D_5。各气缸进给至行程终端位置时分别压下行程阀 d_{11}、d_{12}、d_{13}、d_{14} 和 d_{15}（第一个下角标表示状态，第二个下角标代表编号，下同）。在返回行程终端位置分别压下行程阀 d_{01}、d_{02}、d_{03}、d_{04} 和 d_{05}。整个机床还另有三只气缸，即夹紧工作台气缸 A、定位销气缸 B 和转位气缸 C。各气缸分别装有行程阀 a_0、a_1、b_0、b_1、c_0 和 c_1。

机床每转过一个工位的动作程序为

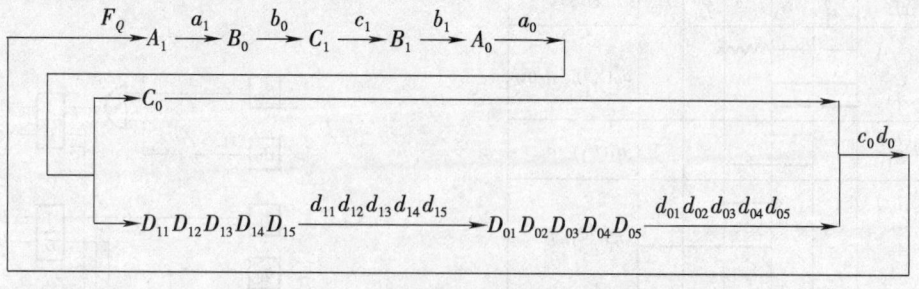

其中，d_0 是由 d_{01}、d_{02}、d_{03}、d_{04} 和 d_{05} 五个行程阀经逻辑与运算后得到的信号，即 $d_0 = d_{01} \cdot d_{02} \cdot d_{03} \cdot d_{04} \cdot d_{05}$。换句话说，五个动力头必须退回至原始位置后才能发出 d_0 信号。在加工过程中，五个动力头的进给速度和行程是不相等的，当进给到各自的终点并压下相应的行程阀 d_{11}、d_{12}、d_{13}、d_{14} 和 d_{15} 时，自动退回原位。此时，允许其动作有先后。

2. 气动控制回路的设计

由动作程序可以看出，信号 d_{11}、d_{12}、d_{13}、d_{14} 和 d_{15} 仅与动作 D_{01}、D_{02}、D_{03}、D_{04} 和 D_{05} 有关，信号 d_0 只与程序的启动有关，所以在设计时可暂不包括这些变量，以便简化程

序设计。

本例的信号-动作状态图如图 11-85 所示。由图可知，原程序中存在 $a_1(B_0)$ 和 $b_1(A_0)$ 两个有障信号，它们都可直接用原始信号作为制约条件消障。消障后将执行信号表达式填入相应栏内。

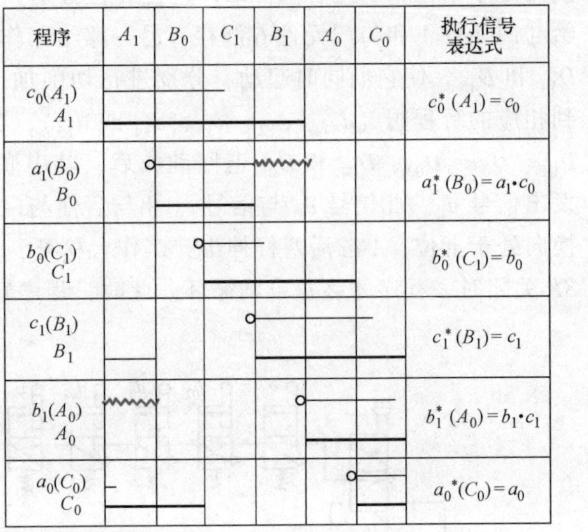

为了保证转位缸完成转位动作后才允许动力头进给，因此需对原执行信号表达式加以修正，即把执行信号表达式 $a_0^*(C_0) = a_0$ 改写成 $a_0^*(C_0) = a_0 \cdot c_0$，把执行信号表达式 $a_0^*(D_{11}, D_{12}, D_{13}, D_{14}, D_{15}) = a_0$ 改成 $a_0^*(D_{11}, D_{12}, D_{13}, D_{14}, D_{15}) = a_0 \cdot c_1$。

当五个动力头的驱动气缸退回时，执行信号的表达式为

程序	A_1	B_0	C_1	B_1	A_0	C_0	执行信号表达式
$c_0(A_1)$ A_1							$c_0^*(A_1) = c_0$
$a_1(B_0)$ B_0							$a_1^*(B_0) = a_1 \cdot c_0$
$b_0(C_1)$ C_1							$b_0^*(C_1) = b_0$
$c_1(B_1)$ B_1							$c_1^*(B_1) = c_1$
$b_1(A_0)$ A_0							$b_1^*(A_0) = b_1 \cdot c_1$
$a_0(C_0)$ C_0							$a_0^*(C_0) = a_0$

图 11-85 程序 $A_1 B_0 C_1 B_1 A_0 C_0$ 的 X-D 线图

$$\begin{cases} d_{11}^*(D_{01}) = d_{11} \\ d_{12}^*(D_{02}) = d_{12} \\ d_{13}^*(D_{03}) = d_{13} \\ d_{14}^*(D_{04}) = d_{14} \\ d_{15}^*(D_{05}) = d_{15} \end{cases} \tag{11-7}$$

五个动力头全部退回至原位后发出的信号为

$$d_0 = d_{01} \cdot d_{02} \cdot d_{03} \cdot d_{04} \cdot d_{05} \tag{11-8}$$

图 11-86 所示为六工位组合机床气控回路图。其工作原理是：各气缸在停机时全部处于后退状态。其中包括在图中未画出的五只动力头驱动气缸 D_1、D_2、D_3、D_4 和 D_5。操作手拉阀 SF，使该阀处于上位，此时所有手动信号阀的气源都处于排空状态，即所有手动动作都被锁住。自动信号通过串联连接的行程阀 d_{01}、d_{02}、d_{03}、d_{04} 和 d_{05} 所得的输出信号 d_0 作为与门元件 1 的一个输入信号。由于 C 缸处于后退状态，因此输出 c_0 信号作为与门元件 1 的另一输入信号，与门元件 1 有输出，此输出信号经或门元件 2 使阀 F_A 换向处于上位，A 缸活塞杆伸出，使工作台松开。当压下行程阀 a_1 时，发出 a_1 信号作为与门元件 6 的一个输入信号，此信号与 c_0 信号相与以后，使与门元件 6 有输出并经或门 7 使阀 F_B 换向处于下位，B 缸活塞杆缩回，拔出定位销。当压下行程阀 b_0 时，发出 b_0 信号。b_0 信号经或门元件 8 使阀 F_C 换向处于上位，C 缸活塞杆伸出，工作台转位 60°。当压下行程阀 c_1 时，发出 c_1 信号。c_1 信号分为三路：第一路作为与门元件 10 的一个输入信号暂时储存；第二路作为与门元件 3 的一个输入信号也暂时储存；第三路经或门元件 5 使阀 F_B 换向处于上位，B 缸活塞杆伸出，此时插入定位销，确保工作台定位精确。当压下行程阀 b_1 时，发出 b_1 信号作为与门元件 3 的另一输入信号，与门元件 3 的输出信号经或门元件 4 使阀 F_A 换向处于下位，A 缸活塞杆缩回，使工作台夹紧。当压下行程阀 a_0 时，发出 a_0 信号，作为与门元件 10 的一个输入信号，与另一个输入信号 c_1 相与后，其输出又分为两路：一路经或门元件 9 使阀 F_C

换向处于下位，C 缸活塞杆缩回，使转位缸退回，当压下行程阀 c_0 时，发出的 c_0 信号分别给与门元件 1 和与门元件 6 储存；另一路给工作台上的五个动力头的驱动缸 D_{11}、D_{12}、D_{13}、D_{14} 和 D_{15}，使它们同时起动，分别进行切削加工。其中任一个动力头完成切削加工后，碰到相应的行程阀（d_{11}、d_{12}、d_{13}、d_{14} 或 d_{15}），各自退回原位等候。当五个动力头全部完成 D_{01}、D_{02}、D_{03}、D_{04} 和 D_{05} 退回动作后，其串联连接的行程阀 d_{01}、d_{02}、d_{03}、d_{04} 和 d_{05} 才发出信号 d_0。此信号 d_0 与信号 c_0 相与后使与门元件 1 有输出，并经或门元件 2 使阀 F_A 又换向处于上位，A 缸活塞杆伸出，工作台松开，使程序进入一个新的工作循环。直至手拉阀 SF 关闭时，程序才终止自动循环。此时，程序转入手动操作状态。

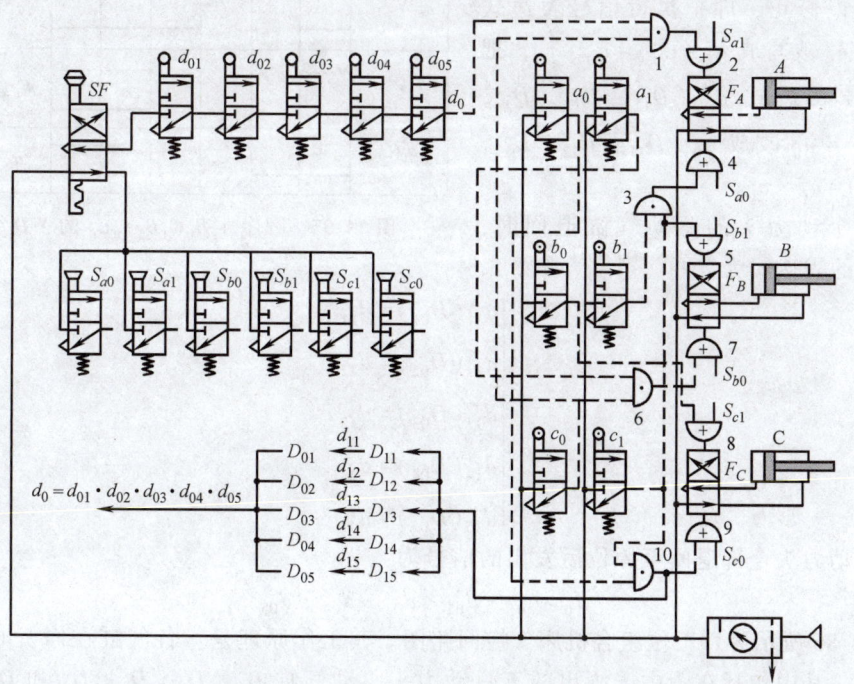

图 11-86　六工位组合机床气控回路图

1、3、6、10—与门元件　2、4、5、7、8、9—或门元件

当手拉阀处于图示位置时，自动信号被锁住。只要按动手动阀 S_{a_0}、S_{a_1}、S_{b_0}、S_{b_1}、S_{c_0}、S_{c_1} 和图中未表示出的 $S_{d_{01}}$、$S_{d_{11}}$、$S_{d_{02}}$、$S_{d_{12}}$ 等的其中任意一个，都能实现相应的手动动作。

■ 三、多缸多往复行程程序回路设计

多缸多往复行程程序回路是指在同一个动作循环中，至少有一个气缸往复动作两次或两次以上的回路，其设计步骤与多缸单往复行程程序回路设计步骤基本一致。以下以程序 $A_1B_1B_0B_1B_0A_0$ 为例简要说明该回路的设计方法。

1. 画 X-D 线图

在本程序中，B 缸为多次连续往复运动，为简化 X-D 线图，先列信号-动作检查表，见表 11-8。

表 11-8　信号动作检查表

信号 ＼ 动作	A_1	A_0	B_1	B_0
a_1			✓	
a_0	✓			
b_1				✓
b_0		✓	✓	

由表 11-8 可知，信号 b_0 既控制 A_0 动作，又控制 B_1 动作，而 B_1 动作既受 b_0 信号控制，又受 a_1 信号控制。根据检查表 11-8 简化 $X\text{-}D$ 线图，结果如图 11-87 所示。

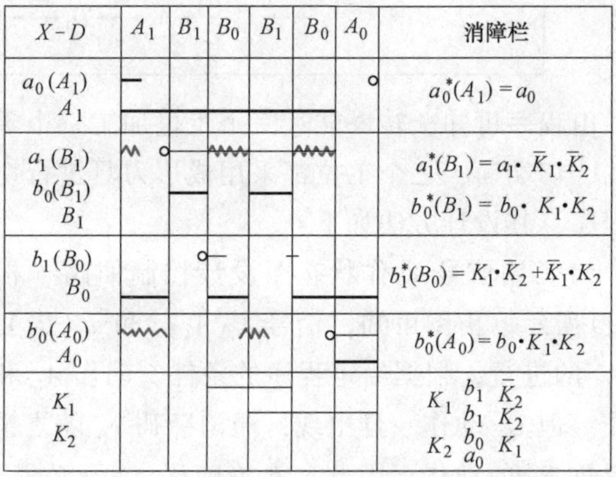

由图 11-87 可知，信号 a_1（B_1）、b_0（B_1）和 b_0（A_0）都二次出现信号障碍段，因此给消障带来了麻烦。为便于解决问题，先对程序特征进行分析，并插入记忆元件 K_1 和 K_2，记忆元件 K_1 和 K_2 的输出状态如图 11-87 所示。把消障后的表达式填入图中的消障栏内。

$X\text{-}D$	A_1	B_1	B_0	B_1	B_0	A_0	消障栏
$a_0(A_1)$ A_1							$a_0^*(A_1) = a_0$
$a_1(B_1)$ $b_0(B_1)$ B_1							$a_1^*(B_1) = a_1 \cdot \bar{K}_1 \cdot \bar{K}_2$ $b_0^*(B_1) = b_0 \cdot K_1 \cdot K_2$
$b_1(B_0)$ B_0							$b_1^*(B_0) = K_1 \cdot \bar{K}_2 + \bar{K}_1 \cdot K_2$
$b_0(A_0)$ A_0							$b_0^*(A_0) = b_0 \cdot \bar{K}_1 \cdot K_2$
K_1 K_2							$K_1 \quad b_1 \quad \bar{K}_2$ $K_2 \quad b_0 \quad K_1$ $\quad\ a_0 \quad K_1$

图 11-87　程序 $A_1B_1B_0B_1B_0A_0$ 的 $X\text{-}D$ 线图

从图 11-87 中又可以看出，在 b_0^*（B_1）$= b_0 \cdot K_1 \cdot K_2$ 中省去 b_0 后仍是等效的，即 b_0^*（B_1）$= K_1 \cdot K_2$ 也成立。

2. 逻辑回路图

逻辑回路图如图 11-88 所示。

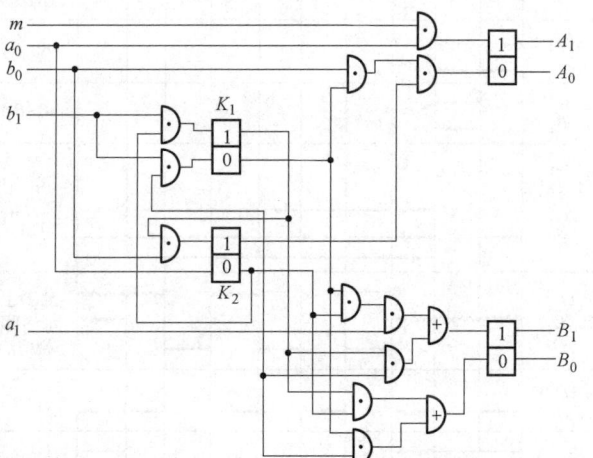

图 11-88　程序 $A_1B_1B_0B_1B_0A_0$ 的逻辑回路图

例 11-6　设计转塔车床气控回路。

在转塔车床的气控回路中，执行元件采用四只气缸。其中 A 是送料缸，B 是顶料缸，C

266 ▪ 液压与气压传动 第 4 版

是夹紧缸，A、B、C 三只气缸均为普通型，D 为刀架进给缸，故采用气液阻尼缸。该机床用于加工图 11-89 所示的纺织机上的锭盘零件。四只气缸分别完成送料、顶料、夹紧和转塔的往复运动等动作。控制回路中有手动和全气动两种控制方式。全自动动作程序为

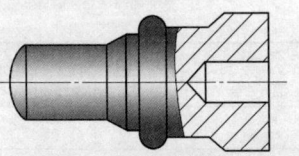

图 11-89 锭盘零件

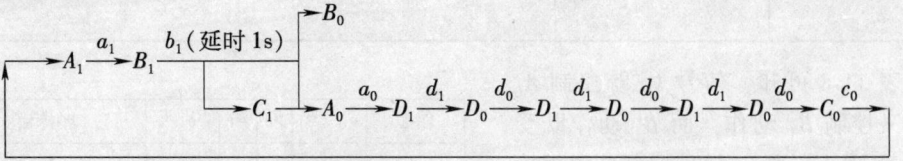

由程序可知，转塔转过三个工位加工一个零件。第一工位是钻孔、切端面，第二工位是扩孔、切端面，三个工位都采用成形刀具进行切削加工。显而易见，该程序是多缸多往复行程程序，其设计方法如下：

（1）用信号-动作状态图设计控制回路　根据作图步骤，做出的信号-动作状态图如图 11-90 所示。由图可知，信号 $c_0(A_1)$ 和 $a_1(B_1)$ 都属于滞消障碍，它们都阻碍动作 C_1、B_0 和 A_0 的进行，根据给定程序的条件，动作 A_0 和 B_0 延时 1s 后进行，也就是程序允许 C_1 先动作。但 C_1 动作一旦出现，滞消障碍 c_0 随之消失。同时，程序还允许送料缸 A_0 动作先于顶料缸 B_0 的动作。因此，滞消障碍 a_1 不必消去。$a_0（D_1）$ 属于多次障碍信号，为简化控制回路，特设可通过式行程阀把它转为脉冲信号。另外，$d_0(D_1)$ 和 $d_0'(C_0)$ 也是多次障碍信号，采用辅助发信机构予以消障。辅助发信机构如图 11-91 所示。辅助发信机构放置在转塔刀架的后部，当六角刀架转位时，一对啮合的锥齿轮带动发信鼓一起转位。六角刀架前进或后退时，发信鼓也随刀架运动。每加工一个工件，刀架转过三个工位，即转过 180°；加

程序	A_1	B_1	$\begin{array}{c}C_1\\B_0\\A_0\end{array}$	D_1	$\bar{D}_0$	D_1	D_0	D_1	$\bar{D}_0$	C_0	执行信号表达式
$\begin{array}{c}c_0(A_1)\\A_1\end{array}$											$c_0^*(A_1)=c_0$
$\begin{array}{c}a_1(B_1)\\B_1\end{array}$											$a_1^*(B_1)=a_1$
$\begin{array}{c}C_1\\b_1(B_0)\\A_0\\C_1\\B_0\\A_0\end{array}$											$\begin{array}{c}b_1^*(C_1)=b_1\\[4pt]b_1^*\!\begin{pmatrix}B_0\\A_0\end{pmatrix}=b_1\end{array}$
$\begin{array}{c}a_0(D_1)\\d_0(D_1)\\D_1\end{array}$											$\begin{array}{c}a_0^*(D_1)=(\Omega)\\d_0(D_1)用辅助\\机构消障\end{array}$
$\begin{array}{c}d_1(D_0)\\D_0\end{array}$											$d_1^*(D_0)=d_1$
$\begin{array}{c}d_0'(C_0)\\C_0\end{array}$											$\begin{array}{c}d_0'^*用辅助\\机构消障\end{array}$

C_1

图 11-90　程序 $A_1B_1B_0D_1D_0D_1D_0D_1D_0C_0$ 的 X-D 图

A_0

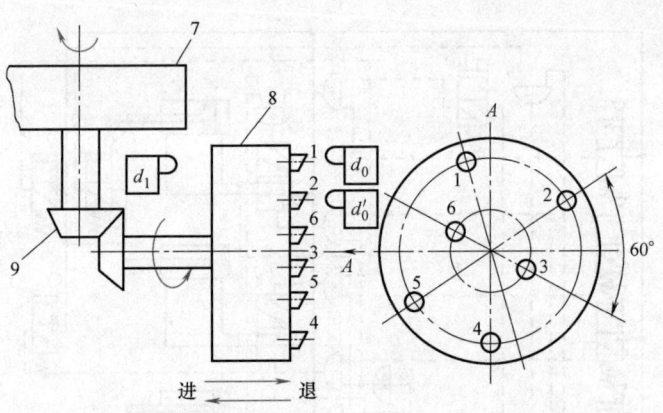

图 11-91 辅助发信机构

1、2、3、4、5、6—对应六个工位的挡铁 7—六角刀架 8—发信鼓
9—锥齿轮 d_1、d_0、d_0'—行程阀

工另一个零件时，刀架再转过三个工位，发信鼓又转过 180°；当 1、2、4、5 各工位完成，发信鼓后退并转到上方时，发信挡铁 1、2、4、5 分别与行程阀 d_0 相碰，发出信号使刀架前进，当 3、6 工位完成，发信鼓后退并转到上方时，发信挡铁 3、6 先后和 d_0' 相碰，发出信号使夹紧缸松开。即由发信鼓机械地消除了信号 d_0（和 d_0'）的障碍。

（2）转塔车床的气控回路 由信号-动作状态图的执行信号表达式栏内所得结果与采用辅助机构消障后的执行信号，可直接绘制出该机床的气控回路，如图 11-92 所示。该回路的动作原理是：A、B、C 和 D 缸原均处于后退状态。接通气源后，操作手动阀 10，使该阀处于上位，其输出经或门元件 11 作为与门元件 12 的一个输入信号。此信号与主控阀 F_C 的主控信号 c_0 相与后所得输出使阀 F_A 换向处于上位，A 缸活塞杆伸出，实现送料。当送料到位时压下行程阀 a_1，发出的 a_1 信号经或门元件 14 使阀 F_B 换向处于上位，B 缸活塞杆伸出，顶料缸顶住工件。当压下行程阀 b_1 时，发出的 b_1 信号分为两路：一路经或门元件 17 使阀 F_C 换向处于上位，C 缸活塞杆伸出，夹紧工件；另一路经延时元件 16 延时 1s 后分别经或门元件 13、15 使阀 F_A 和阀 F_B 换向处于下位，A 缸和 B 缸的活塞杆均缩回，送料缸和顶料缸同时退回至原位，此处延时的目的是在夹紧的一瞬间使工件紧靠在夹头上，确保定位正确。在 A 缸活塞杆缩回过程中，压下可通过式行程阀 a_0 时，发出一个脉冲信号 a_0。此信号经或门元件 9 和 25 使双稳元件 24 置 1 端输出。该输出又经或门元件 20 作为禁门元件 19 的一个输入信号。因此时 A 缸处于后退状态，故禁门元件 19 不存在禁止信号。此时，禁门元件 19 有输出，使换向阀 21 换向处于上位，其输出给气液阻尼缸的无杆腔加压，使气液阻尼缸的活塞杆快速伸出（六角刀架向前运动）。当压下行程阀 30 时，快速油路被切断，活塞杆伸出速度转为慢速，进行第一工位的切削加工。在六角刀架前进到位时，压下行程阀 d_1，发出的 d_1 信号经或门元件 26 使双稳元件 24 置 0 端输出。双稳元件的输出经或门元件 23 使换向阀 22 换向处于下位，气液阻尼缸的有杆腔进气，无杆腔排气，活塞杆快速退回。当压下发信鼓上的行程阀 d_0 时，使六角刀架第一次回程。发出的 d_0 信号又经或门元件 9 和 25 使双稳元件 24 第二次置 1 端输出，双稳元件的输出经或门元件 20、禁门元件 19 使阀 21 换向处于上位，气液阻尼缸活塞杆第二次伸出，此时六角刀架已由液压驱动装置转位 60°，故

268 ────■ 液压与气压传动 第4版

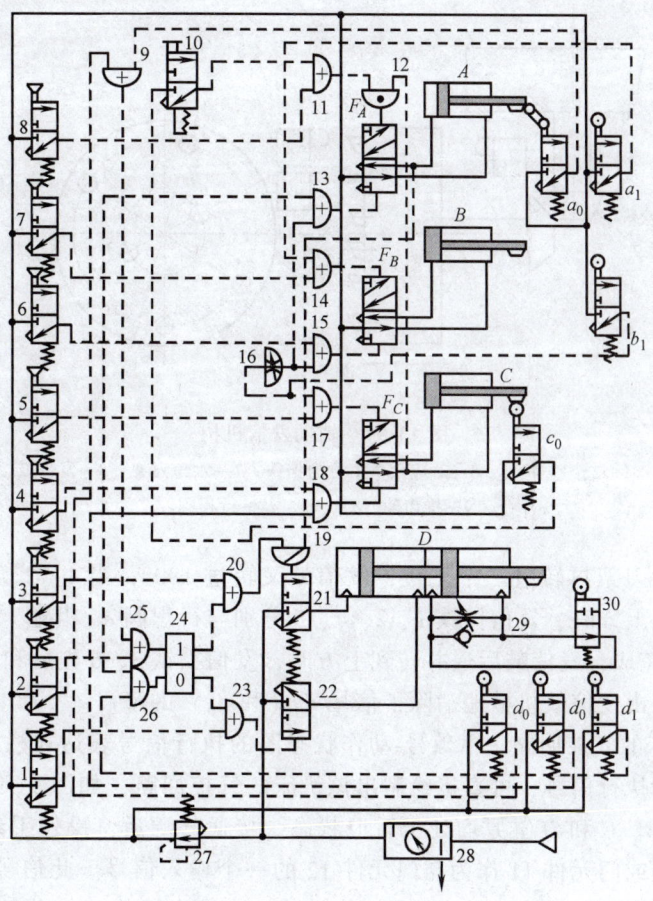

图 11-92　转塔车床气控回路图

1~8、21、22—换向阀　9、11、13、14、15、17、18、20、23、25、26—或门元件　10—手动阀　12—与门元件
16—延时元件　19—禁门元件　24—双稳元件　27—溢流阀　28—气源处理装置　29—节流阀　30—行程阀

进行第二工位的切削加工。第二工位加工完毕后，又压下行程阀 d_1，经或门元件 26 使双稳元件再次置 0 端输出。经或门 23 使阀 22 换向处于下位，气液阻尼缸 D 活塞杆第二次快速退回，此时发信鼓已转过 60°，它又发出一个 d_0 信号，使气液阻尼缸 D 完成第三工位的切削加工。当 D 缸第三次退回时，发信鼓压下 d'_0 信号，此信号经或门元件 18 使换向阀 F_C 换向处于下位，C 缸活塞杆缩回，C 缸主控信号 c_0 作为与门元件 12 的一个输入信号并与行程信号 c_0 经手动阀 10、或门元件 11 的输出信号相与后，其输出使阀 F_A 再次换向处于上位，A 缸活塞杆又一次伸出送上第二个被加工工件，进行第二个工件的切削加工。第二个工件加工完毕后，六角刀架和发信鼓都转过 360°，继续进行下一工件的加工循环。直至关闭手动阀 10 后，转塔车床才停止加工。

▌ 四、气动系统设计的内容及步骤

设计一个气动控制系统时，应首先弄清控制对象对系统的要求，如负载大小、调速要求、自动化程度和对环境的要求等；然后进一步考虑用什么控制方法来实现最为合理。此时，应与电动、液压为主的控制方式进行比较，择优选择后再进行具体设计。下面简要说明气动系统设计的主要内容及步骤。

1. 主机的工作要求

1）了解主机的结构、传动方式，动作循环过程，执行元件的负载大小、运动速度和调速范围，定位精度，连锁要求和自动化程度等。

2）了解设备的工作环境，如温度、灰尘、腐蚀、振动、防燃、防爆等要求。

3）是否需要与电气、液压等控制方法相结合。

4）其他方面，如外形、气控装置的安装位置、价格等。

2. 气动回路的设计

1）根据执行元件的数目、动作要求画出框图或动作程序。根据工作速度要求确定每个气缸或其他执行元件在 1min 内的动作次数。

2）根据执行元件的动作程序，按本节气动程序控制回路设计方法设计出气动逻辑原理图，然后进行辅助设计，此时可参考各种基本回路设计气控回路。

为了得到较合理的气控回路，设计时还应对气阀控制、逻辑元件控制、电气控制等几种方案进行比较选择（见表 11-9），然后设计控制回路图。使用电磁气阀时，还要绘制出电气控制图。

表 11-9　气动控制方案选择比较

	气阀控制	逻辑元件控制	电气控制
使用压力/MPa	0.2~0.8	0.01~0.8	直动式 0~0.8 先导式 0.2~0.8
元件响应时间	较慢	较快	较慢
管线中信号传递速度	较慢	较慢	最快
输出功率	大	较大	大
流体通道尺寸	大	较大	大
耐环境影响的能力	防爆、较耐振、耐灰尘、较耐潮湿		易爆和漏电
耐外部干扰能力	不受辐射、磁力、电场干扰		受磁场、电场、辐射干扰
配管或配线	较麻烦		容易
寿命（次）	10^6~10^8，较好		10^6~10^7，电器触点易烧坏
对过滤要求	膜片、截止式要求一般，间隙密封对气源的过滤要求较高		要求一般（同气阀要求）
维修、调整	容易		需电气知识
价格	低		电磁阀价格较高，继电器行程开关价格低
适用场合	适用于动作简单及大流量的场合	适用于动作较复杂及小流量的场合，大流量场合要把流量放大	适用于电气控制有基础的场合或远距离控制场合，易与计算机连接
其他	停气事故后可动作一段时间，滑柱式有永久记忆能力		断电时气阀应返回原位，电气辅件易得到

3. 执行元件的选择

气动执行元件的类型及安装方式等应与主机协调。一般情况下，直线往复运动选用气缸，连续回转运动选用气动马达，往复摆动选用摆动气马达等。其安装方式可按实际需要选用固定式、轴销式和回转式等。

4. 控制元件的选择

根据控制回路或执行元件的工作压力和阀的额定流量，选用通用的阀类或设计专用的气动元件。选择各控制阀或逻辑元件时，应考虑的特性有：①工作压力范围；②额定流量；③换向时间；④使用温度范围；⑤最低工作压力和最低控制压力；⑥使用寿命；⑦空气泄漏量；⑧外形尺寸及连接形式；⑨电气特性与要求（采用电磁阀时）等。

选择速度控制阀时，在考虑最大流量的同时，还应满足最小流量，以保证气缸稳定可靠地工作。

减压阀可根据压力调整范围和流量确定其型号。在稳定精度要求高的使用场合，应选用精密减压阀或气动定值器。

5. 气动辅件的选择

（1）过滤器　过滤器的通径按额定流量大小选取。各执行元件和控制元件对过滤器的一般要求如下：气缸、截止阀、逻辑元件等要求过滤精度为 $60\mu m$，气控硬配滑阀、量仪、气动轴承等要求过滤精度为 $5\sim15\mu m$ 或更高。

（2）油雾器　根据流量和油雾器颗粒大小要求，选择油雾器通径和类型。一般 $10m^3$ 空气中应加润滑油油量为 1mL 左右。

（3）消声器　可根据环保要求和气动元件管件选取，使用消声器后，可降低噪声 $10\sim15dB$。

6. 空压机的选择

由于使用压缩空气单位的负荷波动情况不同，故空压机容量的确定要充分了解不同用户的用气规律性。参考同类型工厂已有数据，必要时可进行估算，根据实际情况确定。

在连续耗气的情况下，压缩空气的供气量 q 的计算公式为

$$q = \psi K_1 K_2 \sum_{i=1}^{n} q_{imax} \tag{11-9}$$

式中　q_{imax}——系统内第 i 台设备的最大自由空气消耗量（m^3/s）；

n——系统内的气动设备数目；

ψ——利用系数；

K_1——漏损系数，$K_1 = 1.15 \sim 1.5$；

K_2——备用系数，$K_2 = 1.3 \sim 1.6$。

利用系数 ψ 表示气动系统的气动设备同时使用的程度。其数值与系统中的气动设备的多少有关，可利用图 11-93 查得。由图可见，气动设备越多，设备同时使用的机会就越少，利用系数 ψ 值越小；反之，ψ值越大。如果仅有一台设备，则 $\psi = 1$。

空压机的供气压力 p 为

$$p = p_n + \sum \Delta p \tag{11-10}$$

式中　p_n——用气设备使用的额定压力（MPa）；

$\sum \Delta p$——气动系统的总压力损失（MPa）。

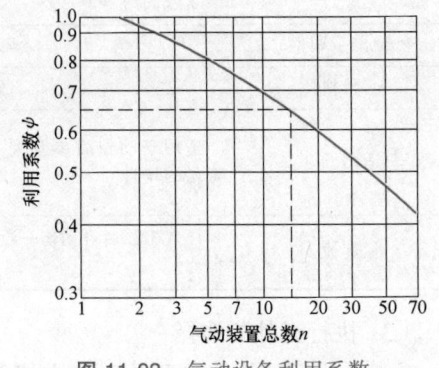

图 11-93　气动设备利用系数

根据估算数据所得到的供气量 q 和压力 p，可从产品样本中选择空压机。一般情况下，气动系统的工作压力较低，常在 0.4~0.8MPa 范围内，故一般选用低压空压机；当空压机供气量与估算结果不一致时，应选择供气量偏大的空压机。

7. 管道直径的确定

在管道设计估算中，首先根据执行元件的耗气量计算各段管道的压缩空气量，并按此流量及经验流速计算各段管径；必要时在计算出管径后，校核各区段的压降。允许压降可根据不同供气量情况在 0.01~0.08MPa 范围内选取。

8. 绘制图样

设计图样应包括气动控制回路、管道安装施工图、元件布置图等。

第十二章　液压气动系统的安装、调试、使用与维护

随着科学技术的发展，液压气动技术的应用日益广泛，液压气动设备在国民经济各个行业中所占的比重日益提高。在实际应用过程中，一个设计合理、并按照规范化操作来使用的液压气动系统，一般来说故障率极低。但是，如果安装、调试、使用和维护不当，也会出现各种故障，以致影响生产。因此，安装、调试、使用和维护的优劣，将直接影响设备的使用寿命、工作性能和产品质量，所以液压气动系统的安装、调试、使用和维护在液压气动技术中占有相当重要的地位。本章从液压气动系统的安装、调试、使用和维护的各个方面分别加以阐述，以便为读者奠定实际应用系统的基础。

第一节　液压系统的安装

液压系统的安装包括液压管路、液压元件、辅助元件的安装等，其实质就是通过流体连接件（油管与接头的总称），或者液压集成块将系统的各单元或元件连接起来组成回路。

一、流体连接件的安装

液压系统根据液压控制元件的连接形式，可分为集成式（液压站式）和分散式。无论哪种形式，要连接成系统，都需要通过流体连接件连接起来。流体连接件中，接头一般直接与集成块或液压元件相连接，工作量主要体现在管路的连接上。所以，管路的选择是否合理、安装是否正确、清洗是否干净，对液压系统的工作性能都有很大影响。

（一）管路的选择与检查

在选择管路时，应根据系统的压力、流量以及工作介质、使用环境和元件及管接头的要求来选择适当的管径、壁厚、材质。选择的管道必须具有足够的强度，内壁光滑、清洁、无砂、无锈蚀、无氧化铁皮等缺陷，并且配管时应考虑管路的整齐、美观，以及安装、使用和维护工作的方便性。管路的长度应尽可能短，这样可减少压力损失、延时、振动等现象。

检查管路时，若发现管路内、外侧已腐蚀或有明显变色，管路被割口，壁内有小孔，管路表面凹入管路直径的 10% ~ 20% 以上（不同系统要求不同），管路伤口裂痕深度为管路壁厚的 10% 以上等情况时均不能再使用。

检查长期存放的管路，若发现内部腐蚀严重，则应用酸液彻底冲洗内壁，清洗干净，再检查其耐用程度。合格后，才能进行安装。

检查经加工弯曲的管路时，应注意管路的弯曲半径不应太小。弯曲半径太小，将导致管路应力集中，降低管路的疲劳强度，同时也最容易出现锯齿形皱纹。大截面的圆度误差不应

超过 15%；弯曲处外侧壁厚的减薄量不应超过管路壁厚的 20%；弯曲处内侧部分不允许有扭伤、压坏或凹凸不平的皱纹。弯曲处内、外侧部分均不允许出现锯齿形或形状不规则的现象。扁平弯曲部分的最小外径应小于原管外径的 70%。

（二）管路连接件的安装

1. 吸油管的安装及要求

安装吸油管时应符合下列要求：

1）吸油管要尽量短，弯曲少，管径选择适当，不能过细。

2）吸油管应连接严密，不得漏气，以免使泵在工作时吸进空气，导致系统产生噪声，以致无法吸油。因此，建议在泵吸油口处采用密封胶与吸油管连接。

3）除柱塞泵以外，一般在液压泵吸油管路上安装过滤器。过滤精度通常为 100～200 目，过滤器的通流能力至少相当于泵的额定流量的两倍，同时要考虑清洗时拆装方便。一般在油箱的设计过程中，在液压泵的吸油过滤器附近开设手孔就是基于这种考虑。

2. 回油管的安装及要求

安装回油管时应符合下列要求：

1）执行机构的主回油管及溢流阀的回油管应伸到油箱液面以下，以防止油液飞溅而产生气泡，同时回油管应切出朝向油箱壁的 45°斜口。

2）具有外部泄漏的减压阀、顺序阀、电磁阀等的泄油口与回油管连通时不允许有背压，否则应将泄油口单独接回油箱，以免影响阀的正常工作。

3）安装成水平面的油管，应有 3/1000～5/1000 的坡度。管路过长时，每 500mm 应固定一个夹持油管的管夹。

3. 压油管的安装及要求

压油管的安装位置应尽量靠近设备和基础，同时又要便于支管的连接和检修。为了防止压油管振动，应将管路安装在牢固的地方，在振动的地方要加阻尼来消除振动，或将木块、硬橡胶的衬垫装在管夹上，使金属件不直接接触管路。

4. 橡胶软管的安装及要求

橡胶软管用于两个有相对运动部件之间的连接。安装橡胶软管时应符合下列要求：

1）要避免急转弯，其弯曲半径应大于 9～10 倍外径，至少应在离接头 6 倍直径处弯曲。软管弯曲时同软管接头的安装应在同一运动平面上，以防扭转。在连接处应自由悬挂，避免受其自重而产生弯曲。

2）软管不能工作在受拉状态下，应有一定余量（长度变化约为 4%）。软管过长或承受急剧振动的情况下宜用管夹夹牢。但在高压下使用的软管应尽量少用夹子，因软管受压变形后在夹子处会产生摩擦能量损失。

3）尽可能使软管安装在远离热源的地方，不得已时要装隔热板或隔热套。必须保证软管、接头与所处的环境条件相容。

二、液压元件的安装

各种液压元件的安装和具体要求，在产品说明书中都有详细的说明。在安装时，液压元件应用煤油清洗，所有液压元件都要进行压力和密封性能试验，合格后方可开始安装。安装前应对各种自动控制仪表进行校验，以避免不准确而造成事故。下面介绍液压元件在安装时应注意的事项。

（一）液压阀类元件的安装及要求

液压元件安装前，对拆封的液压元件要先查验合格证书和审阅说明书，如果是手续完备的合格产品，又不是长期露天存放、内部已经锈蚀了的产品，不需要另做任何试验，也不建议重新清洗，即可直接拆装。试车时，如果出现故障，若能判断准确，且不得已时才对元件进行重新拆装，尤其对国外产品，更不允许随意拆装，以免影响产品出厂时的精度。液压元件安装时应注意以下事项：

1）应注意各阀类元件进油口和回油口的方位。

2）安装位置无规定时，应安装在便于使用、维修的位置上。一般方向控制阀应保持轴线水平安装。安装换向阀时，四个螺钉要均匀拧紧，一般以对角线为一组逐渐拧紧。

3）用法兰安装的阀件，螺钉不能拧得过紧，因过紧会造成密封不良；如必须拧紧，而原密封件或材料不能满足密封要求时，应更换密封件的形式或材料。

4）有些阀件为了制造、安装方便，往往开有相同作用的两个孔，安装后不用的那个孔要堵死。

5）需要调整的阀类，通常沿顺时针方向旋转时，流量或压力增大；沿逆时针方向旋转时，流量或压力减小。

6）在安装时，若缺少一些阀件及连接件，允许用通过流量超过其额定流量40%的液压阀件代替。

（二）液压缸的安装及要求

液压缸的安装要可靠，配管连接不得松动，缸的安装面与活塞的滑动面应保持足够的平行度和垂直度。安装液压缸时应注意以下事项：

1）对于脚座固定式的移动缸，其轴线应与负载作用力的轴线同轴，以免引起侧向力。侧向力容易使密封件磨损及活塞损坏。对移动物体的液压缸安装时，应使缸与移动物体在导轨面上的运动方向保持平行。

2）安装液压缸体的密封压盖螺钉，其拧紧程度以保证活塞在全行程上移动灵活，无阻滞和轻重不均匀的现象为宜。螺钉拧得过紧，会增加阻力，加速磨损；螺钉拧得过松，会引起外泄漏。

3）在行程较大和工作油温较高的场合，液压缸的一端必须保持浮动，以防止热膨胀的影响。

（三）液压泵的安装及要求

液压泵布置在单独油箱上时，有两种安装方式：卧式和立式。立式安装时，管道和泵等均位于油箱内部，便于收集漏油，外形整齐；卧式安装时，管道露在外面，安装和维修比较方便。

液压泵一般不允许承受径向负载，因此常用电动机直接通过弹性联轴器进行传动。安装时要求电动机与液压泵的轴应有较高的同轴度要求，其误差应在0.1mm以下，倾斜角不得大于1°，以免增加泵轴的额外负载并引起噪声。必须用传动带或齿轮传动时，应使液压泵卸掉径向和轴向负荷。液压马达与液压泵相似，某些马达允许承受一定的径向或轴向负荷，但不应超过规定数值。

液压泵吸油口的安装高度通常距离油面不大于0.5m，某些泵允许有较高的吸油高度。

第十二章 液压气动系统的安装、调试、使用与维护 ■......... 275

而有一些泵规定吸油口必须低于油面，个别无自吸能力的泵需另设辅助泵供油。

安装液压泵还应注意以下事项：

1）液压泵的进口、出口和旋转方向应符合泵上标明的要求，不得反接。

2）安装联轴器时，不要用力敲打泵轴，以免损伤泵的转子。

（四）辅助元件的安装及要求

除去流体连接件外，液压系统的辅助元件还包括过滤器、蓄能器、冷却器、加热器、密封装置以及压力表、压力表开关等。

辅助元件在液压系统中起辅助作用，但在安装时丝毫不容疏忽大意，否则也会严重影响液压系统的正常工作。

辅助元件安装（管道的安装前面已介绍）时应注意下述几点：

1）应严格按照设计要求的位置进行安装，并注意整齐、美观。

2）安装前应用煤油进行清洗、检查。

3）在符合设计要求的情况下，尽可能考虑使用、维修方便。

第二节 液压系统的调试

液压设备调试的主要内容就是液压系统的运转调试，即不仅要检查系统是否完成设计要求的工作循环，还应该把组成工作循环的各动作力（力矩、速度、加速度、行程的起点和终点）、各动作的时间和整个工作循环的总时间等调整到设计时所规定的数值。通过调试应测定系统的功率损失和油温升高是否有碍于设备的正常运转，否则须采取措施加以解决。

液压系统调试的步骤和方法可按下述进行。

一、液压系统调试前的准备

液压系统调试前应做好以下准备工作：

1. 熟悉情况，确定调试项目

调试前，应根据设备使用说明书及有关技术资料，全面了解被调试设备的结构、性能、工作顺序、使用要求和操作方法，以及机械、电气、气动等方面与液压系统的联系，认真研究液压系统各元件的作用，读懂液压原理图，明确液压元件在设备上的实际安装位置及其结构、性能和调整部位，仔细分析液压系统各工作循环的压力变化、速度变化以及系统的功率利用情况，熟悉液压系统用油的牌号和要求。

在掌握上述情况的基础上，确定调试的内容、方法及步骤，准备好调试工具、测量仪表和补接测试管路，制订安全技术措施，以避免人身安全和设备事故的发生。

2. 外观检查

新设备和经过修理的设备均需进行外观检查，其目的是检查影响液压系统正常工作的相关因素。有效的外观检查可以避免许多故障的发生，因此在试车前必须先进行初步的外观检查。这一步骤的主要内容有以下几点：

1）检查各液压元件的安装及其管道连接是否正确、可靠。例如各液压元件的进油口、出油口及回油口是否正确，液压泵的入口、出口和旋转方向与泵上标明的方向是否相符等。

2）防止切屑、冷却液、磨粒、灰尘及其他杂质落入油箱，检查各液压部件的防护装置是否具备且完好可靠。

3）检查油箱中的油液牌号和过滤精度是否符合要求，液面高度是否合适。

4）系统中各液压部件、管道和管接头位置是否便于安装、调节、检查和修理。检查压力表等仪表是否安装在便于观察的地方。

5）检查液压泵电动机的转动是否轻松、均匀。

外观检查发现的问题，应纠正后才能进行调整、试车。

二、液压系统的调试

液压系统的调整和试车一般不会截然分开，往往是交替进行的。调试的主要内容有单项调整、空负载试车和负载试车等。在安装现场对某些液压设备仅能进行空负载试车。

1. 空负载试车

空负载试车是指在不带负载运转的条件下，全面检查液压系统的各液压元件、各辅助装置和系统内各回路的工作是否正常，工作循环或各种动作的自动换接是否符合要求。

空负载试车及调整的方法与步骤如下：

1）间歇起动液压泵，使整个系统滑动部分得到充分润滑，使液压泵在卸荷状况下运转（如将溢流阀旋松或使 M 型换向阀处于中位等），检查液压泵卸荷压力大小是否在允许数值内；观察其运转是否正常，有无刺耳的噪声；检查油箱中的液面是否有过多的泡沫，液位高度是否在规定范围内。

2）使系统在无负载状况下运转，首先令液压缸活塞顶在缸盖上或使运动部件顶死在挡铁上（若为液压马达则固定输出轴），或用其他方法使运动部件停止，将溢流阀逐渐调节到规定压力值，检查溢流阀在调节过程中有无异常现象。其次让液压缸以最大行程多次往复运动或使液压马达转动，打开系统的排气阀排出积存的空气；检查安全防护装置（如安全阀、压力继电器等）工作的正确性和可靠性，从压力表上观察各油路的压力，并将安全防护装置的压力值调整在规定范围内；检查各液压元件及管道的外泄漏、内泄漏是否在允许范围内；空载运转一定时间后，检查油箱液面下降是否在规定高度范围内。由于油液进入管道和液压缸中，使油箱油面下降，甚至会使吸油管上的过滤网露出液面，或使液压系统和机械传动润滑不充分而发出噪声，所以必须及时给油箱补充油液。对于液压机构和管道容量较大而油箱偏小的机械设备，这个问题要特别引起重视。

3）与电器配合，调整自动工作循环或动作顺序，检查各动作的协调和顺序是否正确；检查起动、换向和速度换接时运动的平稳性，不应有爬行、跳动和冲击现象。

4）液压系统连续运转一段时间（一般是 30min）后，检查油液的温升应在规定值内（一般工作油温为 35~60℃）。

空负载试车结束后，方可进行负载试车。

2. 负载试车

负载试车是指使液压系统按设计要求在预定的负载下工作。通过负载试车检查系统能否实现预定的工作要求，如工作部件的力、力矩或运动特性等；检查噪声和振动是否在允许范围内；检查工作部件运动换向和速度换接时的平稳性，不应有爬行、跳动和冲击现象；检查功率损耗情况及连续工作一段时间后的温升情况。

负载试车一般是先在低于最大负载的情况下试车，若一切正常，则可进行最大负载试车，这样可避免出现设备损坏等事故。

3. 液压系统的调整

液压系统的调整要在系统安装、试车过程中进行，在使用过程中也应随时进行一些项目的调整。下面介绍液压系统调整的一些基本项目及方法：

1）液压泵工作压力。调节液压泵的安全阀或溢流阀，使液压泵的工作压力比液压设备最大负载时的工作压力大 10%~20%。

2）快速行程的压力。调节液压泵的卸荷阀，使其比快速行程所需的实际压力大 15%~20%。

3）压力继电器的工作压力。调节压力继电器的弹簧，使其低于液压泵工作压力（0.3~0.5MPa，在工作部件停止或顶在挡铁上进行）。

4）换接顺序。调节行程开关、先导阀、挡铁、碰块及自测仪，使换接顺序及其精确程度满足工作部件的要求。

5）工作部件的速度及其平衡性。调节节流阀（或调速阀）、溢流阀、变量液压泵或变量液压马达、润滑系统及密封装置，使工作部件运动平稳，没有冲击、振动和外泄漏。在有负载的情况下，速度降落不应超过 10%~20%。

三、液压系统的试压

液压系统试压的目的主要是检查系统、回路的漏油和耐压强度。系统的试压一般都采取分级试验，每升一级检查一次，逐步升到规定的试验压力，这样可避免发生事故。试验压力的选择为：中低压应为系统常用工作压力的 1.5~2 倍，高压系统为系统最大工作压力的 1.2~1.5 倍；在冲击大或压力变化剧烈的回路中，其试验压力应大于尖峰压力；对于橡胶软管，在 1.5~2 倍的常用工作压力下应无异常变形，在 2~3 倍的常用工作压力下不应破坏。

系统试压时应注意以下事项：

1）试压时，系统的安全阀应调到所选定的试验压力值。

2）在向系统供油时，应将系统放气阀打开，待其中空气排净后，方可关闭；同时，将节流阀打开。

3）系统中出现不正常响声时，应立即停止试验，待查出原因并排除后再进行试验。

4）试验时，必须注意加强安全措施。

要十分注意液压油在运转调试中的温度问题。一般液压系统最合适的温度为 40~50℃，在此温度下工作时液压元件的效率最高，油液的抗氧化性处于最佳状态。如果工作温度超过 80℃以上，油液将早期劣化（每增加 10℃，油的劣化速度增加 2 倍），还将引起黏度降低，润滑性能变差，油膜容易破坏，液压件容易烧伤等。因此，液压油的工作温度不宜超过 70~80℃，当超过这一温度时，应停机冷却或采取强制冷却措施。

在环境温度较低的情况下运转调试时，由于油液黏度增大，压力损失和泵的噪声增大，效率降低，同时也容易损伤元件。当环境温度在 10℃ 以下时，属于危险温度，为此要采取预热措施，并降低溢流阀的设定压力，使液压泵负荷降低。当油温回升到 10℃ 以上时再进行正常运转。

第三节　液压系统的使用、维护和保养

随着液压传动技术的发展，采用液压传动的设备越来越多，其应用范围也越来越广。在这些液压设备中，有很多种常年露天作业，经受风吹、日晒、雨淋，受自然条件的影响较大。为了充分保障和发挥这些设备的工作效能，减少故障发生次数，延长使用寿命，必须加强日常的维护保养。大量的使用经验表明，预防故障发生的最好方法是加强设备的定期检查和维护。

一、液压系统的日常检查

液压传动系统在发生故障前，往往会出现一些小的异常现象，在使用中通过充分的日常维护、保养和检查，就能够根据这些异常现象及早地发现和排除一些可能产生的故障，以保证系统的正常运行。

日常检查的主要内容是检查液压泵起动前、后的状态以及停止运转前的状态。日常检查通常采取目视、听觉以及用手触摸等比较简单的方法。

1. 工作前的外观检查

大量的泄漏是很容易被发现的，但在油管接头处少量的泄漏不易被发觉，然而正是这种少量的泄漏现象往往就是系统发生故障的先兆，所以对于密封必须经常检查和清理。液压机械上软管接头的松动往往就是机械发生故障的先觉症状。如果发现软管和管道接头因松动而产生少量泄漏时，应立即将接头旋紧，例如液压缸活塞杆与机械部件连接处的螺纹松紧情况。

2. 液压泵起动前的检查

在液压泵起动前要注意油箱是否按规定加油，加油量以液位计的上限为标准。用温度计测量油温，若油温低于10℃，则应使系统在无负载状态下（使溢流阀处于卸荷状态）运转20min以上。

3. 液压泵起动和起动后的检查

液压泵在起动时用开开停停的方法进行起动，重复几次使油温上升，当各执行装置运转灵活后再进入正常运转。在起动过程中，若液压泵无输出，则应立即停止运动，查明原因。当液压泵起动后，还需做如下检查：

（1）气蚀检查　液压系统工作时，必须观察液压缸的活塞杆在运动时有无跳动现象，在液压缸全部外伸时有无泄漏，在重载时液压泵和溢流阀有无异常噪声。若噪声很大，则为检查气蚀最理想的时刻。

液压系统产生气蚀的主要原因是液压泵的吸油部分有空气吸入。为了杜绝气蚀现象的产生，必须把液压泵吸油管处所有的接头都旋紧，以确保吸油管路的密封。如果在这些接头都旋紧的情况下仍不能清除噪声，就需要立即停机做进一步检查。

（2）过热检查　液压泵发生故障的另一个症状是过热。气蚀会产生过热，因为液压泵温度升高到某一值时，会压缩油液空穴中的气体而产生过热。如果发现因气蚀造成过热，应立即停车进行检查。

（3）气泡检查　如果液压泵的吸油侧漏入空气，这些空气就会进入系统并在油箱内形

第十二章 液压气动系统的安装、调试、使用与维护 ▪ **279**

成气泡。液压系统内存在气泡将产生三个问题：一是造成执行元件运动不平稳，影响液压油的体积弹性模量；二是加速液压油的氧化；三是产生气蚀现象。所以，要特别注意防止空气进入液压系统。有时空气也可能从油箱渗入液压系统，所以要经常检查油箱中液压油的油面高度是否符合规定要求，吸油管的管口是否浸没在油面以下，并保持足够的浸没深度。实践经验证明：回油管的油口一定要低于油箱中最低油面高度以下 10cm 左右。

在系统稳定工作时，除随时注意油量、油温、压力等问题外，还要检查执行元件、控制元件的工况，注意整个系统的漏油和振动。系统经过一段时间的使用后，如出现异常现象，当用外部调整的方法不能排除时，可进行分解修理或更换配件。

二、液压油的使用和维护

液压传动系统是以油液作为传递能量的工作介质。在正确选用油液后，还必须使油液保持清洁，防止油液中混入杂质和污物。经验证明：70%以上的液压系统故障是由液压油污染所造成的，因此对液压油的污染控制十分重要。在液压油的污染物中，金属颗粒约占 75%，尘埃约占 15%，其他杂质如氧化物、纤维、树脂等约占 10%。这些污染物中危害最大的是固体颗粒，它使元件有相对运动的表面加速磨损，堵塞元件中的小孔和缝隙；有时甚至使阀芯卡住，造成元件的动作失灵；它还会堵塞液压泵吸油口的过滤器，造成吸油阻力过大，使液压泵不能正常工作，产生振动和噪声。总之，油液中的污染物越多，系统中元件的工作性能下降得越快。因此，经常保持油液的清洁是维护液压传动系统的一个重要方面。这些工作做起来并不难，但却可以收到很好的效果。以下方法可供参考：

1）液压油的油库要设在干净的地方，所用的器具如油桶、漏斗、抹布等应保持干净。最好用绸布或涤纶面料擦洗，以免纤维沾在元件上堵塞孔道，造成故障。

2）液压油必须经过严格过滤，以防止固体杂质损害系统。系统中应根据需要配置粗、精过滤器。过滤器应当经常检查、清洗，发现损坏应及时更换。

3）油箱应加盖密封，防止灰尘进入，在油箱上面应设有空气过滤器。

4）系统中的油液应经常检查，并根据工况定期更换。一般在累计工作 1000h 后，应当换油。如继续使用，油液将失去润滑性能，并可能具有酸性。在间断使用时，可根据具体情况每隔半年或一年换一次油。换油时，应将底部积存的污物去掉，将油箱清洗干净。向油箱注油时应通过 120 目以上的过滤器。

5）如果采用钢管输油，应将钢管放在油中浸泡 24h，生成不活泼的薄膜后再使用。

6）装拆元件一定要清洗干净，防止污物进入。

7）发现油液污染严重时，应查明原因并及时消除。

三、防止空气进入液压系统

液压系统中所用的油液可压缩性很小，在一般情况下它的影响可以忽略不计；但低压空气的可压缩性很大，约为油液的 10000 倍，所以即使液压系统中含有少量的空气，其影响也是很大的。溶解在油液中的空气，在压力低时就会从油中逸出，产生气泡，形成空穴现象；到了高压区，在液压油的作用下，这些气泡又很快被击碎，受到急剧压缩，使液压系统产生噪声；同时，当气体突然受压时会放出大量的热量，引起局部过热，使液压元件和液压油受到损坏。空气的可压缩性大，还会使执行元件产生爬行，破坏工作平稳性，有时甚至引起振

280 ·| 液压与气压传动　第4版

动，这些都影响系统的正常工作。油液中混入大量气泡，还容易使油液变质，减少油液的使用寿命，因此必须注意防止空气进入液压系统。

根据空气进入液压系统的不同原因，在使用维护中应当注意下列几点：

1）经常检查油箱中的液面高度，其高度应保持在液位计的最低液位和最高液位之间。在最低液位时吸油管口和回油管口也应保持在液面以下，同时需用隔板隔开。

2）应尽量防止液压系统内各处压力低于大气压力，同时应使用良好的密封装置，及时更换失效装置，管接头及各接合面处的螺钉都应拧紧，及时清洗入口过滤器。

3）在液压缸上部设置排气阀，以便排出液压缸及液压系统中的空气。

▎四、防止油温过高

液压机械油液的工作温度一般在 30~65℃ 范围内，如果油温超过这个范围将给液压系统带来许多不良的影响。油温升高后的主要影响有以下几点：

1）油温升高会使油液黏度降低，因而元件及系统内油的泄漏量将增多，这样就会使液压泵的容积效率降低。

2）油温升高使油液的黏度降低，这样将使油液经过节流小孔或隙缝式阀口的流量增大，这就使原来调节好的工作速度发生变化。特别是对于液压随动系统，将影响系统工作的稳定性，降低工作精度。

3）油温升高黏度降低后，相对运动表面的润滑油膜将变薄，这样就会加剧机械磨损，在油液不太干净时容易发生故障。

4）油温升高将使油液的氧化加快，导致油液变质，降低油液的使用寿命。沉淀物还会堵塞小孔和缝隙，影响系统正常工作。

5）油温升高将使机械产生热变形，液压阀类元件受热后膨胀，可能使配合间隙减小，因而影响阀芯的移动，加剧磨损，甚至被卡住。

6）油温过高会使密封装置迅速老化、变质，丧失密封性能。

引起油温过高的原因很多。有些是由于液压系统设计不当造成的，例如油箱容积太小，散热面积不够；液压系统中没有卸荷回路，在停止工作时液压泵仍在高压溢流；油管太细太长，弯曲过多，或者液压元件选择不当，使压力损失太大等。有些是属于制造上的问题，例如元件加工、装配精度不高，相对运动件间摩擦发热过多，或者泄漏严重、容积损失太大等。从使用维护的角度来看，防止油温过高应注意以下几个问题：

1）注意保持油箱中的正确液位，使液压系统中的油液有足够的循环冷却条件。

2）正确选择液压系统所用油液黏度。黏度过高，会增加油液流动时的能量损失；黏度过低，泄漏就会增加；两者都会使油温升高。油液变质也会使液压泵容积效率降低，并破坏相对运动表面间的油膜，使阻力增大，摩擦损失增加，这些都会引起油液的发热。所以也需要经常保持油液干净，并及时更换油液。

3）在液压系统不工作时，液压泵必须卸荷。

4）经常注意保持冷却器内水量充足，管路通畅。

▎五、检修液压系统的注意事项

液压系统在使用一段时间后，会由于各种原因产生异常现象或发生故障。当用调整的方

第十二章　液压气动系统的安装、调试、使用与维护　281

法不能排除时，可进行分解修理或更换元件。除了清洗后再装配和更换密封件或弹簧这类简单修理之外，重大的分解修理要十分小心，最好到制造厂或有关大修厂检修。

在检修时，一定要做好记录。这种记录对以后发生故障时查找原因有实用价值，同时也可作为判断该设备常用备件的有关依据。在修理时，要备齐如下常用备件：液压缸的密封件、泵轴密封件、各种O形密封圈、电磁阀和溢流阀的弹簧、压力表、管路过滤元件、管路用的各种管接头、软管、电磁铁以及蓄能器用的隔膜等。此外，还必须备好检修时所需的有关资料，如液压设备使用说明书、液压系统原理图、各种液压元件的产品目录、密封填料的产品目录以及液压油性能表等。

第四节　气动系统的安装调试与使用维护

一、气压系统的安装

1. 管道的安装

1）安装前要检查管道内壁是否光滑，并进行除锈和清洗。

2）管道支架要牢固，工作时不得产生振动。

3）装紧各处接头，管道不允许漏气。

4）管道焊接应符合规定的标准条件。

5）安装软管时，其长度应有一定余量；在弯曲时，不能从端部接头处开始弯曲；在安装直线段时，不要使端部接头和软管间受拉伸；软管安装应尽可能远离热源或安装隔热板；管路系统中任何一段管道均应能拆装；管道安装的倾斜度、弯曲半径、间距和坡向均要符合有关规定。

2. 元件的安装

1）安装前应对元件进行清洗，必要时要进行密封试验。

2）各类阀体上的箭头方向或标记要符合气流流动方向。

3）逻辑元件应按控制回路的需要，将其成组地装于底板上，并在底板上引出气路，用软管接出。

4）密封圈不要装得太紧，特别是V形密封圈，由于阻力特别大，所以松紧要合适。

5）移动缸的中心线与负载作用力的中心线要同线，否则会引起侧向力，使密封件加速磨损，活塞杆弯曲。

6）各种自动控制仪表、自动控制器、压力继电器等，在安装前应进行校验。

二、系统的吹污和试压

管路系统安装后，要用压力为0.6MPa的干燥空气吹除系统中的一切污物。可用白布来检查，以5min内无污物为合格。吹污后还要将阀芯、滤芯及活塞等零件拆下清洗。系统的密封性是否符合标准，可用气密试验进行检查。一般是使系统处于1.2~1.5倍的额定压力下保压一段时间（如2h），除去环境温度变化引起的误差外，其压力变化量不得超过技术文件的规定值。试验时要把安全阀调整到试验压力。试压过程中最好采用分级试验法，并随时注意安全。如果发现系统出现异常，应立即停止试验，待查出原因清除故障后再进行试验。

三、系统的调试

1. 调试前的准备工作

1）要熟悉说明书等有关技术资料，力求全面了解系统的原理、结构、性能及操纵方法。

2）了解需要调整的元件在设备上的实际位置、操纵方法及调节旋钮的旋向等。

3）按说明书的要求准备好调试工具、仪表、连接测试管路等。

2. 空载试运转

空载试运转时间不得少于 2h。在此过程中应注意观察压力、流量、温度的变化，如果发现异常现象，应立即停车检查，待排除故障后才能继续运转。

3. 负载试运转

负载试运转应分段加载，运转时间不得少于 2h。在此过程中应注意摩擦部位的温升变化，分别测出有关数据，记入试车记录。

四、气压系统的使用与维护

（一）使用注意事项

1）开车前后要放掉系统中的冷凝水，并在开车前检查各调节旋钮是否在正确位置，行程阀、行程开关、挡块的位置是否正确、牢固。对导轨、活塞杆等外露部分的配合表面应进行擦拭。

2）随时注意压缩空气的清洁度，对分水滤气器的滤芯要定期清洗并定期给油雾器加油。

3）设备长期不使用时，应将各旋钮放松，以免弹簧失效而影响元件性能。

4）熟悉元件控制机构操作特点，严防调节错误造成事故。要注意各元件调节旋钮的旋向与压力、流量大小变化的关系。

（二）压缩空气的污染及预防

压缩空气的质量对气动系统的性能影响极大，如被污染，将使管道和元件锈蚀、密封件变形、喷嘴堵塞，使系统不能正常工作。压缩空气的污染主要来自水分、油分和粉尘三方面。

1. 水分

空气压缩机吸入的是含水的湿空气，经压缩后压力升高，当再度冷却时就要析出冷凝水，侵入到压缩空气中，致使管道和元件锈蚀，影响其性能。

防止冷凝水侵入压缩空气的方法是：

1）及时排除系统各排水阀中积存的冷凝水。

2）经常注意自动排水器、干燥器的工作是否正常。

3）定期清洗分水滤气器、自动排水器的内部元件等。

2. 油分

这里是指使用过的因受热而变质的润滑油。压缩机使用的一部分润滑油呈雾状混入压缩空气中，受热后汽化随压缩空气一起进入系统，使密封件变形，造成空气泄漏，摩擦阻力增大，阀和执行元件动作不良，而且还会污染环境。

第十二章　液压气动系统的安装、调试、使用与维护　　283

清除压缩空气中油分的方法有：对于较大的油分颗粒，可通过油水分离器和分水滤气器的分离作用同空气分开，从设备底部排污阀排除；对于较小的油分颗粒，则可通过活性炭的吸附作用清除。

3. 粉尘

大气中的粉尘、管道内的锈粉及密封材料的碎屑等侵入压缩空气中，将引起运动件卡死、动作失灵、喷嘴堵塞，加速元件磨损，减少使用寿命，导致故障发生，严重影响系统的性能。

防止粉尘侵入压缩空气的主要方法是：

1）经常清洗空气压缩机前的预过滤器。

2）定期清洗分水滤气器的滤芯。

3）及时更换滤清元件等。

（三）气压系统的日常维护

气压系统的日常维护主要是对冷凝水和系统润滑的管理。

1. 对冷凝水的管理

冷凝水的排放涉及整个气动系统，从空气压缩机、后冷却器、气罐、管道系统直到各处空气过滤器、干燥器和自动排水器等。在作业结束时，应当将各处冷凝水排放掉，以防夜间温度低于 0℃，导致冷凝水结冰。由于夜间管道内温度下降，会进一步析出冷凝水，故气动装置在每天运转前，也应将冷凝水排出。要注意查看自动排水器是否工作正常，水杯内不应存有过量的水。

2. 系统润滑的管理

气压系统中从控制元件到执行元件，凡有相对运动的表面都需要润滑。如果润滑不当，会使摩擦阻力增大，导致元件动作不良，或因密封面磨损而引起系统的泄漏等。

润滑油的性质将直接影响润滑效果。通常，高温环境下使用高黏度润滑油，低温环境下使用低黏度润滑油。如果温度特别低，为克服起雾困难，可在油杯内装加热器。供油量是随润滑部位的形状、运动状态及负载大小而变化的。供油量总大于实际需要量。要注意油雾器的工作是否正常，如果发现油量没有减少，需要及时调整滴油量。如调整无效，需检修或更换油雾器。

（四）气压系统的定期检修

气压系统定期检修的时间间隔通常为三个月，其主要内容有：

1）查明系统各泄漏部位，并设法予以解决。

2）通过对方向控制阀排气口的检查，判断润滑油油量是否适度，空气中是否有冷凝水。如果润滑不良，则要考虑油雾器的规格是否合适，安装位置是否恰当，滴油量是否正常等。如果有大量冷凝水排出，则要考虑过滤器的安装位置是否恰当，排除冷凝水的装置是否合适，冷凝水的排除是否彻底。如果方向控制阀排气口关闭，仍有少量泄漏，往往是元件锁上的初期阶段，检查后可更换磨损件，以防止发生动作不良。

3）检查安全阀、紧急安全开关动作是否可靠。定期检修时，必须确认它们的动作可靠性，以确保设备和人身安全。

4）观察换向阀的动作是否可靠。根据换向时的声音是否正常，判定铁心和衔铁配合处是否有杂质。检查阀芯是否有磨损，密封件是否老化。

5）反复开关换向阀，观察气缸动作，判断活塞上的密封是否良好。检查活塞杆外露部分，判定前盖的配合处是否有泄漏。

上述各项检查和修复结果应记录下来，以作为设备出现故障查找原因和设备大修时使用。

气压系统的大修间隔期为一年或几年。其主要内容是检查系统各元件和部件，判定其性能和寿命，并对平时产生故障的部位进行检修或更换元件，排除修理间隔期内一切可能产生故障的因素。

第十三章　液压系统的故障诊断

第一节　液压系统的故障原因分析

　　液压系统在工作中发生故障的原因很多，主要在于设计、制造、使用及液压油污染等方面存在故障根源，其次是在正常使用条件下的自然磨损、老化、变质而引起的故障。本节主要分析由于设计、制造、使用不当和液压油污染引起的故障。

一、设计的原因

　　液压系统发生故障时，一般应先分析液压系统在设计方面的合理性是否存在问题。设计的合理性是关系到液压系统使用性能的根本问题，这在引进设备的液压系统故障分析过程中表现得相当突出，其原因与生产组织方式有关。国外制造商大多采用协作的方式，而国内很少有液压设计人员与主机厂多次交流的制度，这就难免出现所设计的液压系统不完全符合设备的使用场合及要求的情况。编者在解决从德国引进的水泥生产线的核心设备——立磨液压机的故障过程中充分体现了这一点。立磨液压机的液压系统在工作过程中由于轧辊位移量很小，主要工作在保压状态，所以系统在保压过程中必须使液压泵处于卸荷状态，才能减少系统的发热量，保证液压油的黏度不至于变化太大，从而保证水泥的生产能力。引进设备的液压系统采用了常用的溢流阀带载方式，显然不能卸荷，属于设计不合理造成的故障。设计液压系统时，不仅要考虑液压回路能否完成主机的动作要求，还要注意液压元件布局，特别应注意叠加阀设计使用过程中的元件排放位置。例如在由三位换向阀、液控单向阀、单向节流阀组成的回路中，液控单向阀必须与换向阀直接相连，同时换向阀必须采用"Y"型中位机能。而在采用"M"型中位机能的电液换向阀的回路中，或者选用外控方式，或者采用带预压单向阀的内控方式，其目的均为确保液控阀的正常换向。其次要注意油箱设计的合理性、管路布局的合理性等因素。对于使用环境较为恶劣的场合，要注意液压元件外露部分的保护。例如在冶金行业使用的液压缸的活塞杆常裸露在外，被大气中污染物所包围。活塞杆在伸缩往复运动中，不仅受到磨粒磨损和大气中腐蚀性气体的锈蚀，还有可能从活塞杆与导套的配合间隙中进入污物，被污染的油液进一步加速了液压缸组件的磨损。在结构设计中，在活塞杆上加装防护套，使其外露部分被保护起来，则可减少或避免上述危害。有的设计人员为了省事，在油箱图样的技术要求中提出"油箱内外表面喷绿色垂纹漆"，这样制造商自然就不会对油箱内表面进行酸磷化处理。在使用一段时间后，随着油箱内表面油漆的脱落，就会堵塞液压泵的吸油过滤器，造成液压泵吸空或压力无法升高的故障。在液压系统的管路设计中，管径的选择也会直接影响系统的压力损失、温升等指标，因此必须引起足够重视。

二、制造的原因

一般情况下，经过正规生产企业装配、调试出厂后的液压设备，其综合技术性能是合格的。但在设备维修、需要更换一些新的液压元件时，由于用户采用了劣质液压元件，反而在新元件取代旧元件之后使液压系统出现了故障。因此，对元件的制造问题也应认真对待。例如，某造纸机械液压系统中更换了双筒精过滤器的滤芯，安装后仅六天便出现了由于小孔堵塞而造成的故障。经过对更换的新购纸芯过滤器的滤芯进行认真检查，发现滤芯在加工制造中受到严重的机械损伤，呈一定规律分布的微孔和裂纹，失去了过滤作用，滤纸的质量低，纸内粘有污物。安装这样的滤芯无法起到过滤作用，其本身反而构成了一个污染源，给系统造成了不应有的故障。一些液压站制造商在液压系统总装时不对系统进行冲洗，以装配时的元件清洗取代系统装配时系统的冲洗，使系统内留下了在装配过程中带进系统中的污染物，这也是造成系统故障的一个不可轻视的原因。有的制造商在制造过程中在进行焊接的同时完成装配，这样便将焊接过程中的焊渣等污染物留在了液压系统内部。液压系统的清洗必须借助于液流在一定压力和速度的情况下，对整个系统的各个回路分别进行冲洗。装配前零件的清洗不能代替装配后的系统冲洗。现在一些正规的液压站专业制造商已把装配后系统冲洗严格用于装配生产中，并把这一技术看成是产品质量保证体系中的一个重要环节，也是一个行之有效的措施。另外，液压集成块中毛刺清理的程度也是制造、清洗过程中一个不可忽视的重要环节。制造过程必须严格按照工艺来进行，同时经过严格的清洗，达到液压油规定的清洁度标准才能使用。

三、使用的原因

液压系统使用维护不当，不但会使液压设备的故障频率增加，而且会降低设备的使用寿命和使用性能，这在一些新的液压系统用户中体现得较为突出。例如某玻璃门窗生产企业新购进一台玻璃涂胶液压设备，该企业的操作人员在液压站不加液压油的情况下便开始了设备调试，结果不到10min液压泵即抱死，电动机烧坏，并且险些造成人员伤亡事故。还有一个液压设备用户，由于液压油未达到液位计的最低液位，而企业供应部门又未能及时购买液压油，为了不影响生产，设备操作者"灵机一动"，在油箱中放置了两块砖头，使得液位达到了标准值，设备也运行起来，结果使用了两个月左右，由于砖在液压油中的粉化作用，使得砖粉进入了整个液压系统，造成了整机瘫痪的严重后果。另外，液压设备在使用过程中的超载、超速、维护保养不及时、使用调整不当等，都可能引起液压系统的故障。所以，液压系统在使用过程中，必须严格执行维修保养规范、定期更换液压油、定期清理油箱、定期更换过滤器滤芯，以保证液压系统的正常工作。

四、液压油污染的原因

据统计，70%以上的液压系统故障是由液压油的污染引起的。在液压系统中，极易造成油液污染的地方是油箱。不少油箱在结构设计和制造上存在缺陷。最常见的是"封闭性"油箱设计得不合理。例如在连接处接管不加密封，导致污物渗入油箱。污染的油液进入液压系统中，加速液压元件的磨损、锈蚀、堵塞，最后导致故障的形成。近几年，许多制造商在油箱结构设计方面对如何减少或杜绝污染物进入油箱的问题都做了不少有益的探索和实践。例如，现在采用的全封闭式油箱结构，只留一个与大气相通的通气孔，其他所有连接处和接管处均设有严格的密封装置。加油口盖设置过滤装置构成通气孔，该孔使油箱内液面与大气相通而保证系统正常工作，同时还可以防止外界污染物进入油箱。由于油箱全封闭，所以液压泵的吸油口处取消了过滤器，系统所有回油经过总回油管路上的过滤器再回到油箱，从而确保了整个液压系统油液的清洁。这种结构不仅避免了外界污染物对油箱内油液的污染，而且由于吸油口去掉了过滤装置，使吸油阻力大大减少，从而可避免空穴现象的发生。例如某制鞋企业的液压设备在发生"液压系统的压力时有时无"的故障时，油箱内的油液已经分层，在距液面200mm以下有明显的胶状物存在，油箱底部存在不少颗粒状沉淀物，液压泵的过滤器几乎全部被堵塞。很显然，系统的故障是由于液压油污染所引起的，通过更换过滤器和液压油，清洗油箱，使问题得到圆满的解决。

由液压油污染引起的故障，其显著特点是故障点的不稳定性和随机性。例如真空铸造生产线液压系统（简称"V"法线），由于环境恶劣，有大量粉尘，经常出现的故障是换向阀被卡住、液压泵磨损严重、溢流阀阻尼孔阻塞造成没有压力或者压力不稳定、过滤器阻塞。所以，在使用液压油时要保持足够的清洁度才能确保液压系统的故障率降到最低限度。

第二节　液压系统的故障特征与诊断步骤

一、液压系统的故障特征

1. 液压设备不同运行阶段的故障

（1）试制液压设备调试阶段的故障　液压设备调试阶段的故障率较高。其特征是设计、制造、安装等质量问题交叉在一起。除了机械、电气的问题以外，液压系统常发生的故障有：

1）外泄漏严重，主要发生在接头和有关元件的端盖连接处。

2）执行元件运动速度不稳定。

3）液压阀的阀芯卡死或运动不灵活，导致执行元件动作失灵。

4）压力控制元件的阻尼小孔堵塞，造成压力不稳定。

5）阀类元件漏装弹簧、密封件，造成控制失灵。有时出现管路接错而使系统动作错乱。

6）液压系统设计不完善，液压元件选择不当，造成系统发热、执行元件同步精度低等故障。

（2）液压设备运行初期的故障　液压设备经过调试阶段便进入正常生产运行阶段。此阶段故障的特征是：

1）管接头因振动而松脱。

2）密封件质量差，或由于装配不当而被损伤，造成泄漏。

3）管道或液压元件油道内的毛刺、型砂、切屑等污物在油液的冲击下脱落，堵塞阻尼孔或过滤器，造成压力和速度不稳定。

4）由于负荷大或外界环境散热条件差，使油液温度过高，引起泄漏，导致压力和速度的变化。

（3）液压设备运行中期的故障　液压设备运行到中期，属于正常磨损阶段，故障率最低，这个阶段液压系统运行状态最佳。但应特别注意定期更换液压油，控制油液的污染。

（4）液压设备运行后期的故障　液压设备运行到后期，液压元件因工作频率和负荷的差异，易损件先后开始正常性的超差磨损。此阶段故障率较高，泄漏增加，效率降低。针对这一状况，要对液压元件进行全面检验，对已失效的液压元件应进行修理或更换，以防液压设备不能运行而被迫停产。

2. 突发性故障

这类故障多发生在液压设备运行初期和后期。故障的特征是突发性的，故障发生的区域及产生原因较为明显。如发生碰撞、元件内弹簧突然折断、管道破裂、异物堵塞管路通道、密封件损坏等故障。

突发性故障往往与液压设备安装不当、维护不良有直接关系。有时由于操作失误也会发生破坏性故障。防止这类故障的主要措施是加强设备日常管理维护，严格执行岗位责任制，以及加强操作人员的业务培训。

二、液压系统的故障诊断步骤

1. 查找故障液压元件的步骤

液压系统的故障有时是系统中某个元件发生故障造成的，因此首先要找出故障元件。图 13-1 所示为查找故障元件的步骤。

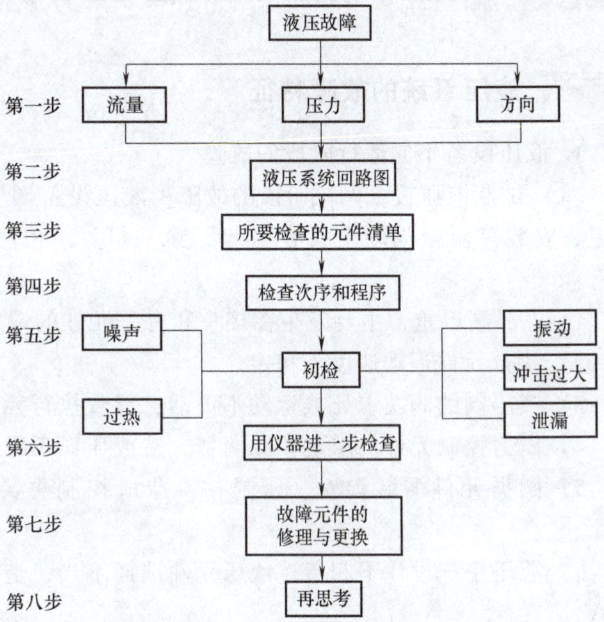

第一步：液压传动设备运转不正常，如没有运动、运动不稳定、运动方向不正确、运动速度不符合要求、动作顺序错乱、输出力不稳定、泄漏严重、爬行等。无论什么原因，都可以归纳为流量、压力和方向三大问题。

第二步：审校液压系统回路图，并检查每个液压元件，确认它的性能和作用，初步评定其质量状况。

图 13-1　液压系统故障分析步骤

第三步：列出与故障相关的元件清单，逐个进行分析。进行这一步骤时，应充分发挥判断力，绝不可遗漏对故障有重大影响的元件。

第四步：对清单中所列的元件，按以往经验和元件检查的难易程度排列次序。必要时应列出重点检查的元件和元件的重点检查部位，并同时安排测量仪器等。

第五步：对清单中列出的重点元件进行初检。初检应判断以下一些问题：元件的使用和装配是否合适；元件的测量装置、仪器和测试方法是否合适；元件的外部信号是否合适，对外部信号有无响应等。特别要注意某些元件的故障先兆，如过高的温度、噪声、振动和泄漏等。

第六步：如果初检中未检测出故障，需要用仪器进行反复检查。

第七步：识别发生故障的元件，对不合格的元件进行修理或更换。

第八步：在重新起动主机前，必须先认真考虑这次故障的原因和后果。若故障是由污染或油温过高引起的，则应预料到其他元件也存在出现故障的可能性，同时对隐患采取相应的措施。例如，由于污染而引起液压泵出现故障，应在更换新泵前对系统进行彻底清洗和过滤。

2. 重新起动的步骤

在排除液压系统故障之后，必须遵照一定的要求和程序进行起动，否则虽然排除了旧故障，但新故障会相继产生。其主要原因是缺乏周密的思考。如前所述，液压泵由于污染而出现故障，则应考虑引起污染的原因及其他液压元件被污染的可能性。

图 13-2 所示为重新起动液压系统的程序图。

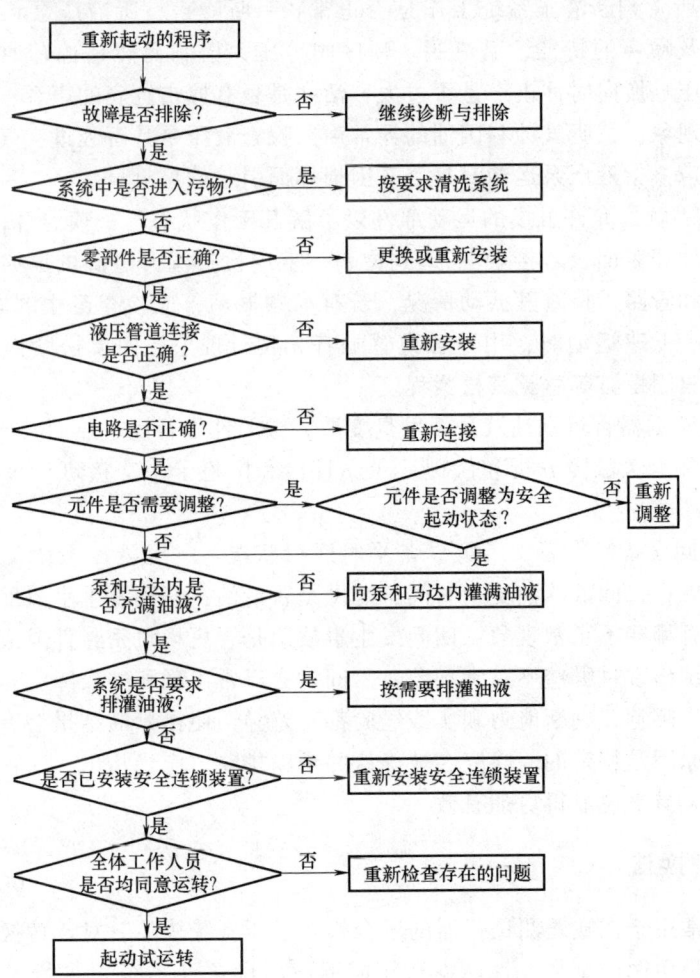

图 13-2　重新起动液压系统的程序图

第三节 液压系统的故障诊断方法

一、直观检查法

直观检查法又称为初步诊断法，这是液压系统故障诊断的一种最为简单且方便易行的方法。这种方法通过"看、听、摸、闻、阅、问"六字口诀对系统进行检查。直观检查法既可在液压设备工作状态下进行，又可在其停止时进行。

（1）看 观察液压系统工作的实际情况：一看速度，指执行元件运动速度有无变化和异常现象；二看压力，指液压系统中各压力监测点的压力大小及变化情况；三看油液是否清洁、变质，表面是否有泡沫，液位是否在规定的范围内，液压油的黏度是否合适；四看泄漏，指各连接部位是否有渗漏现象；五看振动，指液压执行元件在工作时有无跳动现象；六看产品，根据液压设备及生产出来的产品质量，判断执行机构的工作状态、液压系统的工作压力和流量稳定性等。

（2）听 用听觉判断液压系统工作是否正常：一听噪声，听液压泵和液压系统工作时的噪声是否过大及噪声的特征，溢流阀、顺序阀等压力控制元件是否有尖叫声；二听冲击声，指工作台液压缸换向时冲击声是否过大，活塞是否有撞击缸底的声音，换向阀换向时是否有撞击端盖的现象；三听气蚀和困油的异常声，检查液压泵是否吸进空气，有无严重困油现象；四听敲打声，指液压泵运转时是否有因损坏而引起的敲打声。

（3）摸 用手触摸允许触摸的运动部件以了解其工作状态：一摸温升，用手摸液压泵、油箱和阀类元件外壳表面，若接触2s感到烫手，就应检查温升过高的原因；二摸振动，用手触摸运动部件和管路，检查其振动情况，若有高频振动，应检查产生的原因；三摸爬行，当工作台在轻载、低速运动时，用手触摸感觉有无爬行现象；四摸松紧程度，用手触摸挡铁、微动开关和紧固螺钉等感觉其松紧程度。

（4）闻 用嗅觉器官辨别油液是否发臭变质，橡胶件是否因过热而发出特殊气味等。

（5）阅 查阅有关故障分析和修理记录、日检和定检卡、交接班记录和维修保养情况记录。

（6）问 访问设备操作者，了解设备平时运行状况：一问液压系统工作是否正常，液压泵有无异常现象；二问液压油更换时间，滤网是否清洁；三问发生事故前是否调节过压力或速度调节阀，有哪些不正常现象；四问发生事故前是否更换过密封件或液压件；五问发生事故前后液压系统出现过哪些不正常现象；六问过去经常出现哪些故障，是怎样排除的。

由于每个人的感觉、判断能力和实践经验都有差异，使得判断结果会有差异，但是经过反复实践，故障原因是特定的，终究会被确认并予以排除。应当指出，这种方法对于有实践经验的工程技术人员来说显得更加有效。

二、对比替换法

对比替换法常用于在缺乏测试仪器的场合检查液压系统故障。对比替换法用于以下两种情况：一种情况是用两台型号、性能参数相同的液压设备（系统）进行对比试验，从中查找故障。试验过程中可对液压系统的可疑元件用新件或完好元件进行替换，再开机试验，如性能变好，则可知故障所在；否则可继续用同样的方法或其他方法检查其余部件。另一种情况是对于具有相同功能回路的液压系统，采用对比替换法更为方便，而且现在许多系统采用高压软管连接，为替换法的实施提供了更为方便的条件。遇到可疑元件或要更换另一回路的完好元件时，不需拆卸元件，只要更换相应的软管接头即可。例如在检查三工位母线机（主要完成定位、折弯、冲孔动作）的液压系统故障时，其中一个回路无工作压力，怀疑是液压泵有问题。结果对调了两个液压泵软管的接头，一次就消除了故障存在的可能性。对比替换法在调试两台以上相同的液压系统时非常有效。例如垃圾处理站的主液压缸的动作顺序是快进→工进→快退，其中快进是通过差动连接来实现的。调试过程中，其中一台的故障现象是快进与工进的速度没有区别。为此采用对比替换法，先将有故障的液压站的液压阀对应地放在无故障的液压站上，也出现了同样的问题，这说明原液压站上的集成块没有问题，而原因就出在液压阀上；第二步对液压阀进行检查，发现其中控制快进、工进的液压阀的阀芯装反了，将阀芯倒装以后，并将液压阀装在原液压站上，故障便得以排除。

三、逻辑分析法

采用逻辑分析法分析液压系统的故障时，可分为两种情况。对于较为简单的液压系统，可以根据故障现象，按照动力元件、控制元件、执行元件的顺序，在液压系统原理图的基础上，结合前面的几种方法，正向推理分析故障原因。例如玻璃涂胶设备出现涂不出胶的故障，直观来看就是液压缸的输出力（即压力）不足。根据液压系统原理图来分析，造成压力下降的原因可能有吸油过滤器堵塞、液压泵内泄漏严重、溢流阀压力调节过低，或者溢流阀阻尼孔堵塞、液压缸内泄漏严重、管路连接件泄漏、回油压力过高等。考虑到这些因素后，再根据已有的检查结果排除其他因素，逐渐缩小范围，直到解决问题为止。

对于比较复杂的液压系统，通常可按控制油路和工作油路两大部分进行分析。例如以YT4543型动力滑台液压系统图（图8-1）为例，可分析出工作油路和控制油路的工况。有了正常情况下的液压原理图，对于出现的故障现象，就可以通过上述分析逐一排除。这种方法对于任何液压系统的故障诊断都是有效的。

四、仪器专项检测法

有些重要的液压设备必须进行定量专项检测，即检测故障发生的根源性参数，为故障判断提供可靠依据。

1）压力。检测液压系统各部位的压力值，分析其是否在允许范围内。

2）流量。检测液压系统各位置的油液流量值是否在正常值范围内。

3）温升。检测液压泵、执行机构、油箱的温度值，分析其值是否在正常范围内。

4）噪声。检测异常噪声值，并进行分析，找出噪声源。

应该注意的是：对于有故障嫌疑的液压元件，要在试验台架上按出厂试验标准进行检测。元件检测要先易后难，不能轻易把重要元件从系统中拆下，甚至盲目解体检查。

5）在线检测。很多液压设备本身配有重要参数的检测仪表，或系统中预留了测量接口，不用拆下元件就能观察或从接口检测出元件的性能参数，为初步诊断提供定量依据。如在液压系统的有关部位和各执行机构中装设压力、流量、位置、速度、液位、温度、过滤阻塞报警等各种监测传感器。当某个部位发生异常时，监测仪器均可及时测出技术参数状况，

292 ───■ 液压与气压传动 第4版

并可在控制屏幕上自动显示，以便于分析研究、调整参数、诊断故障并予以排除。

五、故障树分析法

故障树分析法属于失效模式影响分析法的一种，主要用于复杂系统的可靠性、安全性及风险的分析与评价。它是一种将液压系统故障形成的原因由总体至部分按树枝状逐步细化的分析方法，其目的是判明基本故障，确定故障原因、影响因素和发生概率。正确建造故障树是进行故障树分析的关键环节，只有建立了正确、完整的故障逻辑关系，才能保证分析结果的可靠性。

在进行故障诊断时，顶事件是给定的。顶事件确定之后，把顶事件作为第一级用规定的符号画在故障树的最上端，分析引发顶事件的可能因素，并将其作为第二级并列地画在顶事件的下方。按照这样的方法，依次分析第二级以后的各个事件及其影响因素，并按照相互的逻辑关系进行连接，直至不能进行进一步分析的底事件为止，最后形成一个自上而下倒置的树状逻辑结构图。

1. 故障树分析法的原理

故障树模型是一个基于诊断对象结构、功能特征的行为模型，也是一种定性的因果模型，以系统最不希望事件为顶事件，以可能导致顶事件发生的其他事件为中间事件和底事件，并用逻辑门表示事件之间联系的一种倒树状结构。它反映了特征矢量与故障矢量（故障原因）之间的全部逻辑关系。

2. 故障树分析法的步骤

1）选择合理的顶事件。一般以待诊断对象的故障为顶事件。

2）对故障进行定义，分析发生故障的直接原因。

3）建造正确、合理的故障树。分析故障事件之间的联系，用规定的符号画出系统的故障树结构图。这是诊断的核心与关键。

4）故障搜寻与诊断。根据搜寻方式不同，又可分为逻辑推理诊断法和最小割集诊断法。逻辑推理诊断法是采用从上而下的测试方法，从故障树顶事件开始，先测试最初的中间事件，根据中间事件测试结果判断测试下一级中间事件，直到测试底事件，搜寻到故障原因及部位。所谓割集，是指故障树的一些底事件集合，当这些底事件同时发生时，顶事件必然发生；而最小割集是指割集中所含底事件除去任何一个时，就不再成为割集了。一个最小割集代表系统的一种故障模式。故障诊断时，可逐个测试最小割集，从而搜寻故障源，进行故障诊断。

故障树是一种图形演绎，它把系统故障与导致发生该故障的各种可能原因形象地绘制成树形故障图表，能较直观地反映出故障、元件、系统及故障因素、原因之间的相互关系。下面以 Q16 型汽车起重机液压系统伸缩臂故障分析过程为例说明这种方法的具体应用。

3. Q16 型汽车起重机液压系统伸缩臂的故障分析

（1）故障树的建立　Q16 型汽车起重机液压系统伸缩臂原理图如图 13-3 所示。

在实际工作中，Q16 型汽车起重机会出现伸缩臂无法伸出的现象，因此根据原理图，形成以伸缩臂无法正常工作为顶事件的故障树，如图 13-4 所示（其中 T 为顶事件，M 为中间事件，X 为底事件）。

图 13-4 所列故障树中各符号的意义为：顶事件 T——伸缩臂无法伸出或伸出太慢；M_1——进入液压缸油液压力不足；M_2——液压缸内泄漏；M_3——系统供油油压不足；M_4——系统油路故障；M_5——溢流阀故障；X_1——伸缩液压缸活塞磨损；X_2——伸缩液压

缸密封不良，内泄漏增大；X_3——油温过高，油液黏度下降，造成内泄漏；X_4——过滤器堵塞严重；X_5——液压泵进油口密封不严；X_6——油液供应不足；X_7——单向阀故障；X_8——节流阀故障；X_9——换向阀阀芯磨损；X_{10}——溢流阀阀芯磨损；X_{11}——溢流阀主阀芯堵塞；X_{12}——溢流阀调定压力过低。

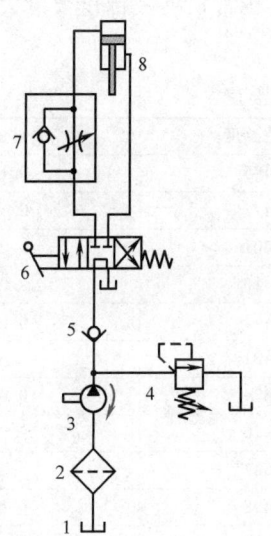

图 13-3　Q16 型汽车起重机液压系统伸缩臂原理图

1—油箱　2—过滤器　3—液压泵　4—溢流阀
5—单向阀　6—手动换向阀　7—单向节流阀　8—液压缸

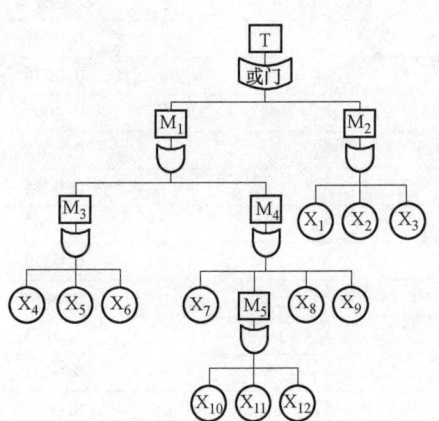

图 13-4　伸缩臂无法伸出
或伸出缓慢故障树图

（2）故障树分析及故障排查　故障树定性分析的任务在于找出系统顶事件故障发生的若干种可能性，寻找出故障树的最小割集。一个最小割集代表系统的一种故障，全部最小割集代表系统的故障谱，即系统的全部故障模式。

下面结合实例加以分析。根据最小割集定义，分析得出本系统的最小割集为 $\{X_1\}$、$\{X_2\}$、$\{X_3\}$、$\{X_4\}$、$\{X_5\}$、$\{X_6\}$、$\{X_7\}$、$\{X_8\}$、$\{X_9\}$、$\{X_{10}\}$、$\{X_{11}\}$、$\{X_{12}\}$。由最小割集可得到本系统的故障模式为：①伸缩液压缸活塞磨损；②伸缩液压缸密封不良，内泄漏增大；③油温过高；④过滤器故障；⑤液压泵进油口密封故障；⑥油箱油量不足；⑦单向阀故障；⑧节流阀故障；⑨换向阀阀芯损坏；⑩溢流阀阀芯损坏；⑪溢流阀主阀芯堵塞；⑫溢流阀调定压力过低。

根据一阶最小割集中底事件结构重要度大于多阶最小割集中底事件结构重要度，本例中各底事件均只出现一次，且每一割集均为一阶，所以每一底事件均应引起注意。

顶事件的发生概率即系统发生故障的概率，它是衡量系统可靠性的尺度。顶事件的发生概率取决于故障树的结构和各底事件的发生概率。本例故障树中部件发生概率按 $t=1500\mathrm{h}$ 计算，并结合现场工况条件，各底事件的发生概率列于表 13-1 中。经计算可得顶事件的发生概率为 0.0617。

概率重要度是指底事件 X_i 的发生概率 $P_{(X_i)}$ 变化引起顶事件 T 的概率 $P(t)$ 发生变化的程度。Q16 型汽车起重机液压系统伸缩臂无法伸出故障树中各底事件概率重要度计算结果见表 13-1。

关键重要度是指底事件的故障概率变化率与由它引起的顶事件发生概率的变化率之比。关键重要度从底事件的概率重要度和底事件本身的发生概率两个方面衡量了其对系统故障的影响，它包含底事件的概率重要度和其本身发生概率两个方面。它不仅体现了该事件在故障树中的地位，而且还体现了事件本身的发生概率，所以更客观地体现出事件或部件对系统故障的影响。为了改善系统的可靠度，有必要首先降低关键重要度较大的底事件或部件的不可靠度，即提高较低质量部件的可靠度要比提高较高质量部件的可靠度更有益。同时可以用于系统故障诊断的指南，在实际运用中，如果发生顶事件，也常根据关键重要度大小顺序，用于诊断故障，指导系统运行和维修。

表 13-1　底事件发生概率、重要度

底事件代码	发生概率	概率重要度	关键重要度
X_1	0.0091	0.9485	0.1437
X_2	0.0076	0.9471	0.1198
X_3	0.0002	0.9401	0.0031
X_4	0.0018	0.9416	0.0282
X_5	0.0045	0.9442	0.0707
X_6	0.0002	0.9401	0.0031
X_7	0.0032	0.9429	0.0502
X_8	0.0075	0.9470	0.1182
X_9	0.0153	0.9545	0.2431
X_{10}	0.0031	0.9428	0.0486
X_{11}	0.0031	0.9428	0.0486
X_{12}	0.0061	0.9457	0.0960

（3）故障排除　根据以上分析，可以定量、定性地确定故障诊断顺序，列出系统故障诊断检查顺序表。本例中的故障诊断检查顺序表为 X_9、X_1、X_2、X_8、X_{12}、X_5、X_7、X_{10}、X_{11}、X_3、X_6。利用观察法，缩小故障诊断的范围，然后按照故障诊断检查顺序表，拆卸检查部件，排除故障。

六、模糊逻辑诊断法

在液压系统故障诊断领域存在大量模糊现象。故障症状的描述，如系统油温过高、压力波动严重、液压泵温升过高等均为模糊概念。液压系统中大量的渐变性故障，其边界也是不清晰的，而故障的发展通常要经过一个漫长且具有模糊性的过渡过程。另一方面，影响液压系统发生故障的原因是多种多样的，一种症状可能是由多种原因引起的，而一个原因会引起多种症状，因此故障原因与症状之间的关系也是模糊的。

故障诊断问题的模糊性质为模糊逻辑在故障诊断中的应用提供了前提。模糊逻辑诊断法利用模糊逻辑来描述故障原因与故障现象之间的模糊关系，通过隶属函数和模糊关系方程解决故障原因与状态识别问题。

模糊集（Fuzzy Set）理论可以有效地处理上述模糊性难题。模糊理论中的隶属函数和模糊关系通常是为了满足实际问题的需要，根据专家经验或统计规律人为确定的，虽带有一定的主观性，但模糊性对问题具有一定的泛化能力，在一定程度上消除了人为的主观性。

模糊逻辑在故障领域中的应用称为模糊聚类诊断法。它是以模糊集合论、模糊语言变量及模糊逻辑推理为基础的计算机诊断方法，其最大特征是它能将操作者或专家的诊断经验和知识表示成语言变量描述的诊断规则，然后用这些规则对系统进行诊断。因此，模糊逻辑诊

第十三章 液压系统的故障诊断 ■……… **295**

断法适用于数学模型未知的、复杂的非线性系统的诊断。从信息的观点来看，模糊诊断是一类规则型的专家系统。这种方法由于将模糊数学逻辑与处理故障的经验联系起来，对于处理液压系统的非线性故障是行之有效的。

模糊理论反映了自然界的客观现象，其诊断结果更符合实际，并且诊断速度快、容易实现，是一种较好的诊断方法。模糊理论和神经网络、专家系统、故障树分析等理论方法相结合，可更有效地实现故障诊断。

基于模糊逻辑关系方程的模糊诊断通过故障征兆的隶属度来求出故障原因的隶属度。设诊断对象可能的故障征兆有 m 个，用 Z_1、Z_2、$\cdots$、Z_m 表示，可能出现的故障原因有 n 个，用 y_1、y_2、$\cdots$、y_n 表示，则故障征兆矢量为

$$Z = (\mu_{z1}, \mu_{z2}, \cdots, \mu_{zm})$$

其中，μ_{zi}（$i=1, 2, \cdots, m$）为对象具有征兆的隶属度。

故障原因矢量为

$$Y = (\mu_{y1}, \mu_{y2}, \cdots, \mu_{ym})$$

其中，μ_{yj}（$j=1, 2, \cdots, m$）是对象具有故障 y_j 的隶属度。Y 与 Z 的模糊关系为

$$Y = Z \circ R$$

这就是故障原因与故障征兆之间的模糊关系方程。式中"$\circ$"是模糊逻辑算子，R 是体现专家诊断经验知识的模糊诊断矩阵，$R = (r_{ij})_{m \times n}$。

$r_{ij} \in [0, 1]$ 反映了故障征兆与故障原因的关系强度，r_{ij} 越大表示关系越密切。模糊故障诊断的实质就是通过某些症状的隶属度来求出故障原因的隶属度，再根据一定的模糊诊断原则确定系统的故障原因。

下面以铣刨机行驶液压系统的温度监测参数为例说明铣刨机液压系统状态监测与故障诊断的实现过程。

铣刨机液压油温度在工作过程中会升高。液压油温度升高后，会造成一系列问题，如行走系统驱动力不足、系统工作能力下降等。所以，检测铣刨机液压油温度是必要的。

如果液压油温度较高，可能出现的几种故障为：散热器散热不良、液压泵磨损和油箱液面过低。铣刨机检测到的状态参数为：液压泵的压力低、液压泵的温度较高、油箱油量和马达转速略低。铣刨机液压系统状态量与故障原因见表 13-2。

表 13-2 铣刨机液压系统状态量与故障原因对照表

状 态 量	故 障 原 因		
	散热器散热不良	液压泵磨损	油箱液面过低
液压泵压力低	0.5	0.9	0.2
液压泵温度高	0.4	0.8	0.2
油箱油量低	0.6	0.0	0.9
马达转速低	0.4	0.4	0.2

根据铣刨机监测到的状态参数确定症状矢量为

$$Y = Z \circ R = (0.6, 0.5, 0.2, 0.2) \circ \begin{bmatrix} 0.5 & 0.9 & 0.2 \\ 0.4 & 0.8 & 0.2 \\ 0.6 & 0.0 & 0.9 \\ 0.4 & 0.4 & 0.2 \end{bmatrix} = (0.5, 0.6, 0.2)$$

296 ───▪ 液压与气压传动 第4版

即故障原因矢量中元素的隶属度为 $\mu_{y1} = 0.5$、$\mu_{y2} = 0.6$、$\mu_{y3} = 0.2$。

由于故障原因矢量中元素的隶属度之间差距不大，因此难以做出可靠的诊断结论。为了克服缺点，可以采用连乘法，首先将诊断矩阵中的零元素改为一个较低值，然后按列将有关元素值连乘，再看各原因列所得乘积值的相对大小，最后把其中最大者看作诊断结果。

进一步计算可得

$$\mu_{y1} = \mu_{11} \times \mu_{21} \times \mu_{31} \times \mu_{41} = 0.048$$

$$\mu_{y2} = \mu_{12} \times \mu_{22} \times \mu_{32} \times \mu_{42} = 0.0288$$

$$\mu_{y3} = \mu_{13} \times \mu_{23} \times \mu_{33} \times \mu_{43} = 0.0072$$

求 μ_{y1}、μ_{y2}、μ_{y3} 的相对大小得

$$\mu_{y1} = 0.57$$

$$\mu_{y2} = 0.32$$

$$\mu_{y3} = 0.09$$

所以，最可能发生的故障为散热器散热不良，其次可能发生的故障为液压泵磨损，不太可能发生的故障为油箱液面过低。

七、智能诊断法

对于复杂的故障类型，由于其机理复杂而难于诊断，需要一些经验性知识和诊断策略。专家系统在诊断领域的应用可以解决复杂故障的诊断问题。

液压系统故障诊断专家系统由知识库和推理机组成。知识库中存放各种故障现象、引起故障的原因及原因和现象间的关系，这些都来自有经验的维修人员和领域专家。它集中了多个专家的知识，收集了大量的资料，排除了个人解决问题时的主观偏见，使诊断结果更接近实际。

故障诊断专家系统（ES）是研究最多、应用最广的一类智能诊断系统，它是一个基于知识的智能计算机程序，使用从领域专家如液压工程专家那里获得的专业知识，用来解决只有专家才能解决的复杂问题。主要用于没有精确数学模型或很难建立数学模型的复杂系统。液压系统故障诊断专家系统是在采用先进传感技术与信号处理技术的基础上研制开发的。用专家系统诊断液压系统故障的一般过程是通过人机接口将故障现象输入计算机，由计算机根据输入的故障现象及知识库中的知识，按推理机中存放的推理方法，推理出故障原因，然后提出维修和预防措施。

（1）知识库　知识库是故障诊断专家系统的基础，如何建立有效的知识库是诊断系统的重要环节。知识库的模型不仅要符合专家诊断推理的思维，还要具备不断自我充实的能力，以提高专家系统的性能。知识库中存放的知识包括领域专家的启发性知识和液压系统的结构原理性知识。前者源于领域专家在长期实践中的知识积累，后者来自于对液压系统结构、原理和性能的深层次研究。通过对液压系统结构、功能和故障机理特征的分析，可将其各部分的隶属关系描述成一种树状结构，如系统级、子系统级、部件级和元件级等若干层次。

（2）推理机　推理机是专家系统的核心，实际上是计算机的控制模块。它根据输入的设备症状，利用知识库中存储的专家知识，按一定的推理策略解决诊断问题。通常采用的推理策略有正向推理、反向推理、正反向混合推理；常用的知识表达方式有产生式规则、框架、谓词逻辑等。

在液压故障模糊推理诊断过程中，一般坚持分层分段诊断原则、逐步深入原则、假设与验证相结合原则、综合评判原则、获取信息原则、通过对外在性能的考证来判断系统内部结构的劣化原则、对比判别确定原则、找出最严重的故障点原则等。

（3）专家系统的实现　根据知识库模型和知识推断处理方法，专家系统的实现主要由图 13-5 所示的几个模块组成。

近年来发展起来的神经网络方法，其知识的获取与表达采用双向联想记忆模型，能够存储作为变元概念的客体之间的因果关系，处理不精确的、矛盾的、甚至错误的数据，从而提高专家系统的智能水平和实时处理能力。这是故障诊断专家系统的发展方向。

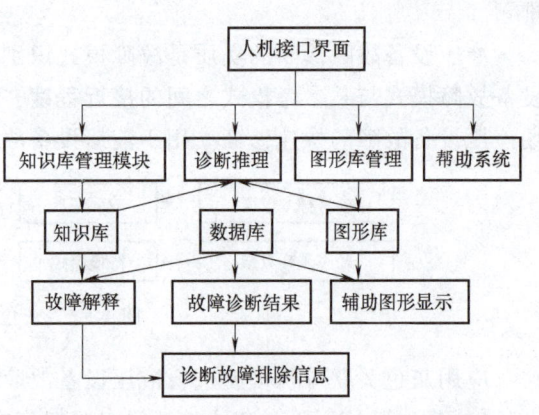

图 13-5　液压系统故障诊断专家系统结构图

八、基于灰色理论的故障诊断法

研究灰色系统的有关建模、控模、预测、决策、优化等问题的理论称为灰色理论。通常可以将信息系统分为白色系统、灰色系统和黑色系统。白色系统是指系统参数完全已知的系统；黑色系统是指系统参数完全未知的系统；灰色系统是指部分参数已知而部分参数未知的系统。灰色理论就是通过已知参数来预测未知参数，利用"少数据"建模，从而解决整个系统的未知参数。

实践证明，液压系统发生故障的原因是多方面的、复杂的，既有简单故障，又有多个部位同时发生故障的情况。由于故障检测手段的不完善性、信号获取装置的不稳定性及信息处理方法的近似性，或者缺少有效的观测工具，造成信息不完全，对故障的判断、预测带有估计、猜想、假设等主观想象成分，导致人们对液压系统故障机理的认识带有片面性。另一方面，由于液压系统是"机-电-液"系统的复杂组合，在生产过程中产生的故障往往呈现出一定的动态性，也给液压设备的故障判别带来一定的困难。因此，液压设备、液压系统在运行过程中发生故障与否是确定的，但人们对故障的认识和判别受技术水平的限制，不同的人对故障信息掌握的充分程度不同，会得出不同的诊断结果。由此看出，液压系统故障由于信息的不完全而带有一定的灰色性。灰色理论用于液压设备故障诊断就是利用存在的已知信息去推知含有故障模式的不可知信息的特性、状态和发展趋势，其实质也是一个灰色系统的白化问题。

灰色理论从系统论的角度来研究信息间的关系，即利用已知信息来揭示未知信息，具有自学习和预测功能。灰色理论的诊断方法利用灰色系统的建模（灰色模型）、预测和灰色关联分析等进行故障诊断。其主要方法有灰色预测、灰色统计、灰色聚类、灰色关联度分析、灰色决策。

灰色理论在使用中不追求大的样本量，不要求数据有特殊的分布规律，计算量相对小且不会出现与定性分析不一致的结论。其方法简单、实用，且获得的信息量较丰富，结果较全面。但由于灰色理论本身还不完善，如何利用已知信息更有效地推断未知信息仍是一个难题。

液压设备故障诊断的实质是故障模式识别，采用灰色理论中的灰色关联分析方法，通过设备故障模式与某参考模式之间的接近程度，进行状态识别与故障诊断，特别适合于生产现场液压设备故障的快速诊断。用于液压设备故障诊断的灰色关联分析模型如图 13-6 所示。

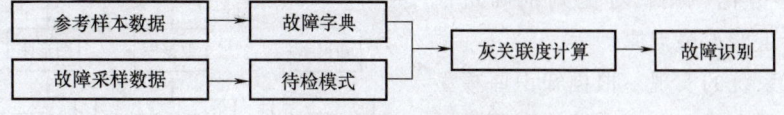

图 13-6　灰色关联分析模型

应用灰色关联分析模型进行液压设备故障诊断的一般步骤是：

1）针对某液压设备建立液压设备故障字典，根据其特征参数的设计准则及有关统计资料，先建立两个参考模式矢量，即

正常状态：$\boldsymbol{X}_1 = \{ x_{11}, x_{12}, \cdots, x_{1n} \}$

故障状态：$\boldsymbol{X}_2 = \{ x_{21}, x_{22}, \cdots, x_{2n} \}$

2）根据液压设备的特征参数，确定设备的待检状态矢量，即

$$\boldsymbol{X} = \{ x_1, x_2, \cdots, x_n \}$$

3）计算灰关联度，即

$$\gamma_i = \sum_{j=1}^{n} \xi_{ij}$$

其中

$$\xi_{ij} = \frac{\min\limits_{j} |x_j - x_{ij}| + \rho \max\limits_{j} |x_j - x_{ij}|}{|x_j - x_{ij}| + \rho \max\limits_{j} |x_j - x_{ij}|}$$

式中　ρ——分辨系数，可以调节关联系数的大小和变化。$\rho \in (0, 1)$，通常取 $\rho = 0.5$。

计算待检状态 x 与参数状态 X_1 及 X_2 的关联度 γ_1 及 γ_2。

4）进行故障模式识别。若 $\gamma_1 > \gamma_2$，则判断该液压设备运行正常；若 $\gamma_1 < \gamma_2$，则判断该液压设备运行状态存在故障。

应用灰色关联分析方法诊断液压设备故障的关键是选取被诊断对象的特征参数及建立参考状态模式。

灰色理论应用于液压设备故障诊断是一种有益的尝试。灰色关联分析方法具有建模简单、所需数据少的特点，尤其适用于少数据、弱条件下的液压设备故障诊断。实践证明，灰色系统理论也适用于液压设备故障诊断，将会成为液压系统故障诊断领域中的有力工具。

九、铁谱记录诊断法

分析铁粉图谱，根据铁粉记录图片上的磨损粉末大小和颜色等方面的信息，可以准确得到液压系统磨损与腐蚀的程度和部位。为经济起见，往往采用简便方法，监测油液中所含污染颗粒的数量，仅在发现有异常情况时，再对设备特定部位取样，采用铁谱记录分析技术查明异常部位和原因。

铁谱记录诊断法是逐步发展起来的一种新的检测技术，其基本分析过程是让带有磨屑的润滑油流过一个高强度与高梯度的磁场，利用磁力把铁磁性磨屑从润滑油中分离出来，而且

按照磨屑颗粒的大小顺序沉淀在基片上制成谱片，供观察和分析使用。

对液压设备进行铁谱分析时，先从油箱中取样，分析可得整个液压系统的状态，若发现有异常磨损粉末，再从机器的各特定部位取样，以便查明发生异常的部位和原因。铁谱技术用以分离磨粒的装置如图 13-7 所示。一倾斜的玻璃铁谱片流进储油杯，油样中的磨粒在玻璃铁谱片的磁铁作用下，磨粒滞留在玻璃铁谱片上，沿流动方向从大到小分布，不同大小的磨粒沿磁场方向呈链状排列。

通过分析得到的磨粒大小和形态，便可以比较准确和直观地得到液压系统磨损和故障情况，见表 13-3。

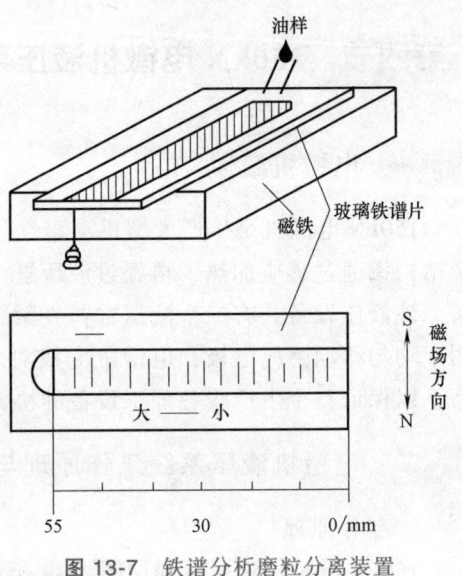

图 13-7　铁谱分析磨粒分离装置

现代分离和分析磨粒的仪器有直读式铁谱仪、分析式铁谱仪和在线式铁谱仪三种。以直读式铁谱仪为例，它主要用来直接检测油样中磨粒的浓度及尺寸分布，对磨粒进行定量分析，而且结构较简单，能快速测定，适合于现场使用。

表 13-3　颗粒形态对应的原因

名　称	形　态	大小/μm	颜　色	发 生 原 因
正常磨损颗粒		$1\sim15$	金属色	磨合运行时，原形成的剪断复合层剥离产生正常磨损粉末
疲劳磨损颗粒		$15\sim50$	金属色	齿轮表面反复应力引起剥离
球状颗粒		$1\sim5$	中间白色亮点	油在滚动轴承的裂纹中流动，产生球状颗粒
切屑磨损颗粒		$L=3\sim200$ $W=2\sim5$	金属色	砂粒等异物进入，引起切削
铁锈颗粒		$1\sim500$	橙色	油中可能含有水分
结晶质颗粒		$1\sim50$	透明偏振闪光	混入砂、异物和过滤器损坏等

由于通过铁谱技术能适时地、准确地提供液压系统中各种磨粒的数量、尺寸、形态、分布及成分等方面的有关信息，故在液压设备系统磨损的诊断中提供了可靠的依据。

第四节　150kN 电镦机液压系统的故障诊断实例

■ 一、电镦机概述

150kN 电镦机是生产大型机动车气门的液压专用设备，其主要功能为：首先将圆柱状合金结构钢通过感应加热，再经过液压缸"镦粗"成"大蒜头"状，为后续的机械加工做准备。该液压设备共有三个液压缸：夹紧缸、砧子缸、电镦缸。夹紧缸用于夹紧工件，砧子缸用于均匀移动感应电极，电镦缸完成对工件的"镦粗"动作。这种设备对生产节拍要求严格，以保证整个生产线各加工设备的协调运行。

■ 二、电镦机液压系统工作原理与故障现象

1. 工作原理

150kN 电镦机液压原理如图 13-8 所示。变量柱塞泵 1 起动后，由于电磁换向阀 3、4、8 的电磁铁均处于断电状态，此时夹紧缸 11 夹紧工件，夹紧缸输出力的大小由减压阀 6 调定；三位四通电磁换向阀 3、8 在两端弹簧的作用下处于中位，电镦缸 10、砧子缸 12 复位，停留在原始位置。对于电镦缸 10，当三位四通电磁换向阀 3 的左端电磁铁 1YA 通电时，电镦缸无杆腔进油，有杆腔回油，活塞杆伸出，电镦缸处于快进或工进状态（顶锻状态）；当三位

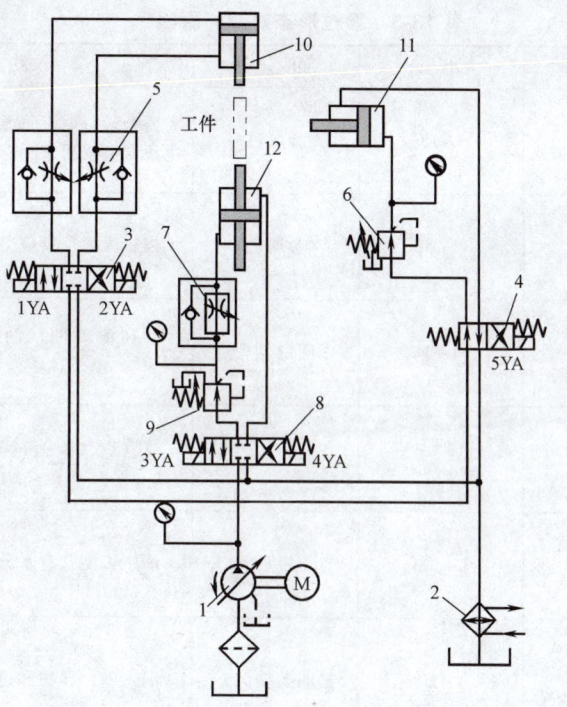

图 13-8　150kN 电镦机液压原理图

1—变量柱塞泵　2—冷却器　3、4、8—电磁换向阀　5—单向节流阀
6、9—减压阀　7—单向调速阀　10—电镦缸　11—夹紧缸　12—砧子缸

四通电磁换向阀 3 右端电磁铁 2YA 通电时，电镦缸有杆腔进油，无杆腔回油，活塞杆缩回；系统压力随着负载的变化而变化，同时变量柱塞泵根据负载大小自动工作在快进（定量泵段）阶段或工进（变量泵段）阶段。对于砧子缸 12，其主要作用就是带动感应加热圈给工件均匀加热，同时要承担电镦缸 10 作用在工件上的部分作用力；砧子缸 12 输出力的大小由减压阀 9 调定。当三位四通电磁换向阀 8 左端电磁铁 3YA 通电时，砧子缸 12 下腔进油，上腔回油，活塞杆向上伸出，伸出速度由单向调速阀 7 调整；当三位四通电磁换向阀 8 的右端电磁铁 4YA 通电时，砧子缸 12 上腔进油，下腔回油，活塞杆缩回。当二位四通电磁换向阀 4 的电磁铁 5YA 通电时，夹紧缸 11 松开工件，从而完成一个动作循环。

从工作原理来看，在 150kN 电镦机的设计中，电镦缸支路采用变量泵与节流阀组成的容积节流调速回路，有效地解决了轻载快进和重载慢进的矛盾，功率利用合理；砧子缸采用调速阀的出口节流调速回路，提高了执行元件的运动平稳性，保障了对工件加热的均匀性；夹紧缸采用断电夹紧工作状态，符合安全操作规程。从工作原理的设计角度出发，该系统的设计是合理的。然而，在该系统的调试过程中却存在着以下故障现象。

2. 故障现象

1）执行元件（砧子缸、夹紧缸）只能动作一次，减压阀"不起作用"，与减压阀相连的压力表显示的是系统压力，并非减压阀的调定压力。

2）电镦缸返程时间过长，要求为 10s 以内，但实际约为 15s，严重影响了生产率（汽车配件为大批量生产，对生产节拍要求很严格）。

3）开机 20min 后，系统过热。

4）电镦缸的速度稳定性差，出现了时快时慢的爬行现象。

三、原因分析与故障排除

应当指出的是：150kN 电镦机液压系统由于结构上的原因，采用了分离式结构。即液压元件集成在一起，液压泵电动机组、冷却器一起安装在油箱上，相互之间通过管路连接。针对以上故障现象，逐一进行分析。

对于故障现象 1）：通过对现场的考察和询问，得知单独测试液压元件集成单元时，与减压阀相连的压力表显示的是减压阀的调定压力，并非系统压力，说明该单元本身没有问题。所以将问题集中在液压泵电动机组、冷却器和油箱上。由于系统有压力，故液压泵电动机组的原因也被排除在外，显然原因出在冷却器及其连接管路上。经分段现场检查，冷却器本身没有问题，问题出现在冷却器出口至油箱的回油管路（钢管连接）上。由于回油钢管需要弯管，现场施工人员采用灌沙后加热弯曲的方法。加热后，沙子黏在钢管内，造成系统回油被堵。那么如何解释执行元件（砧子缸、夹紧缸）只能动作一次？很显然，由于砧子缸、夹紧缸两个执行元件在开始时的两腔都没有油液存在，所以可以"动作"一次。而当这两个执行元件动作一次以后，由于系统回油路被堵，进油腔的液压油变为静止状态，所以减压阀"不起作用"了，压力表显示系统压力是正常的（静止液体压力处处相等）。通过清理钢管内的沙子，并进一步清洗钢管后与冷却器相连，系统开始正常动作。

对于故障现象 2）：首先计算电镦缸的返回速度为

$$v = \frac{q}{A} = \frac{25 \times 1.45 \times 1000}{0.785 \times (12.5^2 - 7^2)} \text{ cm/min} = 430 \text{ cm/min} = 7.2 \text{ cm/s}$$

$$t = \frac{s}{v} = \frac{65}{7.2} \text{s} = 9 \text{ s}$$

从计算数据看，返程时间 9s 小于 10s 的工作要求。但是仔细分析液压原理图，可见控制电镦缸的电磁换向阀是 6 通径的，其最大额定流量仅为 40L/min，而电镦缸无杆腔返回时所需流量为

$$q = vA = 430 \times 0.785 \times 12.5^2 \text{L/min} = 52.74 \text{L/min}$$

显然，回油腔的实际流量大于其额定流量，所以造成了电镦缸返回时间过长的故障。这是由设计时考虑不周造成的。

解决方法是将电镦缸的控制阀全部改为 10 通径（最大额定流量为 80L/min），问题便得到圆满解决。

对于故障现象 3）：由于现场操作人员没有阅读使用说明书，将安全阀调到最高压力（打开压力表开关时，指针指到约 30MPa），然后再调节减压阀的压力，使得大量的压力损失在减压阀上；同时，操作人员为了方便试车，未将油箱内的加油量加至液位计，且未给冷却器通水，因而造成系统过热。

解决方法是加油至液位计中间位置偏上并给冷却器通水，将安全阀最高压力调至高于最大工作压力（13MPa）2MPa 左右，然后调节两个减压阀至工作压力，系统过热问题便可得到解决。

由上述分析看出，这一系统故障完全是由使用者操作不当造成的。

对于故障现象 4）：通过现象可以判断出故障原因来自单向节流阀，但更换了几个单向节流阀后，电镦缸爬行现象仍未解决，这时应考虑节流阀的结构有无问题。通过对比发现，原来所选的单向节流阀锥度较大，调节范围小，因此出现了上述故障。

解决方法是更换锥度较小的单向节流阀。

这里举例中所发生的故障均出现在系统调试阶段，如果出现在使用一段时间后，液压系统使用与维护方面的问题便会逐渐增多，例如液压油污染引起的故障问题。由于现场的故障多种多样，所以在解决实际问题时，应灵活运用所介绍的故障诊断方法，具体问题具体分析，同时注意积累经验，为液压系统的故障诊断奠定良好的基础。

附录

附录一　常用液压与气动元（辅）件图形符号（摘自 GB/T 786.1—2009）

附表 1-1　基本符号、管路及连接

名　称	符　号	名　称	符　号
工作管路		管端连接于油箱底部	
控制管路		密闭式油箱	
连接管路		直接排气	
交叉管路		带连接措施的排气口	
软管总成		带单向阀的快换接头（连接状态）	
组合元件线		不带单向阀的快换接头（连接状态）	
管口在液面以上的油箱		单通路旋转接头	
管口在液面以下的油箱		三通旋转接头	

附表 1-2　控制机构和控制方法

名　称	符　号	名　称	符　号
按钮式人力控制	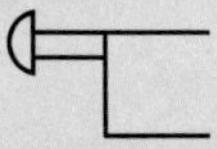	双作用电磁铁	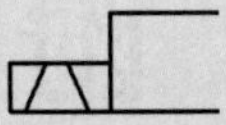
手柄式人力控制	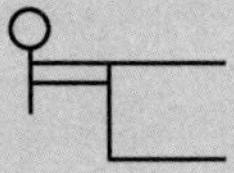	比例电磁铁	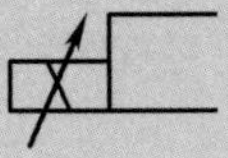
踏板式人力控制	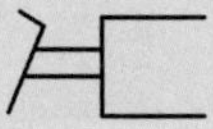	加压或泄压控制	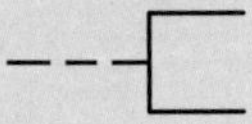
顶杆式机械控制	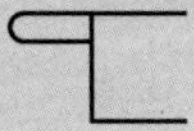	内部压力控制	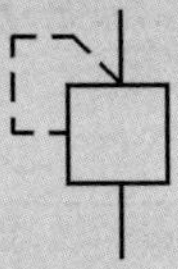
弹簧控制		外部压力控制	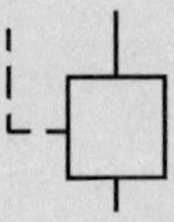
滚轮式机械控制	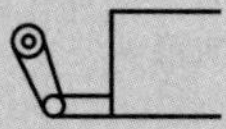	液压先导控制	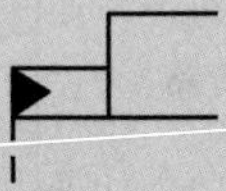
单作用电磁铁	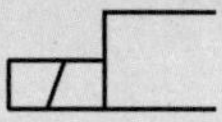	电-液先导控制	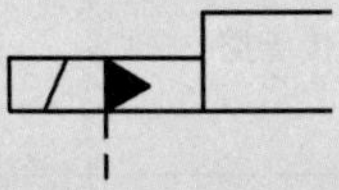
气压先导控制	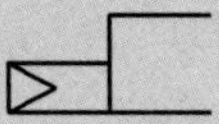	电-气先导控制	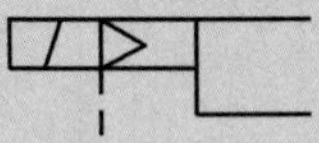

附表 1-3　泵、马达和缸

名　称	符　号	名　称	符　号
单向定量液压泵	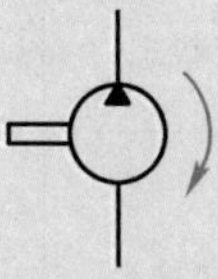	单向变量液压泵	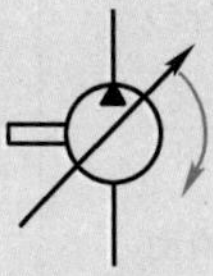
双向定量液压泵	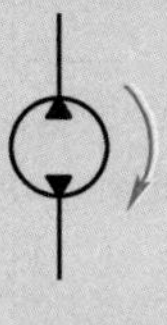	双向变量液压泵	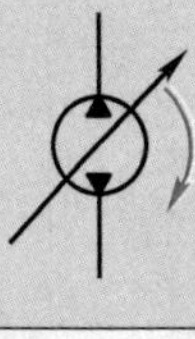

（续）

名　称	符　号	名　称	符　号
单向定量马达		摆动马达	
双向定量马达		单作用弹簧复位缸	
单向变量马达		单作用伸缩缸	
双向变量马达		双作用单杆缸	
定量液压泵—马达		双作用双杆缸	
变量液压泵—马达			
液压源		双向缓冲缸（可调）	
压力补偿变量泵			
单向缓冲缸（可调）		双作用伸缩缸	

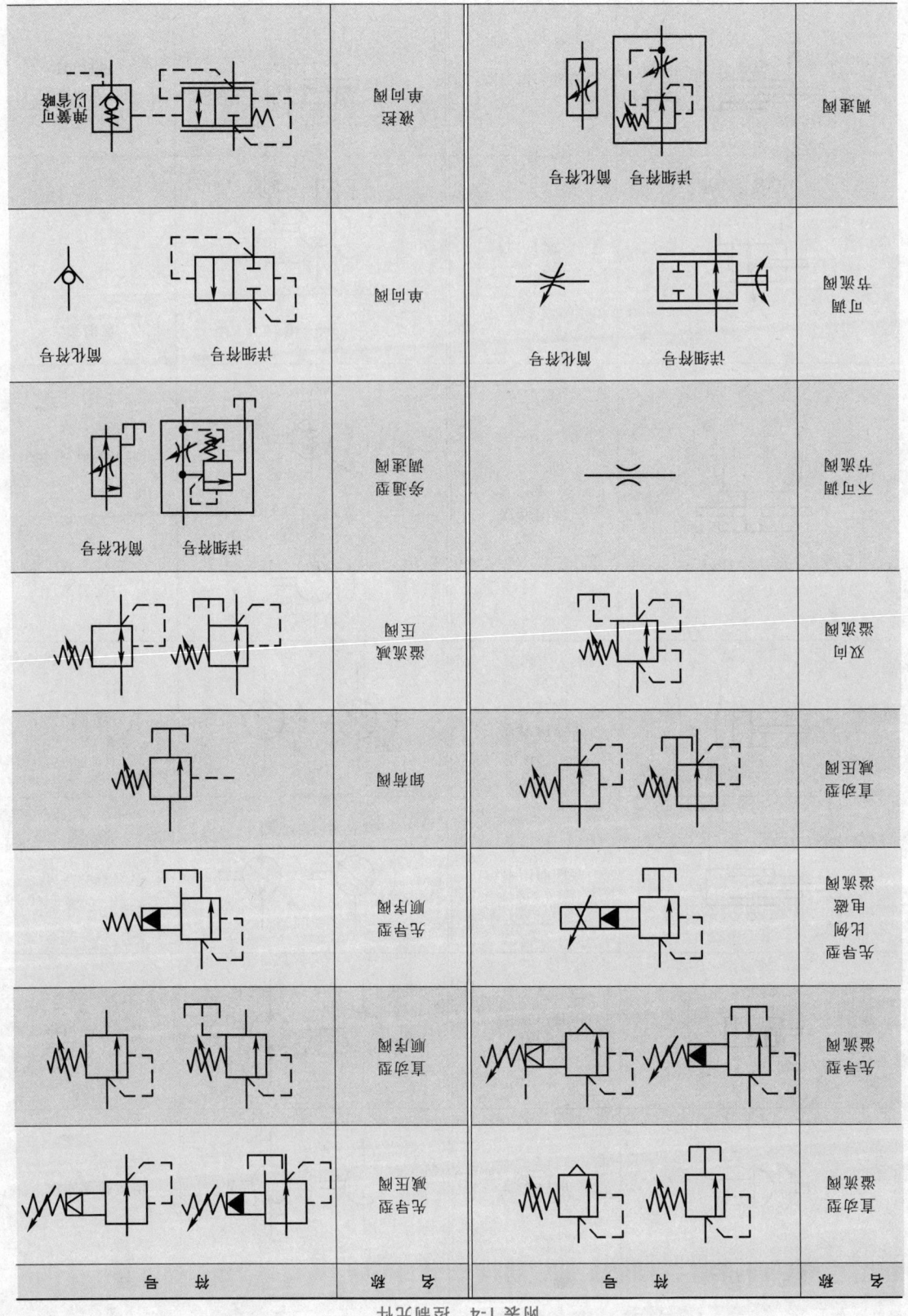

（续）

名　　称	符　　号	名　　称	符　　号
温度补偿调速阀	详细符号　简化符号 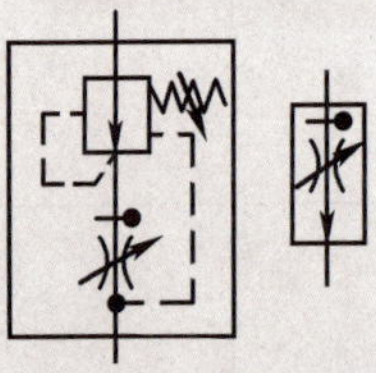	液压锁	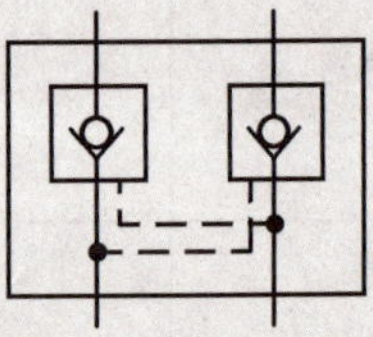
带消声器的节流阀	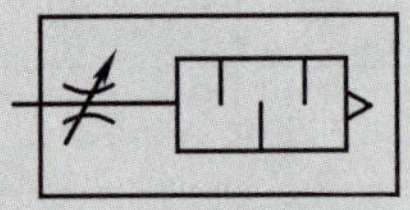	快速排气阀	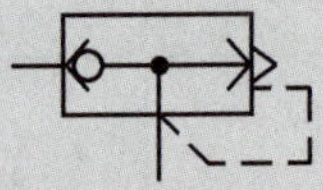
二位二通换向阀（常闭状态）	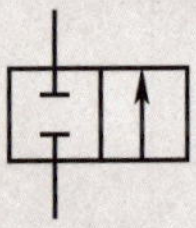	二位五通换向阀	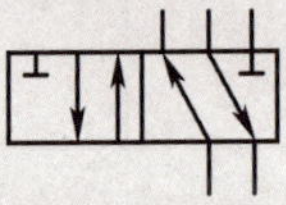
二位三通换向阀	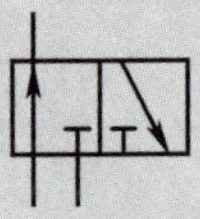	三位四通换向阀	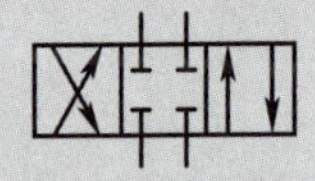
二位四通换向阀	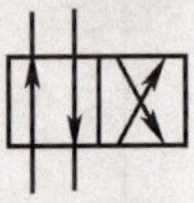	三位五通换向阀	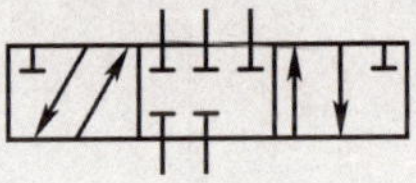

附表 1-5　辅助元件

名　　称	符　　号	名　　称	符　　号
过滤器	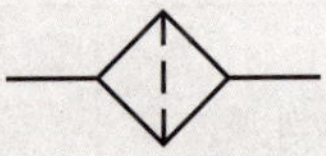	蓄能器（一般符号）	
磁芯过滤器	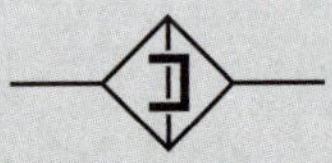	蓄能器（隔膜式充气）	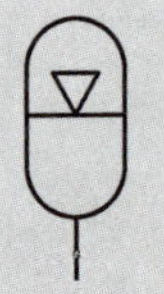
污染指示过滤器	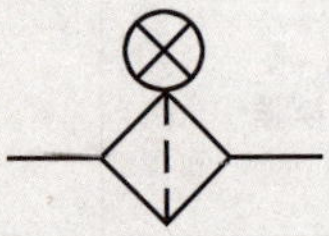	压力表	
冷却器（不带冷却液流道指示）	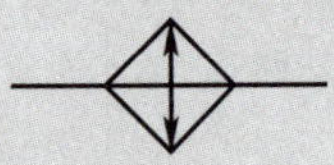	液位计	

（续）

名　称	符　号	名　称	符　号
加热器		温度计	
流量计		电动机	
压力继电器	详细符号　一般符号	原动机	
压力指示器		行程开关	详细符号　一般符号
分水排水器		空气干燥器	
		油雾器	
空气过滤器		气源处理装置	
		消声器	
油雾分离器		气-液转换器	
		气压源	

附录二 常见液压元件、回路、系统故障与排除方法

一、液压元件故障及其排除（附表2-1~附表2-13）

附表2-1 齿轮泵（含泵的共性）常见故障及其排除

故障现象	原因分析	关键问题	排除措施
输油量不足	① 吸油管或过滤器堵塞 ② 油液黏度过大 ③ 泵转速过高 ④ 端面间隙或周向间隙过大 ⑤ 溢流阀等失灵	① 吸油不畅 ② 严重泄漏 ③ 旁通回油	① 过滤器应常清洗，通油能力要为泵流量的两倍 ② 油液黏度、泵的转速、吸油高度等应按规定选用 ③ 检修泵的配合间隙 ④ 检修溢流阀等元件
压力提不高	① 端面间隙或周向间隙过大 ② 溢流阀等失灵 ③ 供油量不足	① 泄漏严重 ② 流量不足	① 检修使泵输油量和配合间隙达到规定要求 ② 检修溢流阀等元件，消除泄漏环节
噪声过大	① 泵的制造质量差，如齿形精度不高、接触不良、困油槽位置误差、齿轮泵内孔与端面不垂直、泵盖上两轴承孔轴线不平行等 ② 电动机的振动、联轴器安装时的同轴度误差 ③ 吸油管安装时密封不严、油管弯曲、伸入液面以下太浅、泵安装位置太高 ④ 吸油黏度过高 ⑤ 过滤器堵塞或通流能力小	噪声与振动有关，可归纳为三类因素： ① 机械 ② 空气（气穴现象） ③ 油液（液压冲击等）	① 提高泵的制造精度 ② 电动机装防振垫，联轴器安装时同轴度误差应在 0.1mm 以下 ③ 吸油管安装要严防漏气、油管不要弯曲，油管伸入液面应为油深的 2/3，泵的吸油高度不大于 500mm ④ 油液黏度要合适 ⑤ 定期清洗过滤器 ⑥ 拆洗溢流阀，使阀芯移动灵活
过热	① 油液黏度过高或过低 ② 齿轮和侧板等相对运动件摩擦严重 ③ 油箱容积过小，泵散热条件差	① 泵内机件、油液因摩擦、搅动和泄漏等能量损失过大 ② 散热性能差	① 更换成黏度合适的液压油 ② 修复有关零件，使机械摩擦损失减少 ③ 改善泵和油箱的散热条件
泵不打油	① 泵转向有误 ② 油面过低 ③ 过滤器堵塞	泵的密封工作容积由小变大时要从油箱吸油，由大变小时要排油	① 驱动泵的电动机转向应符合要求 ② 保证吸油管能进油
主要磨损件	① 齿顶和两侧面 ② 泵体内壁的吸油腔侧 ③ 侧盖端面 ④ 泵轴与滚针的接触处	① 泵内机件受到不平衡的径向力 ② 轴孔与端面垂直度较差	① 减少不平衡的径向力 ② 提高泵的制造精度 ③ 端面间隙应控制在 0.02~0.05mm

附表2-2 叶片泵常见故障及其排除

故障现象	原因分析	排除措施
输油量不足、压力提不高	① 配油盘端面和内孔严重磨损 ② 叶片和定子内表面接触不良或磨损严重 ③ 叶片与叶片槽配合间隙过大 ④ 叶片装反	① 修磨配油盘 ② 修磨或重配叶片 ③ 修复定子内表面、转子叶片槽 ④ 重装叶片

（续）

故 障 现 象	原 因 分 析	排 除 措 施
泵不打油	① 叶片与叶片槽配合太紧 ② 油液黏度过大 ③ 油液太脏 ④ 配油盘安装后变形，使高低压油区连通	① 保证叶片能在叶片槽内灵活移动，形成密封的工作容积 ② 过滤油液，油的黏度要合适 ③ 修整配油盘和壳体等零件，使之接触良好
噪声过大	① 配油盘上未设困油槽或困油槽长度不够 ② 定子内表面磨损或刮伤 ③ 叶片工作状态较差	① 配油盘上应按要求开设困油槽 ② 抛光修复定子内表面 ③ 研磨叶片使其与转子叶片槽、定子、配油盘等接触良好
主要磨损件	① 定子内表面 ② 转子两端面和叶片槽 ③ 叶片顶部和两侧面 ④ 配油盘端面和内孔	① 定子可抛光修复或翻转 180° 后使用 ② 采用研磨或磨削的方法修复转子 ③ 叶片采用磨削法修复。叶片顶部磨损严重时可调头使用 ④ 配油盘可采用研磨或磨削法修复，内孔磨损严重时可将内孔扩大后镶上轴套

附表 2-3　轴向柱塞泵常见故障及其排除

故 障 现 象	原 因 分 析	排 除 措 施
供油量不足、压力提不高	① 配油盘与缸体的接触面严重磨损 ② 柱塞与缸体柱塞孔的配合面受到磨损 ③ 泵或系统有严重的内泄漏 ④ 控制变量机构的弹簧没有调整好	① 修复或更换磨损零件 ② 紧固各管接头和结合部位 ③ 调整好变量机构弹簧
泵不打油	① 泵的中心弹簧损坏，柱塞不能伸出 ② 变量机构的斜盘倾角太小，在零位卡死 ③ 油液黏度过高或工作温度过低	① 更换中心弹簧 ② 修复变量机构，使斜盘倾角变化灵活 ③ 选择合适的油液黏度，控制工作油温在 15℃ 以上
噪声过大	① 泵内零件严重磨损或损坏 ② 回油管露出油箱油面 ③ 吸油阻力过大 ④ 吸油管路有空气进入	① 修复或更换零件 ② 回油管应插入油面以下 200mm ③ 加大吸油管径 ④ 将润滑脂涂在管接头上进行检查，重新紧固后排除空气
变量机构失灵	① 变量机构阀芯卡死 ② 变量机构阀芯与阀套间的磨损严重或遮盖量不够 ③ 变量机构控制油路堵塞 ④ 变量机构与斜盘间的连接部位磨损严重，转动失灵	① 拆开清洗，必要时更换阀芯 ② 修复有关的连接部件
主要磨损件	① 柱塞磨损后成腰鼓形 ② 缸体柱塞孔、缸体与配油盘接触的端面 ③ 配油盘端面 ④ 斜盘与滑履（靴）的摩擦面	① 更换柱塞 ② 以缸体外圆为基准进行精磨和抛光端面，柱塞孔可采用珩磨法修复 ③ 可在平板上研磨修复斜盘和配油盘的磨损面，表面粗糙度值不高于 0.2μm，平面度应在 0.005mm 以内

附表 2-4　液压马达常见故障及其排除

故障现象	原因分析	关键问题	排除措施
输出转速较低	① 液压马达端面间隙、径向间隙等过大，油液黏度过小，配合件磨损严重 ② 形成旁通，如溢流阀失灵	① 泄漏严重 ② 供油量少	① 油液黏度、泵的转速等应符合规定要求 ② 检修液压马达的配合间隙 ③ 修复溢流阀等元件
输出转矩较低	① 液压马达端面间隙等过大或配合件磨损严重 ② 供油量不足或旁通 ③ 溢流阀等失灵	① 密封容积泄漏，影响压力提高 ② 调压过低	① 检修液压马达的配合间隙或更换零件 ② 检修泵和溢流阀等元件，使供油压力正常
噪声过大	① 液压马达制造精度不高，如齿轮液压马达的齿形精度、接触精度、内孔与端面垂直度、配合间隙等 ② 个别零件损坏，如轴承保持架、滚针轴承的滚针断裂，扭力弹簧变形，定子内表面刮伤等 ③ 联轴器松动或同轴度差 ④ 管接头漏气、过滤器堵塞	噪声与振动有关。噪声主要由机械噪声、流体声和空气噪声三大部分组成	① 提高液压马达的制造精度 ② 检修或更换已损坏的零件 ③ 重新安装联轴器 ④ 管件等连接要严密，过滤器应经常清洗

附表 2-5　液压缸常见故障及其排除

故障现象	原因分析	关键问题	排除措施
移动速度下降	① 泵、溢流阀等有故障，系统未供油或供油量少 ② 缸体与活塞配合间隙过大、活塞上的密封件磨坏、缸体内孔圆柱度超差、活塞左右两腔互通 ③ 油温过高，油液黏度太低 ④ 流量元件选择不当，压力元件调压过低	① 供油量不足 ② 严重泄漏 ③ 外载过大	① 检修泵、阀等元件，并进行合理选择和调节 ② 提高液压缸的制造和装配精度 ③ 保证密封件的质量和工作性能 ④ 检查发热温升原因，选用合适的液压油黏度
推力不足	① 液压缸内泄漏严重，如密封件磨损、老化、损坏或唇口装反 ② 系统调定压力过低 ③ 活塞移动时阻力太大，如缸体与活塞、活塞杆与导向套配合间隙过小，液压缸制造、装配等精度不高 ④ 脏物等进入滑动部位	① 缸内工作压力过低 ② 移动时阻力增加	① 更换或重装密封件 ② 重新调整系统压力 ③ 提高液压缸的制造和装配精度 ④ 过滤或更换油液
工作台产生爬行	① 液压缸内有空气或油液中有气泡，如从泵、缸等负压处吸入外界空气 ② 液压缸无排气装置 ③ 缸体内孔圆柱度超差、活塞杆局部或全长弯曲、导轨精度差、楔铁等调得过紧或弯曲 ④ 导轨润滑不良，出现干摩擦	① 液压缸内有空气 ② 液压缸工作系统刚性差 ③ 摩擦力或阻力变化大	① 拧紧管接头，减少进入系统的空气 ② 设置排气装置，在工作之前应先将缸内空气排除 ③ 缸至换向阀间的管道容积要小，以免该管道中存气排不尽 ④ 提高缸和系统的制造和安装精度 ⑤ 在润滑油中加添加剂

（续）

故障现象	原因分析	关键问题	排除措施
缸的缓冲装置故障，即终点速度过慢或出现撞击噪声	① 固定式节流缓冲装置配合间隙过小或过大 ② 可调式节流缓冲装置调节不当；节流过度或处于全开状态 ③ 缓冲装置制造和装配不良，如镶在缸盖上的缓冲环脱落，单向阀装反或阀座密封不严	① 缓冲作用过大 ② 缓冲装置失去作用	① 更换不合格的零件 ② 调节缓冲装置中的节流元件至合适位置并紧固 ③ 提高缓冲装置制造和装配质量
缸有较大外泄漏	① 密封件质量差，活塞杆明显拉伤 ② 液压缸制造和装配质量差，密封件磨损严重 ③ 油温过高或油的黏度过低	① 密封失效 ② 活塞杆拉伤	① 密封件质量要好，保管、使用要合理，密封件磨损严重时要及时更换 ② 提高活塞杆和沟槽尺寸等的制造精度 ③ 油的黏度要合适，检查温升原因并排除故障

附表 2-6　方向阀常见故障及其排除

故障现象	原因分析	关键问题	排除措施
阀芯不能移动	① 阀芯卡死在阀体孔内，如阀芯与阀体几何精度差，配合过紧，表面有毛刺或刮伤，阀体安装后变形，复位弹簧太软、太硬或扭曲 ② 油液黏度太高、油液过脏、油温过高、热变形卡死 ③ 控制油路无油或控制压力不够	① 机械故障 ② 液压故障 ③ 电气故障	① 提高阀的制造、装配和安装精度 ② 更换弹簧 ③ 油的黏度、温升、清洁度、控制压力等应符合要求 ④ 修复或更换电磁铁
电磁铁线圈烧坏	① 供电电压过高或过低或电压类型不对 ② 线圈绝缘不良 ③ 推杆过长 ④ 电磁铁铁心与阀芯的同轴度误差 ⑤ 阀芯卡死或回油口背压过高	① 电压不稳定或电气质量差 ② 阀芯不到位	① 电压的变化值应在额定电压的 10% 以内，明确交、直流电压 ② 尽量选用直流电磁铁 ③ 修磨推杆 ④ 重新安装，保证同轴度 ⑤ 防止阀芯卡死，控制背压
换向冲击、振动与噪声	① 采用大通径的电磁换向阀 ② 液动阀阀芯移动可调装置有故障 ③ 电磁铁铁心的吸合面接触不良 ④ 推杆过长或过短 ⑤ 固定电磁铁的螺钉松动	① 阀芯移动速度过快 ② 电磁铁吸合不良	① 大通径时采用电液换向阀 ② 修复或更换可调装置中的单向阀和节流阀 ③ 修复并紧固电磁铁 ④ 推杆长度要合适
通过的流量不足或压降过大	① 推杆过短 ② 复位弹簧太软	开口量不足	更换合适的推杆和弹簧
液控单向阀油液不逆流	① 控制压力过低 ② 背压过高 ③ 控制阀芯或单向阀芯卡死	单向阀打不开	① 背压高时可采用复式或外泄式液控单向阀 ② 消除控制管路的泄漏和堵塞 ③ 修复或清洗，使阀芯移动灵活

故障现象	原因分析	关键问题	排除措施
单向阀类逆方向不密封	① 密封锥面接触不均匀，如锥面与导向圆柱面轴线的同轴度误差较大 ② 复位弹簧太软或变形	① 密封带接触不良 ② 阀芯在全开位置上卡死	① 提高阀的制造精度 ② 更换弹簧，修复密封带 ③ 过滤油液

附表 2-7　先导型溢流阀常见故障及其排除

故障现象	原因分析	关键问题	排除措施
无压力或压力升不高	① 先导阀或主阀弹簧漏装、折断、弯曲或太软 ② 先导阀或主阀锥面密封性差 ③ 主阀芯在开启位置卡死或阻尼被堵 ④ 遥控口直接通油箱或该处有严重泄漏	主阀阀口开得过大	① 更换弹簧 ② 配研密封锥面 ③ 清洗阀芯，过滤或更换油液，提高阀的制造精度 ④ 设计时不能将遥控口直接通油箱
压力很高调不下来	① 进、出油口接反 ② 先导阀弹簧弯曲等使该阀无法打开 ③ 主阀芯在关闭状态下卡死	主阀阀口闭死	① 重装进、出油管 ② 更换弹簧 ③ 控制油的清洁度和各零件的加工精度
压力波动不稳定	① 配合间隙或阻尼孔时而被堵，时而脏物被油液冲走 ② 阀体变形、阀芯划伤等原因使主阀芯运动不规则 ③ 弹簧变形，阀芯移动不灵 ④ 供油泵的流量和压力脉动	主阀阀口的变化不规则	① 过滤或更换油液 ② 修复或更换有关零件 ③ 更换弹簧 ④ 提高供油泵的工作性能
振动和噪声	① 阀芯配合不良，阀盖松动等 ② 调压弹簧装偏、弯曲等，使锥阀产生振荡 ③ 回油管高出油面或贴近油箱底面 ④ 系统有空气混入	存在机械振动、液压冲击和空气	① 修研配合面，拧紧各处螺钉 ② 更换弹簧，提高阀的装配质量 ③ 回油管应距油箱底面50mm 以上 ④ 紧固管接头、排除系统空气

附表 2-8　减压阀常见故障及其排除

故障现象	原因分析	关键问题	排除措施
出口压力过高，不起减压作用	① 调压弹簧太硬、弯曲或变形，先导阀打不开 ② 主阀阀芯在全开位置上卡死 ③ 先导阀的回油管道不通，如未接油箱、堵塞或背压	主阀阀口开得过大	① 更换弹簧 ② 修复或更换零件，过滤或更换油液 ③ 回油管应单独接入油箱，防止细长、弯曲等使阻力过大
出口压力过低，不易控制与调节	① 先导锥阀处有严重内、外泄漏 ② 调压弹簧漏装、断裂或过软 ③ 主阀阀芯在接近闭死状态时卡住	主阀阀口开得过小	① 配研锥阀的密封带，结合面处螺钉应拧紧以防外泄漏 ② 更换弹簧 ③ 修复或更换零件，提高油的清洁度
出口压力不稳定	① 配合间隙和阻尼小孔时堵时通 ② 弹簧太软及变形，使阀芯移动不灵 ③ 阀体和阀芯变形、刮伤、几何精度差等	主阀阀芯移动不规则	① 过滤或更换油液 ② 更换弹簧 ③ 修复或更换零件

附表 2-9　顺序阀常见故障及其排除

故 障 现 象	原 因 分 析	关 键 问 题	排 除 措 施
始终通油，不起顺序作用	① 主阀阀芯在打开位置上卡死 ② 单向阀在打开位置上卡死或单向阀密封不良 ③ 调压弹簧漏装、断裂或太软	阀口常开	① 修配零件使阀芯移动灵活，单向阀密封带应不漏油 ② 过滤或更换油液 ③ 更换弹簧或补装
该通时打不开阀口	① 主阀阀芯在关闭位置卡死 ② 控制油路堵塞或控制压力不够 ③ 调压弹簧太硬或调压过高 ④ 泄漏管中背压太高	阀口闭死	① 提高零件的制造精度和油液的清洁度 ② 清洗管道，提高控制压力，防止泄漏 ③ 更换弹簧，调压适当 ④ 泄漏管应单独接入油箱
压力控制不灵	① 调压弹簧变形、失效 ② 弹簧调定值与系统不匹配 ③ 滑阀移动时阻力变化太大	① 调压不合理 ② 弹簧力、摩擦力等变化无规律	① 更换弹簧 ② 各压力元件的调整值之间不应有矛盾 ③ 提高零件的几何精度，调整修配间隙，使阀芯移动灵活

附表 2-10　压力继电器常见故障及其排除

故 障 现 象	原 因 分 析	关 键 问 题	排 除 措 施
无信号输出	① 进油管变形，管接头漏油 ② 橡皮薄膜变形或失去弹性 ③ 阀芯卡死 ④ 弹簧出现永久变形或调压过高 ⑤ 接触螺钉、杠杆等调节不当 ⑥ 微动开关损坏	压力信号没有转换成电信号	① 更换管子，拧紧管接头 ② 更换薄膜片 ③ 清洗、配研阀芯 ④ 更换弹簧，合理调整 ⑤ 合理调整杠杆等的位置 ⑥ 更换微动开关
灵敏度差	① 阀芯移动时摩擦力过大 ② 转换机构等装配不良，运动件失灵 ③ 微动开关接触行程过长	信号转换迟缓	① 装配、调整要合理，使阀芯等动作灵活 ② 合理调整杠杆等的位置
易发误信号	① 进油口阻尼孔过大 ② 系统冲击压力过大 ③ 电气系统设计不当	出现不该有的信号转换	① 适当减小阻尼孔 ② 在控制管路上增设阻尼管以减弱压力冲击 ③ 电气系统设计应考虑必要的联锁等

附表 2-11　流量控制阀常见故障及其排除

故 障 现 象	原 因 分 析	关 键 问 题	排 除 措 施
不起节流作用或调节范围小	① 阀的配合间隙过大，有严重的内泄漏 ② 单向节流阀中的单向阀密封不良或弹簧变形 ③ 流量阀在大开口时阀芯卡死 ④ 流量阀在小开口时节流口堵塞	通过流量阀的液体过多	① 修复阀体或更换阀芯 ② 研磨单向阀阀座，更换弹簧 ③ 拆开清洗并修复 ④ 冲刷、清洗，过滤油液
执行机构运动速度不稳定，有时快时慢或跳动现象	① 节流口堵塞的周期性变化，即时堵时通 ② 泄漏的周期性变化 ③ 负载的变化 ④ 油温的变化 ⑤ 各类补偿装置（负载、温度）失灵，不起稳速作用	通过阀的流量不稳定	① 严格过滤油液或更换新油 ② 对负载变化较大、速度稳定性要求较高的系统应采用调速阀 ③ 控制温升，在油温升高和稳定后，再调一次节流阀开口 ④ 修复调速阀中的减压阀或温度补偿装置

附录 ■········ 315

附表 2-12　过滤器常见故障及其排除

故 障 现 象	原 因 分 析	关 键 问 题	排 除 措 施
系统产生空气和噪声	① 对过滤器缺乏定期维护和保养 ② 过滤器的过滤能力选择较小 ③ 油液太脏	泵进口过滤器堵塞	① 定期清洗过滤器 ② 泵进口过滤器的过流能力应比泵的流量大一倍 ③ 油液使用 2000~3000h 后应更换新油
过滤器滤芯变形或击穿	① 过滤器严重堵塞 ② 滤网或骨架强度不够	通过过滤器的压降过大	① 提高过滤器的结构强度 ② 采用带有堵塞发信装置的过滤器 ③ 设计带有安全阀的旁通油路
网式过滤器金属网与骨架脱焊	① 采用锡铅焊料，熔点仅为 183℃ ② 焊接点数少，焊接质量差	焊料熔点较低，结合强度不够	① 改用高熔点的银镉焊料 ② 提高焊接质量
烧结式过滤器滤芯掉粒	① 烧结质量较差 ② 滤芯严重堵塞	滤芯颗粒间结合强度差	① 更换滤芯 ② 提高滤芯制造质量 ③ 定期更换油液

附表 2-13　密封件常见故障及其排除

故 障 现 象	原 因 分 析	关 键 问 题	排 除 措 施
内、外泄漏	① 密封圈预变形量小，如沟槽尺寸过大，密封圈尺寸过小 ② 油压作用下密封圈不起密封作用，如密封件老化、失效，唇形密封圈装反	密封处接触应力过小	① 密封沟槽尺寸与选用的密封圈尺寸应配套 ② 重装唇形密封圈，密封件保管、使用要合理 ③ V 形密封圈可以通过调整来控制泄漏
密封件过早损坏	① 装配时孔口棱边划伤密封圈 ② 运动时刮伤密封圈，如密封沟槽、沉割槽等处有锐边，配合表面粗糙 ③ 密封件老化，如长期保管、长期停机等 ④ 密封件失去弹性，如变形量过大、工作油温太低	使用、维护等不符合要求	① 孔口最好采用圆角 ② 修磨有关锐边，提高配合表面质量 ③ 密封件保管期不宜长于一年，坚持早进早出，定期开机 ④ 密封件变形量应合理，适当提高工作油温
密封件扭曲、挤入间隙等	① 油压过高，密封圈未设支承环或挡圈 ② 配合间隙过大	受侧压过大，变形过度	① 增加挡圈 ② 采用 X 形密封圈，少用 Y 形密封圈或 O 形密封圈

二、液压回路和系统故障及其排除（附表 2-14~附表 2-26）

附表 2-14　供油回路常见故障及其排除

故 障 现 象	原 因 分 析	关 键 问 题	排 除 措 施
泵不出油	① 液压泵的转向有误 ② 过滤器严重堵塞、吸油管路严重漏气 ③ 油的黏度过高，油温太低 ④ 油箱油面过低 ⑤ 泵内部故障，如叶片卡在转子槽中，变量泵在零流量位置上卡住 ⑥ 新泵起动时，空气被堵，排不出去	不具备泵工作的基本条件	① 改变泵的转向 ② 清洗过滤器，拧紧吸油管 ③ 油的黏度、温度要合适 ④ 油面应符合规定要求 ⑤ 新泵起动前最好先向泵内灌油，以免干摩擦磨损等 ⑥ 在低压下放走排油管中的空气

（续）

故障现象	原因分析	关键问题	排除措施
泵的温度过高	① 泵的效率太低 ② 液压回路效率太低，如采用单泵供油、节流调速等，导致油温太高 ③ 泵的泄油管接入吸油管	过大的能量损失转换成热能	① 选用效率高的液压泵 ② 选用节能型的调速回路，双泵供油系统，增设卸荷回路等 ③ 泵的外泄管应直接回油箱 ④ 对泵进行风冷
泵源的振动与噪声	① 电动机、联轴器、油箱、管件等的振动 ② 泵内零件损坏，困油和流量脉动严重 ③ 双泵供油合流处液体撞击 ④ 溢流阀回油管液体冲击 ⑤ 过滤器堵塞，吸油管漏气	存在机械、液压和空气三种噪声因素	① 注意装配质量和防振、隔振措施 ② 更换损坏零件，选用性能好的液压泵 ③ 合流点距泵口应大于 200mm ④ 增大回油管直径 ⑤ 清洗过滤器，拧紧吸油管

附表 2-15　方向控制回路常见故障及其排除

故障现象	原因分析	关键问题	排除措施
执行元件不换向	① 电磁铁吸力不足或损坏 ② 电液换向阀的中位机能呈卸荷状态 ③ 复位弹簧太软或变形 ④ 内泄式阀形成过大背压 ⑤ 阀的制造精度差，油液太脏等	① 推动换向阀阀芯的主动力不足 ② 背压阻力等过大 ③ 阀芯卡死	① 更换电磁铁，改用液动阀 ② 液动换向阀采用中位卸荷时，要设置压力阀，以确保起动压力 ③ 更换弹簧 ④ 采用外泄式换向阀 ⑤ 提高阀的制造精度和油液清洁度
三位换向阀的中位机能选择不当	① 一泵驱动多缸的系统，中位机能误用 H 型、M 型等 ② 中位停车时要求手调工作台的系统误用 O 型、M 型等 ③ 中位停车时要求液控单向阀立即关闭的系统，误用了 O 型机能，造成缸停止位置偏离了指定位置	不同的中位机能油路连接不同，特性也不同	① 中位机能应用 O 型、Y 型等 ② 中位机能应采用 Y 型、H 型等 ③ 中位机能应采用 Y 型等
锁紧回路工作不可靠	① 利用三位换向阀的中位锁紧，但滑阀有配合间隙 ② 利用单向阀类锁紧，但锥阀密封带接触不良 ③ 缸体与活塞间的密封圈损坏	① 阀内泄漏 ② 缸内泄漏	① 采用液控单向阀或双向液压锁，锁紧精度高 ② 单向阀密封锥面可用研磨法修复 ③ 更换密封件

附表 2-16　压力控制回路常见故障及排除

故障现象	原因分析	关键问题	排除措施
压力调不上去或压力过高	各压力阀的具体情况有所不同	各压力阀本身的故障	详见各压力阀的故障及排除
YF 型高压溢流阀，当压力调至较高值时，发出尖叫声	三级同心结构的同轴度较差，主阀阀芯贴在某一侧做高频振动，调压弹簧发生共振	机、液、气各因素产生的振动和共振	① 安装时要正确调整三级结构的同轴度 ② 选用合适的黏度，控制温升

（续）

故障现象	原因分析	关键问题	排除措施
利用溢流阀遥控口卸荷时，系统产生强烈的振动和噪声	① 遥控口与二位二通阀之间有配管，它增加了溢流阀的控制腔容积，该容积越大，压力越不稳定 ② 长配管中易残存空气，引起大的压力波动，导致弹性系统自激振动	机、液、气各因素产生的振动和共振	① 配管直径宜在 φ6mm 以下，配管长度应在 1m 以内 ② 可选用电磁溢流阀实现卸荷功能
两个溢流阀的回油管道连在一起时易产生振动和噪声	溢流阀为内卸式结构，因此回油管中压力冲击、背压等将直接作用在导阀上，引起控制腔压力的波动，激起振动和噪声		① 每个溢流阀的回油管应单独接回油箱 ② 回油管必须合流时应加粗合流管 ③ 将溢流阀由内泄式改为外泄式
减压回路中减压阀的出口压力不稳定	① 主油路负载若有变化，当最低工作压力低于减压阀的调整压力时，则减压阀的出口压力下降 ② 减压阀外泄油路有背压时其出口压力升高 ③ 减压阀的导阀密封不严，则减压阀的出口压力要低于调定值	控制压力有变化	① 减压阀后应增设单向阀，必要时还可加蓄能器 ② 减压阀的外泄管道一定要单独回油箱 ③ 修研导阀的密封带 ④ 过滤油液
压力控制原理的顺序动作回路有时工作不正常	① 顺序阀的调整压力太接近先动作执行件的工作压力，与溢流阀的调定值也相差不多 ② 压力继电器的调整压力同样存在上述问题	压力调定值不匹配	① 顺序阀或压力继电器的调整压力应高于先动作缸工作压力 0.5~1MPa ② 顺序阀或压力继电器的调整压力应低于溢流阀的调整压力 0.5~1MPa
	某些负载很大的工况下，按压力控制原理工作的顺序动作回路会出现 I 缸动作尚未完成而已发出使 II 缸动作的误信号	设计原理不合理	① 改为按行程控制原理工作的顺序动作回路 ② 可设计成双重控制方式

附表 2-17　速度控制回路常见故障及其排除

故障现象	原因分析	关键问题	排除措施
快速不快	① 差动快速回路调整不当等，未形成差动连接 ② 变量泵的流量没有调至最大值 ③ 双泵供油系统的液控卸荷阀调压过低	流量不够	① 调节好液控顺序阀，保证快进时实现差动连接 ② 调节变量泵的偏心距或斜盘倾角至最大值 ③ 液控卸荷阀的调整压力要大于快速运动时的油路压力
快进转工进时冲击较大	快进转工进采用二位二通电磁阀	速度转换的阀芯移动速度过快	用二位二通行程阀来代替电磁阀
执行机构不能实现低速运动	① 节流口堵塞，不能再调小 ② 节流阀的前后压差调得过大	通过流量阀的流量无法调小	① 过滤或更换油液 ② 正确调整溢流阀的工作压力 ③ 采用低速、性能更好的流量阀
负载增加时速度显著下降	① 节流阀不适用于变载系统 ② 调速阀在回路中装反 ③ 调速阀前后的压差过小，其减压阀不能正常工作 ④ 泵和马达的泄漏增加	进入执行元件的流量减小	① 变速系统可采用调速阀 ② 调速阀在安装时一定不能接反 ③ 调压要合理，保证调速阀前后的压差为 0.5~1MPa ④ 提高泵和马达的容积效率

318 ▪ 液压与气压传动 第4版

附表 2-18 液压系统执行元件运动速度故障及排除

故障现象	原因分析	关键问题	排除措施
快速不快 快进转工进时冲击较大 低速性能差	见附表 2-17		
速度稳定性差	见附表 2-11、附表 2-17		
低速爬行	见附表 2-5		
工进速度过快，流量阀调节不起作用	① 快进用的二位二通行程阀在工进时未全部关闭 ② 流量阀内泄漏严重	进入缸的流量太多	① 调节好行程挡块，务必在工进时关闭二位二通行程阀 ② 更换流量阀
工进时缸突然停止运动	单泵多缸工作系统，快慢速运动的干扰现象	压力取决于系统中的最小载荷	采用各种干扰回路
磨床类工作台往复进给速度不相等	① 缸两端泄漏不等或单端泄漏 ② 往复运动时摩擦阻力差距大，如油封松紧调得不一样	往复运动时两腔控制流量不等	① 更换密封件 ② 合理调节两端的油封松紧
调速范围较小	① 低速调不出来 ② 元件泄漏严重 ③ 调压太高使元件泄漏增加，压差增大	最高速度和最低速度都不易达到	① 见附表 2-17 ② 更换磨损严重的元件 ③ 压力不可调得过高

附表 2-19 液压系统工作压力故障及排除

故障现象	原因分析	关键问题	排除措施
系统无压力 压力调不高 压力调不下来	见附表 2-7、附表 2-16		
缸输出推力不足	见附表 2-5		
打坏压力表	① 起动液压系统时，溢流阀弹簧未放松 ② 溢流阀进、出油口接反 ③ 溢流阀在闭死位置卡住 ④ 压力表的量程选择过小	冲击压力过高	① 系统起动前，必须放松溢流阀的弹簧 ② 正确安装溢流阀 ③ 提高阀的制造精度和油液清洁度 ④ 压力表的量程最好比泵的额定压力高 1/3
系统工作压力从40MPa 降至 10MPa 后无法再调上去	① 内密封件损坏 ② 合用并联的二位二通阀未切断 ③ 阀的安装连接板内部窜油	某部位严重泄漏	① 更换密封件 ② 调整好二位二通阀的切换机构 ③ 更换安装连接板
系统工作不正常	① 液压元件磨损严重 ② 系统泄漏增加 ③ 系统发热温升 ④ 引起振动和噪声	系统压力调整过高	系统调压要合适
磨床类工作台往复推力不相等	① 缸的制造精度差 ② 缸安装时其轴线与导轨的平行度有误差 ③ 缸两侧的油封松紧不一	往复运动时摩擦阻力不等	① 提高液压缸的制造精度 ② 轴线固定式液压缸一定要调整好它与导轨的平行度 ③ 合理调节两侧油封的松紧度

附表 2-20　液压系统油温过高及其控制

原因分析	关键问题	控制方法
① 油箱容积小，散热不良 ② 油液黏度选择不当，黏度过高 ③ 液压元件精度不够或磨损严重 ④ 系统中卸荷回路工作不正常，泵长时间在高压下溢流 ⑤ 管路过长，弯曲过多，流动阻力大 ⑥ 油液黏度大，液阻大 ⑦ 用油箱过大或散热面积较小，或未设油冷却装置	系统散热条件差	① 油箱容积过小时，应加大油箱容量 ② 油箱表面应便于散热，必要时应设置风冷或水冷 ③ 液压系统及其油箱最适宜的工作温度是20～55℃，也可放宽至15～65℃ ④ 将设计时遗漏，或工况改变后对系统发热量估计不足的，设置卸荷回路，其回路应可靠地卸荷 ⑤ 设置油温报警装置 ⑥ 便油液压元件更换为高精度元件 ⑦ 选用正确的油液黏度

附表 2-21　液压系统泄漏及其控制

原因分析	关键问题	控制方法
① 元件结构形式选择不当，有外泄漏 ② 元件结构形式选择不合理，有外泄漏 ③ 元件密封与沟槽尺寸设计不当，有外泄漏 ④ 装配工件等在各种条件下存在损伤 ⑤ 密封件与沟槽尺寸不合理，有外泄漏	螺纹连接件间泄漏 沟通接件间间隙引起间隙过大配合差	① 各零件过长或过大时，可密封接触 ② 接触面不平整，可以增加密封材料 ③ 接触面过光滑，紧固力不足时，可采用密封胶或增加密封垫，更换零件 ④ 连接牢固并加垫密封件 ⑤ 检查零件的动作灵敏度 更换零件，应重新配合密封件的安装方式 ② 装配用纸或石棉，防止油液 ③ 装配用纸或石棉，防止油液 ④ 增加测量仪 ⑤ 固定件等接触面处应扭紧，以免渗漏 ⑥ 连接件可用密封圈 ⑦ 见附表 2-13

附表 2-22　液压系统的振动、噪声及其控制

原因分析	关键问题	控制方法
液压泵和油源的振动和噪声	振动和噪声来自机械源，液压、空气、三方面	① 见附表 2-1~附表 2-3，附表 2-12 和附表 2-14 ② 振动的噪声过大，必要时可采用隔振罩或隔振器
液压阀的振动和噪声	振动和噪声来自机械源，液压、空气、三方面	见附表 2-4
液压缸的振动和噪声	振动和噪声来自机械源，液压、空气、三方面	见附表 2-5 见附表 2-6，附表 2-7
压力控制回路的振动和噪声	振动和噪声来自机械源，液压、空气、三方面	① 见附表 2-16 ② 在液压回路上可装消声器或蓄能器
液压油液管路的振动和噪声	振动和噪声来自机械源，液压、空气、三方面	① 加大管子间距离 ② 减短连接管道 ③ 液压油应定期回油 ④ 在液压源附近装一段液压软管

液压与气压传动 第4版

附表 2-23 液压系统的冲击及其控制

原 因 分 析	关 键 问 题	控 制 方 法
换向阀迅速关闭时的液压冲击： ① 电磁换向阀切换速度过快，电磁换向阀的节流缓冲器失灵 ② 磨床换向回路中先导阀、主阀等制动过猛 ③ 中位机能采用 O 型	由液流和运动部件的惯性造成	① 见附表 2-6 ② 减小制动锥锥角或增加制动锥长度 ③ 中位机能从 O 型改为 H 型 ④ 缩短换向阀至液压缸的管路
活塞在行程中间位置突然被制动或减速时的液压冲击： ① 快进或工进转换过快 ② 液压系统调压过高 ③ 溢流阀动作迟缓	由液流和运动部件的惯性造成	① 电磁阀改为行程阀，行程阀阀芯的移动可采用双速转换 ② 调压应合理 ③ 采用动态特性好的溢流阀 ④ 可在缸的出入口设置反应快、灵敏度高的小型安全阀或波纹型蓄能器，也可局部采用橡胶软管
液压缸行程终点产生的液压冲击	由液流和运动部件的惯性造成	采用可变节流的终点缓冲装置
液压缸负载突然消失时产生的冲击	运动部件产生加速冲击	回路应增设背压阀或提高背压
液压缸内存有大量空气		排除缸内空气

附表 2-24 液压卡紧及其控制

原 因 分 析	关 键 问 题	控 制 方 法
① 阀设计有问题，使阀芯受到不平衡的径向力 ② 阀芯加工成倒锥，且偏心安装 ③ 阀芯有毛刺、碰伤凸起、弯曲、几何公差超差等质量问题 ④ 干式电磁铁推杆动密封处摩擦阻力大，复位弹簧太软	阀芯受到较大的不平衡径向力，产生的摩擦阻力可大到几百牛顿	① 设计时应尽量使阀芯径向受力平衡，如可在阀芯上加工出若干条环形均压槽 ② 允许阀芯有小的顺锥，安装应同心 ③ 提高加工质量，进行文明生产 ④ 采用湿式电磁铁，更换弹簧
① 过滤器严重堵塞 ② 液压油长期不更换、老化、变质	油液中杂质太多	① 清洗过滤器，采用过滤精度为 $5\sim25\mu m$ 的精过滤器 ② 更换新油
① 阀芯与阀体间配合间隙过小 ② 油液温升过大	阀芯热变形后尺寸变大	① 运动件的配合间隙应合适 ② 降低油温，避免零件热变形后卡死

附表 2-25 液压系统的气穴、气蚀及其控制

原 因 分 析	关 键 问 题	控 制 方 法
① 液压系统存在负压区，如自吸泵进口压力很低，液压缸急速制动时有压力冲击腔，也有负压腔 ② 液压系统存在减压区和低压区，如减压阀进、出口压力之比过大，节流口的喉部压力值降到很低	溶解在油中的空气分离出来	① 防止泵进口过滤器堵塞，油管要粗而短，吸油高度小于 500mm，泵的自吸真空度不要超过泵本身所规定的最高自吸真空度 ② 防止局部地区压降过大、下游压力过低，因为气体在液体中的溶解量与压力成正比，一般应控制阀的进、出口压力之比不大于 3.5
① 回油管露出液面 ② 管道、元件等密封不良 ③ 在负压区空气容易侵入	外界空气混入系统	① 回油管应插入油面以下 ② 油箱设计应利于气泡分离 ③ 在负压区要特别注意密封和拧紧管接头

（续）

原 因 分 析	关 键 问 题	控 制 方 法
气穴的产生和破灭会造成局部地区高压、高温和液压冲击，使金属表面呈蜂窝状而逐渐剥落(气蚀)	避免产生气穴，提高液压件材料的强度和耐腐蚀性能	① 青铜和不锈钢材料的耐气蚀性比铸铁和碳素钢好 ② 提高材料的硬度也能提高它的耐腐蚀性能

附表 2-26　液压系统工作可靠性及其控制

故 障 环 节	工作可靠性问题	控 制 方 法
设计	① 单泵多缸工作系统易出现各缸快、慢速相互干扰 ② 采用时间控制原理的顺序动作回路工作可靠性差 ③ 采用调速阀的流量控制同步回路工作可靠性差 ④ 设计的各缸连锁或转换等控制信号不符合工艺要求 ⑤ 选用的液压元件性能差 ⑥ 回路设计考虑不周 ⑦ 设计时对系统的温升、泄漏、噪声、冲击、液压卡紧、气穴、污染等考虑不周	① 采用快、慢速互不干扰回路 ② 顺序动作回路应采用压力控制原理或行程控制原理 ③ 同步回路宜采用容积控制原理或检测反馈式控制原理 ④ 应按工艺特点进行设计，必要时可设置双重信号控制 ⑤ 采用新系列的液压元件 ⑥ 尽可能用最少的元件组成最简单的回路，对重要部位可增设一套备用回路 ⑦ 设计时应充分考虑影响系统正常工作的各种因素
制造、装配和安装	① 液压元件制造质量差，如复合阀中的单向阀不密封等 ② 装配时阀芯与阀体的同轴度差、弹簧扭曲、个别零件漏装或反装等 ③ 安装时液压缸轴线与导轨不平行，元件进、出油口反装等	确保各元件和机构的制造、装配和安装配合精度
调整	① 顺序阀的开启压力调整不当，造成自动工作循环错乱或动作不符合要求 ② 压力继电器调整不当，造成误发或不发信号 ③ 溢流阀调压过高，造成系统温升、低速性能差、元件磨损等 ④ 行程阀挡块位置调整不当，使阀口开闭不严	① 调压要合适 ② 挡块位置要调准
使用和维护	① 不注意液压油的品质 ② 油箱或活塞杆外伸部位等混进杂质、水分或灰尘 ③ 使用者缺乏对液压传动的了解，如压力调得过高、不会排除缸内空气等	① 采用黏度合适的通用液压油或抗磨液压油，不使用性能差的机械油 ② 应定期清洗过滤器和更换油液 ③ 避免系统的各部位进入有害杂质 ④ 使用液压设备者应具有必要的液压知识

参考文献

[1] 陈清奎，刘延俊，成红梅，等. 液压与气压传动（3D 版）[M]. 北京：机械工业出版社，2018.

[2] 盛敬超. 液压流体力学 [M]. 北京：机械工业出版社，1980.

[3] 李慕洁. 液压传动与气压传动 [M]. 北京：机械工业出版社，1980.

[4] 郑洪生. 气压传动 [M]. 北京：机械工业出版社，1981.

[5] 何存兴. 液压元件 [M]. 北京：机械工业出版社，1982.

[6] 俞启荣. 液压传动 [M]. 北京：机械工业出版社，1990.

[7] 刘长年. 液压伺服系统的分析与设计 [M]. 北京：科学出版社，1985.

[8] 罗大海，诸葛茜. 流体力学简明教程 [M]. 北京：高等教育出版社，1987.

[9] 章宏甲，黄谊. 机床液压传动 [M]. 北京：机械工业出版社，1987.

[10] 何大钧，金有仙，徐霖. 液压传动习题与选解 [M]. 北京：科学技术文献出版社，1987.

[11] 林建亚，何存兴. 液压元件 [M]. 北京：机械工业出版社，1988.

[12] 雷天觉. 新编液压工程手册 [M]. 北京：北京理工大学出版社，1998.

[13] 章宏甲，黄谊，王积伟. 液压与气压传动 [M]. 北京：机械工业出版社，2000.

[14] 何存兴. 液压传动与气压传动. 武汉：华中科技大学出版社，2000.

[15] 许福玲，陈尧明. 液压与气压传动 [M]. 3 版. 北京：机械工业出版社，2007.

[16] 王广怀. 液压技术应用 [M]. 哈尔滨：哈尔滨工业大学出版社，2001.

[17] 章宏甲，黄谊. 液压传动 [M]. 北京：机械工业出版社，1993.

[18] 贾铭新. 液压传动与控制 [M]. 3 版. 北京：国防工业出版社，2010.

[19] 路甫祥. 液压气动技术手册 [M]. 北京：机械工业出版社，2002.

[20] 朱世久，孙健民. 液压传动. 济南：山东科学技术出版社，1995.

[21] 王仲生. 智能检测与控制技术 [M]. 西安：西北工业大学出版社，2002.

[22] 张群生. 液压与气压传动 [M]. 北京：机械工业出版社，2002.

[23] 周士昌. 液压系统设计图集 [M]. 北京：机械工业出版社，2003.

[24] 贾铭新. 液压传动与控制解难和练习 [M]. 北京：国防工业出版社，2003.

[25] 明仁雄，万会雄. 液压与气压传动 [M]. 北京：国防工业出版社，2003.

[26] 张利平. 液压站设计与使用 [M]. 北京：海洋出版社，2004.

[27] 张利平. 液压阀原理、使用与维护 [M]. 北京：化学工业出版社，2005.

[28] 成大先. 机械设计手册：气压传动 [M]. 5 版. 北京：化学工业出版社，2010.

[29] 陈尧明，许福玲. 液压与气压传动学习指导与习题集 [M]. 北京：机械工业出版社，2005.

[30] 李壮云. 液压元件与系统 [M]. 2 版. 北京：机械工业出版社，2005.

[31] 陈启松. 液压传动与控制手册 [M]. 上海：上海科学技术出版社，2006.

[32] 左健民. 液压与气压传动 [M]. 4 版. 北京：机械工业出版社，2007.

[33] 袁承训. 液压与气压传动 [M]. 2 版. 北京：机械工业出版社，2000.

[34] SMC（中国）有限公司. 现代实用气动技术 [M]. 3 版. 北京：机械工业出版社，2008.

[35] 张群生. 液压与气压传动 [M]. 2 版. 北京：国防工业出版社，2008.

[36] 明仁雄. 液压与气压传动学习指导 [M]. 2 版. 北京：国防工业出版社，2009.

[37] 丁树模，姚如一. 液压传动 [M]. 北京：机械工业出版社，1992.

[38] 李芝. 液压传动 [M]. 2 版. 北京：机械工业出版社，2009.

[39] 姜继海，宋锦春，高常识. 液压与气压传动 [M]. 2 版. 北京：高等教育出版社，2009.

[40] 王春行. 液压伺服控制系统 [M]. 北京：机械工业出版社，1981.

[41] 刘延俊，李兆文，陈正洪. 基于 BP 网络的比例阀—缸位置控制 [J]. 山东大学学报（工学版），2002（3）：260-264.

[42] 刘延俊，路长厚，何组诚. 微机控制比例阀—缸液压系统的缓冲与定位 [J]. 机床与液压，1997（6）：21-24.

[43] 刘延俊，骆艳洁. 对引进自动旋木机气控系统的研究与改进 [J]. 液压与气动，2000（5）：13-15.

[44] 刘延俊，李兆文，陈正洪，等. 对丁基胶涂布机液压系统的分析与改进 [J]. 液压与气动，2001（12）：5-6.

[45] 刘延俊，李兆文，张建新. 气动技术在八轴仿形木工加工铣床中的应用 [J]. 液压与气动，2001（8）：35-36.

[46] 刘延俊，陈正洪，周以齐. ϕ800mm 锥度磨浆机控制系统设计 [J]. 机电一体化，2002（4）：35-37.

[47] 刘延俊. 液压与气压传动 [M]. 北京：高等教育出版社，2007.

[48] 刘延俊. 液压元件使用指南 [M]. 北京：化学工业出版社，2008.

[49] 刘延俊. 液压回路与系统 [M]. 北京：化学工业出版社，2009.

[50] 刘延俊. 液压元件及系统的原理、使用与维修 [M]. 北京：化学工业出版社，2010.

[51] 刘延俊. 液压系统使用与维修 [M]. 2版. 北京：化学工业出版社，2015.

[52] 刘延俊. 液压与气压传动 [M]. 北京：清华大学出版社，2010.

[53] 邱中梁，胡晓函，焦慧锋，等. "蛟龙号"载人潜水器液压系统设计研究 [J]. 液压与气动，2014（2）：44-48.